中华人民共和国科学技术部

中国科学技术发展报告(区域专题报告2012)

CHINA SCIENCE AND TECHNOLOGY DEVELOPMENT REPORT(REGIONAL REPORT 2012)

科学技术文献出版社
SCIENTIFIC AND TECHNICAL DOCUMENTATION PRESS

编委会

编写组

组　长　王晓方　王　元

副组长　刘　敏　郭铁成

成　员　（按姓氏笔画排序）

马悍德	王书华	王树贵	王洪国	王超群	巨文忠	尹文辉
邓海闻	龙开元	叶正勇	史广旭	冯清华	毕亮亮	刘　旭
刘　佳	刘冬梅	刘智敏	齐　博	许竹青	许登峰	李　华（云南省）
李　华（青海省）		李力雄	李国栋	李翠华	吴正光	沈　卫
沈建忠	张　信	张庆文	张海涛	张新伟	陈　泰	陈　雷
陈庆芝	陈国顺	陈诗波	范孟慧	罗建祥	郑　绘	郑玉琪
郑雨苹	赵功强	赵光远	赵建国	赵莉晓	赵海山	赵新龙
赵慧君	胡红亮	段晓阳	贺志胜	秦新忠	徐　前	徐　彬
高旺盛	郭晓林	谈　力	曹　宁	梁秋松	董雅松	董新刚
韩　勇	程凌华	傅晋华	游建胜	薛　强	魏敏杰	

序 言

区域创新体系是国家创新体系的重要组成，是促进区域经济社会发展的核心驱动力量。当前，区域创新成长较快，已成为提升国家整体科技和经济社会发展活力与影响力的关键因素，其发展程度一定意义上决定着创新型国家建设的整体进程。

“十二五”以来，面对国际金融危机持续深化、影响日益深远的严峻形势，在党中央、国务院的坚强领导下，全国科技界迎难而上，紧密结合国家发展战略和科技工作整体部署，着眼国家重大战略目标与地区经济社会发展的重大科技需求，立足区域特色，持续加大区域科技创新投入，不断推进区域科技发展，大幅度提高区域科技创新能力，着力增强科技创新对区域经济社会发展的支撑引领作用。目前，各具特色和竞争优势的区域科技发展格局正在形成，科技进步和创新的作用更为显著。

长期以来，科技部始终把加强区域创新体系建设作为推动创新型国家建设的重要内容，高度重视并积极推动区域科技发展，取得了显著成效。据全国各地区科技进步统计监测显示，2011 年全国综合科技进步水平指数比上年提高了 1.83 个百分点。

传统产业改造和培育发展战略性新兴产业力度逐步加强，全国东部、中部、西部和东北老工业基地等重点地区科技创新工作不断推进，科技援疆援藏（青）等“大科技”格局全面形成，部省会商工作全面推进，高新区和自主创新示范区建设积极推进，高新技术产业化集群建设亮点纷呈，区域整体科技创新能力大幅提高，各具特色和竞争优势的区域科技发展格局正在形成，科技进步和创新在支撑地区稳增长、调结构、转方式、惠民生中发挥了极大的支撑引领作用。

集聚多方创新资源推进区域协同创新。以部省会商工作为平台，推动国家战略目标与地方重点发展方向有效衔接，推进国家科技资源与地方科技资源紧密结合，促进地方科技与经济社会发展良性互动，有效加快了各具特色、优势互补的区域创新体系建设。围绕党中央、国务院相关工作部署，积极构建“大科技”援助格局，深入推进援疆援藏（青），组织调动全国科技界的力量加大对民族边疆地区、革命老区及贫困地区的支持力度，实现民族和边疆地区跨越式发展。

强化中关村、武汉东湖、上海张江国家自主创新示范区引领示范作用。制定实施了股权激励、科技成果处置权和收益权、高端人才引进等政策，推动创新政策先行先试取得显著成效。培育和发展了一批战略性新兴产业，稳步推进了产业集群发展。突破了一批关键技术，涌现出一大批重大科技创新成果。

进一步突出国家高新区和各级高新区的核心载体作用。积极推进创新型产业集群和科技服务体系建设，明显增强园区的创新要素集聚能力，持续提高主导产业发展质量和持续竞争力。截止 2011 年底，中国国家高新区总数已达 88 家。国家高新区集聚了全国 50% 以上高新技术企业，已成长起一批竞争力强、市场占有率高的产业集群。区内企业研发投入占全国企业研发总投入的 35%，当年获得授权发明专利占全国企业的 50.7%。

稳步推进国家可持续发展实验区建设，探索不同类型地区经济、社会和资源环境协调发展机制与模式，分类提高了实验区可持续发展能力。积极支持创新型城市试点建设，初步形成了创新型城市试点建设工作的整体格局。加快推进“一城两区百园”一体化建设，进一步增强农业科技园区对现代农业的引领示范作用。深入推进实施“科技富民”强县专项行动计划，加强县市基层科技创新，逐步增强了全国基层科技创新能力。

当前，中国正处在全面建成小康社会的决定性阶段和深化改革开放、加快转变经济发展方式的攻坚时期，党的十八大提出要实施创新驱动发展战略。为此，我们必须按照创新驱动发展战略的总体要求，开拓创新、扎实工作，进一步推进区域和地方科技工作，加快区域创新体系建设，推动创新体系协调发展，提高国家创新体系整体效能，为建设创新型国家、全面建成小康社会做出新的更大贡献。

科学技术部部长

二〇一三年三月六日

目 录

上篇

第一章 区域科技工作的整体部署

第二章 部省会商进展与重点

第三章 重点科技工作

第七章 东北地区科技工作的进展与成就

第八章 华东地区科技工作的进展与成就

第十章　华南地区科技工作的进展与成就

第十一章　西南地区科技工作的进展与成就

第十二章　西北地区科技工作的进展与成就

上篇

2012

中国科学技术发展报告（区域专题报告 2012）

CHINA SCIENCE AND TECHNOLOGY DEVELOPMENT REPORT(REGIONAL REPORT 2012)

第一章

区域科技工作的整体部署

党中央、国务院高度重视区域发展。近年来，国家促进区域协调发展的政策力度持续加大，国家区域科技工作也紧密围绕国家区域发展战略部署，深入推进各具特色的区域创新体系建设。创新已经成为促进区域经济社会发展的核心驱动力量。进入“十二五”以来，按照《国家中长期科学和技术发展规划纲要（2006—2020年）》（以下简称“科技规划纲要”）和《国家“十二五”科学和技术发展规划》（以下简称“十二五”科技规划）对区域和地方科技工作的总体部署和战略要求，国家和全国各省市区继续立足地方特色和创新需求，加大科技投入，实施重大科技创新工程，深化东中西之间、省区之间的区域科技合作，促进地区间创新要素的流动与共享，推进地区传统产业转型升级，培育和壮大战略性新兴产业发展，在实施创新驱动战略应对国际金融危机的严峻挑战中走出了一条创新之路。

第一节 国家区域发展战略

一、总体部署

自1999年中央做出实施西部大开发的战略决策以来，中央不断丰富和完善区域协调发展的战略规划。在国民经济和社会发展“十二五”规划中，又明确提出了“实施区域发展总体战略，构筑区域经济优势互补、主体功能定位清晰、国土空间高效利用、人与自然和谐相处的区域发展格局”，并指出要“充分发挥不同地区比较优势，促进生产要素合理流动，深化区域合作，推进区域良性互动发展，逐步缩小区域发展差距”。

2010—2011年，国家继续围绕促进西藏、新疆等民族地区经济社会发展，深入实施西部大开发战略和国家海洋发展战略等区域协调发展战略规划，相继出台和批复了多个区域发展指导意见或规划。从这些文件可以看出：第一，国家宏观层面出台的若干区域发展文件，是各级政府制定区域发展规划的依据，也是国家推进人口、经济和资源环境相协调，加快转变经济发展方式，促进经济长期平稳较快发展和社会和谐稳定的根本战略举措，集中体现了区域协调发展战略，具有较强的政策导向性。这些规划或文件都明确了各地区的发展方向，优化了资源空间布局，为跨行政区层面和省级层面的区域发展奠定了基础。第二，这些促进区域间合作与交流的政策文件出台，促进了跨省级行政区多个省份共同参与合作，是对国家宏观层面战略规划的具体实践，具有较强的可操作性和现实性，在国家主体功能区规划的指引下，跨行政区的区域发展战略将会越来越多。

表 1-1　2010—2011 年国家出台或批复的区域发展指导性文件

序号	发布日期	文件编号	文件名称
1	2010.02.01	中发【2010】4 号	中共中央、国务院关于推进西藏跨越式发展和长治久安的意见
2	2010.02.21	国函【2010】5 号	关于皖江城市带承接产业转移示范区规划的批复
3	2010.03.15	国函【2010】26 号	国务院批复实施青海省柴达木循环经济试验区总体规划
4	2010.04.11	国办函【2010】62 号	支持西藏经济社会发展若干政策和重大项目的意见
5	2010.05.02	国办发【2010】29 号	国务院办公厅关于进一步支持甘肃经济社会发展的若干意见
6	2010.05.05	国函【2010】36 号	关于同意设立重庆两江新区的批复
7	2010.05.17	中发【2010】9 号	中共中央国务院关于推进新疆跨越式发展和长治久安的意见
8	2010.06.07	国函【2010】38 号	国务院关于长江三角洲地区区域规划的批复
9	2010.08.25	中发【2010】11 号	中共中央国务院关于深入实施西部大开发战略的若干意见
10	2010.08.31	国发【2010】28 号	国务院关于中西部地区承接产业转移的指导意见
11	2010.08.21	国函【2010】86 号	关于前海深港现代服务业合作区总体发展规划的批复
12	2010.12.21	国发【2010】46 号	国务院印发全国主体功能区规划的通知
13	2010.12.01	发改经体【2010】2836	国家发展改革委关于设立山西省国家资源型经济转型综合配套改革试验区的通知
14	2010.12.16	发改东北【2010】2950 号	国家发展改革委 国家林业局关于印发大小兴安岭林区生态保护与经济转型规划（2010—2020 年）的通知
15	2011.06.01	国发【2011】17 号	国务院关于促进牧区又好又快发展的若干意见
16	2011.06.08	国函【2011】61 号	关于国家东中西区域合作示范区建设总体方案的批复
17	2011.06.08	国函【2011】48 号	关于成渝经济区区域规划的批复
18	2011.01.04	国函【2011】1 号	山东半岛蓝色经济区发展规划
19	2011.01.26	国函【2011】12 号	国务院关于中关村国家自主创新示范区发展规划纲要（2011—2020 年）的批复
20	2011.02.25	国函【2011】19 号	关于浙江海洋经济发展示范区规划的批复
21	2011.03.04	国函【2011】22 号	国务院关于浙江省义乌市国际贸易综合改革试点总体方案的批复
22	2011.03.11		关于海峡西岸经济区发展规划的批复
23	2011.05.06	国发【2011】11 号	国务院关于支持云南省加快建设面向西南开放重要桥头堡的意见
24	2011.06.26	国发【2011】21 号	国务院关于进一步促进内蒙古经济社会又快又好发展的若干意见
25	2011.06.30	国函【2011】77 号	关于同意设立浙江舟山群岛新区的批复
26	2011.09.28	国发【2011】32 号	国务院关于支持河南省加快建设中原经济区的指导意见

续表

序号	发布日期	文件编号	文件名称
27	2011.09.27	国函【2011】102 号	国务院关于沈阳经济区新型工业化综合配套改革试验总体方案的批复
28	2011.11.11	国函【2011】133 号	关于河北沿海地区发展规划的批复
29	2011.11.18		关于平潭综合实验区总体发展规划的批复
30	2011.12.28	国函【2011】157 号	关于厦门市深化两岸交流合作综合配套改革试验总体方案的批复
31	2012.01.21	国发【2012】2 号	国务院关于进一步促进贵州经济社会又好又快发展的若干意见

注：对由不同单位发布的针对同一地区、内容相似的批复或规划，本表按照中发、国发、国函、发改的顺序选取第一个。

二、基本格局

区域发展总体战略不断完善，区域发展空间格局进一步优化。近两年来，国家出台的多个区域性政策文件、规划和综合配套改革方案，涉及东部、东北、中部和西部四大区域板块，全国 31 个省（不含港澳台）也均按照国家宏观区域发展战略制定了各自的区域发展规划性文件，政策差别化不断加大，措施针对性不断增强，进一步细化了中国区域经济发展版图，初步形成了纵横南北、贯通东西的区域共同发展战略格局。

中西部地区经济增长势头强劲。随着区域发展战略逐步完善，特别是对革命老区、民族地区、边疆地区和贫困地区政策支持力度不断加强，中西部地区经济增长速度落后于东部地区的格局自 2007 年始彻底得到扭转。2008 年以来，中西部和东北地区经济发展全面加速，西部、东北和中部地区生产总值增速已经连续 4 年超过东部地区。

表 1-2　2003—2011 年东部、中部、西部和东北地区经济增长速度　　单位：%

年份	东部地区	中部地区	西部地区	东北地区
2003	13.3	10.8	11.5	10.8
2004	14.4	13.0	12.9	12.3
2005	13.5	12.6	13.1	12.0
2006	14.2	13.1	13.3	13.5
2007	14.4	14.3	14.6	14.0
2008	11.1	12.2	12.4	13.3
2009	10.7	11.7	13.4	12.5
2010	12.3	13.8	14.2	13.6
2011	10.5	12.8	14.0	12.5

数据来源：2003—2012 年历年《国民经济统计年鉴》，国家统计局。

一批新的区域增长极不断涌现。在区域协调发展政策的强力推动下，重点地区经济增长速度明显高于所在省份及全国平均水平，新的区域增长极不断涌现，为有效应对国际金融危机添了新动力。例如，《珠江三角洲地区改革发展规划纲要》实施以来，珠三角经济支持广东经济社会发展加快回升向好，2010 年、2011 年全省地区生产总值同比增长分别为 12.2% 和 11%；《广西北部湾经济区发展规划》实施以来，已经连续 5 年地区生产总值增值超过 15%，2011 年达到 15.2%，比全国平均水平高出 6 个百分点。

区域合作广度和深度不断拓展。随着市场机制不断完善，区域间基础设施共建共享进程逐步加快，中西部地区承接东部沿海地区和国际产业转移深入推进，重点地区一体化进程迈出实质性步伐；区域间多种形式的经济协作与技术人才合作蓬勃开展，各地区的特色和比较优势得到充分发挥。

民族与边疆等特殊地区发展受到空前重视。加快革命老区、民族地区、边疆地区和贫困地区发展是中国区域协调发展的重点和难点，党中央先后召开新疆、西藏工作座谈会，研究制定了全方位扶持政策措施，对口支援西藏、新疆工作力度得到进一步加强。据统计，2010 年中央新疆工作座谈会后至 2011 年底，19 个援疆省市共组织实施援助项目 1627 个，投入援疆资金 153 亿元；17 个援藏省市共组织实施援助项目 740 个，投入援藏资金近 40 亿元，这些支援措施有力推动了当地经济社会快速发展，进一步促进了民族团结和边疆巩固。

第二节 国家区域科技工作整体部署与进展

国家科技宏观管理部门按照科技规划纲要提出的“建设各具特色和优势的区域创新体系”整体要求，充分结合区域经济和社会发展的特色和优势，进一步深化全国的区域与地方基层科技工作，紧紧围绕地区特色的创新体系建设与完善，加强区域产业创新基础能力和创新能力建设，东中西部地区各具特色的区域创新体系建设更加完善，推动区域经济社会全面持续发展的创新能力得到进一步提高。

一、加快东部地区提高原始创新能力和可持续发展能力

2010—2011 年，根据“十二五”科技规划部署，国家积极鼓励东部地区提高原始创新能力和可持续发展能力，着力培育产业竞争新优势，加快发展战略性新兴产业、现代服务业和先进制造业。

2011 年，科学技术部在东部地区共安排国家各类科技计划经费 180.86 亿元，占全国整体科技计划项目经费的 64%。

积极推动高新技术产业开发区和产业化基地建设和发展，促进产业优化升级。2010 年，推动泉州高新区升级为国家高新区，支持台商投资高新技术园区，加快建设海峡西岸经济区经济发展步伐；积极推动厦门高新区成为创新型园区，推进厦门高新技术产业和战略性新兴产业的培育与发展。

加快区域原始创新能力和可持续发展能力提升，促进产业竞争力提升。2010—2011 年，大力支持广东、浙江、江苏、青岛等国家技术创新工程试点省（市）建设；加大对北京中关村自主创新示范区建设的支持力度，加强山东半岛蓝色经济区、黄河三角洲高效生态经济区、珠三角地区“九市三圈”等若干重点地区科技工作；着力支持福建省加快建设海峡西岸经济区建设，突出区域特色优势，重点推进生物医药、新材料、新能源、海洋等领域重大关键共性技术研究和开发，培育和发展海洋药品、保健食品、海洋综合利用等战略性新兴产业。

推动区域科技合作，完善地区间科技合作机制。2010—2011 年，围绕推动和深化重点地区科技合作，继续加强长三角、京津冀和泛珠三角地区省际间科技合作，强化科技资源共享和科技联合攻关，指导组织开展了泛珠三角“十二五”科技发展规划工作；积极调动东部省市支持和开展对口援疆、援藏等中西部地区科技合作工作，促进和支撑了地区协调发展。

二、依靠科技促进中部地区发展现代产业体系

2010—2011 年，围绕建立创新型国家和实施中部崛起战略目标，国家通过科技计划的持续支持和政策引导，为中部地区崛起提供了重要科技支撑。2011 年，国家科技部在中部地区共安排国家各类科技计划经费 39.83 亿元，占全国科技计划项目经费的 14%。

加快战略性新兴产业和高技术产业发展，促进现代产业体系形成。积极支持中部六省承担国家重大科技专项工作，推动中部地区电子信息、先进制造、现代交通运输业、新药创制等领域优势产业发展，着力推动节能环保、新能源、新材料等战略性新兴产业的发展壮大，提升高新技术产业在经济总量中的比重，促进产业结构调整，推动经济转型发展。批复新建太原经济技术开发区新材料、九江玻璃纤维及复合材料、新乡新型电池及材料等 8 家国家高新技术产业化基地，加快高新技术成果的转化与产业化。

加快实施技术创新工程，推动区域创新体系建设。批复安徽省开展国家技术创新工程试点工作，推动中部地区产业技术创新战略联盟构建，大力推进创新型（试点）企业建设。同时，结合

部省会商工作，推进东湖国家自主创新示范区、合芜蚌自主创新综合实验区、长株潭“两型”社会实验区建设。继续围绕粮食丰产科技工程、能源原材料等特色产业基地建设，开展区域创新体系建设和完善工作，加强中部省份的创新服务平台建设，促进产业转型升级。

积极推动粮食丰产科技工程，促进中部地区现代农业发展。继续积极支持河南、江西、湖南等产粮大省实施粮食丰产科技工程，推动实施“杂交水稻规模化制种关键技术研究及产业化”等系列重大科技计划，对主要农作物新品种选育、强优势杂交种创制、杂交种制种关键技术以及产业化开发等领域进行了重点支持，推动中部地区现代农业快速发展。

三、发挥科技在西部大开发战略中的支撑作用

2010—2011 年，围绕建立创新型国家战略目标，积极整合资源、完善机制、夯实基础，有效发挥科技在西部大开发战略中的支撑作用。2011 年，科技部在西部地区共安排国家各类科技计划经费 41.89 亿元，占全国科技计划项目经费的 15%。

深入实施西部大开发战略，引导科技资源向欠发达地区流动。重点围绕新农村建设、生态环境恢复与重建、优势特色产业发展、公共服务能力建设、科技基础能力建设、科技金融、防震减灾等方面，采取政策推动、项目支持、对口支援、互动合作等方式，加强西部地区的科技工作。引导建立稳定的科技合作模式与机制，共同解决西部地区科技发展的重大共性问题。

加强西部地区科技基础条件平台建设，着力提高区域科技创新能力。进一步加强西部地区的国家重点实验室、国家工程技术研究中心、重大科学工程、野外观测台站等的条件平台建设工作，为西部经济社会和科技自身的发展提供支撑。同时，结合国家科技计划实施，在西部地区安排部署了一批科技项目，并由西部地区的高校或研究院所牵头承担项目研究，推动解决了从关键共性技术开发到成果推广转化的一系列技术问题，为西部地区资源优势转化、生态环境保护和民生发展提供了支撑。

加强对西部地区科技发展的指导和支持，促进重点地区创新发展。推进四川开展国家技术创新工程试点工作，促进军民融合创新体系发展；推动重庆统筹城乡科技改革与创新综合试验区建设；推动陕西关中—天水统筹科技资源改革试点和杨凌示范区建设；继续支持贵州省“贵遵毕”金三角、青海省柴达木循环经济试验区、云南省面向西南开放重要桥头堡建设等国家重点地区科技工作；探索秦巴山区科技扶贫新机制。加强对西部地区科技基础工作和特色区域创新体系建设，全面提高了科技支撑和引领区域发展的能力。

四、推进东北老工业基地产业创新发展

2010—2011 年，按照国务院进一步实施东北地区等老工业基地振兴战略的具体部署，积极推进科技工作开展，加强科技计划的持续支持和引导。2011 年，在东北地区共安排国家各类科技计划经费 19.87 亿元，占全国科技计划项目经费的 7%。

围绕优势产业，积极支持生物医药、新材料、新能源、装备制造等领域关键技术研发。积极加强沈阳机床集团、中国第一重型机械公司、沈阳鼓风机集团、齐重数控等一批行业龙头企业的科技竞争力。继续加大对油气勘探开发、集成电路、能源装备、网络信息安全、卫星遥感技术、空间技术、新材料、矿产资源的高效开发及综合利用等领域技术进步和产业发展的支持，为振兴东北地区等老工业基地提供重要科技支撑。

结合地区产业发展特色，推进区域创新体系建设。批复辽宁省开展国家技术创新工程试点工作，推动本溪生物医药、抚顺先进能源装备、阜新液压装备等 7 个基地成为国家高新技术产业化基地。推动产业技术创新战略联盟和面向企业的技术创新服务平台建设，有效支撑企业技术创新和转型升级，推动企业提升自主创新能力，促进新技术、新产品开发和成果转化。

依据独特地缘优势，加强对外科技合作。面向东北亚地区，支持国际科技合作基地建设。批复哈尔滨松北区、辽宁省大连医科大学附属第一医院、大连海事大学、大连工业大学为“国际科技合作基地”。批准在黑龙江、吉林、辽宁建立 3 个国家级对俄罗斯等独联体国家科技合作基地，加强科技支撑和引领吉林珲春等东北亚地区沿边开放实验区建设，有利推动东北地区“走出去”战略的实施，加快区域经济社会发展。

第三节
国家科技资源的空间分布

一、科技投入的空间分布

全国科技投入持续高速增长，并呈现出两个新特点：一是 2011 年 R&D 经费总支出达到 8687 亿元，仅次于美国和日本，位居第三位，R&D 经费与 GDP 之比再创新高，达到 1.84%；二是全国财政科技投入保持高增长态势，2011 年全国财政科技拨款总额达到了 4902.6 亿元，比 2010 年增加 788.2 亿元，增长 19.2%，财政科技拨款占国家财政支出的比重为 4.49%，继续保持

2000年以来的高增长态势。

表1-3 中国科技投入的增长情况

	2008年	2009年	2010年	2011年	2008—2011年增加量
国家财政科技拨款（亿元）	2581.8	3224.9	4114.4	4902.6	2320.8
占国家财政总支出的比重（%）	4.12	4.23	4.58	4.49	0.37
R&D经费（亿元）	4616	5800	7063	8687	4071
与国内生产总值之比（%）	1.54	1.7	1.76	1.84	0.30

数据来源：科技部发展计划司，2008—2012中国科技统计年度报告。

科技投入“东中西三个梯度”的空间集聚态势短时间内难有大的改善。2011年东部地区R&D经费内部支出占全国R&D经费内部支出总额的71.17%，而中部地区占全国的16.85%，西部地区占全国的11.98%，东部地区的比重比2008年下降约1个百分点，中西部地区的比重略有提高。虽然全国科技投入日益重视区域协调，但科技投入“东中西三个梯度”的空间集聚态势短时间内难以有大的改变。

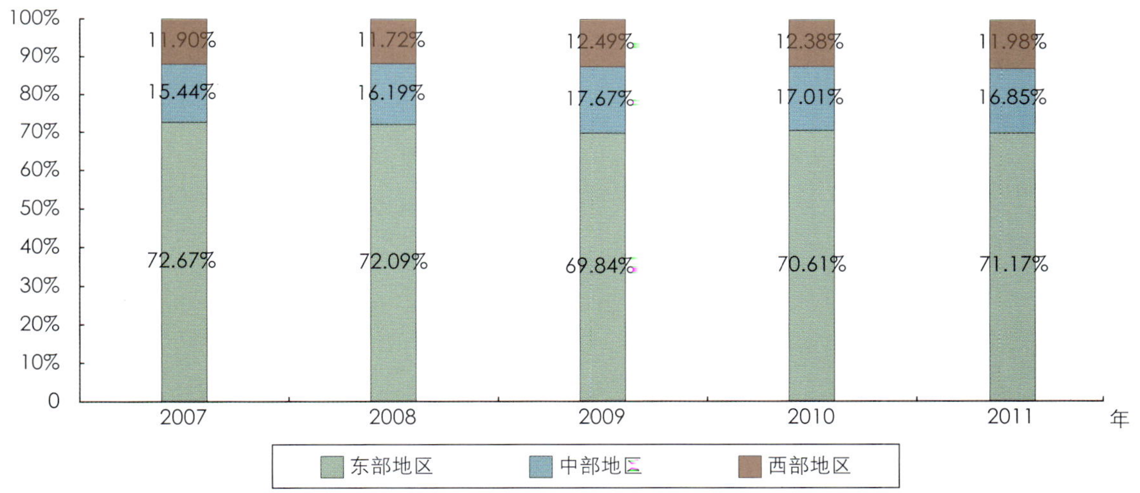

图1-1 东中西三个地带R&D经费内部支出比重变化

在R&D经费结构方面，企业已逐步成为各地区R&D活动的投入主体和执行主体。其中广东、江苏、浙江和山东等绝大多数地区企业在R&D资源配置中发挥着举足轻重的作用，形成了企业主导型创新模式。而北京、陕西和四川资源配置结构有所不同，知识创新和原始创新起主导作用。北京地区研究机构R&D经费约占到其总量的一半，形成了以科研院所为主导的研发体系。陕西和四川作为中国内陆地区的重要省份和军事战略要地，长期得到国家的重点支持和大量投入，逐步成为中国的科教大省和军工研发与制造基地，逐步培育形成了以学术部门（高等学校和研究机构）为主导的创新模式。2010 年陕西、四川学术部门 R&D 经费累计占到其总量的 60.9% 和 60.7%。

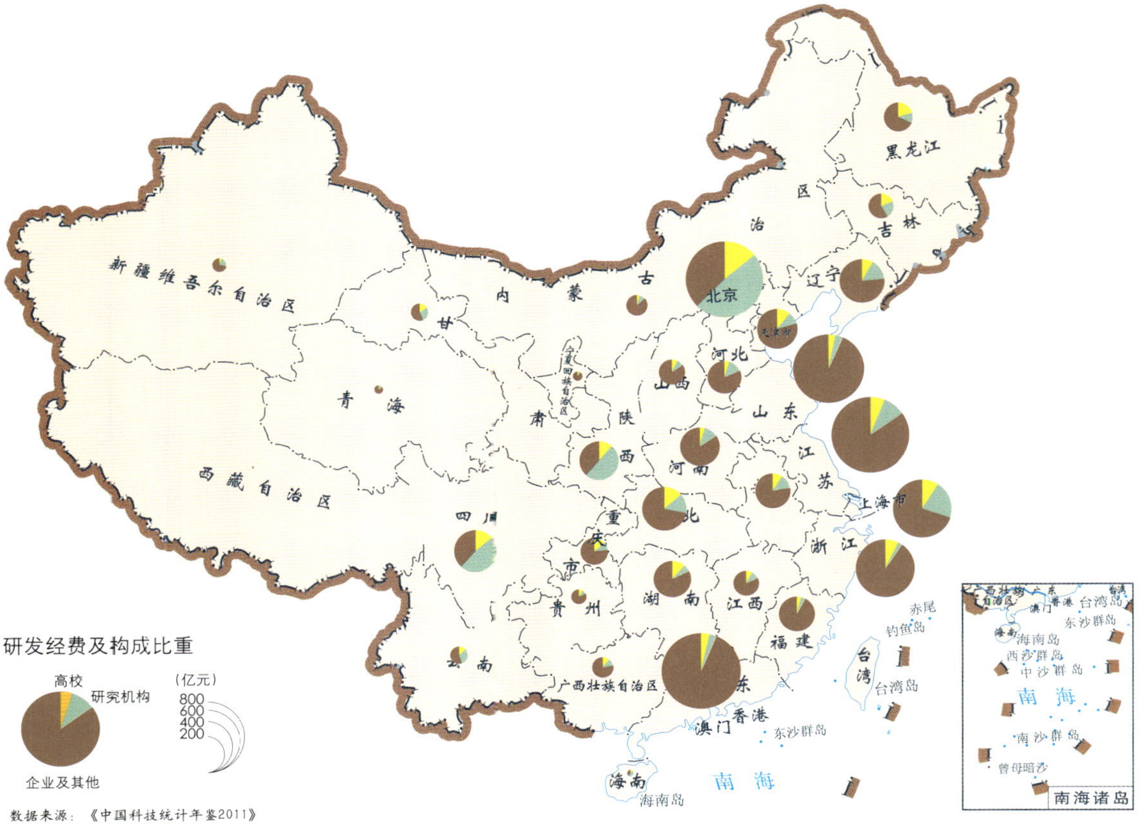

图 1-2 各地区 R&D 经费按主要活动部门分布（2010 年）

资料来源：中国科学技术发展战略研究院，《中国创新地图 2012》。

二、科技人力资源的空间分布

科技人力资源总量迅速增加，R&D 活动人员数量稳步提高。2011 全国 R&D 人员全时当量达到 288.3 万人年，比 2010 年（255.4 万人年）增加 32.9 万人年。R&D 人员数量达到 401.8 万人，其中，女性 101.7 万人，博士学历 23.2 万人，硕士学历 56.6 万人，本科学历 127.9 万人。

科技人力资源的空间集聚现象进一步加剧。2011 年东部地区研究与试验发展人员占全国的 67.02%，人才集聚比 2008 年进一步增强；而中部地区的比重为 20.64%，西部地区的比重为 12.34%，2008—2011 年间西部地区呈现研发人员流出现象。

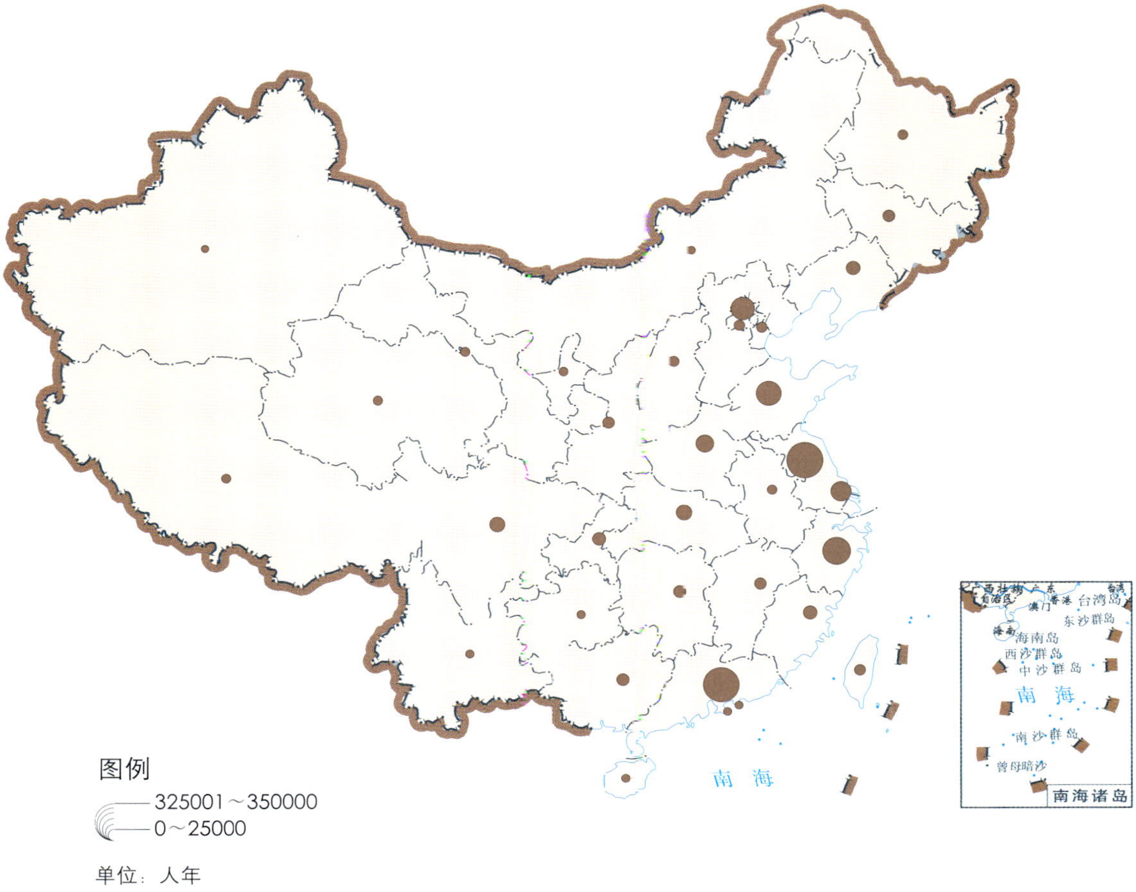

图 1-3 2010 年 R&D 人员全时当量空间分布

数据来源：国家统计局、科学技术部编，《中国科技统计年鉴（2010）》。

三、科技基础能力的空间格局

截至 2011 年底，正在运行的试点国家实验室 6 个，依托院校建设的国家重点实验室共 260 个，依托企业建设的国家重点实验室共 99 个，军民共建国家重点实验室 5 个，港澳国家重点实验室、伙伴实验室 14 个，省部共建国家重点实验室培育基地 105 个。

截至 2011 年底，共有国家工程技术研究中心 294 个，包含分中心在内为 307 个。这些中心分布在全国 29 个省、市、自治区（直辖市）。其中：北京市 62 个，山东省 30 个，江苏省 25 个，广东省 17 个，上海市和湖北省各 16 个，四川省 14 个，浙江省 12 个，湖南省和辽宁省各 11 个，重庆市 10 个，天津市和河南省各 9 个，安徽省 8 个，陕西省 7 个，黑龙江省和江西省各 6 个，福建省和新疆维吾尔自治区各 5 个，河北省、吉林省和甘肃省各 4 个，贵州省、广西壮族自治区和宁夏回族自治区各 3 个，云南省、海南省和内蒙古自治区各 2 个，青海省 1 个。东部地区 193 个，中部地区 60 个，西部地区 54 个，分别占工程中心总数的 62.87%、19.54% 和 17.59%。

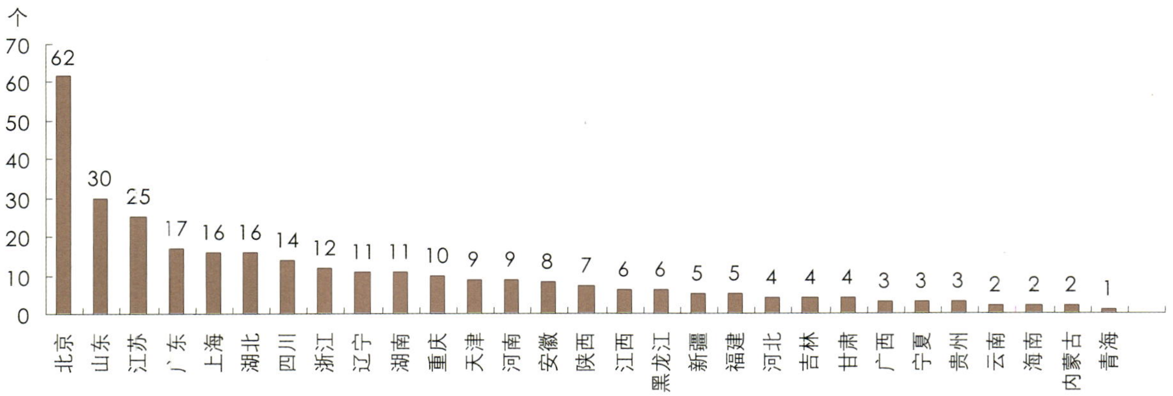

图 1-4　2011 年国家工程技术研究中心地域分布

数据来源：科技部发展计划司，国家工程技术研究中心 2011 年年度报告。

截至 2010 年，大型仪器共享平台共整合了分布在全国 7 大区域的单台套原值 50 万元以上的大型科学仪器 1.7 万台套，形成了全国大型科学仪器协作共用网；推进了 13 个大型科学仪器中心完善建设；整合了 47 座风洞、8 台大型天文望远镜等大科学仪器装备资源，推进了全国大型科学仪器、设备资源的开放共享。以现有的野外科学观测研究台站为基础，整合了 105 个野外科学观测研究台站，初步形成了生态系统、材料腐蚀、特殊环境和特殊功能等国家野外观测台站网络。自然科技资源平台、科学数据共享平台、科技文献平台、科技成果转化平台、网络科技环境平台整合了全国相关科技资源，支撑保障了全国科技创新和经济社会发展。

第二章 部省会商进展与重点

部省会商是科技部与省区(直辖市)政府共同推动地方科技发展，以科技创新促进区域经济社会发展的一项制度创新。会商搭建了部省双方在发展思路和战略部署等方面对接的平台，实现了国家和地方科技资源有效整合和最优配置，在地方经济社会发展和国家整体科技工作的部署与落实过程中发挥了重要作用。目前，已在全国 31 个省区市建立部省会商制度。

第一节 进展和成效

一、基本进展

2010 年以来，面对国际金融危机和国家经济结构调整，部省会商围绕国家区域发展战略，以推动区域产业结构调整为目标，以地方科技需求为基点，重点在战略性新兴产业、区域创新体系、生态环境建设、创新基地等方面，加强国家与地方的合作，推动中央与地方的协同创新。在实际工作中，部省会商突出了工作部署和总体思路的对接，突出了对地方科技工作的宏观指导，突出了创新体系和政策环境的建设，突出了完善制度和体制机制创新，使会商工作不但强调了通过项目实施推动科技创新，更强调了科技工作的整体推进和同地方经济社会发展的紧密结合。

自 2002 年开展部省会商以来，会商的范围不断扩大，从当初少数几个省份的试点，发展到覆盖全部 31 个省区市的良好局面，全面建立了部省会商合作机制。2002—2005 年是会商工作的“起步探索”阶段，科技部与辽宁、江西、上海、安徽、天津 5 个省市建立会商制度，共举行 11 次会商会议。2006—2011 年是会商工作的“快速发展”阶段，部省会商机制覆盖全国 31 个省区市，共举行 81 次会商会议。这期间，部省会商工作明确每五年签订一次会商制度议定书，根据上次会商任务落实情况，原则上每两年举行一次会商会议。进入 2012 年以来，部省会商步入“深化提升”阶段，与海南等 12 个省份举行了会商会议，与天津等 7 个省份续签了会商制度议定书。

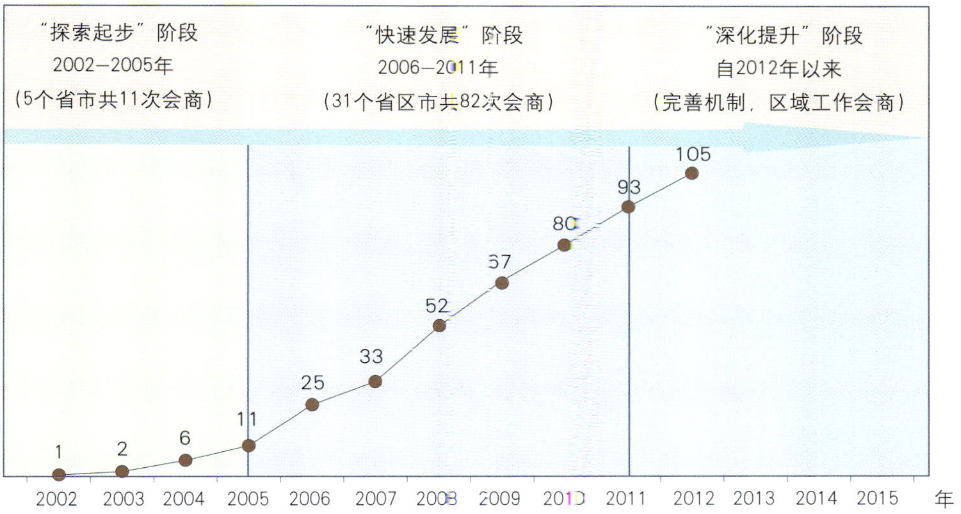

图 2-1 部省会商工作历程和进展情况

二、机制创新

◎ 进一步统筹中央与地方创新资源，推动协同创新机制的完善

科技部把部省会商工作作为一项全局性工程重点推进。支持落实部省会商确定的各项任务。在每次会商中都反复同地方沟通，认真研究地方提出的会商议题，落实对议题的支持措施，并从国家层面对地方发展提出指导性建议，从而确保了会商工作紧扣需求、措施到位、取得实效，实现了服务国家目标和支撑区域发展的有机统一。

地方领导对部省会商工作给予了高度重视和积极支持。大部分省市在会商后制定了相关的落实方案和实际措施，保证会商任务落到实处。不少省市把会商任务作为一把手工程，分工到相关部门进行督办。有的省市设立了专项资金，研究出台了专门的支持措施，在科技政策和投入上迈出了新的步伐。进一步加强部省会商工作，密切同地方政府的交流与合作，建立双方领导之间紧密的信息交流机制、完善高效的会商协调机制，加大国家和地方科技资源的统筹力度，在工作部署上、经费安排上、组织管理体系上切实把部省会商作为支撑科技工作的重要方面，形成国家和地方的合力，强化部省会商对构建创新型国家的平台和基础作用。

◎ 突出新形势下的科技需求，凝练会商主题

2010 年以来，为应对全球金融危机，发挥科技的引领作用，促进地区产业升级和结构调整，

部省会商依据国家区域发展的总体部署，根据每个地区的不同产业特点和科技需求，深入凝练会商主题，突出能够带动地方产业结构调整的重点，协调商讨共同提出重大科技合作项目。目前部省会商的内容主要是围绕地方经济社会发展中的重点问题，在新兴产业、农业与生态、区域创新体系建设、特色产业发展等领域，进行重点合作，因地制宜地推进以科技支撑地方经济社会发展，突出体现国家目标与地方特色相结合。

◎ 加强管理创新，不断完善体制机制

进一步加强了对部省会商的内涵、思路、重点、会商条件、工作程序等方面的统一。初步形成了部省会商的工作规范。以提高会商绩效为核心，按照国家宏观科技发展战略与区域布局以及部省会商工作的指导思想与定位，不断完善会商前期、中期和后期各个环节的相关机制设计。

三、主要成效

2010 年以来，实践表明部省会商工作在落实国家区域发展和创新型国家建设战略、有效解决地方经济社会发展重大问题、开拓地方科技工作新局面等方面取得了重要成效，成为加强地方工作的有效手段。

◎ 推动国家区域发展战略的实施

在深入落实国家的西部大开发战略方面，加强了对西部省区的重点支持，在科技工作的各个方面对西部予以倾斜。贯彻国家振兴东北老工业基地的战略决策，推动辽宁、吉林、黑龙江工业发展和产业升级，围绕长三角地区经济一体化发展的要求，推动了长三角地区科技创新体系的一体化。围绕国务院关于天津滨海新区建设的总体部署，与天津市在滨海新区共建了国家生物医药国际创新园，推动生物医药成为滨海新区的支柱产业。海峡西岸经济区、鄱阳湖生态经济区、曹妃甸科学发展示范区、黄河三角洲生态经济示范区等区域重点工作也都作为会商的重点内容得到有力推动。

◎ 支撑地方经济社会的发展

省部合力推动了一批国家和地方共同关注的重大科技项目的实施，使科技创新更有效地解决区域经济和社会发展中的重大问题并显现出成效。

◎ 促进国家与地方科技资源的集成

2007 年以来，对科技支撑计划的安排进行了大幅调整，使之成为主要支持地方重大项目实施的专项计划，以支撑地方经济发展。部省会商体现了全国科技发展的总体布局，优化配置了科技资源。结合国家的科技发展规划，针对地方的优势和特色，通过会商把重大的科技创新任务安

排到更有优势的地方实施，避免科技开发活动的低水平重复和国家、地方科技资源的分散使用与浪费，发挥了国家和地方的合力，提高了科技资源的使用效率。

◎ 加强国家重大科技措施在地方的部署和落实

增强了指导协调地方工作的效果。部省会商搭建了部省高层对话平台，加强了国家和地方科技发展思路和战略部署的紧密结合，系统推动了一批重大项目，正在成为统筹区域发展，引导和加强地方科技工作的重要抓手。部省会商成为进一步推动和落实国家重大科技措施的良好渠道，为在地方营造支持科技创新的良好环境，增强区域自主创新能力起到重要作用。

部省会商通过重大科技工作和项目的实施，有效推动了地方科技发展和区域创新体系建设。通过搭建与地方党委、政府沟通和互动的机制，部省会商还有力地推动了地方科技工作的创新和发展，使科技工作成为地方经济工作的重要组成部分，初步形成了大科技的工作格局。

第二节 部省会商重点工作

一、加大自主创新力度，支持东部地区率先发展

◎ 创新体系

支持北京市通过规划引导、组织协调、政策集成、资金支持、平台搭建、示范应用等，引导创新要素向企业聚集，推动企业成为创新主体，加快构建政产学研用相结合的技术创新体系。加快实施国家技术创新工程，进一步完善以企业为主体的技术创新体系。实施天津市科技小巨人成长计划。建设科技型中小企业孵化载体和技术服务体系，推进天津市科技金融创新，优化战略性新兴产业发展的融资环境，支持科技金融专营机构发展。支持上海开展科技金融创新试点，深入推进园区发展，把张江高新区建设成为国家自主创新示范区。培育和支持科技中介服务机构，建设上海技术交易中心。共同推进江苏科技体制改革，在深化南京国家科技体制综合改革试点的基础上，在江苏全省开展科技体制综合改革，加大创新政策突破力度，完善科技公共服务体系，建立产学研合作长效机制，推进科技管理创新，引导激励科教资源充分释放，为全国科技体制改革进行积极探索。推动浙江探索建立促进科技成果转化的机制和环境。充分发挥科技型中小企业众多、创新活跃、金融资源丰富、市场配置资源能力强的优势，探索民营资本与创新技术对接途径，

积极推动科技金融紧密结合，优化成果转化和技术转移环境，推动科技成果转化为现实生产力。在江苏建立中央和地方联合推动机制，加强实施国家科技重大专项的组织和工作协调，积极落实相关政策和配套条件，共同推进国家科技重大专项实施。

◎战略性新兴产业

支持北京市科研机构和企业承担重大专项任务，推动战略性新兴产业发展，建立健全统筹协调机制，优化配置科技资源。深化体制机制创新，加强政产学研用结合，组织“大兵团”联合攻关，在电子与信息、生物与医药、能源与环保、先进制造等领域突破核心关键技术，加快成果转化和产业化。支持上海继续做好“极大规模集成电路制造装备及成套工艺”专项的组织实施工作，统筹推进上海市牵头承担的重大专项任务的组织实施工作，充分发挥世博后续效应，加快培育战略性新兴产业。在新能源、新材料、电子信息等领域与河北共同推进战略性新兴产

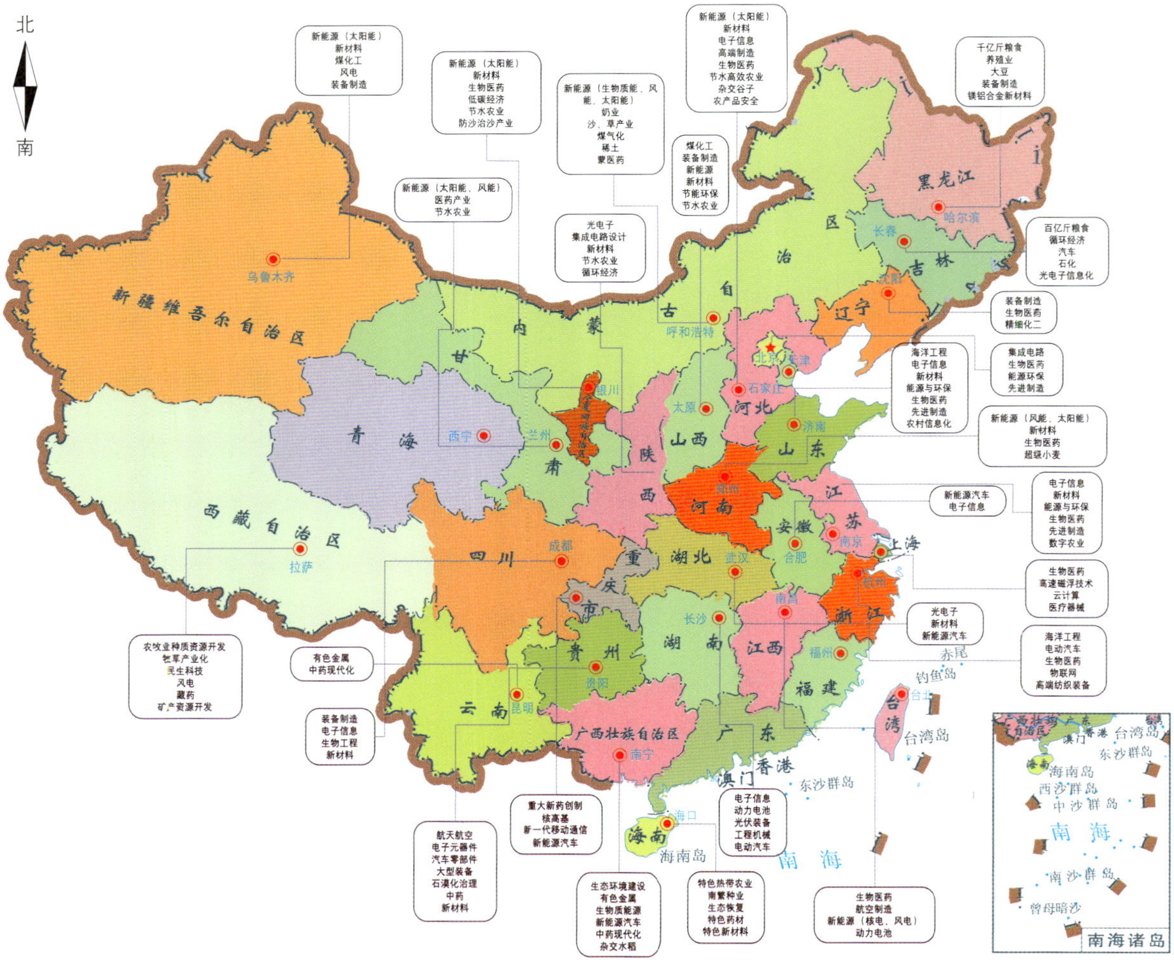

图 2-2　2010—2011 年部省会商重点领域空间分布

业发展，促进河北经济发展方式转变。实施好石家庄、保定“十城万盏”等新兴产业科技示范工程建设。围绕国家海洋经济发展战略部署，重点围绕深海战略、海洋监测、海洋工程和海洋生物资源利用，共同推进海洋高新技术应用与产业化，推动一批海洋高新技术企业发展与壮大，支持山东建设国家海洋高新技术产业化基地。落实国家海洋发展战略和国务院批复的《浙江海洋经济发展示范区规划》，加快推进海洋科技进步与创新，加强科技支撑引领浙江省海洋经济发展示范区和舟山群岛新区建设。浙江省把海洋科技创新及产业化发展作为科技发展战略重点，给予全方位支持共同推进研发机构、项目、人才和基地等科技资源向浙江尤其是舟山国家级海洋综合开发试验区集聚，加快国家海洋科技国际创新园建设，加强海洋产业技术创新战略联盟、科技公共创新平台、工程技术研究中心建设。支持江苏积极贯彻国家沿海开发战略，大力推动沿海开发，建设沿海科技走廊。

◎ 创新基地

增强中关村国家自主创新示范区体制机制创新的针对性和实效性，加强政策衔接和部门联动，深化先行先试的改革试点工作，总结推广股权激励、科技金融、工商管理、社会组织等改革试点经验。推动天津滨海新区国家863计划产业化伙伴城市（城区）试点工作，编制天津滨海新区国家863计划产业化伙伴城市（城区）试点工作方案。在上海推进基地、平台建设和完善，拓宽服务区域，提高服务能级。围绕国家目标，开展重要科学装置和设施的建设。共同支持上海建立国内规模最大、资源可共享的临床生物样本库，充分发挥其在新药研发和转化医学研究中的作用。以东海海底观测试验网工程为基础，共同推进海底观测网系统研究。与河北共同建设环京津高新技术产业带，促进京津冀区域科技创新。与山东共同推进临沂、泰安、枣庄高新区升级为国家级高新区。支持山东国家综合性新药研发技术大平台、国家创新药物孵化基地和新药密集区建设。共同推动浙江青山湖科技城建设。加强对青山湖科技城中长期发展战略规划制定工作的指导和帮助，支持浙江在北京等地办好科技城推介会，帮助引进国内外优质科技资源，共同将科技城打造成为国内外科技资源集聚区、科技改革试验区、技术创新源头区、高新企业孵化区和低碳经济示范区。积极推进中意纺织与新材料联合研究中心建设。

◎ 生态与可持续发展

在上海大力开展世博成果集成示范，结合崇明可持续发展实验区建设，探索低碳城镇示范。落实黄河三角洲高效生态经济区国家区域发展战略，与山东共同推进黄河三角洲高效生态经济区发展。重点围绕海南生态与环境保护、热带农林病虫害防治等领域的关键技术开展攻关和新产品开发，推动海南生态省建设。发挥海南丰富的光热资源、生物资源、矿藏资源和特色实验动物资

图 2-3 黄河三角洲高效生态经济区集约开发区产业布局图

源优势，共同推进海南优势资源开发和特色高新技术产业发展。

◎ 现代农业

与北京共同在农村科技管理体制改革、农业科技创新、农业科技金融、种业创制与交易、成果转化与产业化、农村信息化、现代农业物流等方面开展顶层策划，并在此基础上，共同研究制定国家现代农业科技城建设总体规划，依托首都优势资源，构建农业科技网络服务中心、农业科技金融服务中心、农业科技创新产业促进中心、良种创制与种业交易中心、农业科技国际合作交流中心等五个高端服务平台，为城乡统筹发展提供多元化的现代服务。在河北围绕华北水资源保护和综合利用，推进华北地区水资源利用关键技术的创新发展。推进杂交谷子的研究开发与产业发展。实施粮食丰产和科技富民强县工程。实施环京津农产品安全科技工程。围绕示范省建设开展顶层设计，开放国家级农村农业信息资源与山东共享，引导跨区域的农村农业信息化创新团队参与示范省建设，聚集农村农业信息化科研成果并辐射全国，共同推进山东国家农村信息化示范省建设。围绕海南特色热带优质高效农业、热带农产品保鲜及精深加工、无规定动物疫病示范区关键技术进行突破，共同推动海南农业科技和服务体系建设，推动国家南繁种业发展。

二、支持战略性新兴产业等优势产业发展，推动中部地区崛起

◎ 战略性新兴产业

围绕河南产业优势领域和优势地区，着力突破新能源、先进装备制造、新材料和生物医药等产业技术瓶颈，通过重大专项和重点科技计划项目的实施，着力培育和发展战略性新兴产业。在新型煤化工、装备制造、新能源、新材料、节能环保、生物医药、电子信息、特色食品等特色和战略性新兴产业领域，构建产业技术创新战略联盟。进一步加大对山西国家镁及镁合金基地、装备制造国际科技合作基地、中药现代化科技产业基地和中医药国际科技合作基地建设的支持力度，带动相关产业发展。围绕“数字湖南”建设、先进装备制造、生物医药、新材料核心技术研究，推进湖南特色战略性新兴产业发展。以推进“六个一”工程为抓手，加快培育和发展江西省大型直升机产业化、光伏、风能核电、新能源汽车及动力电池等战略性新兴产业发展。共同推进湖北武汉城市圈依靠科技创新，支持武汉城市圈的光电子、新材料、新能源、先进制造、环境与资源、现代农业和生物医药等领域的技术创新。加快经济发展方式转变和产业结构调整。培育和发展战略性新兴产业，加强安徽组织实施重大科技项目。继续推进创新型企业和知名品牌建设，加快研发平台建设，促进科技成果转化和产业化。

◎ 农业

以国家粮食生产核心区建设为重点，以提高农业科技创新和推广能力为目标，共同推动河南省农业科技进步。加快农业科技创新，提高生态环境建设科技支撑能力，共同推进山西特色现代农业产业技术体系和城乡生态化建设。推动湖南国家农业农村信息化科技示范省建设，支持湖南农业农村信息化科技示范省建设，加强指导，完善建设方案，支持关键技术研发与应用。共同推进湖北武汉城市圈新农村建设与现代农业发展。

◎ 区域创新体系

围绕国家创新体系建设整体布局及河南省“三体系一载体”部署安排，实施企业创新能力培育科技工程，建设区域创新体系，着力提高企业自主创新能力和产业核心竞争力，推动建设创新型河南。聚焦合芜蚌自主创新综合试验区，建立科技成果转化的体制机制。加强煤炭科技资源集成，共同推进山西区域科技创新体系建设。推动江西南昌、景德镇国家创新型试点城市建设，加快鄱阳湖生态经济区创新型城市建设进程。加大对井冈山科技扶贫工作和井冈山大学的支持力度，推进井冈山区科技创新服务体系及农业科技园区示范建设。培育和推进湖南益阳、衡阳高新区建设和升级。支持湖南开展科技和金融结合探索。支持湖北省新

建国家重点实验室、工程技术研究中心和示范基地的相关项目，对符合要求的优先考虑纳入相应支持渠道；继续通过相关渠道积极支持武汉国家生物产业基地技术创新园建设。支持湖北科技创业投资体系建设。积极推动包括银行贷款、资本市场、保险等领域的创新试点工作在湖北先行先试，共同推动和完善多元化的科技投融资体系；积极推动东湖新技术开发区进入代办股份转让系统。

◎ 资源环境

在山西加强煤炭及相关产业科技创新，共同推进山西新型能源和工业基地建设，共同推动煤炭资源高效安全绿色开采及清洁高效循环利用，构建山西特色循环经济发展技术模式。加强煤炭高效、集约、绿色、安全开采关键技术与配套装备研发。加强煤炭清洁高效利用和新型煤化工技术研发。围绕湘江流域、洞庭湖区的综合治理和资源利用，推进“两型社会”建设，积极实施湘江流域综合治理和保护。推进洞庭湖区域资源综合利用与生态发展。推进亚欧水资源研究和利用中心建设。为鄱阳湖生态经济区建设提供强有力的科技支撑。支持开展鄱阳湖生态经济区的关键技术开发。推动生态与低碳国际创新园建设。

图 2-4 武汉国家生物产业基地生物创新园展示中心

三、围绕生态环境建设和特色产业发展，推进西部开发科技支撑战略

◎ 生态

在贵州推动喀斯特石漠化生态脆弱区的可持续发展，开展漓江流域生态保护与旅游可持续发

展关键技术研究与示范，开展大石山区石漠化综合治理及抗旱综合技术研究。在广西开展北部湾生态环境保护利用研究。积极支持甘肃省循环经济试点省建设。与内蒙古共建“中国北方绿色生态屏障”，推进沙产业、草产业发展。在西藏推动生态环境建设和民生科技发展，加快新能源汽车示范推广；共同支持民生领域的技术创新，使现代科学技术更广泛地惠及藏区民众。

◎ 特色产业

发挥西部的资源优势，共同推进贵州、云南、广西、西藏、内蒙古的有色金属、中药、特色动物资源开发建设。以边境县市为重点，加快培育新疆县域特色支柱产业，促进新疆的稳定与发展，推动内蒙古、新疆、云南、广西等边境地区区域国际合作交流与技术转移平台建设。

◎ 促进军民融合创新体系发展

发挥西部军工优势，加强绵阳科技城建设，推进陕西、贵州航空航天、电子元器件、关键汽车零部件和基础零部件、大型装备的研制和产业化，创新军民合作体制与机制，建立科技成果转化及产业化平台，共同开展先进制造关键共性技术的攻关，打造先进装备制造业基地。统筹军民科技资源改革试点，加强科技资源的整合共享。

◎ 战略性新兴产业

围绕西部地区的优势领域，重点在重庆、四川深入实施技术创新工程，培育具有区域特色的战略性新兴产业。利用西部地区丰富的可再生资源，在甘肃、宁夏、新疆、内蒙古等地区共同推进新能源基地建设，积极推进风能、太阳能综合利用、新能源材料产业基地建设，发展以低碳排放为特征的环保节能技术，提升新材料产业技术水平。大力开展可再生能源转化利用研发，满足未来经济发展对新能源的需求。

◎ 创新体系

与西部各地区合作，加强科技创新基地建设，全面提升自主创新能力。加强国家研发基地建设，推动产业园区升级，深化科研院所改革，加强国际科技合作基地建设。深化科技投融资体系建设，推动科技金融合作试点。在创新型企业建设、产业技术创新战略联盟构建和发展、技术创新服务平台、体制机制创新、技成果转化和产业化、具有区域特色的创新体系建设等方面加强合作。

◎ 农业

与四川合作加强科技对灾后重建和城乡统筹发展的支撑。与陕西共同推进杨凌示范区建设，推动传统农业向现代农业转变。与甘肃、宁夏共同推进干旱半干旱区现代农业发展和重点生态区恢复重建，加快现代农业发展和生态环境治理。与西藏、内蒙古共同推动农牧业科技发展，增加农牧民收入。加快农牧业科技创新，推动百亿斤粮食丰产工程和千万吨绿色畜产品安全生产工程。

四、发展循环经济和生态修复，推动东北老工业基地可持续发展

◎循环经济

在黑龙江推进生态环境与资源综合利用领域的科技进步。围绕煤炭、森林、石油等资源型开发城市生态修复，大小兴安岭生态功能区构建，松花江、界河等重点流域水污染综合治理与生态系统保护，加强生态修复与环境保护的技术开发与示范，使生态环境恶化趋势得到基本遏制。促进松嫩平原退化及盐碱化草地功能保护及恢复。在吉林推进节能减排工作，促进循环经济发展。开展节能环保汽车示范运行。推动混合动力、纯电动汽车和新型锂离子电池及电池材料的研发与产业化。积极开发新能源，推动大型工业企业节能减排，促进经济的可持续发展。

◎农业

推进黑龙江实施“千亿斤粮食生产能力战略工程”，开展高效养殖业关键技术集成与产业化示范，构建大豆产业技术创新战略联盟。加快吉林农业科技创新，推进增产百亿斤粮食工程。推动沈阳辉山农业高新技术园区建设。

◎高新技术产业与新兴产业

推进哈大齐国家级高新技术产业开发带建设，推动长（春）—吉（林）—图（们江）区域高新技术产业发展，积极推动辽宁开展国家技术创新工程工作。

第三章 重点科技工作

统筹多方创新资源推进区域创新体系建设是创新国家建设的重要途径。两年来，国家科技宏观管理部门着力结合不同地区经济社会发展特点与重大科技需求，通过体制机制创新，调动全国多方科技力量加大对西藏、新疆等民族地区的对口支援力度，引导科技资源向欠发达地区流动，开创“大科技”援藏、援疆新格局；充分发挥科技园区在区域创新中的辐射带动作用，扎实推进国家农业科技园区、县市基层科技工作。

第一节 高新区和国家自主创新示范区

一、高新区建设总体进展

◎ 高新区升级工作步伐加快

2011 年是中国国家高新区建设 20 周年。自 1991 年建区以来，国家高新区在发展高新技术产业，提升企业自主创新能力等方面取得了巨大的成绩；尤其是“十一五”期间，国家高新区建设本着“营造创新创业环境，集聚科技创新资源，提升自主创新能力，培育自主创新产业，辐射带动区域发展”的宗旨，进一步优化了高新区的创业环境，丰富了高新区的创新资源，改善了高新区企业的自主创新能力，使得中国高新区企业的国际竞争力不断增强，推进了高新区“二次创业”。2009 年中国启动了省级高新区升级为国家高新区的工作。两年来，按照“坚持原则、积极审慎、以升促建、加强指导、择优选择、区域平衡、完善指标、科学评估”的原则，进一步加快了高新区的升级转化步伐，2011 年底中国国家高新区总数达到 88 家，比 2009 年（56 家）增长了 57.1%。从各省国家高新区数量变化来看，2010—2011 年国家高新区增加数量最多的为山东省和广东省，均新增 3 个国家高新区。从 2011 年国家高新区的总量上来看，广东、江苏、山东三省仍为国家高新区分别较为集中的省份，2011 年广东省国家高新区为 9 个，山东省为 8 个，江苏省为 7 个，远高于其他省份。2011 年，随着高新区升级步伐的加快，除西藏自治区之外，其他省份均至少有一个国家高新区，其中宁夏回族自治区和青海省是近两年首次成立国家高新区的省份。随着高新区升级步伐的加快，国家高新区在增强高新技术研发、科技成果转化、区域产业集群培育等方面取得了明显成效。

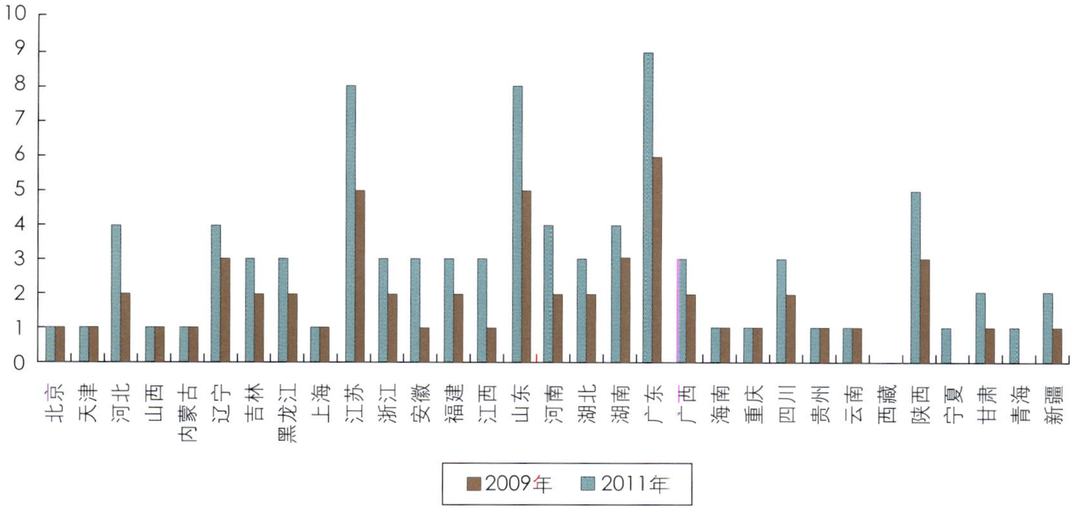

图 3-1 各省国家高新区数量（2009 年和 2011 年）

◎ 省级高新区建设不断加强，数量逐渐增加

当前，各地区进一步推进地方高新技术产业发展，不断加强省级高新区建设，2011 年，中国省级高新区总数量超过 110 家，依然主要集中在江苏、浙江、山东等东部沿海城市。同时，由于近两年省级高新区升级步伐加快，部分省份所有省级高新区均转为国家高新区（如四川省）。因此，不同省份近年来省级高新区数量和省级高新区所属领域均有较大变化。从各个省份高新区所涉及的主要产业领域来看，主要以电子信息、光机电一体化 新材料、生物技术、新能源及节能这几类产业为主，少数省级高新区也涉及航空航天、核应用等高新科技产业。

表 3-1 2011 年中国省级高新区分布情况

省份	省级高新区所属地区	数量	产业主导领域
北京		0	
天津	滨海	1	电子信息、生物技术、新能源及节能
河北	承德、沧州	2	光机电一体化、新材料
山西	长治	1	光机电一体化
内蒙古	阿拉善盟阿左旗乌斯太镇、赤峰市红山区、赤峰市元宝山区、蒙西、呼和浩特、土左旗、呼伦贝尔牙克石市、鄂尔多斯	8	电子信息、光机电一体化、新材料、生物技术、新能源及节能、航空航天
辽宁	沈阳、大连、鞍山、本溪、辽阳、营口、抚顺、锦州、阜新、铁岭、朝阳、葫芦岛、绥中	13	电子信息、光机电一体化、新材料、生物技术、新能源及节能、环境保护、航空航天

续表

省份	省级高新区所属地区	数量	产业主导领域
吉林	长春、通化	2	电子信息、光机电一体化
黑龙江	牡丹江、佳木斯	2	生物技术、新能源及节能
上海	张江、漕河泾园、金桥园、闸北园、嘉定园、青浦园、杨浦园、徐汇园、闵行（莘庄）园、长宁园、虹口园、松江园	12	电子信息、光机电一体化、新材料、新能源及节能、航空航天
江苏	连云港、镇江、南通、扬州、盐城、海安、常熟、徐州、吴江、如皋	10	电子信息、光机电一体化、新材料、生物技术、新能源及节能、环境保护、核应用
浙江	温州、嘉兴、湖州、金华、衢州、台州、上虞、新昌、余杭、萧山、舟山、德清、嵊州、海宁、柯桥、秀洲	16	电子信息、光机电一体化、新材料、生物技术、新能源及节能、环境保护
安徽	合肥、芜湖、蚌埠、马鞍山、铜陵、池州、马鞍山慈湖	7	电子信息、光机电一体化、新材料、生物技术、新能源及节能
福建	三明、莆田、南靖	3	电子信息、光机电一体化、新材料、生物技术、新能源及节能
江西	南昌、景德镇、新余、上饶、丰城、鹰潭	6	电子信息、光机电一体化、新材料、生物技术、新能源及节能、环境保护、航空航天
山东	东营、莱芜、泰安、禹城、枣庄、即墨、菏泽、嘉祥、文登、聊城、日照、滨州	12	电子信息、光机电一体化、新材料、生物技术、新能源及节能、环境保护
河南			
湖北			
湖南	衡阳（2012年升级为国家级高新区）	1	电子信息、新材料、新能源及节能、核应用
广东			
广西			
海南			
重庆			
四川		0	
贵州	黎阳	1	光机电一体化、新材料、新能源及节能
云南	大理、玉溪、昆明	3	电子信息、光机电一体化、新材料、生物技术、新能源及节能
陕西	安康	1	电子信息、生物技术、环境保护
甘肃	金昌、酒泉	2	新材料、新能源及节能
青海		0	
宁夏	银川、石嘴山	2	电子信息、光机电一体化、新材料
新疆	库尔勒、库车、奎屯、克拉玛依、石河子	5	新材料、新能源及节能
西藏		0	

说明：河南、湖北、广东、广西、海南、重庆等省份未能得到准确数据，北京、西藏、四川、青海等省份和地区没有省级高新区。

◎ 实现从要素聚集到产业主导的转变，迎接创新突破新阶段

中国高新区发展从最初的要素聚集到产业主导，再到创新突破，已经逐渐完成了前两个阶段的主要任务，未来高新区发展重点为创新突破。中国高新区建设20年来，通过优惠政策吸引人才、资本、技术等要素进入高新区，通过外力驱动形成有效生产力，逐渐发展起一批具有活力的科技园区。随着高新区建设的不断发展，园区之间的交流与合作越来越重要，北京、天津等多个地区均大力推动"一区多园"，加强各开发园区的相互耦合，实现资源共享、优势互补，高新区逐渐形成稳定的主导产业和完善的产业链，并逐渐走向创新突破的新阶段。未来，随着中国企业自主创新能力的不断提高，高新区内主导产业的发展质量及其持续竞争力也将得到进一步提高，各类创新活动（主要为技术创新和制度创新）将会进一步对高新区的发展质量和发展水平起到决定性作用。

二、国家高新区的创新活动

◎ 科技活动经费投入情况

2011年，国家高新区企业用于科技活动的经费支出明显增加。高新区科技经费内部支出总计为4052.0亿元。从中国不同地区国家高新区2011年科技活动经费内部支出排序可以看出，国家高新区科技活动经费内部支出最高的为北京市，2011年科技活动经费内部支出为675.81亿元，其次为广东省（556.51亿元）、上海市（293.99亿元）和江苏省（293.45亿元）。科技活动经费内部支出最低的为青海（0.94亿元），其次为宁夏（1.50亿元）、海南（5.33亿元）和新疆（8.78亿元）。

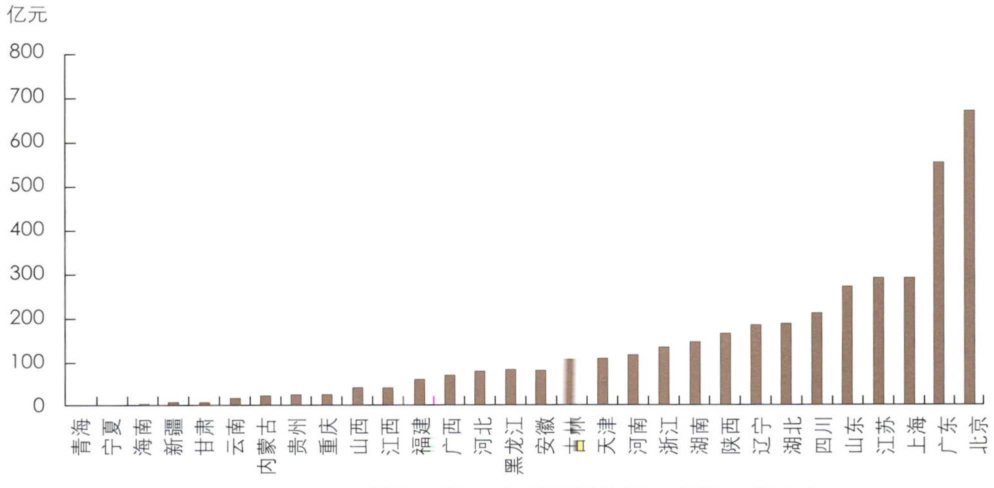

图3-2　2011年不同地区国家高新区科技活动经费内部支出

数据来源：《火炬年鉴》2012。

2011 年中国经核算的高新区企业 R&D 内部经费支出总计 2269.0 亿元。从图 3-3 可以看出，广东省国家高新区的 R&D 经费内部支出为全国最高，2011 年达到 381.68 亿元，其次为北京(315.24 亿元)、山东(192.00 亿元)和江苏(169.93 亿元)。而青海省国家高新区的 R&D 经费内部支出最低，2011 年仅为 0.25 亿元，其次为宁夏（0.52 亿元）、甘肃（2.55 亿元）和新疆（3.17 亿元）。

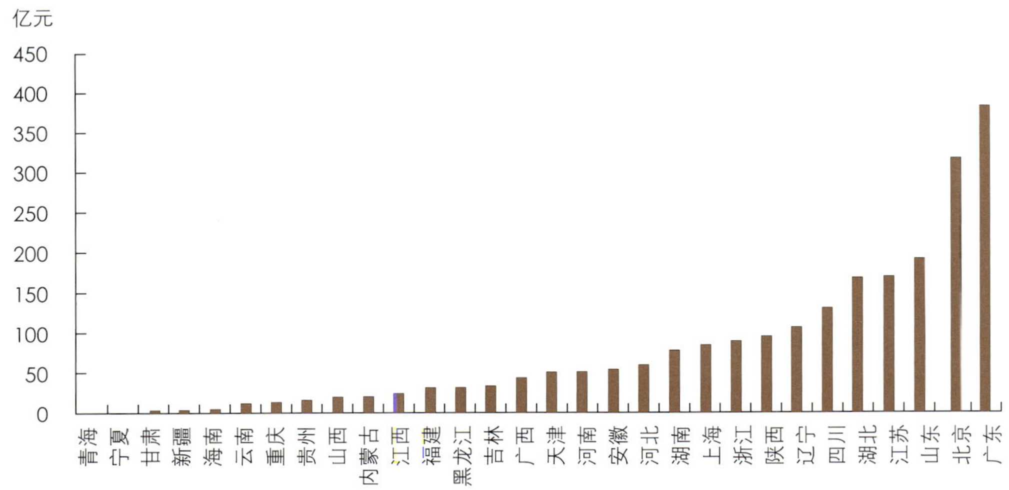

图 3-3　2011 年不同地区国家高新区 R&D 经费内部支出情况

数据来源：《火炬年鉴》2012。

◎ 科技人员投入情况

2011 年，88 家国家高新区的 57033 家企业共有从业人员 1073.6 万人，2010 年从业人员总数为 960.30 万人，从 1991 年至 2011 年底，就业人数的年均增长率为 24.3%。从学历看，具有大学本科、硕士研究生、博士研究生学历人员分别为 275.8 万人、46.0 万人、5.4 万人，大专以上学历人员总计 548.0 万人，占高新区从业人员总数的 51.0%。从职称看，国家高新区拥有中高级职称人员达 137.1 万人，占从业人员总量的 12.8%。国家高新区共吸引了 5.3 万名留学归国人员回国创业，引进外籍专家 1.2 万人，外籍常驻人员 4.2 万人。2011 年，国家高新区吸纳了 44.1 万名应届高校毕业生。2011 年，国家高新区从事科技活动的人员超过 203.3 万人，比上年多出 33.4 万人，科技活动人员占到高新区从业人员总数的 18.9%。

从区域分布情况来看，中国不同地区国家高新区年末从业人员总数数量最多的为广东省，达到 139.33 万人，其次为北京（138.49 万人）、江苏（112.61 万人）和山东（80.11 万人）。宁夏从业人员数量最少，为 0.76 万人，其次为青海（0.97 万人）、海南（3.04 万人）和新疆（5.40 万人）。

图 3-5 显示了中国不同地区国家高新区科技活动人员数量的分布情况。从图中可以看出北京市国家高新区科技活动人员数量相对较高，共有 30.12 万人，占全国国家高新区科技活动人员总数的

17%。其次为广东（23.69 万人）、江苏（12.87 万人）、湖北（10.72 万人）。宁夏国家高新区科技活动人员数量最少，仅有 0.03 万人，其次为青海（0.04 万人）、海南（0.20 万人）和新疆（0.33 万人）。

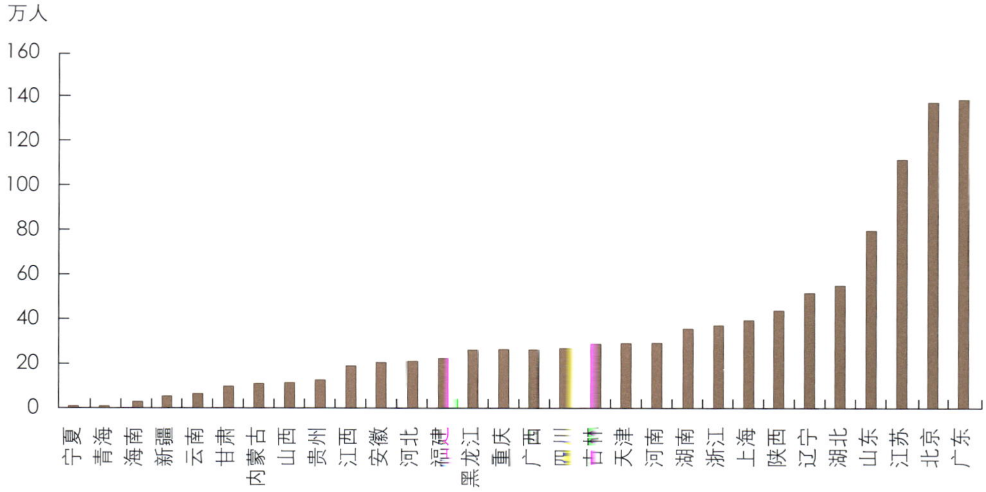

图 3-4　2011 年不同地区国家高新区年末从业人员数量

数据来源：《火炬年鉴》2012。

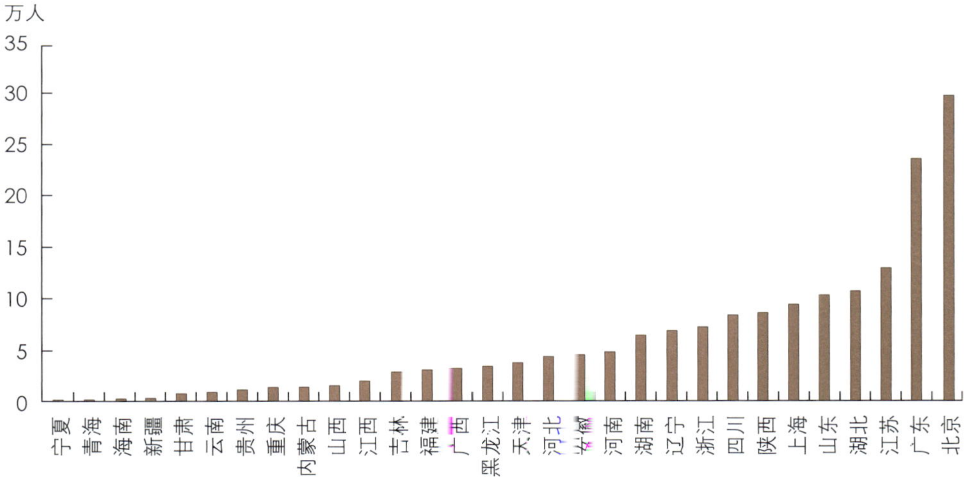

图 3-5　2011 年不同地区国家高新区科技活动人员数量的分布情况

数据来源：《火炬年鉴》2012。

图 3-6 显示了 2011 年中国不同地区国家高新区从业人员中大专以上人员数量，从图中可以看出北京市高新区从业人员文化程度相对较高，共 95.59 万人为大专以上文化程度，占总从业人员的 17.46%。其次为广东（63.20 万人）、江苏（32.30 万人）和山东（37.36 万人）。同时，宁夏国家高新区从业人员中大专以上文化程度的较少，共 0.14 万人为大专以上文化程度。青海大专以上文化程度的从业人员数量也较少，为 0.33 万人。海南省国家高新区大专以上从业人员共 0.99 万人，云南则为 2.76 万人。

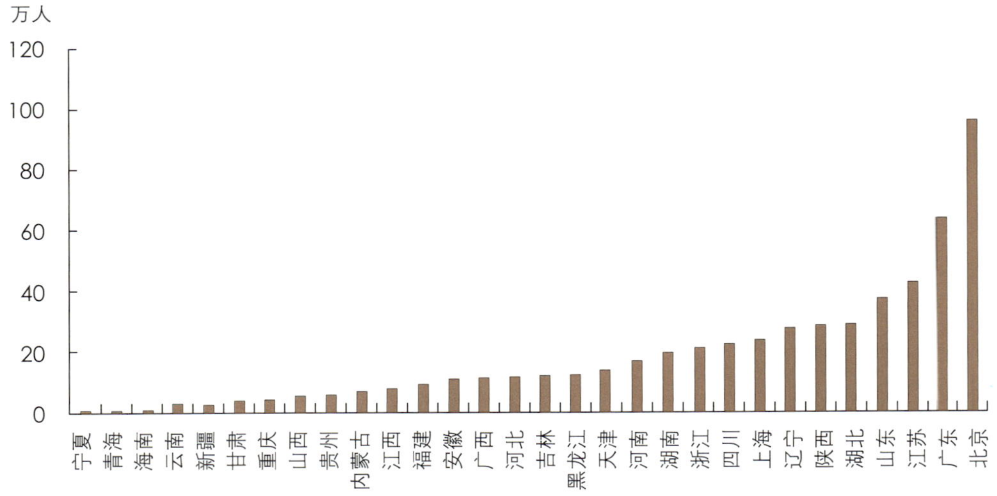

图 3-6 2011 年不同地区国家高新区大专学历以上从业人员数量

数据来源：《火炬年鉴》2012。

图 3-7 显示了中国不同地区国家高新区中高级职称人员数量。从图中可以看出，北京市国家高新区从业人员中拥有中高级职称的人员数量最多，达到 20.90 万人，其次为广东（18.35 万人）、陕西（10.40 万人）和山东（9.48 万人）。相对拥有中高级职称较少的省份为宁夏（0.02 万人）、青海（0.11 万人）、海南（0.14 万人）和新疆（0.54 万人）。

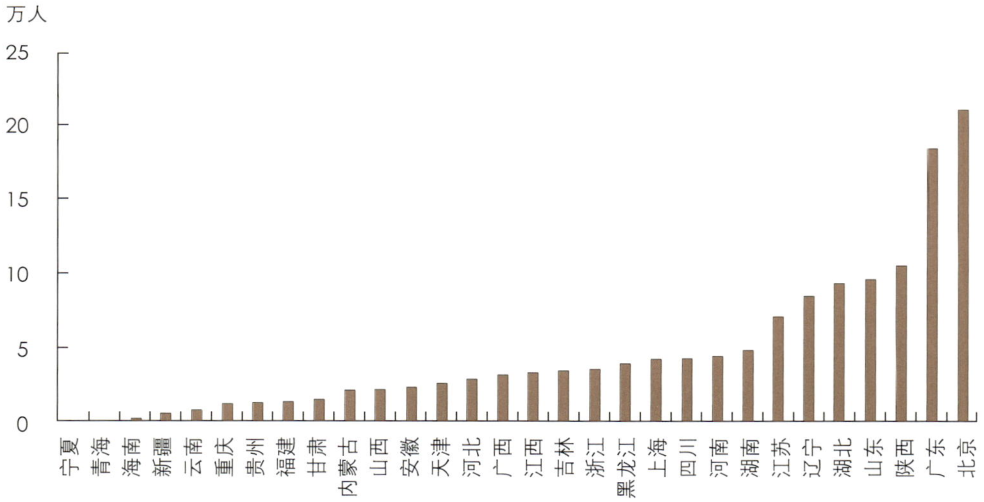

图 3-7 2011 年不同地区国家高新区中高级职称人员数量

数据来源：《火炬年鉴》2012。

◎科技活动产出情况

2011 年，88 家国家高新区新产品产值达到 35261.7 亿元，新产品销售收入为 34581.5 亿元，新产品销售收入占高新区产品销售收入的比重为 32.6%。2011 年高新区内企业技术性收入达

9284.4 亿元，占营业总收入的 7.0%。技术性收入中，企业技术转让收入 176.0 亿元，占 1.9%；技术承包收入 2053.4 亿元，占 11.2%；技术咨询收入 4544.3 亿元，占 48.9%；技术委托收入 522.7 亿元，占 5.6%。

近两年来，国家高新区科技活动产出数量不断增加，由科技活动产出所带来的经济效益也不断增长。2011 年国家高新区共统计主要产品 65787 项，其中 9810 种产品拥有发明专利，15056 种产品拥有实用新型专利，1778 种产品拥有外观设计。发明专利产品所产生的工业产值达到 20757 亿元，销售收入达到 21549 亿元，出口创汇 686 亿美元。实用新型专利产品所带来的工业总产值达到 21691 亿元，销售收入达到 20887 亿元，出口创汇 436 亿美元。外观设计产品所带来的工业产值达到 2938 亿元，销售收入达到 2940 亿元，出口创汇 53 亿美元。

表 3-2　2011 年国家高新区科技活动产出

专利类型	产品种数	工业总产值（亿元）	销售收入（亿元）	出口创汇（亿美元）
发明	9810	20757	21549	686
实用新型	15056	21691	20887	436
外观设计	1778	2938	2940	53
总计	65787	79323	78640	2112

数据来源：《火炬年鉴》2012。

三、国家高新区的经济发展

2011 年，88 家国家高新区上报统计的企业总计 5.7 万家，净利润 8484.2 亿元，出口总额 3180.6 亿美元，上缴税额 6816.7 亿元。其中，工业增加值占同期全国第二产业增加值的比重达到 12.3%，再创历史新高。国家高新区的经济发展速度超过第二产业总体的发展速度。

◎ 整体发展状况

从国家高新区企业发展情况来看，中国高新区企业数量逐年增加。2011 年国家高新区企业总数达到 5.7 万家。其中，收入小于 500 万元的企业与收入在 1000 万～1 亿元的企业数量较多，分别为 20467 家和 20541 家。收入大于 1 亿元的企业数量居中，共 10371 家，而收入在 500 万～1000 万元的企业数量最少，为 5654 家。就年末从业人数来看，收入大于 1 亿元的企业所吸纳的就业人员最多，达到 832.84 万人。

表 3-3 国家高新区企业数量及年末从业人员数量（2011 年）

企业分类	企业家数量（家）	年末从业人员数量（万人）
收入≥ 1 亿元	10371	832.84
1000 万元≤收入 <1 亿元	20541	189.62
500 万元≤收入 <1000 万元	5654	19.68
收入 <500 万元	20467	31.50
总计	57033	1073.64

数据来源：《火炬年鉴》2012。

从企业所涉及的技术领域来看，国家高新区企业所生产产品主要为电子与信息、生物技术、新材料、光机电一体化、新能源及高效节能技术、环境保护技术、航空航天技术、地球空间海洋工程、核应用技术这九大领域。2011 年，国家高新区企业的产品中，电子与信息领域最多，为 22421 个，占产品总数的 34.08%。其次为光机电一体化领域，企业产品达到 13220 个，占产品总数的 20.10%。相对而言，航空航天技术领域、地球空间海洋工程领域、核应用技术领域企业产品数量相对较少，分别为 491 个、131 个和 124 个。

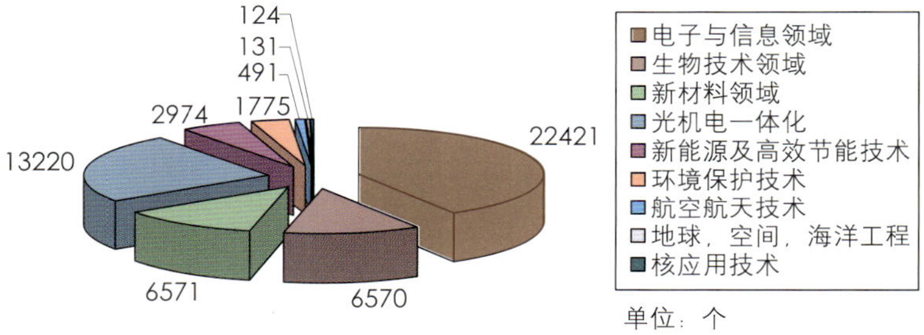

图 3-8 国家高新区企业产品所涉及的技术领域（2011 年）

数据来源：《火炬年鉴》2012。

“十一五”以来，中国国家高新区企业经济增长迅速，工业增加值领先于全国水平。2005 年国家高新区企业总收入为 34415.6 亿元，2010 年则达到 105917.3 亿元，年均增长速度为 25.2%。2005 年高新区企业工业总产值达到 28957.6 亿元，2010 年为 84318.2 亿元，年均增长速度达到 23.8%。2005 年高新区企业工业增加值为 6820.6 亿元，2010 年为 21410.0 亿元，年均增长达到 25.7%。从图 3-9 可以看出，无论是总收入还是工业总产值或是工业增加值，从 2005 年起至 2010 年一直处于稳定增长的态势，即使是 2008 年国际金融危机期间，高新区企业的经济增长也保持了较好的发展趋势。2011 年国家高新区企业总收入达到 133425.1 亿元，工业总产值为 105679.6 亿元，工业增加值达到 27151.9 亿元，实现了进一步的增长。

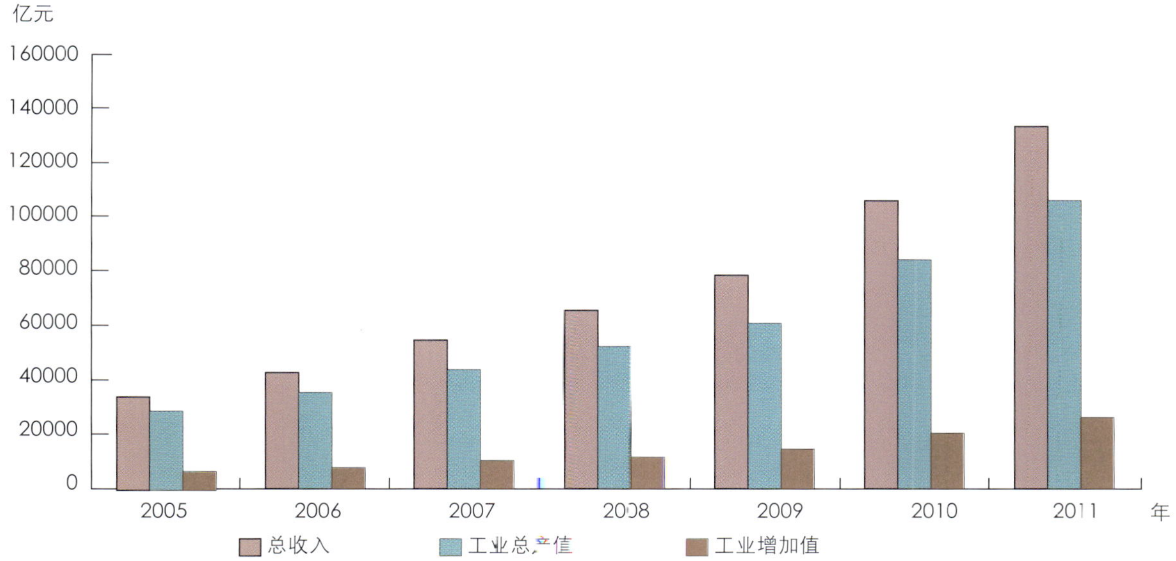

图 3-9 国家高新区企业经济指标变化情况（一）

数据来源：《火炬年鉴》2012。

“十一五”期间，中国国家高新区企业净利润、上缴税额以及出口创汇也逐年增加，且增速较快。从图 3-10 可以看出，2005 年高新区企业净利润为 1603.2 亿元，2010 年达到 6855.4 亿元，年均增加速度为 33.7%，增长速度非常快。2005 年高新区企业上缴税额为 1615.8 亿元，2010 年达到 5446.8 亿元，年均增长速度达到 27.5%。2005 年高新区企业出口创汇为 1116.5 美元，2010 年达到 2648.0 亿美元，年均增长速度为 18.9%。2011 年，国家高新区企业净利润进一步增长，达到 8484.2 亿元，上缴税额 6816.7 亿元，出口创汇 3180.6 亿元。

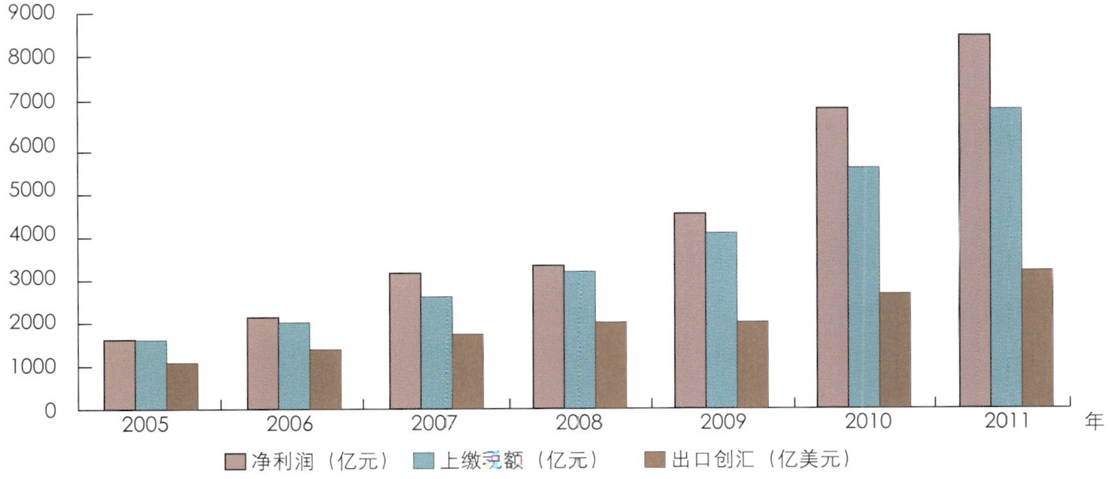

图 3-10 国家高新区企业经济指标变化情况（二）

数据来源：《火炬年鉴》2012。

◎区域发展状况

中国国家高新区区域差距明显。近年来随着国家高新区升级步伐的加快，除西藏外其他省份均至少有一个国家高新区，但是高新区的发展水平参差不齐，升级越早的地区，其高新区经济效益和企业数量均增长较快。

如图 3-11 所示，在高新区企业总收入方面，北京市、广东省、江苏省、山东省、上海市居 2011 年高新区企业收入的前五位。其中，北京市高新区企业总收入达到 19646.02 亿元，广东省国家高新区企业总收入为 15089.11 亿元。而青海、宁夏、海南、新疆、贵州居 2011 年高新区企业总收入的后五位。其中，海南省高新区企业总收入为 53.77 亿元，远低于北京市高新区企业收入。

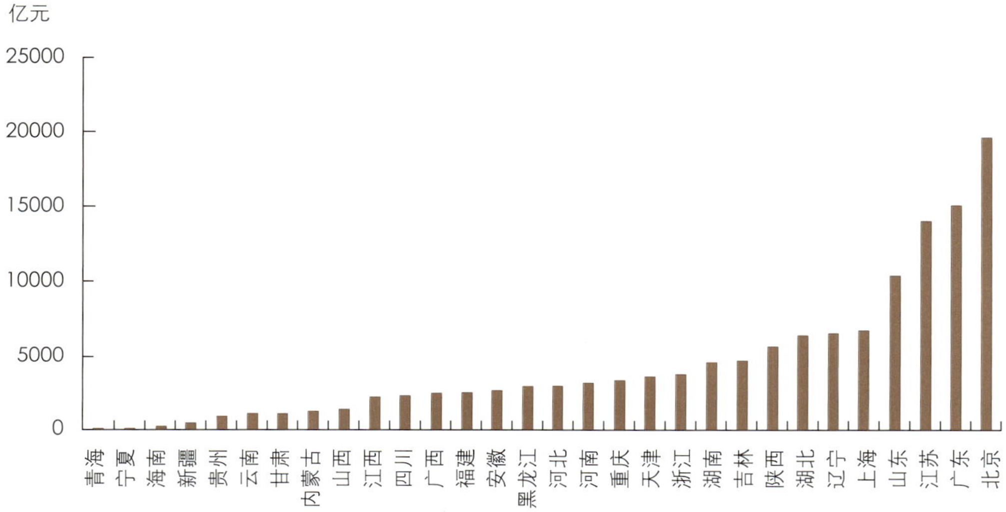

图 3-11 2011 年不同地区国家高新区企业总收入

数据来源：《火炬年鉴》2012。

在 2011 年国家高新区企业工业总产值方面，广东省、江苏省、山东省、湖北省、北京市居前五位，其中广东省高新区企业工业总产值达到 14470.76 亿元，江苏省为 13369.85 亿元。而青海、宁夏、海南、新疆和贵州的国家高新区企业工业总产值则相对较低，居后五位。其中青海省高新区企业工业总产值为 74.51 亿元，宁夏为 80.94 亿元。

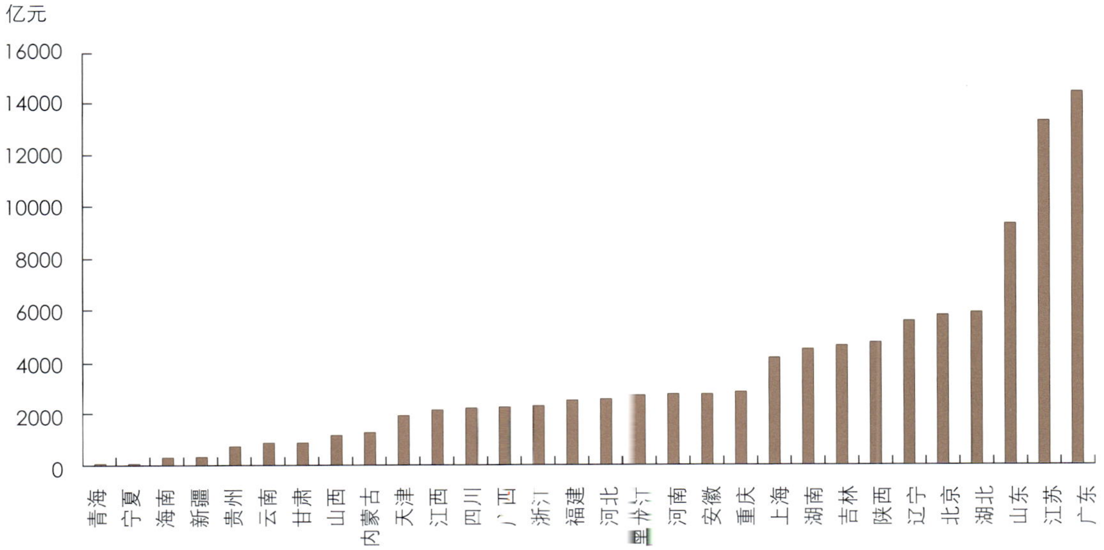

图 3-12 2011 年不同地区国家高新区企业工业生产总值

数据来源：《火炬年鉴》2012。

在 2011 年不同地区高新区企业工业增加值方面，广东省、江苏省、山东省的工业增加值仍位居全国前列。2011 年，广东省高新区企业工业增加值达到 3588.66 亿元，江苏省为 2943.42 亿元，山东省达到 2573.90 亿元。而高新区企业工业增加值较小的省份则为宁夏、青海、海南。其中，宁夏 2011 年高新区企业工业增加值为 16.24 亿元，青海省为 23.08 亿元，海南省为 58.26 亿元。

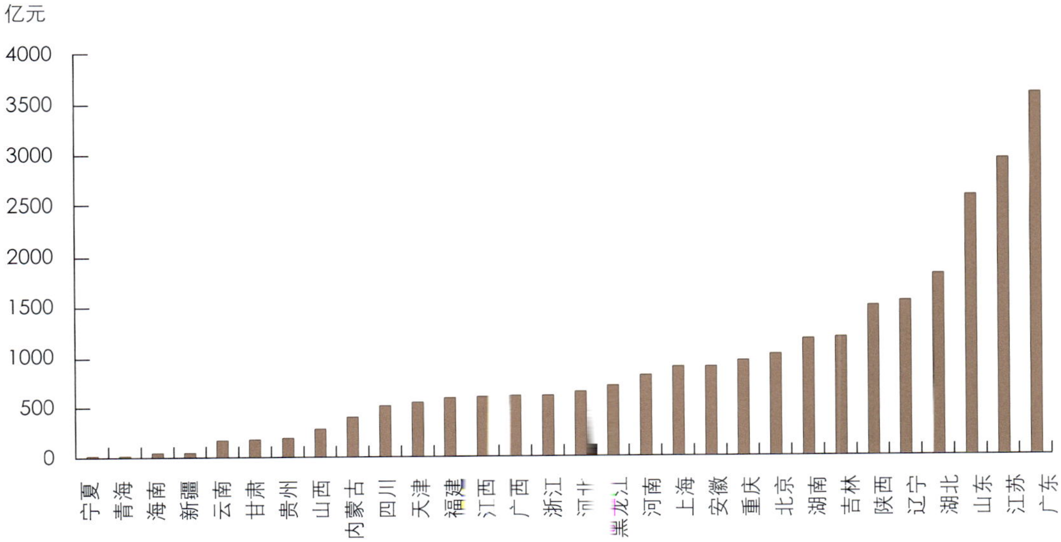

图 3-13 2011 年不同地区高新区企业工业增加值

数据来源：《火炬年鉴》2012。

在企业平均规模方面，各省市的排序则呈现出不同的情况。图 3-14 展示了 2011 年各省区工业总产值的企业平均规模，从图中可以明显看出，工业总产值居前列的北京、湖北、陕西等地区其高新企业平均产值规模较小，而贵州、云南等工业总产值相对较低的地区其高新企业平均产值规模则较高。而江苏、广东、上海、山东等省高新企业工业总产值与平均产值规模均较高。

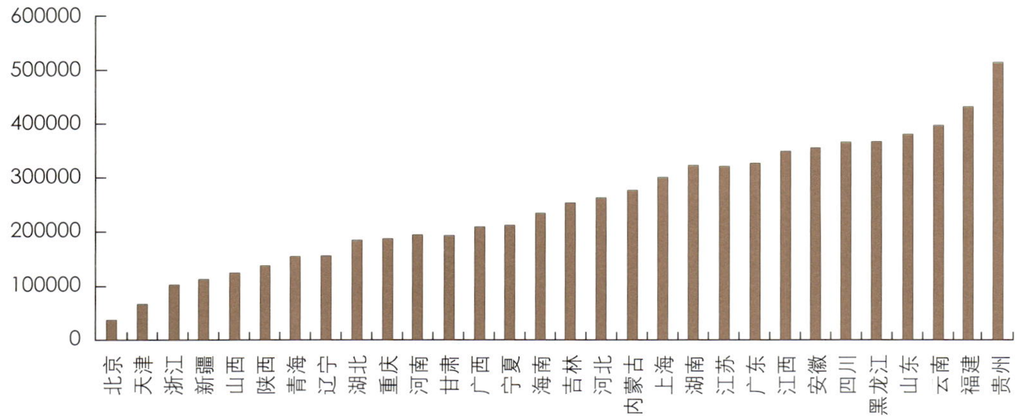

图 3-14　2011 年不同地区高新区企业平均产值规模排序情况

数据来源：根据《火炬年鉴》2012 相关数据计算而来。

从不同地区高新区企业平均从业规模的排序情况来看，部分从业人数总量相对较少的省份其平均从业规模却较高，尤其是贵州。贵州高新企业平均从业人员数量达到 819 人，成为高新企业平均从业规模最大的省份。其次为四川省，其国家高新区企业平均从业规模达到 436 人。而相对而言，从业人数总量较高的北京、广东等地区的高新企业平均从业规模则较小，尤其是北京，平均从业人数仅为 92 人。

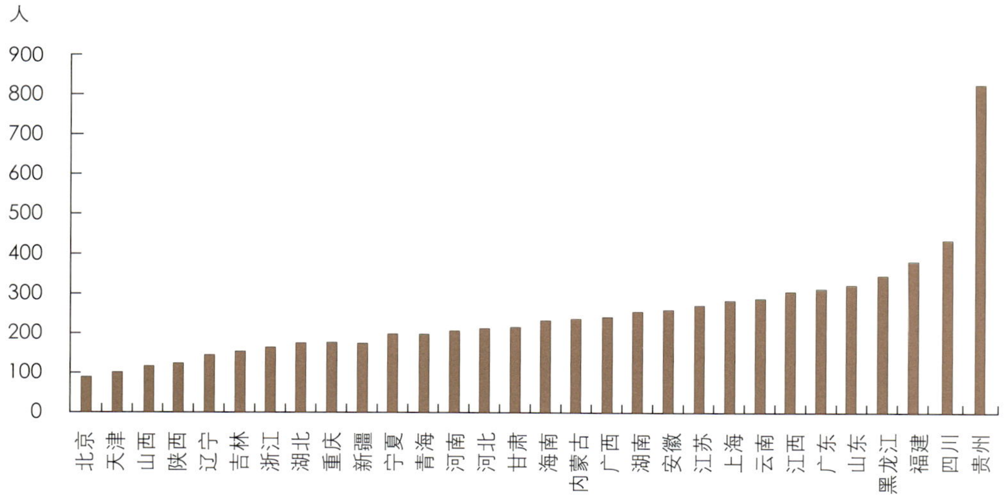

图 3-15　2011 年不同地区高新区企业平均从业规模排序情况

数据来源：根据《火炬年鉴》2012 相关数据计算而来。

由此可见，尽管以广东、江苏、山东、上海等地区为代表的沿海地区高新区产业正处于飞速发展期，从企业数量和工业总产值、工业增加值等各个方面都远高于西北和西南地区的部分省份。但是，随着国家高新区建设步伐的不断加快，从高新企业平均产值规模和平均从业规模来看，部分西北和西南地区省份的高新产业在近几年也得到了迅速发展。

四、国家自主创新示范区

国家自主创新示范区是经国务院批准，在推进自主创新和高技术产业发展方面先行先试、探索经验、做出示范的区域。当前全国已先后批准中关村、东湖和张江三个国家自主创新示范区，其中中关村和东湖国家自主创新示范区是2009年批准建设的，张江国家自主创新示范区是2011年1月批准建设的。2011年6月，国务院同意安徽合芜蚌国家自主创新实验区与北京中关村、武汉东湖和上海张江开展自主创新试验、示范，并享受相应政策。

◎北京中关村国家自主创新示范区

中关村是中国第一个国家自主创新示范区，2009年以来中关村已经聚集以联想、百度为代表的高新技术企业近2万家，形成了以电子信息、生物医药、能源环保、新材料、先进制造、航空航天为代表，以研发和服务为主要形态的高新技术产业集群，形成了“一区多园”（包括海淀园、丰台园、昌平园、电子城、亦庄园、德胜园、雍和园、石景山园、通州园、中关村大兴生物医药基地十个园区）各具特色的发展格局，成为首都跨行政区的高端产业功能区。2011年1月26日，国务院批复同意《中关村国家自主创新示范区发展规划纲要（2011—2020年）》，成为中关村发展史上新的重大里程碑。

目前，中关村国家自主创新示范区拥有以北京大学、清华大学为代表的高等院校近40所，以中国科学院、中国工程院所属院所为代表的国家（市）科研院所200多所；拥有国家级重点实验室67个，国家工程研究中心27个，国家工程技术研究中心28个；大学科技园24家，留学人员创业园29家。拥有留学归国创业人才超过1.5万人，累计创办企业超过5000家，是国内留学归国人员创办企业数量最多的地区。上市公司总数达到218家，其中境内139家，境外79家，57家企业在境内创业板上市，初步形成了创业板中的“中关村板块”。2011年，中关村示范区规模以上企业总收入实现1.96万亿元，占全国高新区总收入的比例为15%，是中国第一个总收入超过1万亿元的高新技术开发区。

在国家自主创新示范园区的管理方面，中关村近年来也创新实施了一系列试点政策。中关村制定股权激励、科技成果处置权和收益权、科技计划和经费管理改革、高新技术企业认定、税收优惠、政府采购新技术新产品试点等先行先试政策在全国发挥了示范引领作用。同时，中央人才工作协调小组和北京市联合发布实施《关于中关村国家自主创新示范区建设人才特区的若干意见》，在中关村实施13项特殊政策，人才体制机制和政策创新取得重要突破。北京市配套制定了《加快建设中关村人才特区行动计划（2011—2015年）》，落实10项具体配套政策，发布政策办理流程，完善长效工作机制。

示范区成立两年来，在政策引导下，中关村围绕国家战略需求和北京市经济社会发展需要，取得了大量的关键技术突破和创新成果，涌现出汉卡、汉字激光照排、超级计算机、非典和人用禽流感疫苗等一大批重大科技创新成果，为航天、三峡工程和青藏铁路等国家重大建设项目实施提供了强有力的支撑；中关村企业获得国家科技进步一等奖超过50项，承接的863项目占全国的1/4，973项目占全国的1/3；创制了TD-SCDMA、McWill、闪联等86项重要国际标准，798项国家、地方和行业标准。

“十二五”期间，中关村将继续完善“一区多园”各具特色的发展格局，重点建设“两城两带”，即中关村科学城、未来科技城和由海淀北部、昌平南部和顺义部分地区构成的北部研发服务和高技术产业带，以及由北京经济技术开发区、大兴和通州、房山的部分地区构成的南部高技术制造业和战略性新兴产业带，促进高端产业集群发展。

◎武汉东湖国家自主创新示范区

2009年12月，国务院批复武汉东湖高新区建设国家自主创新示范区，东湖高新区成为继中关村之后第二个国家自主创新示范区。2011年3月，国务院正式批复了东湖国家自主创新示范区十年发展规划纲要。根据该规划纲要，武汉东湖国家自主创新示范区未来要成为全球高新技术产业园区第一梯队，进行高起点的“二次创业”，实现“中国光谷”到“世界光谷”的新跨越。

两年来，东湖高新区通过开展股权激励和科技成果转化奖励、科技金融改革创新、政府自主创新产品采购、创新财政税收政策试点、高层次人才引进和培养试点、申请综合保税区设立等一系列政策措施，大力推进示范区建设。

在科技金融改革方面，示范区启动了“资本特区”建设，光谷资本大厦投入运营，出台了11项配套政策，首批7家交易所、30余家金融机构进驻。同时，启动了中小科技企业征信评级，设立了专门为中小企业融资服务的“金融超市”。目前，东湖高新区上市公司已达31家，占湖北省的1/3，成为国内上市企业最密集的高新区之一。

在股权激励和科技成果转化奖励试点方面，出台示范区企业股权和分红激励试点办法。开展以商标、专利、标准等知识产权，作资入股创办高新技术企业试点。目前，已有30多家单位开展股权激励试点，进一步激发了企业核心技术人员及管理团队创新创业积极性。试点企业迪源光电公司实施股权奖励、奖励基金购股权计划激励方式一年后，企业主营收入增长 131.5%，利润增长了 18.8 倍。

在高端人才引进和培养方面，光谷遵循人才集聚规律，大力实施“3551 光谷人才计划”，设立“人才特区”建设专项资金，形成了人才引领创新、创新推动产业、产业集聚人才的良性互动态势。自 2009 年 2 月启动“光谷人才计划”以来，已先后“海选”五批、共 431 名海内外高端产业人才，其中外籍人才 147 人，资助总金额近 5 亿元。

通过这些政策措施的引导和激励，东湖国家自主创新示范区自主创新能力不断增强。2010 年，该区申请专利 7198 件，同比增长 78.4%。其中 发明专利 3253 件，同比增长 46%，占到全市发明专利的 51%。2011 年，示范区诞生的四大自主创新技术成果中有两项成果处于世界领先水平。其一是烽火科技高速光通信实时传输关键技术取得重大突破，一根光纤上传输数据量超过 240Gb/秒，足以供 750 万人同时在线打电话；其二是武汉凯泰新生物技术公司研制出世界上首个针对肿瘤相关蛋白的特异性抗结肠癌新药，在美国申报临床试验。在科技部公布的全国高新区最新排名中，东湖高新区知识创造与孕育创新能力位列全国第四、中部第一，跻身全国第一方阵。

“十二五”期间，东湖国家自主创新示范区将继续肩负“中国创造”的国家战略重任，按照国务院批复精神，努力培养和聚集一批优秀创新人才特别是产业领军人才，着力研发和转化一批国际领先的科技成果，在具备优势的基础研究学科前沿领域取得一批原创性成果，做强做大一批具有全球竞争力的创新型企业，培育一批国际知名品牌，建设一批世界一流水平的新型研究机构，全面提高东湖高新区自主创新和辐射带动能力，全力推动东湖高新区科技发展和创新在十年内再上一个新台阶，成为推动资源节约型和环境友好型社会建设与依靠创新驱动发展的典范。

◎ 上海张江国家自主创新示范区

2011 年 1 月，国务院批准设立上海张江国家自主创新示范区，这是继中关村和东湖国家自主创新示范区之后的第三个示范区。在国家自主创新示范区建设方面，张江开展自主创新体制机制试点，自主创新人才特区建设试点，股权激励和科技成果转化试点，财税政策改革试点，科技与金融结合的改革试点，支持新兴产业参与国家重大科技项目试点，推广应用自主创新产品试点，新型研发机构建设改革试点等一系列举措，强化创新发展理念，着力打造张江创新品牌，充分激发全社会的创新创业活力，大力建设世界一流的高新技术示范区。

近年来，张江国家自主创新示范区区域经济增长速度不断提高，区域经济辐射能力不断增强。目前，张江高新区已吸引了 184 个世界 500 强企业，聚集研发机构 800 余家、企业近万家，其中300多个是外资研发机构，形成了良好的自主创新生态环境。2011年，核心园实现经营总收入3700亿元，工业总产值1740亿元，税收收入160亿元，成为浦东乃至上海发展的重要增长极。2010年，张江高新区“一区六园”实现技工贸总收入6618.77亿元，增加值1339亿元，上缴税收441.8亿元，分别同比增长28%、16%和36.7%。平均每平方公里已建成面积技工贸收入183.85亿元，位列全国高新区前茅。以不到全市工业用地的2%实现工业增加值1057亿元，约占全市工业增加值的1/6。

张江示范区自主创新能力大幅度提升。“十一五”期间，张江高新区区内的研究机构先后获得两项国家科技进步特等奖，展讯公司GSM/GPRS手机核心芯片、新傲公司高端硅基SOI材料、第二代居民身份证项目等一批成果获得国家科技进步一等奖，上海核工程研究设计院、上海超级计算中心、国家人类基因组南方研究中心等一批单位累计获得数十项国家自然科学、技术发明、国防科技进步等方面的奖项。2009年，张江高新区内的单位参与制定国际标准3项，参与制定或承担修订国家和行业标准435项。据统计，截至2009年底，高新区内企业累计申请知识产权20000余件，共拥有有效专利6879件，其中有效发明专利3422件；软件版权登记达2368件。张江高新区“一区多园”目前已成为技术创新和科技成果转化、产业化的示范基地，产学研结合、综合配套改革的先试基地，创新人才、研发机构和高新技术企业的集聚与辐射基地，与市场经济和知识经济相适应的科技服务基地，逐步形成了独有的“张江模式”。

张江国家自主创新示范区培育了一批战略性新兴产业，产业集群式发展模式逐渐形成。目前，张江示范区聚焦新一代信息技术、高端装备制造、新材料、节能环保和新能源汽车等战略性新兴产业，力争在重点领域取得实质性进展或突破；新发展起来的云计算、物联网等产业也已形成集聚态势，有望取得突破性进展。随着张江国家自主创新示范区新模式、新机制的确立和新政策的实施，示范区内活跃的生产力将进一步释放，同时带动上海经济升级换代，并形成巨大的影响力和辐射力。

“十二五”期间，张江高新区核心园将保持每年200亿元的产业类投资，总计达1000亿元，园区每年营业收入计划同比增长20%，到2015年达到7500亿元，争创国际一流的创新科技园区。同时，在建设创新型国家的背景下，张江高科技园区将进一步拓展空间容量，在建项目面积400万平方米，拟建项目面积400万平方米，为促进产业转型发展、企业扩大发展提供更优越的基础条件。

◎ 安徽合芜蚌自主创新综合配套改革实验区

2011年6月15号，国务院授权财政部、科技部批复同意合芜蚌试验区与北京中关村、武汉东湖和上海张江开展自主创新试验和示范，并享受相应政策，将合芜蚌试验区与北京中关村、武汉东湖、上海张江示范区作为“3+1”试验示范区序列，列入国家“十二五”科技发展规划和国家自主创新能力建设规划。安徽合芜蚌自主创新综合试验区建设进入一个新的发展阶段。

合芜蚌试验区着眼企业主体、创新载体、产学研一体“三体建设”，着力核心项目、核心企业、核心区域“三个核心”，取得了一大批产业成果、科技成果、人才成果、改革成果，成为提升安徽自主创新能力、支撑引领经济发展方式转变的龙头。合芜蚌实验区经济增长速度迅速提高。2010 年合芜蚌试验区高新技术产业产值达到 3385 亿元，占全省高新技术产业产值的 57%；2011 年试验区高新技术产业实现产值占全省的比重达 58%，较 2008 年提高近 8%，高新技术产业总产值较“十五”末增长 4.8 倍。2011 年高新技术产业增加值占 GDP 比例达 16.9%，高出长三角地区 3%。财政科技拨款占财政支出的比例达 4.2%，接近长三角两省一市 4.7% 的水平。

与此同时，试验区的建设带动了全省技术创新试点工作加速推进，近年来，试验区带动安徽专利申请和授权量总量在全国前移十一位和六位，企业技术创新能力进入全国前十位，高新技术企业数位居全国第七位、中部第一位，有 25 家企业成为国家级创新型企业，总数居全国第一位。试验区万元 GDP 能耗下降 6%，高新技术企业数增长了 1 倍多，高新技术产业增加值占 GDP 的比重提高 10 个百分点，达 25.6%；全社会研发投入占 GDP 比重从 3 年前的 1.4% 增长到目前的 2.4%，与长三角地区相当，研发人员数增长了 116%，专利授权数增长了 808%，名牌产品数增长 252%。

国家和安徽省把推进试验区建设作为安徽省区域发展的三大战略任务之一，实施了一系列促进创新的重大举措，建立统筹协调机制，开展股权激励试点，打造合芜蚌人才特区，推进科技金融结合，设立专项资金等措施，为合芜蚌试验区建设提供了强有力的组织、政策和条件保障。

根据《合芜蚌自主创新综合试验区“十二五”发展规划纲要》，到 2015 年，试验区高新技术产业产值、高新技术企业和创新型企业数、发明专利授权量、全社会研发投入、引进高端人才数等 5 项指标将在 2010 年基础上实现“双倍增”。合芜蚌自主创新实验区将成为安徽省战略性新兴产业的增长极、经济结构调整的主引擎、科技成果转化的主阵地、体制机制创新的先行区。

第二节 高新技术产业化集群发展

一、国家高新技术产业化基地

20 世纪 90 年代末，为深入贯彻落实发展高科技、实现产业化的战略部署，科技部启动了国家高新技术产业化基地的建设和认定工作。近年来，在党中央、国务院亲切关怀和各地方、各部门的大力扶持下，高新技术产业化基地快速健康发展，探索并走出了一条具有中国特色的高新技术产业化发展道路。

截至 2011 年底，全国共认定国家高新技术产业化基地 172 家，分布在除西藏自治区以外全国 30 个省、自治区、直辖市。从地区分布来看，基地主要集中在东西部地区，拥有基地数量超过 10 个以的省有 5 个，分别是江苏、四川、辽宁、浙江、江西。具体分布情况是：西部地区 56 个，占总量的 32.6%；东部沿海地区 49 个，占总量的 28.5%；中部地区 33 个，占总量的 19.2%；东北地区 19 个，占总量的 11%；京津冀环渤海地区 15 个，占总量的 8.7%。

表 3-4 高新技术产业化基地的区域分布（2011 年）

东部地区	数量	中部地区	数量	西部地区	数量	东北地区	数量	京津冀地区	数量
上海	3	山西	2	内蒙古	3	辽宁	12	北京	3
江苏	13	安徽	5	广西	5	吉林	4	天津	5
浙江	10	江西	10	重庆	7	黑龙江	3	河北	7
福建	7	河南	5	四川	12				
山东	8	湖北	3	贵州	4				
广东	6	湖南	8	云南	4				
海南	2			西藏	0				
				山西	5				
				甘肃	5				
				青海	2				
				宁夏	2				
				新疆	7				

数据来源：科技部高新司。

按产业领域分，包含材料、先进制造、能源、交通、信息五大领域。具体分布是：材料领域101个，占基地总量的58.7%；能源领域29个，占基地总量的16.9%；先进制造26个，占基地总量的15.1%；交通领域10个，占基地总量的5.8%；信息领域6个，占基地总量的3.5%。

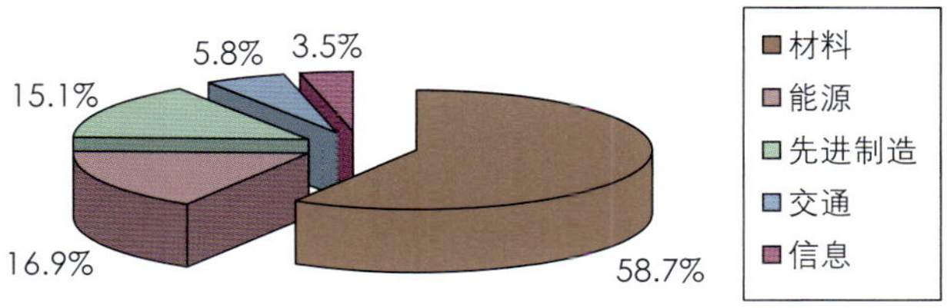

图 3-16 产业化基地的领域分布

截至2011年底，基地内共有128105家企业，其中高新技术企业2481家，占总量的3%；上市企业数量395家；营业收入超亿元企业5195家，占总量的4.06%。基地内企业共有从业人员692.4万人，其中大专学历以上人员175.9万人；研发人员67.6万人，占从业人员总数的9.8%。

截至2011年底，172家基地中共有省级以上工程技术研究中心988家、省级以上工程研究中心82家、省级以上重点试验室263家、企业技术中心778家、企业博士后工作站97家。为基地服务的生产力促进中心187家，孵化器328家。企业共申请专利数92678件，其中申请发明专利20427件；企业获得专利授权57087件，其中发明专利授权8079件，软件著作权登记数4487件。

二、火炬特色产业基地

国家特色产业基地是中国20世纪90年代以来推动区域和产业创新发展而开展的一项重要的高新科技产业集群发展战略。国家火炬计划特色产业基地是指某一地域内，在实施国家火炬计划项目的基础上，以一批产业特色鲜明、上下游关联度大、技术水平高的若干高新技术企业为骨干，依托当地特色资源和技术优势建立起来的特色高新技术产业集群。特色产业基地以提高自主创新能力为核心，以提高产业竞争力为主线，以发展现代产业体系为目的进行规划和发展，形成了对当地经济发展有支柱作用的产业聚集区。

近年来，中国特色产业基地迎来了飞速发展的新时期。截至2011年底，国家火炬计划特色产业基地经过了16年的发展历程，现已发展壮大为284个，基地的主导产业主要集中在光机电类和化工新材料类。目前中国已初步形成了围绕某一领域产品为主的产业发展模式，有效地促进了区域经济发展。

◎ 特色产业基地的区域分布

“十一五”时期以来，中国特色产业基地的数量逐年增加，2006年仅为133个，2010年则增长到 248 个，年均增长率达到 17.29%。2011 年中国火炬计划特色产业基地数量为 284 家，从区域分布来看，主要分布在全国 26 个省、市、自治区，主要集中在沿海经济发展水平较高、区域特色产业集群起步较早的地区，尤其以江苏、浙江、山东、广东 4 省居多，以上四个省的特色产业基地之和占到总量的 62.0%。从图 3-17 可以看出，按照特色产业基地数量等级分布情况来看，江苏省特色产业基地数量远高于其他省份，处于第五等级。浙江、山东、广东位于第四等级，其所拥有基地数在 21 ～ 40，分别为 39 个、36 个和 29 个。湖北特色产业基地有 13 个，河北有 12 个，位于第三等级。特色产业基地数量在 6 ～ 10 的位于第二等级的省份较多，共有 7 个，包括黑龙江、福建、辽宁、河南、安徽、上海和湖南。特色产业基地数量在 1 ～ 5 的省份最多，共有 13 个，包括陕西、吉林、天津、北京、宁夏、江西、新疆、重庆、贵州、四川、内蒙古、甘肃、山西。由此可见，中国特色产业基地主要集中在沿海经济发展水平较高、区域特色产业集群起步较早的地区，尤其以江苏、浙江、山东、广东四省居多，而内陆地区尤其是西北和西南地区特色产业集群则处于逐渐形成的阶段，仍需要进一步的发展和扶持。

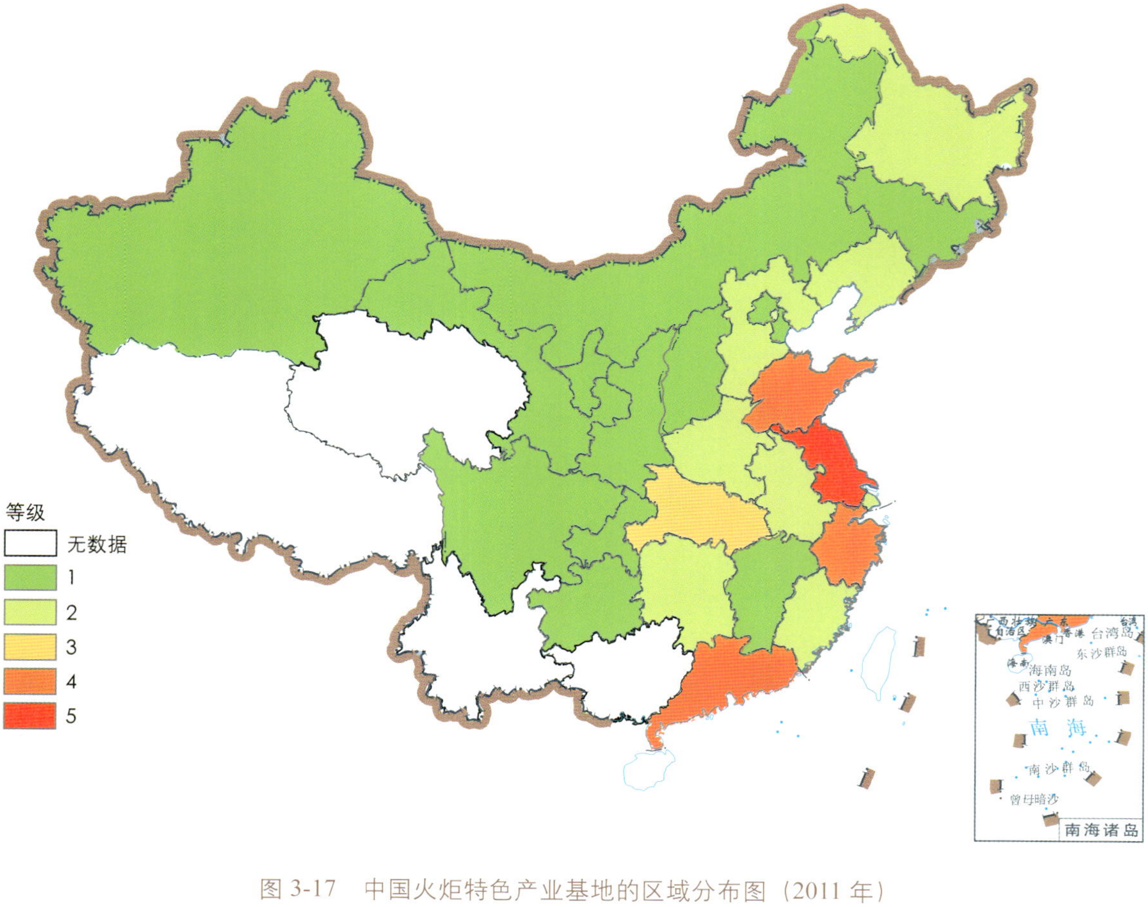

图 3-17　中国火炬特色产业基地的区域分布图（2011 年）

数据来源：国家火炬高技术产业开发中心。

◎特色产业基地的经济发展状况

据统计，2011 年中国特色产业基地内共有企业 85394 家，全年实现营业总收入 61061.4 亿元，比上年增长 27.5%；实现工业总产值 60681.6 亿元，比上年增长 27.5%；实现工业增加值 14335.8 亿元，比上年增长 16.7%；实现净利润 4472.9 亿元，比上年增长 22.2%；实现上缴税额 3606.6 亿元，比上年增长 3.8%；实现出口创汇 1364.6 亿美元，比上年增长 22.3%。

表 3-5 中国特色产业基地的经济发展状况（2008—2011 年）

单位：亿元，亿美元

年份	营业总收入	工业总产值	工业增加值	实现利润	上缴税额	出口创汇
2008	28716.0	29152.9	6850.2	2006.4	1649.5	792.8
2009	36759.2	37183.6	9051.1	2712.9	2558.5	836.1
2010	47878.5	47583.2	12284.8	3659.4	3472.9	1116.1
2011	61061.4	60681.6	14335.8	4472.9	3606.6	1364.6

数据来源：国家火炬高技术产业开发中心。

在 284 个特色产业基地中，总收入超过 100 亿元的基地有 175 个，比上年增加 28 个；工业增加值超过 50 亿元的有 81 个，比上年增加 16 个；净利润超过 10 亿元的有 120 个，比上年增加 12 个；上缴税额超过 10 亿元的有 94 个，比上年增加 21 个；出口创汇超过 1 亿美元的有 177 个，比上年增加 22 个。

◎特色产业基地的创新能力

中国特色产业基地中高新技术企业不断增加，规模企业数量不断增加。截至 2011 年底，特色产业基地内共有 85394 家企业，经过认定的高新技术企业 5230 家，占总量的 6.12%；重点高新技术企业 1125 家，占总量的 1.32%；国内上市企业 339 家，占总量的 0.39%；海外上市企业 150 家，占总量的 0.18%；营业总收入超亿元企业 5606 家，占总量的 6.56%。

2011 年特色产业基地内企业共有从业人员 818.1 万人，其中大专学历以上人员 240.4 万人，占到从业人员总数的 29.4%。在这一部分人员中，具有博士学位人员 12556 人，占从业人员总数的 0.15%，硕士学位人员 68634 人，占从业人员总数的 0.84%。

截至 2011 年底，284 家基地中企业设立的各类研究机构共有 5653 个，包括国家工程技术中心和国家工程研究中心 243 家、省级企业技术中心 1835 家、市级企业技术中心 3116 家、企业博士后工作站 459 家。为基地服务的各类服务机构 1961 家，其中生产力促进中心 290 家，孵化器 438 家。企业共申请国内专利 119822 件，其中申请发明专利 23137 件，实用新型专利 51619 件；

企业获得专利授权 73148 件，其中发明专利 7525 件；申请国外专利 823 件；软件著作权登记数 2663 件。

第三节
国家可持续发展实验区

国家可持续发展实验区是 1986 年开始，由原国家科委会同国家体改委和国家计委等政府部门共同推动的一项地方性可持续发展综合示范试点工作，旨在依靠科技进步、机制创新和制度建设，全面提高实验区的可持续发展能力，探索不同类型地区的经济、社会和资源环境协调发展的机制和模式，为不同类型地区实施可持续发展战略提供示范。截至目前，全国范围内已经建成国家可持续发展实验区 131 个。

图 3-18　国家可持续发展实验区分布图

一、发布规划纲要

按照贯彻落实科学发展观和建设创新型国家的要求，围绕新时期实验区建设的中心任务和新的需求，提出“十二五”期间实验区、示范区工作思路、目标、任务和重点，正式发布《国家可持续发展实验区“十二五”建设与发展规划纲要》。

二、实验区科技示范工作

根据实验区科技需求，以实验区为载体，在城镇化、环境保护及资源可持续利用、人口健康等领域转化科技成果，开展实验示范，实现辐射带动。在2012年组织的23个首批惠民计划项目中，实验区直接组织实施的项目有7项，项目总金额近1.02亿元。

三、完善体制机制，加强实验区常规管理

2012年，对现行的实验区管理办法、考核评价指标体系进行修订与完善。新的管理办法从内容、结构等方面进行较大的调整，对有关指标体系进行精简，突出特色，使整套管理办法更加适合当前实验区建设发展的形势。2012年，对提出申报的省级实验区进行了规划审定与修改，组织专家考察，开展完成了部门联系评审会评审工作。

第四节 农业科技园区

一、形成以企业为主体的园区投融资格局，自主发展趋势良好

在政府投资带动下，企业逐渐成为农业科技园区的投融资主体，园区逐渐走上自主发展道路。2010年，政府投入17.45亿元，园区自筹资金投入15.79亿元，企业投入216.95亿元。各项经济效益指标平稳增长，年产值为1353.49亿元，年上缴税额为30.97亿元，净利润92.67亿元，年出口创汇额44.93亿元。2011年，65个国家农业科技园区总投融资额达330亿元，其中企业投资265亿元，政府投资37亿元，其他投资28亿元。园区年度总产值2500亿元，净利润150亿元。

二、以园区为载体，加快农业科技成果转化推广

通过技术引进、示范和技术培训，农业科技园区对地方农业发展、农村科技推广和农民致富起到了重要的推动作用。2010年，65个国家农业科技园区核心区建成面积78.04万亩，引进项目476个，自主开发新项目388个，引进新技术640项，引进新品种1531个，引进新设施5348套，推广新技术680项，推广新品种1007个，组织科普讲座与座谈工作9704次。2011年，园区引进项目670项，自主开发新项目556项，引进新技术721项，引进新品种3520个，引进新设施3415套，推广新技术910项，推广新品种1203个，组织科普讲座与座谈工作10523次，开展技术培训7230次，开办培训班3326次，接待参观考察25521次。2011年，65个国家农业科技园区入驻企业850家，入驻企业总数达到6882家，其中龙头企业1976家，占园区企业总数的29%。

三、形成多样化管理模式，园区管理体制机制不断完善

截至2011年底，全国所有省、自治区、直辖市、生产建设兵团和计划单列市分三批先后建立了65个国家农业科技园区。从类型来看，形成了政府主办型、企业主办型、科研单位和政府合办等多种管理模式。在65个国家农业科技园区中，政府主办型的园区有43个，企业主办型的有12个，由科研单位和政府合办型的园区有6个，其他混合类型的园区有4个。园区设有管理委员会，截至2011年底，65个国家农业科技园区管委会机构人员总数达到5100人，其中管理人员有1285人，科研人员有3022人，具备高级技术职务的人数占机构总人数的22%。园区管理逐渐步入正轨，人员素质不断稳定提高，管理水平和研发能力不断增强。国家农业科技园区已成为中国农业技术的创新促进平台、集成示范平台、成果转化平台和科技服务平台。

四、完善顶层设计，加快"一城两区百园"结盟工作

为进一步发挥农业科技园区对现代农业的引领示范作用，2011年，科技部等九部委决定启动"121工程"。"121工程"以"一城两区"（"一城"指北京国家现代农业科技城；"两区"分别指杨凌农业高新技术产业示范区和黄河三角洲现代农业科技示范区）作为盟主，把"百园"（"百园"指国家农业科技园区）作为现代农业的创新创业基地。通过结盟，以法人科技特派员为载体，建设以投资和信息为主体的新型结盟体系，形成跨地区、跨行政的结合体，促进一二三产融合，推动中国传统农业向现代农业转变。统筹部省科技资源、行政资源和自然资源，聚集科技、金融、信息、服务等多种要素，加快推进"一城两区百园"一体化建设。

第五节 创新型城市建设

一、部署推动创新型城市试点工作

◎ 强化试点工作整体布局

开展创新型城市（区）试点工作是贯彻落实党中央国务院关于增强自主创新能力、建设创新型国家战略部署的重要举措。截至 2011 年底，在各省（自治区、直辖市）政府推荐的基础上，科技部先后批复 42 个城市（区）开展创新型城市（区）试点工作，覆盖了大部分省（自治区、直辖市）。

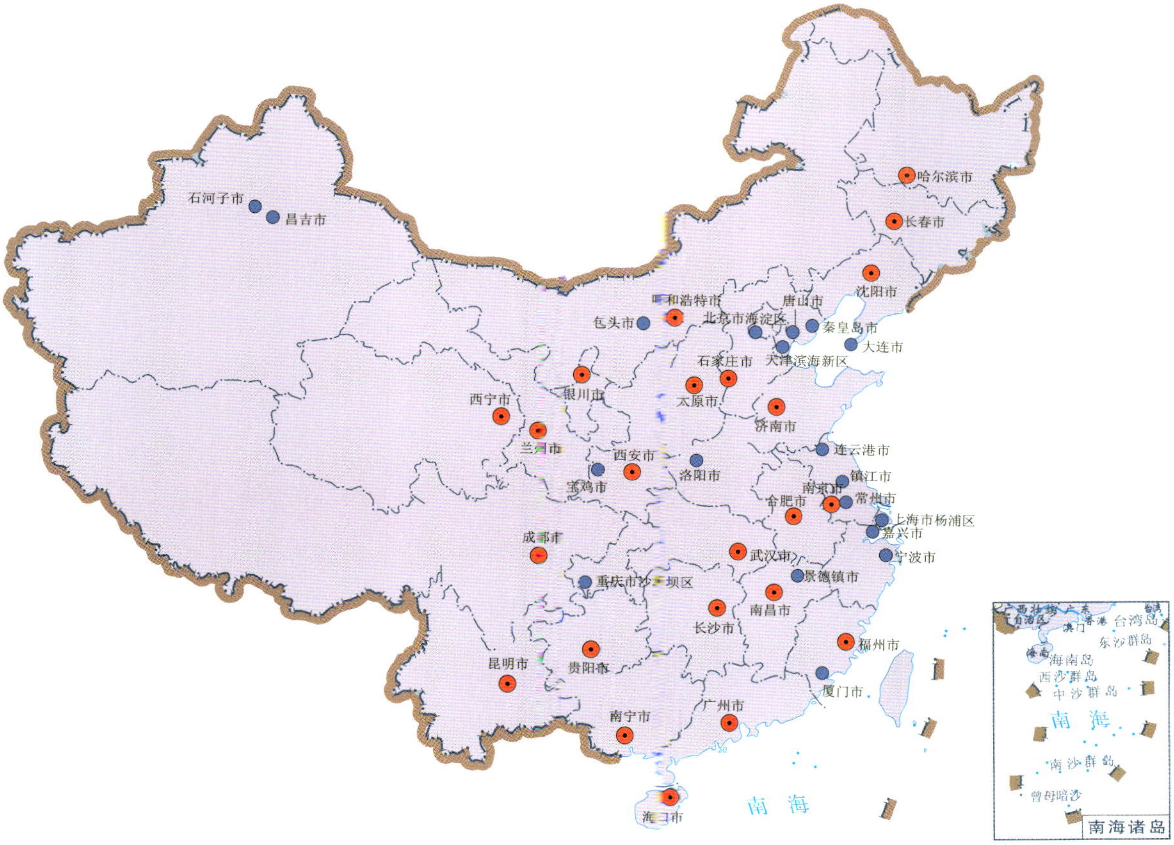

图 3-19 2011 年全国创新型城市分布图

◎ 加强对试点工作的指导

2010 年，科技部印发了《关于进一步推进创新型城市试点工作的指导意见》，明确开展试点工作要坚持以科学发展观为指导，以增强自主创新能力、促进科学发展为主线，明确了突出自主创新、坚持改革开放、强调各具特色、体现总体布局、加强协同支持等 5 项试点工作基本原则，提出要在确立城市创新发展战略、加快经济发展方式转变、促进经济社会协调可持续发展、大力增强企业自主创新能力、营造激励创新的良好环境等 8 个方面进行试点探索，力求取得突破，发挥辐射带动作用。积极支持试点城市（区）开展试点工作的战略研究，为顺利推进试点工作提供支撑。

◎ 开展试点城市发展情况监测研究

为及时了解试点工作进展和试点城市（区）创新发展情况，科技部发布了《创新型城市建设监测评价指标（试行）》，建立了包括 6 个一级指标和 25 个二级指标的监测评价体系，从创新投入、企业创新、成果转化、高新产业、科技惠民、创新环境等 6 个方面进行监测。

二、各地积极推进创新型城市试点工作

◎ 建立试点工作领导小组

各试点城市（区）都成立了由市（区）委、市（区）政府主要领导担任组长，科技部门及各职能部门为成员的试点工作领导小组，制订了试点工作方案，形成联动工作机制，明确保障措施，建立考核机制，扎实推动试点工作。南京市、沈阳市、景德镇市等试点城市（区）成立了创新型城市建设专家咨询委员会，对创新型城市（区）建设中的重大决策和关键性问题进行论证和咨询。

◎ 积极部署试点工作

各试点城市（区）均制定了实施方案。宁波市、长沙市、哈尔滨市和唐山市等试点城市（区）召开了全市（区）大会，对开展创新型城市（区）建设工作进行动员和部署。福州市、嘉兴市、太原市和西宁市等十余个试点城市（区）建立了监测指标体系，加强对试点工作的跟踪和自我评估。长沙市、兰州市、唐山市和石家庄市等城市（区）通过举办科技周、专题论坛等活动，利用报纸、电台、电视和互联网等媒体，加大宣传力度，为创新型市（区）建设营造良好环境。

◎ 统筹安排试点工作与城市发展

天津滨海新区、福州市、嘉兴市、南京市、太原市等地将试点方案和地方的经济社会发展规划及发展战略相结合，将创新型城市（区）建设作为城市（区）发展的重要任务，统一目标、整合资源、统筹发展。济南市把培育软件名城工作作为创新型城市建设的一项重要任务统筹安排；太原市把实现绿色转型发展作为建设创新型城市的重要目标，嘉兴市和南京市将创新型城市试点

工作与科技进步示范及国家科技体制综合改革试点工作进行整合。南昌市、济南市、上海市杨浦区等近30个试点城市（区）在实施方案的基础上，专门编制了创新型城市（区）试点规划，出台了指导意见。

◎ 省市联动推进试点工作

长沙市、南京市、上海杨浦区、景德镇市等十余个试点城市（区）建立了试点工作省市（区）会商机制，强化与省级相关部门的沟通和联系，将创新型城市建设的重大项目与省科技厅的重大科技计划对接，在项目、基地、人才、政策等方面给予引导与支持。如上海市设立了杨浦国家创新型试点城区建设专项资金，市财政连续5年，每年拿出1亿元，杨浦区财政每年拿出2亿元，每年共3亿元资金，用于支持杨浦的产学研体系与公共服务平台建设和重大创新项目与重大科技成果转化项目。同时，上海市建立了由分管副市长牵头、17个部门参加的上海市推进杨浦区国家创新型试点城区建设联席会议，作为上海市推进杨浦国家创新型试点城区建设的决策指导机构。南京市成立了由市委、市政府主要领导任组长，江苏省科技厅、教育厅、中科院南京分院分管领导任副组长的南京国家科技体制综合改革试点城市建设工作领导小组；同时，南京市委、市政府与江苏省科技厅、教育厅联合出台了《深化南京国家科技体制综合改革试点城市建设，打造中国人才与创业创新名城的若干政策措施》，在离岗创业、职务发明、技术入股、创新产品首购首用、税收返还、休学创业等方面加大政策激励力度。

第六节
科技援藏

一、落实中央部署，加大科技援藏力度

为贯彻落实中央第五次西藏工作座谈会精神，在总结全国科技援藏工作进展情况的基础上，国家进一步组织动员和部署推进全国科技力量开展科技援藏工作。继续推进部区会商，实现部区联动。在2009年科技部与西藏自治区人民政府建立了部区工作会商制度基础上，2010年在西藏林芝召开了生产力促进中心服务产业集群、服务基层科技专项行动（简称“两服务行动”）援藏交流座谈会。2011年7月科技部与西藏自治区人民政府确定共同推动西藏农牧业种质资源开发和科技成果转化、推广与利用，加快西藏新能源、藏医药、矿产资源及现代服务业等特色优势产业

技术进步，推动民生科技发展以及加快科研基地和人才队伍建设等重点工作，全力支撑西藏经济社会全面协调可持续发展。

同时，调动全国科技力量，强化人才、技术、资金和物资等加大科技援藏工作力度，对口合作成效明显。如青海省同西藏联合共建了太阳能光伏电站，解决了安多县约 1000 多户、3.2 万人口的生活用电问题。广东省科技厅在西藏援建了久巴科技示范基地、天麻仿野生繁育基地以及野生食用菌调查及人工培育试验、甜玉米种植试验等项目。安徽省科技援藏项目取得实质性进展，如皖藏农业科技公司藏椒已完成第三代杂交，为西藏辣椒品种保护打下了基础；高海拔地区户用沼气取得良好的效果；错那县特色农业产业项目扶持了 400 亩茶树新品种引进；藏猪养殖技术试验示范项目为当地农民年户均增收 200 元；山南地区科技成果展览项目也有序推进。江苏省生产力促进中心、江苏科技情报研究所等单位围绕拉萨市科技工作需要，分别帮助拉萨市开展知识产权援藏、农牧民科技特派员培训、创新型城市规划、创新驿站建设等工作，并取得了较好效果，为西藏解决科技发展中的薄弱环节和技术难题发挥了重要作用。

二、继续加强西藏科技基础平台和科普基地建设

支持西藏重点实验室建设和国家野外科学观测研究站建设和发展。支持西藏藏医药与高原生物重点实验室等省部共建国家重点实验室培育基地建设，通过国家基础研究计划（973 计划）前期专项加以重点扶持和培育。支持西藏拉萨农田生态系统国家野外科学观测研究站等 7 个国家野外科学观测研究站做好联网观测、研究、示范工作。支持西藏加强基层科技管理条件和能力建设。支持国家科技图书文献中心拉萨服务站等公共服务平台持续更新数据，提升西藏科技文献信息资源的服务保障，增加服务功能。

三、组织实施一批特色产业和民生领域重大科技项目

围绕西藏特色资源，加快特色农牧业科技发展。通过星火计划、农业科技成果转化资金、科技富民强县专项行动计划等，大力推动西藏农牧业技术成果转化和产业化，安排西藏农业技术成果转化资金项目 12 个，国拨经费 1000 万元，包括青稞、牦牛、彭波细毛羊、设施蔬菜、蕨菜、紫茉莉等农牧业技术的推广和产业化示范；星火计划项目 10 个，支持经费 380 万元；科技富民强县专项行动计划项目 17 个，支持经费 3000 万元。同时，启动农村科技信息服务平台建设，支持建立日喀则国家农业科技园区，大力推动西藏农牧业技术成果转化和产业化，促进藏区农业结构调整。

支持发展新能源等高新技术产业，推动西藏资源优势向经济优势转变。继续支持在西藏实施“国家金太阳工程”，加快村村通电工程在偏远地区的实施。重点支持“西藏旅游产业发展综合信

息服务关键技术研究与应用示范”、“西藏自然科学博物馆展示情景体验装置研发”、“传统藏药的剂型改造和新剂型研发以及新能源、特色农畜品种、特色生物资源开发”等项目。在2010年认定西藏（成都）科技孵化器为国家级科技企业孵化器基础上，充分利用西藏特色资源优势与内地人才、技术、信息、市场等方面进行合作，通过加强引导，促使更多的企业落户西藏，服务西藏。

推进民生科技发展，使科技成果惠及广大藏区。一是做好藏药材的保护利用和藏药产业化工作。通过国家科技支撑计划项目安排经费1200万，支持了“西藏区冬虫夏草的原位孕育与红景天、喜马拉雅紫茉莉、婆婆纳、茅膏菜等濒危藏药材人工种植及野生抚育的关键技术研究与示范”。二是积极推进生态环境治理科技工作。通过国家重大科学研究计划安排专项经费3400万元，2011年上半年启动实施“青藏高原气候系统变化及其对东亚区域的影响与机制研究”。继续通过国家科技支撑计划支持“西藏高寒干旱退化生态系统恢复技术与模式”等项目。三是推进矿产资源开发利用，在努力保护环境的基础上，积极推进矿产资源规模化勘查开发。通过相关计划支持，突破了高寒地区的资源评价和综合找矿技术瓶颈，为高寒地区矿产资源的规模化开发建设提供了技术支撑。

四、加强科技人才培养和科普培训工作

自科技部2007年启动“科技兴藏人才建设培养项目”以来，针对西藏科技工作实际需求，培养培训了一批各级科技管理领导干部和专业技术骨干人才，截至2011年底，“科技兴藏人才建设培训”已成功举办五期。同时，全国科技系统不断加大科技援藏工作力度，抓紧落实相关任务，各地上百个科研院所、高等院校、企业参与了科技援藏工作。福建农林大学和西藏有关方面正式签订合作协议，发展菌草产业，共同建立菌草资源圃和示范点，培养菌草技术人才并推广菌草栽培技术，带动西藏农牧民增收致富。

第七节
科技援疆

一、加强科技援疆顶层设计与宏观管理

根据《中共中央、国务院关于推进新疆跨越式发展和长治久安的意见》相关要求，紧扣新疆经济社会发展和农牧民生产生活的科技需求，2011年12月，科技部牵头组织科技口部门、对口援疆省市和新疆维吾尔自治区、新疆生产建设兵团共同编制完成，并联合国家发展改革委发布实

施了《全国科技援疆规划（2011—2020年）》，努力做好科技援疆工作顶层设计，推动科技援疆工作全面深入开展，帮助新疆解决经济社会发展和农牧民生活生产的实际问题。为推动规划落实，科技部先后组织召开了19个对口援疆省市科技厅（委）、前方指挥部、相关受援地州领导和科技部门参加的科技援疆工作座谈会和科技口六部门座谈会，对推进落实相关任务进行了部署，明确分工和任务，加强相关工作的协调配合。

二、继续加大对新疆科技创新的倾斜支持

两年来，科技口部门、对口援疆省市和有关单位站在全局和战略高度，认真贯彻中央决策部署，共支持新疆实施了1700多项科技援疆项目，投入经费近20亿元，选派科技援疆干部近70人次。其中，科技部支持实施700多项国家科技项目，投入财政经费累计10.6亿元。

围绕中央推进新疆跨越式发展和长治久安的战略部署，科技部集中力量，采取各种措施切实加大对新疆的支持，在新疆矿产资源勘查、现代农牧业发展、传统产业升级和战略性新兴产业发展、生态建设和环境保护、建设新疆成为面向中亚区域科技中心等方面取得重要成效。如通过国家科技计划支持，新圈定一批大型矿集区、找矿靶区和基地，有关成果为新疆矿产资源开发提供了有力支撑；以星火计划、科技富民强县专项行动计划等项目实施为载体，支持了新疆优势特色农牧业技术推广及产业化示范，有力促进了新疆优势特色农牧业发展和农牧民增收；建立了塔里木盆地西南缘生态环境整治技术体系，筛选出了适合昆仑山北坡前山带荒漠草地植被恢复的优良植物品种，推动新疆生态环境改善。支持新疆启动建设“荒漠与绿洲生态国家重点实验室”，使新疆实现了国家重点实验室“零的突破”；编制完成了天山北坡高新技术产业带发展规划，推动昌吉高新区升级为国家级高新技术产业开发区，推动乌鲁木齐市、昌吉市和石河子市成为国家创新型试点城市，批准建设了“乌鲁木齐国家光伏发电装备高新技术产业化基地”、“昌吉国家输变电高新技术产业化基地”等8个国家科技园区和高新技术产业化基地，投入1亿多元支持新疆开展国际合作等。

三、构建全国“大科技”的援疆格局

建立部省（区）工作会商机制和科技口部门联席会议制度，对科技援疆工作进行全面部署。2010年，科技部牵头成立了全国科技援疆工作领导小组，并与教育部、中国科学院、中国工程院、国家自然科学基金委、中国科协召开了科技六部门会商会议。2011年，科技部积极引导19个对口援疆省市加大对新疆的支持，一批科技援疆项目和资金得到落实，一批科技园区、孵化基地和

成果转化中心开始筹建，构建起全国科技界共同开展“科技援疆”的大格局。

一是各援疆省市科技部门在民生和新疆特色产业发展方面，重点启动了一些受援地急需的科技项目。据初步统计，2011 年北京、浙江、湖南等省市科技部门、高校、科研院所、企事业单位与新疆共同实施科技援疆项目 139 项，总投资 8.59 亿元，涉及矿产资源勘探开发、设施农业、特色林果、冷水鱼品种繁育与养殖、纺织加工等项目。

二是相关省市以援建科技产业园区和成果转化服务平台为抓手，加快各类科技资源向受援地区聚集。“江西农业科技示范园”、“莎车县现代农业示范园”、“佛伽现代农业示范区·南疆现代高科技农业示范园”等一批园区已开工建设，部分园区已初步具备成果推广、信息交流、企业培育等服务功能；“巴州生产力促进中心”、“阜康科技特派员创业服务中心”等一批科技服务平台正在建设完善，在培育孵化科技创新企业等方面正在发挥重要作用，培育和推动了当地设施农业、奶牛、棉花、番茄等科技创业链建设。

三是各省市科技援疆工作机制不断完善和深入发展。一些援疆省市科技管理部门与新疆维吾尔自治区及对口地州推动建立三方合作机制。如湖南省和河北省科技厅分别与自治区科技厅、受援地签订了《科技合作与交流协议书》；上海市编写完成了《上海市对口支援新疆喀什四县科技发展五年专项规划》；山东省成立了科技援疆工作领导小组，建立了与受援地的信息互通机制。

第八节
基层科技工作

一、强化科技兴县（市）工作，完善基层科技工作体系

基层科技是地方科技工作的重要组成部分，科技兴县（市）工作是新形势下加强基层科技工作的重点。每两年进行一次全国县（市）科技进步考核工作。2010—2011 年，国家各类科技计划加大了向基层倾斜的力度，科技特派员农村科技创业行动、星火计划、火炬计划、农业科技成果转化资金、科技型中小企业创新基金等，始终把支撑县域经济发展作为工作重点。2010—2011 年，评估了“十一五”期间科技兴县（市）专项工作实施情况，开展了科技兴县（市）专项工作“十二五”发展战略研究，制定了科技兴县（市）专项工作“十二五”发展规划。为推动落实《关于新形势下加强县（市）科技工作的意见》，2011 年召开全国基层科技工作会议，强调要把基层科技工作

摆到“十二五”科技工作的突出位置，推进基层科技工作跨越发展。按照“十二五”科技兴县（市）工作规划的总体部署和要求，修改完善了科技进步考核指标体系，组织开展了第六次全国县（市）科技进步考核。

二、推动科技特派员农村科技创业行动，建设新型农村科技服务体系

进一步推动科技特派员农村科技创业行动，建立以现代农业龙头企业为中心，以农民合作组织为依托，科技特派员服务站为中介服务的服务体系，推动新型社会化农村科技服务体系建设，促进了创新要素向农村流动，加快农业产业化发展，壮大区域特色产业。2010 年，全国开展科技特派员农村科技创业的地区已由 2008 年的 1039 个县 (市、区、旗) 发展到 2148 县 (市、区、旗)，科技特派员数量由 2002 年的 7.2 万人发展到 14.9 万余人。围绕科技特派员创业链和特色主导产业发展，科技特派员共组建各种专业协会和经济合作组织 14970 家，创办企业 7427 家，形成龙头企业 2431 家，引进农林动植物新品种 3.79 万个，推广先进适用新技术 2.98 万项。2011 年，科技特派员农村科技创业进一步发展壮大。截至 2011 年底，全国已有 17 万名科技特派员和 5500 家法人科技特派员，长期活跃在农村基层、农业一线，形成科技特派员创业链近 500 条，辐射带动农村 5700 万人。开展粮食丰产科技工程科技特派员创业专项行动，切实保障国家粮食丰产与增收。

三、加强科技富民强县专项行动，促进县域经济与科技紧密结合

2010 年是科技富民强县专项行动计划（以下简称专项行动）实施的第六年，是“十一五”实施专项行动的最后一年。以“富民强县”为重点，按照统筹城乡发展的原则，继续扩大专项行动的开展范围，共启动试点县（市、区）192 个项目，加大对中西部地区的支持力度，提升专项行动的影响力，培育壮大县域优势特色产业，增强科技对县域经济的引领和支撑。2011 年是专项行动计划实施的第七年，也是“十二五”实施专项行动的开局年。2011 年专项行动启动试点县（市、区）238 个项目，投入国拨资金 4 亿元，带动了 59.9 亿元的其他资金，包括省级配套资金 2.6 亿元，地市县两级配套资金 8.0 亿元，单位自筹资金（包括企业自筹在内的其他资金）42.5 亿元，多来源渠道的资金投入为项目的充实和完善提供了有力支撑，不断推动项目县（市）经济快速增长与特色优势产业持续壮大，促进了财政增收和农民增收。

第四章
体制机制创新

在世界经济区域化特征凸显的今天，区域创新能力已成为地区经济获取竞争优势的重要因素。根据国家区域发展总体战略部署，各地科技工作立足区域特色和创新需求，全面深化科技体制改革，从体制机制入手加快推进科技成果转化，支撑传统产业改造和战略性新兴产业培育发展，区域创新体系建设加快推进，各具特色和竞争优势的区域科技发展格局正在形成，体制机制创新在区域创新体系建设中的作用更趋明显。截至 2011 年底，中关村、武汉东湖、上海张江等国家自主创新示范区试点工作不断深入，国家与地方联动创新机制也在全国范围内启动，已建设完成国家地方联合工程研究中心（工程实验室）173 家，加速了科技创新和成果转化，形成了中央和地方上下协作的区域创新能力建设新格局。

第一节 探索企业技术创新机制

一、以政策支持引导企业加强自身研发能力建设

支持企业成为技术创新主体是区域创新体系建设的重点。2010 年，科技部、财政部、教育部、国资委和国家开发银行等联合印发了《国家技术创新工程总体实施方案》，明确提出“引导和支持创新要素向企业集聚，加快以企业为主体、市场为导向、产学研相结合的技术创新体系建设的系统工程”。2011 年，科技部、财政部、中国人民银行和中国保监会等 8 部委联合颁布了《关于促进科技和金融结合加快实施自主创新战略的若干意见》，提出“引导银行业金融机构加大对科技型中小企业的信贷支持”。2011 年，国家发展改革委、科技部共同研究制定了《关于加快推进民营企业研发机构建设的实施意见》，围绕增强民营企业技术创新能力，提出推进民营企业建立技术（开发）中心，承担或参与工程（技术）研究中心、工程实验室、重点实验室建设以及建立和完善服务于民营企业的技术创新服务机构等意见。此外，财政部、科技部印发了《中关村国家自主创新示范区企业股权和分红激励实施办法》、《国家科技成果转化引导基金管理暂行办法》等。

截至 2011 年底，国家认定企业技术中心 793 家，省级以上企业技术中心 6824 家。①

为了深入推进创新型企业建设，引导和支持地方根据自身情况，采取多种方式加强对创新型企业建设的指导和政策支持。不少省市、地区纷纷通过培育创新领军人物、设立专项支持资金、加大财政投入力度、建立表彰奖励制度等措施，支持企业的创新发展。如安徽省专门设立了“创新型企业奖”，奖励做出突出贡献的创新型企业的经营管理和技术人员。2010 年安徽省合肥市对 76 家创新型试点企业累计奖励资金 2110 万元，对 60 家市级创新型企业累计奖励资金 1680 万元。《重庆市科技创新促进条例》明确规定，高新技术科技企业和国家级创新型企业，从认定次年起，由市、区县（自治县）财政连续 3 年按其企业所得税地方留成部分的 50% 计算给予奖励，用于科学研究和技术开发活动。为深度整合财政各类科技资金，西安市采取了无偿资助、贷款贴息、奖励补助、股权投入等方式，加大对科技创新的投入力度。

与此同时，各地通过不断完善面向创新型企业的制度保障和服务措施，推进企业自身研发能力建设。如湖北省有关部门制定了针对创新型企业的服务措施，包括建设试点企业市厅会商制度、试点企业直通车制度、试点企业走访制度、试点企业市州工作专班制度等。江西省工信委建立的创新型企业调度制度，对创新型企业的主要经济指标完成情况、企业创新能力、“四率”水平以及企业科技创新工作中存在的主要问题进行调度，明确了季报、调度会、定期通报和动态管理制度。吉林省成立了省政府办公厅牵头，科技、经济、财政、税务等部门组成的大项工作督办组，每月向省领导汇报一次工作进展情况，每季度召开一次协调会。同时要求各市（州）、县政府设立推动小组，全面负责本地区被培育企业的培育工作。福建省、安徽省、河北省组织力量编制了本地区的《创新型企业发展报告》，通过系统的数据采集和分析，交流和宣传创新型企业建设的进展，成为创新型企业展示创新成果、交流创新经验、加强创新管理的平台。重庆市组织编印了《2011 年重庆市创新型企业试点工作报告》，总结工作经验，寻找存在问题，通过典型创新型（试点）企业风采展示，激发其他企业的创新动力和活力。

二、推动以企业为主体的产学研合作

国家高度重视科技政策在发挥市场竞争机制、优化配置科技资源、突出企业在技术创新中的主体作用，《国家“十二五”科学和技术发展规划》提出，要深入实施国家技术创新工程，加快以企业为主体、市场为导向、产学研相结合的技术创新体系建设。各地政府围绕集聚创新资源、优化创新环境，加速引导创新要素向企业集聚，推动企业真正成为研发投入的主体、创新活动的

① 数据来源：中国经济网门户网站：《张晓强：“十二五”将加强企业技术创新体系建设》。

主体和成果应用的主体，制定和出台了一系列配套的政策和举措。如广东在全国率先推动了“三部两院一省”产学研合作机制，促进高等学校和科研院所的创新资源向企业聚集，推动创新成果转化为现实生产力；同时，广东省还实施了“专业镇技术创新试点”工作，建立以市场为导向、企业为主体、产学研结合的公共技术创新平台，扭转了专业镇无研发机构、无科技人员、无创新活动、无创新成果的“四无”状态。2009年，北京市启动“科技北京”行动计划，重点实施中关村“1+6”系列先行先试新政策试点，十百千工程企业总数达到306家；同时，与财政部等4部委签署《中关村国家自主创新示范区现代服务综合试点协议》，建立促进现代业发展的有效机制，培育了一批战略性现代服务业。内蒙古通过联合推进科技名牌培育、技术标准推进和知识产权创造三战略，提高企业创新的意识和能力；并通过实施技术创新引导工程、创新平台升级工程和科技型中小企业技术创新基金计划和重点新产品计划，增强中小企业的研发能力。福建省在《福建省“十二五”科技发展专项规划》中，明确提出要把提升企业创新能力作为全省科技工作的重中之重，并出台了《福建省人民政府关于促进科技成果转化和产业化的若干意见》，设立了科技创新与成果转化专项资金，以企业需求为出发点，以可行、有效作为政策的重点，围绕企业研发、成果转化、平台建设、人才培养等企业科技创新链中的各个关键环节，全方面支持企业开展科技创新。湖北省通过推进企业创新平台建设，引导和支持企业与高校、科研院所、中介服务、金融机构形成“技术创新战略联盟”；同时，支持“抓大促小”，深入推进创新型企业建设试点和科技型中小企业成长路线图计划。

三、将企业技术创新体系建设纳入区域经济发展的主体战略

近年来，各省（区、市）纷纷将创新型企业建设与地区“调结构、转方式”有机结合起来。如江苏省委、省政府提出把推进技术创新工程作为实施创新驱动战略、建设创新型省份的重要抓手。为此，省政府专门出台了“关于加强企业创新促进转型升级的实施意见”，提出以聚焦高端产业技术创新为核心，以培育自主知识产权、自主品牌、创新型企业和高新技术企业为重点，以深化产学研合作为载体，着力加大投入，着力激发活力，着力积聚人才、优化环境，协调推进企业技术创新、管理创新和制度创新，全面提升企业自主创新能力。《浙江省技术创新工程试点省2010年度工作计划与责任分解》明确指出，实施国家技术创新工程浙江省试点工作，是全省科技工作的“一号工程”，也是今后一个时期推动全省经济转型升级的重要抓手。安徽省则将技术创新工程试点工作与合芜蚌自主创新综合试验区建设结合起来，并制定出台了《安徽省国家技术创新工程试点省和合芜蚌自主创新综合试验区专项资金项目扶持管理办法（试行）》等措施。重庆

市提出把推进创新型企业建设作为推进技术结构战略性调整，加快发展方式转变，建设长江上游科技创新中心和科研成果产业化基地的重要任务。

第二节
培育新型研发组织

一、新型研发组织基本情况

新型研发组织以知识探索和技术创新作为主要活动，通过体制机制和服务创新，在开展科技研发、加速成果转化、培育创新人才、建设创新文化等方面取得了显著的进展，引起人们越来越多的关注。

◎ 形成了一批新型研发组织

近年来，在中国东部沿海地区，出现了一批服务于区域和产业发展的产业技术研究院。仅江苏省 2010 年以来就先后启动了 9 个省级产业技术研究院的建设。浙江省围绕经济发展需求引进共建了一批创新载体，如清华长三角研究院、中国科学院宁波材料技术与工程研究所、浙江加州国际纳米技术研究院、中国纺织科学研究院江南分院，以及浙江现代纺织工业研究院、浙江省海洋开发研究院等。陕西省依托西安交通大学、电子科技大学、西北大学、陕西科技大学、建筑科技大学、西北工业大学建立了六个工业技术研究院。除服务产业发展需求外，还出现了许多机制灵活的致力于基础和前沿研究的科研院所，如北京生命科学研究所、深圳光启高等理工研究院、华大基因研究院等。这一方面为服务行业研发机构的发展创造了前所未有的机遇，并创造了多种新型研发组织形式，与行业和地区经济发展结合更加紧密。

◎ 新型研发组织运作方式表现多样

中国新型科研机构突破了国有科研院所和高校传统的管理体制机制，体现出创新创业创富相统一、产学研结合一体化、运作机制市场化、团队年轻化、国际化等鲜明特征，采用了事业单位、民办非企业、产学研联合共建等多种形式。总体上来看，主要有“民办官助”、“企业及联盟创办”、“国有新制”三种。其中，“民办官助”没有编制，没有事业费，没有行政级别，没有主管部门，以民办非企业身份登记注册，采用市场化运作，自主经营，自负盈亏。“企业及联盟创办”分两种，一种是以单个企业为主体，联合高校、科研院所共同建立；另一种是以产业联盟为主创办的。如华南新药创制中心由广东 9 家医药企业各出资 1000 万元共同组建。“国有新制”的建设主体虽然是传统的高等院校、科研机构或者地方政府，性质是事业单位，但已被市场和产业环境“基因重组”，采用全新的运行机制。如中科院深圳先进技术研究院虽然享受事业编制和事业费，但事业编制没有具体对应到个人，而是统筹使用。

专栏 4-1 华大基因研究院三次“脱胎换骨”式变革

华大基因研究院从 1999 年创办以来，先后经历从国有到民营、民营到国有、再由国有到民营的三次“脱胎换骨”式变革，主要依靠从市场获得的经济资源，自力更生，取得了大量高水平的科研成果。华大基因的经历为中国科技发展与改革提供了深刻的启示。他们的主要做法如下：一是研究院建设始终瞄准国际一流发展目标；二是院长具有充分的科研自主权，能自主调配科技资源，集中精力和资源干好一件事；三是不拘一格使用人才；四是创新科研组织方式，大型仪器设备集中购买、共享共用；五是开展的科研项目要么能填补科学空白，要么能够增加收入，不搞科学价值不高、产业化前景不好的项目。

◎ 新型研发组织发展模式呈现多元化

随着中国各地方经济规模的快速增长、经济结构调整的不断深化、企业素质的持续提高，一些科技资源欠发达的地区，开始纷纷成立或筹办工研院、企业技术创新中心等各类新型研发组织。如 2006 年以来，成立的各类省级工研院数量已不下百家。这些新型研发组织的成立，大多由地方政府主导，在资金投入渠道、依托主体、组织形式等方面呈现出多元化的特点。各地方政府根据当地的区域发展需求，积极探索“一院多制”等新型科研组织模式。如重庆工研院内部，包括“重庆工业自动化仪表研究所”等 9 个转（改）制所（中心）和“重庆模具研究中心”等 9 个事业性质中心。重科院还出资设立了“重庆市应用技术有限公司”，负责科技研发、成果转化和转（改）制院所国有资产管理。广东工研院按照“一院两制三体系”的思路，院部机关为公益一类，下属机构（研究所、中心）为公益二类、三类，还有生产经营类（企业类），使研发体系与产业体系并存发展。

◎ 形成了面向全球的开放体系

开放性是国内一大批新型研发组织的共同特征。目前，国内不论是以基础研究为任务的科研院所，还是服务产业发展的产业技术研究院，都形成了集聚国内外创新资源、产学研相结合的创新体系。新型研发机构在选拔人才上基本都坚持竞争机制，在全球范围公开招聘，坚持唯能力标准，选拔真正站在国际学科前沿的领军人才。如北京生命科学研究所的领军人王晓东，是美国科学院最年轻的院士之一，是从 26 个候选者中被选出，还带动了一批实验室主任归国。深圳光启高等理工研究院的首任院长刘若鹏年仅 26 岁，是广东省当年首批引进的 12 支海外创新团队之一。产业技术研究院在运作过程中，更是实现了大学、科研院所与企业的优势互补。浙江现代纺织工业研究院、广东省工业技术研究院都通过产学研合作提高了技术开发能力和技术服务能力。而深圳清华大学研究院既引进高端人才（如 2009 年引进方军博士成立电子信息研究所），又通过与国际知名企业、大学、研究机构合作，迅速在数字电视、传感器、RFID、超精抛光、通信等关键技术上获得突破，促进了相关产业的形成和发展。

专栏 4-2 北京生命科学研究所创新体制机制

2005 年，北京生命科学研究所挂牌成立（以下简称北生所），运行 7 年就进入了国际一流行列，取得了举世瞩目的成果，创新能力达到同类研究机构的国际一流水平。北生所的经验在于：(1) 实行特定拨款制度，经费长期稳定，按实验室包干使用。(2) 实行所长负责制，不定级别、不定编制。(3) 实行全员合同制和年薪制，年度考核不与工资、资金挂钩。(4) 创新内部管理，实行制度化、层次化、模块化管理。(5) 北生所邀请国际著名专家组成科学指导委员会，对北生所及其研究人员进行考核，在把握学术发展方向、评估研究工作、推荐优秀人才等方面发挥着十分重要的作用。(6) 着力创造“严谨求实、开拓创新”的创新文化。

二、新型研发组织培育主要成效

新型研发组织是适应经济和科技发展需要而产生的一类新型的研发机构，经过几年的发展，在体制机制创新、加速成果转化、促进科技与经济结合、优化区域科技资源配置等方面形成了鲜明特点，也取得了初步成效。

◎ 加速了科技成果产业化

新型研发组织反映了地方产业创新的客观需求，实现了从技术创新到产品转变的组织化过程，加速了科技成果产业化。如陕西工研院以项目为牵引，采用市场化的方式组建研发团队，在项目产业化研发工作完成后，将其所形成的固定资产、技术、研发团队整建制地转入企业，实现“孵化项目、孵化人才、孵化产业”的功能。广东工研院通过“以大平台促进大项目、以大项目建设大团队、以大团队实施大攻关、以大攻关创造大成果、以大成果造就大产业”的系列举措，促进科研水平大幅度提高，2010 年实现科研经费同比增长 600%，产业规模也得到进一步扩大，产品销售收入增长 35%。

◎ 促进了各类创新资源的综合集成

新型研发组织完善了区域创新体系，发挥了连接各类创新主体的桥梁作用，促进了各类创新资源的集成。如广东工研院紧密围绕广东省现代产业体系建设需要和战略性新兴产业发展需求，设置资源与环境、材料与化工、先进制造、电子信息、生物技术、产业服务等六大研究板块，现有 18 个紧密层研究所（中心）和 7 个分布在珠江三角洲地级市的联盟层研究院所。在韶关、肇庆、清远、增城、湛江、海南等地建有科研基地和产业化示范基地，在深圳、佛山等地建有产业技术战略联盟 13 个；并与乌克兰、俄罗斯、德国、加拿大、意大利、日本、澳大利亚等国家建立了长期科技合作关系。与此同时，新型研发组织通过资源的整合与重组，不仅盘活了存量科技资源，而且促进了原转制科研院所的人员队伍稳定。如重庆市委、市政府为调整科研院所布局、优化整合院所资源，2008 年整合原属中央和地方的 10 个研究院所，重组了重庆市科学技术研究院，改变了市属科研机构规模小、力量分散、创新能力弱的局面，集中力量形成优势学科领域和研究基地，成为集研究开发、技术转移、成果转化、人才培训和国际交流为一体的工业技术的综合研究机构，是重庆市组建的最大科学研究和科技创新服务机构。

◎ 提升了研发机构自身的创新能力

新型科研机构时代特征鲜明，主要体现在政、产、学、研、资相结合，创新、产业、创富相统一，高投入、高效率、高产出相协调，基础、应用、开发、产业化相交叉融合。同时，他们遵循市场和科技创新规律，在单位性质、运行机制、人才激励等方面都打破了传统的管理方式和体制，是近年来新组建的“增量”科研单位。深圳光启高等理工研究院成立两年来，吸引了中外数十名科学家，已在国内外申请了 1229 项超材料领域发明专利，占全球过去十年该领域专利申请总量的 80% 以上；并开发出平面式卫星接收器等新产品，为广东开创了预期产值达千亿的新兴产业——超材料产业，在超材料领域占领了源头创新的主导地位。深圳清华大学研究院资产近百亿，成功孵化出 600 多家高科技企业，造就了上千名千万富翁，成为实至名归的“高科技上市公司的摇篮”。

◎ 对国家和区域经济社会发展的支撑作用正在凸显

目前，科技创新能力不足、产品结构低端化是制约很多区域经济社会发展的重要因素。新型研发机构紧密围绕国家和区域经济社会发展需求设计组织结构、明确研发任务、开展研发活动，为国家和区域经济社会的发展提供了日益明显的重要支撑。而支撑和促进区域经济转型发展、加速科技成果转化的需求，也为新型研发组织的建立和发展提供了根本动力。如北京生命科学研究所、华大基因研究院都是为满足国家发展的战略需求、抢占科技发展制高点目标而设立的。昆山是中国著名的外贸出口第一县，但是受到国际金融危机的猛烈冲击。为促进产业转型升级，江苏省昆山市决定建立工业技术研究院，重点围绕昆山产业特色，打造公共技术服务平台，开展技术应用研发和公共技术服务活动，有效服务中小企业创新。浙江绍兴纺织业形成中小企业集聚的块状经济，但是研发能力极弱，产品附加值低，在政府的引导下，轻纺科技中心与浙江理工大学、浙江大学联合，共同成立了浙江现代纺织工业研究院，为企业解决了大量共性技术难题。

专栏 4-3 江苏省大力推动产业技术研究院发展的经验

自 2010 年以来，江苏省先后启动了 9 个省级产业技术研究院的建设，并初见成效，同时积累了宝贵的经验。其主要做法是：(1) 设立在科技园区，服务于高技术企业和产业。(2) 聚焦新兴产业共性技术开发和应用。(3) 建立地方政府主导、市场化运行的发展模式。在投入和管理方式上，采取多种模式：整体引进团队、全方位支持模式；政府支持投入、实行纯粹的市场化管理模式；政府支持投入、通过政策引导的参与管理模式。(4) 坚持以成果转化为核心，在产业共性技术方面加强应用性技术创新，并开展成果转化和企业孵化；建成了产业共性技术研发、工程化技术开发、技术转移转化等公共研发平台和公共实验室，配备了必要的成果孵化功能单元、工程中试基地，实现“创新、创业、服务”三大功能的融合集成。

第三节 完善区域创新服务平台

一、建立多元化、多渠道、稳定的创新平台投融资格局

区域创新服务平台是区域创新体系建设的重要支撑点，是提高区域技术创新能力和促进科技成果转化的有效载体。近年来，部分地区在建设区域创新服务平台的过程中，通过突出企业的主体地位，引导和推动企业以及社会各界对科技创新的投入，形成了以政府为主导、企业为主体、社会为补充，多元化、多渠道、多层次、稳定的区域创新平台投融资格局。深圳市政府通过整合现有的专项基金，重点支持科技企业孵化器的公共服务平台、网络通讯、专业实验室设备仪器等共享设施建设，经深圳市科技主管部门认定的科技企业孵化器可获得最高 300 万元的资助。浙江省上虞则在争取上级部门经费扶持的同时，不仅增加了本级财政的投入力度，还通过发挥财政资金的杠杆作用，鼓励企业和社会资本参与对制约产业发展的共性技术和关键技术的研究和开发，促进了这些科技成果的推广。自 2008 年起，合肥市财政每年拿出不少于 5 亿元的专项资金，以

及1亿元创业风险投资引导资金用于推进区域创新体系建设。该市规定，对新认定的国家级工程研究中心、企业技术中心、重点实验室、创新咨询中心等研发服务机构，可给予一次性50万～500万元奖励等。①

二、以多样化的产学研合作模式推动区域创新平台建设

近年来，许多地方政府以提升区域创新能力为目标，全面深化科技体制改革，确定以市场为目标、企业为主体、科教为支撑的产学研合作体制机制，形成基于市场规则、源于利益联系、实现强强联合的产学研合作新模式，通过多样化的产学研合作模式推进创新服务平台的建设，全面推进高新技术产业发展，创新服务平台建设和科技成果转化取得新突破。南京市建立通过政产学研金联席会议制度，建立宏观协调、载体（企业）结合、园区承载的三级架构体系，以政、产、学、研、金为横向工作链，以市政产学研金联席会议、高校科研院所、区域性或行业性研究院、大学科技园、高新开发区等技术创新外溢流向为纵向工作链，形成富有南京特色产学研合作的科技创新立体体系，促进行政资源、科教资源、产业（金融）资源有效结合流动，引导区域创新服务平台建设不断向纵深发展。辽宁省通过与中科院沈阳分院建立合作关系，以“中科院大连科技创新园”、“中科院沈阳科技创新园”、“辽宁沿海海水生态养殖及海洋生物技术产业示范带”的建设为重心，辐射带动了周边如抚顺、本溪、铁岭等重点城市，以及重点高校和企业的合作、互动，推进了辽宁区域创新体系建设。沈阳分院在与企业合作中，围绕石油化工、冶金、能源环境等重点领域展开；在与省教育厅、大连理工大学等合作中，通过学术交流与合作提高科研工作水平，强化了创新人才的培养。2010年以来，浙江黄岩市先后引进工程塑料国家工程研究中心、西安交大快速制造国家工程研究中心、中科院计算技术研究所、中科院先进制造技术研究所在当地建立分中心或示范中心。2012年，四川省也借助中科院在科技创新、成果转化、决策咨询、人才智力等方面的优势，与中科院成都分院达成战略合作协议，合作内容主要包括推动中科院科技成果转移转化和产业化、搭建院士专家产业咨询服务平台暨共建企业研发中心、共建四川省战略性新兴产业信息咨询服务平台等。此外，中科院成都分院还分别与达州市政府、凉山州政府签署区域创新能力建设合作协议，院地双方在技术研发、成果转化、人才培养及交流、院士专家咨询等科技服务方面开展了合作。

三、引导创新人才投身创新服务平台建设

创新人才的培养、引进和使用，是区域创新服务平台建设的核心环节。在资金有限的情况下，

① 数据来源：中国合肥政府门户网站。

以政策创新来引导和鼓励创新型人才投身创新服务平台建设成为许多地方政府的重要举措。近年来，许多省市、地区先后制定了高层次创新人才引进、培养和创业等一系列政策文件，形成了众多科技人才集聚的“政策洼地”。如杭州市委、市政府推出了“住在杭州，学在杭州，创业在杭州”战略举措，先后出台了科技创新人才引进多项优惠政策，实施了人才培养多项工程、人才创业多项资助。如简化科技人员来杭落户手续，打造科技创新服务平台与科技中介服务平台，设立科技创业奖励基金等一系列有利于创新、创业的政策措施，不断完善科技人员的激励机制。2010年，全市拥有各类专业技术人员73.20万人，每万人口拥有专业技术人员841人，同比上年分别增长10.83%和6.05%。杭州市从事科技活动人员的总量达15.01万人，每万人口科技活动人员数为172.55人，比上年度分别增长8.74%和1.24%，稳居浙江省第一位。[①]“十一五”期间，上海市共建成国家级重点实验室、工程研究中心、工程技术研究中心62个，市级316个，这些创新、创业服务平台为科技人才发展提供了舞台。据统计，仅2006—2008年，上海市就通过承接国家973、863和科技攻关计划项目引进海外人才2178人，培养项目负责人768人，培养博士和硕士学位的青年科技人才7181人。在此基础上，上海市科技两委围绕建设、能源、环境、运营、安全及展示六大领域组织科技人才攻关，取得了1100多项科技成果并获得集成应用。此外，该市还推进崇明生态岛绿色经济试点示范平台建设，组织科技人才在崇明岛开展生态系统构建、资源循环利用、无公害蔬菜等一批项目的研发和示范，并实施了生态岛建设科技支撑规划和生态指标体系，最终获批“国家可持续发展实验区”。[②]

四、促进创新服务平台的共建共享

通过创新服务平台的共建共享，促进创新资源的集成和整合，有效提升区域创新能力，是区域创新服务平台建设的主要目标。目前，国内部分省、市已初步建立了科技资源开放共享服务体系，如首都科技条件平台、上海研发公共服务平台、重庆大型科学仪器资源共享平台、太原“一网两库”科技服务平台等。制定了《上海市促进大型科学仪器设施共享规定》、《太原市科技资源开放共享条例》等相关法规。在借鉴其他地区经验的基础上，2011年10月，南京市科委出台了《南京市开放实验室实施办法（试行）》，通过制定激励于后的政策，推动南京科技资源共享力度，实现从原有开放资源的单台/套仪器设备零散的“点服务”到整体开放的“面服务”的转变，由只开放仪器设备向开放专家智力资源的转变。吉林市为落实该市政府与吉林省科技厅的“厅市工作

① 数据来源：科技部门户网>地方科技>浙江。

② 数据来源：上海政务门户网。

会商制度”，制订颁布了《吉林市科技创新公共服务平台》等相关政策文件，以吉林市科技信息研究所和吉林市生产力促进中心等为依托，在对吉林市科技信息网、吉林市星火科技网、技术转移平台、汽车制造业平台，以及吉林市科研机构数据库、专利技术数据库、科技成果数据库、企业产品数据库、科技专家数据库、科技文献数据库、招商引资项目数据库和科研资源共享网络系统等信息资源进行优化与整合后，进一步开发形成了科技创新创业服务体系和保障体系，实现了与省级科技信息服务平台的资源共享。截至 2010 年 4 月，甘肃省科技创新服务平台所包括的甘肃科技文献共享平台、甘肃省气象科学数据共享网等也已向全省相关部门、科研院所、高等院校、企事业单位和农业技术推广单位全面开放，为科研创新工作提供了保障。2011 年 4 月正式开始建设的西安科技大市场，也是统筹科技资源改革示范基地建设的基础性工程，目前已初步实现了信息互通、设备共享、技术交易、咨询服务和政策落实等一站式服务。为有效推进技术交易和仪器设备共享、促进科技成果转化和科技人才创业，西安市组织筹办了“科技大集市”和产业联盟对接等活动，科技资源的集聚效应逐步显现。目前，已加盟注册西安科技大市场的各类科技组织 6000 多家，科技专家近 2000 人，收录科技成果 6300 多项。①

第四节 实施区域创新政策

一、构建各具特色的区域创新体系

近年来，根据国家区域发展战略的总体部署，结合区域经济社会发展需求和科技基础，中央和地方相继出台了多个区域经济发展规划，并着力部署和构建各具特色的区域创新体系建设。

一是提高东部地区原始创新能力和可持续发展能力，着力培育产业竞争新优势。如 2004 年，深圳市出台了《关于完善区域创新体系，推动高新技术产业持续快速发展的决定》，这是全国首个有关区域创新体系的地方政策。2005 年以来，广东省相继颁布实施了《关于提高自主创新能力提升产业竞争力的决定》、《广东省人民政府关于促进自主创新的若干政策》和《广东省建设创新型广东行动纲要》等一系列政策文件，确立了把构建“创新型广东”、实现从制造大省向创新大省的转变作为未来科技发展的基本战略。与此同时，各地也通过加强区域之间的科技合作，促进

① 数据来源：东方财富网。

不同区域科技资源的优势互补，提升区域经济发展的规模效益。为大幅度提高上海市、江苏省和浙江省“两省一市”科技合作的层次和水平，进一步增强长三角区域合作创新能力，将长三角建成最具活力的创新型区域，根据《沪苏浙共同推进长三角创新体系建设协议书》，研究制定了《长三角科技合作三年行动计划(2008—2010 年)》。《珠三角地区改革发展规划纲要(2008—2020 年)》提出，坚持高端发展的战略取向，建设自主创新新高地，着力将珠三角地区打造成“世界先进制造业和现代服务业基地”。

二是促进中部地区发展现代产业体系，提高资源利用效率和先进适用技术推广。2009 年 09 月 23 日，国务院原则通过《促进中部地区崛起规划》；2012 年 7 月 25 日，国务院通过《关于大力实施促进中部地区崛起战略的若干意见》。在“中部崛起”这一国家战略的推动下下，中部地区六大城市群——湖北武汉城市圈、河南中原城市群、湖南长株潭城市群、安徽皖江城市带、山西太原都市圈以及江西环鄱阳湖城市群应运而生。其中《武汉都市圈规划》、《长株潭城市群区域规划（2008—2020 年)》和《鄱阳湖生态经济区规划》等相继出台。而武汉城市圈“两型社会”综合配套改革试验空间、产业发展、综合交通、社会事业、生态环境规划纲要等五个专项规划已正式印发实施。武汉城市圈的战略定位是：以长江经济带为主轴的东中西部互动发展的关键接力点与推进器、内陆地区先进制造业高地和现代服务中心、促进中部崛起的重要战略支点。2008 年，合芜蚌自主创新综合配套改革试验区建设正式启动，安徽省先后出台了《中共安徽省委、安徽省人民政府关于合芜蚌自主创新综合配套改革试验区的实施意见》（试行）和《中共安徽省委、安徽省人民政府关于合芜蚌自主创新综合配套改革试验区工作的若干政策措施》（试行），从激励措施、财政投入、人才吸引等方面制定了优惠政策，着力将试验区建设成中西部地区乃至全国的创新型人才高地、创新型企业高地、创新型产业高地。合肥市政府也公布了《进一步推进自主创新若干政策措施（试行)》，制订了 39 条政策措施来推进区域创新体系建设。

三是实施西部大开发战略和振兴东北老工业基地战略，引导科技资源向欠发达地区流动，加大科技援疆、援藏和支援其他民族地区力度，加强西部能源资源开发、生态环境保护和修复。2003 年以来，中央先后出台了《关于实施东北地区等老工业基地振兴战略的若干意见》、《中国图们江区域合作开发规划纲要》等规划，在社会保障试点、增值税转型、豁免企业历史欠税、国有企业政策性破产等方面实施了一批优惠措施和政策，而东北三省也都制定和出台了相应的振兴规划与扶持政策。如辽宁出台了《关于提高科技创新能力加速老工业基地振兴的若干规定》，提出在科技体制与机制上进行重大改革的 58 项配套措施及优惠政策。同时，在实施《西部大开发“十一五”规划》的基础上，2012 年 3 月，国务院又正式批复同意国家发展改革委组织编制的《西部大开发"十二五"规划》。而成渝、关中—天水、广西北部湾等 11 个重点经济区的创新规划也分别制定和出台。科学技术部与国家发展改革委联合发布了《全国科技援疆规划(2011—2020 年)》，提出到 2020 年，通过全国科技援疆，使新疆自主创新能力显著提升，成为面向中亚及周边国家具有对外影响力和辐射力的区域创新中心。

另外，围绕解决区域发展重大、共性问题，国家积极推动跨区域协同创新，引导和推进创新型城市（区）建设，充分发挥中心城市、科技园区在区域创新中的辐射带动作用；加大对自主创新示范区、试验区的支持力度，加强区域创新资源集聚和创新基础能力建设等。各省市区，也纷纷围绕地方经济发展需求，研究制定和出台了促进科技发展、重点产业发展的政策举措。这些规划和政策的出台，为建设各具特色的区域创新体系，提升区域创新能力提供了制度保障。

二、强化科技与金融的有效结合

为促进科技和金融结合，推进自主创新，培育发展战略性新兴产业，支撑和引领经济发展方式转变，加快建设创新型国家，2011 年 10 月，科技部等八部委先后下发了《关于促进科技和金融结合，加快实施自主创新战略的若干意见》和《关于确定首批开展促进科技和金融结合试点地区的通知》。为推动试点工作深入开展，促进科技和金融紧密结合，大力提升科技金融发展水平，各地纷纷出台了促进科技和金融结合的相关政策举措。如 2012 年，江苏省出台了《江苏省政府关于加快促进科技和金融结合的意见》，提出到 2015 年，确保科技贷款余额及科技企业境内外上市数和融资额在"十一五"基础上实现翻一番，创业投资管理资金规模达到 2000 亿元，科技支行、科技保险支公司、科技担保公司等科技金融专营机构发展到 100 家以上，科技小额贷款公司发展到 100 家以上。到 2020 年，以上各项指标在"十二五"基础上实现翻一番。武汉市提出要以光谷"资本特区"建设为抓手，推进科技创新与金融资本、产业资本的有机结合，努力把武汉建设成为全国重要的科技金融创新中心。广东省出台了《印发 2012 年扶持中小微企业发展的若干政策措施的通知》，明确省财政安排 5000 万元支持科技型中小企业的专项资金，扶持中小微企业开展技术创新活动；并设立了专业镇发展基金，着力推进风险投资和信贷机构的建设，加强科技与金融结合，形成融科技信贷、科技担保、科技创业投资、科技成果转移转化为一体的科技金融服务平台，逐步突破专业镇中小企业融资难的瓶颈。内蒙古印发了《推进内蒙古自治区科技金融结合工作的若干意见》，设立科技创新引导奖励资金，重点支持科技成果转化和产业化重大项目；并与内蒙古银行、兴业银行、招商银行、中信银行等签订合作协议，采用信用贷款、抵（质）押贷款等方式支持科技企业融资。成都市出台了《成都高新区加快股权投资产业发展工作方案》，以政府引导基金为重点，构建了为不同成长阶段的科技型企业提供不同融资工具组织的“梯形融资模式”，形成了依托全资国有公司引导民间资本积极参与的投融资服务格局。上海市实施了“科技小巨人信用贷”、“成果转化百佳项目信用贷款”和“高新技术企业信用贷款”等科技金融新政策、新产品，并成立了面向科技型中小企业的浦东硅谷银行，破解科技企业资金瓶颈。北京市发起科技型小微企业10亿元专项融资行动计划。金融资本为区域创新体系的建设注入了创新的活力和动力，提供了坚实的保障。

三、支持地区战略性新兴产业发展

战略性新兴产业是新兴科技和新兴产业的深度融合，代表着科技创新和产业发展的方向，健全政策体系是战略性新兴产业得以健康与长足发展的基本保证。各地区普遍重视培育和发展战略性新兴产业，紧密结合地区资源优势和产业基础，大力促进产业集群，从资金投入、政策措施、机制创新等方面对战略性新兴产业予以支持。为推动战略性新兴产业和高新技术产业快速健康发展，2011年海南省政府出台了《海南省鼓励和扶持战略性新兴产业和高新技术产业发展的若干政策规定》，针对新能源、新能源汽车、新材料、信息产业、生物和医药、高端装备制造、节能环保和高技术服务业等八个产业，从土地政策、园区扶持政策、财税政策、融资政策、产业服务政策、人才政策、优化投资环境措施等七方面给予鼓励和扶持。北京市围绕两城两带建设，制定发布了《中关村科学城发展规划（2011—2015)》，发布实施“十二五”时期科技北京发展建设规划、促进科技成果转化和产业化等30余项政府规章和规范性文件，南北两个高新技术产业带承接了一批重大科技成果转化和产业化项目。

广东省围绕专业镇建设，启动实施了“广东创新型产业集群专业镇”建设工作，制定出台了《广东创新型产业集群专业镇建设的指导意见》，组建专业镇特色产业技术创新战略联盟，着力推进专业镇传统优势产业转型升级。同时，颁发了《广东省高新技术产业开发区若干政策的实施办法》、《关于扶持高新技术产业发展的若干规定》、《广东省高新技术产业开发区管理办法》、《关于加快高新技术产业开发区发展的意见》、《广东省加快高新技术产业开发区及珠江三角洲高新技术产业带建设方案的通知》等一系列政策，对高新技术企业在税收、进出口、建设用地等方面给予优惠和扶持。2009年，江西省实施“六个一”工程以来，制定和颁布了十大战略性新兴产业、创新型企业、科技创新研发平台、高新技术产业特色基地、优势科技创新团队等5个规划，编制了10个优势高新技术产业发展规划；并制定和出台了《关于科技创新“六个一”工程的实施意见》及其配套政策，为江西省十大战略性新兴的布局和发展进行顶层设计打下了坚实的基础，有效地推动了科技创新，保证了各个产业的可持续发展。为推进产业技术创新联盟建设，研究制定了《四川省产业技术创新战略联盟备案、试点实施办法》、《四川省重大科技成果转化工程实施方案（2011—2015年）》、《四川省科技厅关于开展四川省技术创新工程示范市县建设工作的通知》等文件，积极推进区域创新体系建设，优化全省技术创新产业支撑布局。围绕战略性新兴产业培育，云南省启动实施了“创新型云南行动计划”和“科技入滇”。配套政策的制定和落实，有力地促进了各区域战略性新兴产业的快速成长。

四、培养和引进“创新型”科技人才

创新型科技人才队伍建设是区域创新的核心内容。2006年前后，中国出台了大量与科技人才发展相关的政策，仅政府有关部门为实施《规划纲要》配套出台的涉及创新型科技人才队伍建设和环境建设的政策就有40多项，组织实施了“创新人才推进计划”，“千人计划”、“长江学者奖励计划”、“国家杰出青年科学基金”、“百人计划”等高层次科技人才培养和引进工程。《国家“十二五”科学与技术发展规划》提出，要壮大和优化创新型科技人才队伍，造就一批高层次科技领军人才和创新团队。

与中央的人才政策相呼应，各地也制定和出台了一系列的科技人才政策。围绕内蒙古的重点学科、重点产业，内蒙古完善和健全人才工作制度。制定了内蒙古自治区科技重大专项人才工作方案，以及《内蒙古科技厅人才工作协调小组例会制度》和《关于建立科技厅领导干部与专家联系制度的实施意见》；并从2010年开始实施“草原英才”工程；2011年，又推出“草原英才”创新创业新政策，为人才创新创业营造宽松环境。近年来，北京市开始启动建设中关村人才特区，发布实施了《关于中关村国家自主创新示范区建设人才特区的若干意见》、《加快建设中关村人才特区行动计划（2011—2015年）》和《北京市建设海外高层次人才创新创业基地暂行办法》等，促进人才、科技、产业协同创新。广东省出台了《关于加快吸引培养高层次人才的意见》、《关于突出贡献人员专业技术资格评定的暂行办法》等相关政策，设立了“南粤功勋奖”、“南粤创新奖”。“十二五”期间，广东省将继续大力实施重点人才工程，并在有条件的国家级、省级技术开发区和高新区及科学城建设5个左右的“人才特区”，实行特殊的吸引人才政策，加大项目资金扶持力度，为人才发展提供高质量的服务，集聚一批国际或国内一流水平的科学家。安徽省启动了合芜蚌试验区“人才特区”建设，实施了“611人才计划”、“115”产业创新团队建设和“百人计划”等工作，以及试验区高校、科研院所与企业联合培养研究生“千人培养计划”；支持新建了一批省海外高层次人才创新创业基地、博士后科研工作（流动）站、院士工作站。上海市从1991年以来，启动实施了“青年科技启明星计划”，为上海和国家科技事业培育了一批骨干和领军人才。此外，浙江省还启动了青年科学家培养计划，辽宁省对引进海外研发团队和高端人才给予专项资金支持，江苏省鼓励企业设立人才发展专项资金等。各地一系列人才政策的密集出台和实施，促进了中国科技人才队伍的繁荣发展；同时，也标志着围绕“创新型国家”建设和构建“各具特色的区域创新体系”，中国的科技人才政策正向着“创新型”科技人才政策转变。

五、深化科技体制改革

《国家“十二五”科学和技术发展规划》提出，要深化科技体制改革，全面推进国家创新体系建设。2012 年的全国科技创新大会和《中共中央国务院关于深化科技体制改革加快国家创新体系建设的意见》提出“要进一步深化科技体制改革，加快建设中国特色国家创新体系。”同时，中央各部门围绕改革的重点任务积极协作，形成了贯彻落实的强大合力。科技部与国家发展改革委、教育部、工信部、财政部、国资委、中科院、工程院、全国总工会、国家开发银行等十部门共同制定深入实施国家技术创新工程的意见；中组部、人社部等制定发布了外籍高层次才来华签证政策；科技部与教育部、工信部分别签署提升高校科技创新能力、促进中小企业技术创新的合作协议；发改委与科技部等部门共同编制国家自主创新能力建设规划；财政部、税务总局、科技部共同制定科技类民办非企业单位进口科学用品免征进口税收的规定；证监会与科技部共同制定发布了发挥资本市场功能支持科技成果作价入股的指导意见；国家知识产权局与有关部门共同制定了加强战略性新兴产业知识产权工作若干意见。中宣部、中编办、中央综治办、农业部、卫生部、人民银行、银监会、自然基金委、国防科工局、中国科协、总装备部等部门也都在积极推进。

在中央政策方针的指引下，各地也结合自身实情，通过政策创新，来引导和深化科技体制改革。广西为了全面推进科技计划管理改革，积极构建有利于自主创新政策的科技计划体系，先后出台了《科技厅党组关于深化自治区科技计划管理改革的意见》、《关于加强广西科技计划项目全过程管理的若干意见》、《广西科技重大专项管理暂行办法》等文件，促进广西科技计划统筹部署、科技资源优化配置，提高科技管理效率。北京市建立了“分阶段并联审批”工作机制，取消非法律法规明确要求的审批环节。广东省通过推进“院线提升计划”，深化计划管理体系改革；通过推进科技项目网络视频答辩评审，探索重大科技项目的组织方式改革；通过制定扶持新型研发机构发展的政策措施，扶持和培育深圳光启等新型民营科研机构发展，推动广东省工研院在学科建设、体制机制和服务企业的模式上先行先试，以及组建广东省科技服务业研究院和华南农业科技创新中心等工作，推动科研单位体制改革。新疆维吾尔自治区修订发布了《自治区科技进步条例》、《科技兴新纲要》、《自治区知识产权战略纲要》等系列文件，着力深化科研机构和高等院校科技体制改革，加速生产力促进中心等科技中介服务机构建设，提升知识产权的创造和运用能力。陕西省出台了《关于加快关中统筹科技资源改革，率先构建创新型区域的决定》，促进在陕各类科技要素的聚集和流动。政策实施以来，已扶持167家大中型企业自主设立了研发机构，建立国家级工程技术研究中心和重点实验室17家；同时，通过建立“中小企业首席工程师”制度，打破了人事“终身制”，解决了企业科技力量不足问题，实现了人才资源优化配置。浙江省颁布了《全面推进科研院所体制改革实施意见》，在省属科研院所中，16家开发类院所和3家公益类院所完成企业转制，21家公益类院所实行了“一所（院）两制”。天津市制定了《京津冀生物医药产业化示范区优惠政策》，政府投资建立了国家资源引导平台，委托专业团队负责运营，实现了国有设备的有效运行和资产的保值、增值。南京市围绕谋划建设“苏南自主创新示范区”建设，组织编制发展规划，深化人才激励、科技金融、知识产权、技术转移和产业化等方面的改革创新，加快建立与市场体制相适应、符合科技发展规律、具有地方特色的自主创新制度和政策体系。这一系列法规、规划和政策的出台，为区域创新战略的推进和实施提供了坚定的政治保障。

第五章

科技产出与区域科技综合能力

区域科技综合能力是国家科技综合能力的组成要素，地区科技进步水平是反映区域科技综合能力的具体表现，是国家创新体系建设的重要内容。随着各地“十二五”科技发展规划的出台和实施，两年来，各地区科技发展的科技发展水平有了一定进展，地区主要科技发展指标呈现出良好的发展态势。

第一节
科技产出的地区分布

一、全国科技产出基本状况

国内科技论文数量继续增长，SCI 论文增速远超世界整体水平。2011 年中国国内科技论文数达 53.1 万篇，比 2008 年增加 5.9 万篇。2010 年国外主要检索工具收录中国内地发表论文 12.15 万篇，比 2009 年增长 11.7%，论文数占世界总数的份额由 2009 年的 7.5% 提高到 8.6%，论文数量仅次美国，排名居世界第二位。

2011 年，在全球经济复苏的大背景下，国内发明专利申请量增速明显，发明专利授权量领先国外的优势进一步拉大；国外发明专利申请量已经恢复并超过 2008 年的水平，发明专利授权量也比 2010 年有所增加。2011 年，中国专利（国内外三种专利）申请总量为 163.3 万件，其中发明专利申请 52.6 万件，较 2010 年大幅增长 34.6%；专利授权总量为 96.1 万件，其中发明专利授权量增至 17.2 万件，较 2010 年大幅增长 27.4%。

高技术产业总产值增速继续回升，产品研发经费持续增长，内资企业产值所占比重稳步上升。2009 年以来高技术产业总产值增速开始逐步回升，2011 年增速达到 18.4%，高技术产业总产值创历史新高，达到 88434 亿元。高技术产业中内资企业的规模不断扩大，所占比重呈上升趋势，2010 年内资企业占比超过 1/3，而长期占中国高技术产业主力军的三资企业，所占比例从 2005 年的 73.3% 下降到 2010 年的 65.1%。

高技术产品进出口额增速下降，贸易顺差仍保持上升趋势。2011 年中国高技术产品贸易基本从金融危机的影响下走出，进出口总额共计 10121 亿美元，较上年增长 11.8%。其中出口额为 5488 亿美元，较 2010 年增长 11.5%；进口额为 4632 亿美元，较 2010 年增长 12.2%。同时，高技术产品贸易顺差进一步扩大，达到 856 亿美元，再次创出历史新高。

表 5-1　近年来中国主要科技产出基本情况

	2008 年	2009 年	2010 年	2011 年	2008—2011 年增加量
专利申请量（万件）	82.8	97.7	122.2	163.3	41.1
发明专利申请量（万件）	29.0	31.5	39.1	52.6	13.5
专利授权量（万件）	41.2	58.2	81.5	96.1	14.6
发明专利授权量（万件）	9.4	12.8	13.5	17.2	3.7
国内科技论文数（万篇）	47.2	52.1	53.1	/	/
高技术产业当年总产值（亿元）	57087	60430	74709	88434	13725
高技术产品出口额（亿美元）	4156.1	3769.3	4924	5488	564
技术市场签订技术合同（万项）	22.6	21.4	22.96	25.64	2.68
技术合同成交金额（亿元）	2665.2	3039	3906.6	4763.6	857

资料来源：国家统计局、科学技术部编，《中国科技统计年鉴》（2009—2012），中国统计出版社。

二、科技产出的地区分布

相对中西部地区的科技人力资源投入和经费投入而言，中西部地区的科技成果产出偏低，而东部地区的科技产出较高。2011 年东部地区的国内专利申请数、国内专利申请授权数、高技术产业总产值（当年价）的比重分别为 74.20%、76.14%、81.66%，而西部地区的国内专利申请数、国内专利申请授权数、高技术产业总产值（当年价）占全国的比重分别为 10.20%、8.62%、7.04%。

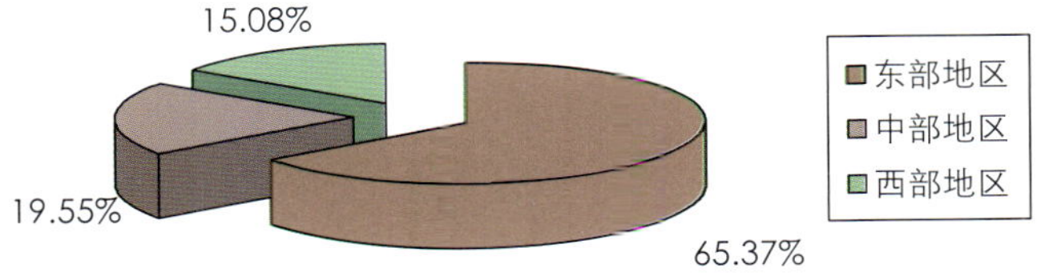

图 5-1　2010 年东中西部地区 SCI 论文占全国的比重

表 5-2　2011 年全国科技产出地区分布

地　区	国内三种专利申请受理数全国占比	发明专利全国占比	国内三种专利申请授权数全国占比	发明专利全国占比	高技术产业当年价总产值
全　国	100.00%	100.00%	100.00%	100.00%	100.00%
东部地区	74.20%	72.58%	76.14%	70.05%	81.66%
中部地区	13.87%	13.16%	12.98%	13.53%	11.30%
西部地区	10.20%	11.30%	8.62%	10.62%	7.04%
京津冀地区	8.91%	14.51%	7.47%	17.69%	7.40%
长三角地区	40.25%	34.04%	42.76%	26.11%	34.19%
珠三角地区	13.04%	12.51%	14.53%	16.24%	26.66%
三大区合计	62.20%	61.06%	64.76%	60.04%	68.24%

资料来源：国家统计局、科学技术部编，《中国科技统计年鉴》（2009—2012），中国统计出版社。

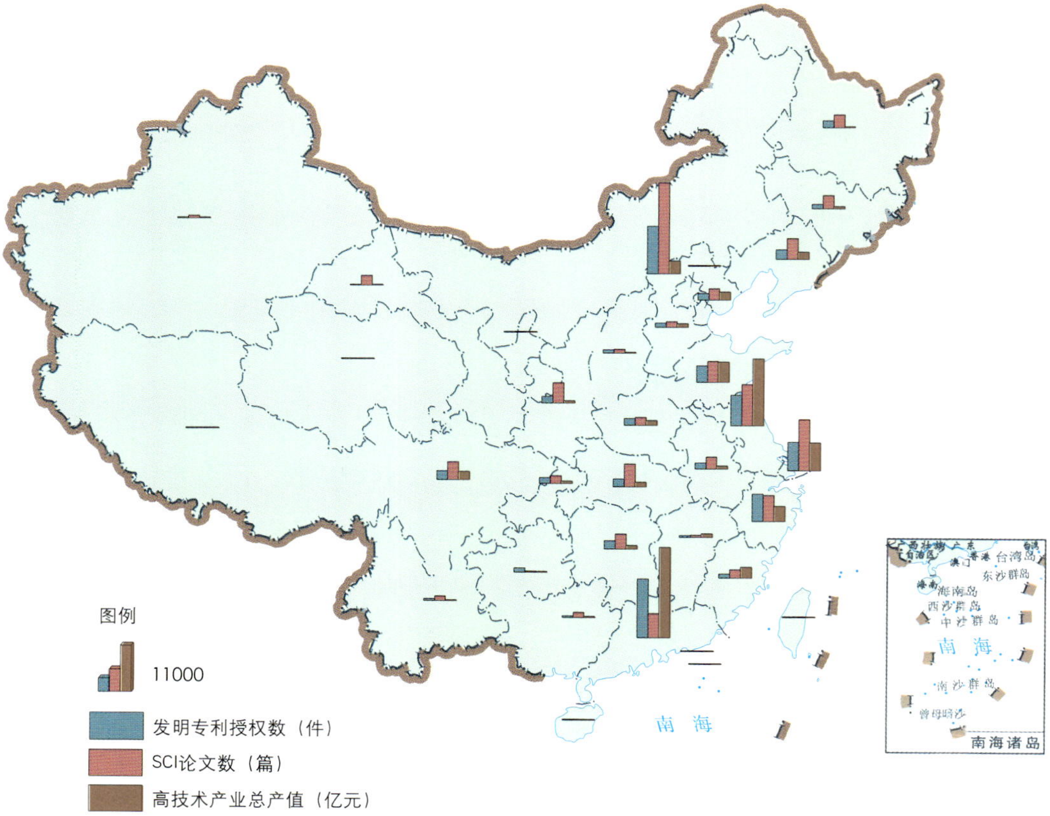

图 5-2　2010 年全国主要科技产出的地区分布

数据来源：国家统计局、科学技术部编，《中国科技统计年鉴（2010）》，中国统计出版社。

第二节
地区综合科技进步水平评价

地区综合科技进步水平指数由科技进步统计监测体系中 5 个一级指数的加权计算形成[①]，从总体上反映了当前全国和各地区科技进步水平及其与全面建成小康社会所应达到水平之间存在的差别。

2010 年，中国综合科技进步水平显著提高，全国综合科技进步水平指数达到 60.05%，比 2008 年提高了 1.09 个百分点，表明中国的科技进步水平与实现全面建设小康社会发展目标的要求进一步缩小。在全国综合科技进步水平不断提高的背景下，中国绝大部分地区的综合科技进步水平指数逐年提高。但由于各地区经济和科技事业发展水平差距较大，地区综合科技进步水平指数存在很大的差异。2010 年，总体上可以按照综合科技进步水平指数将全国 31 个省、直辖市、自治区划分为以下 4 类地区：(1) 综合科技进步水平指数高于全国综合科技进步水平指数（60%）的地区，包括上海、北京、天津、广东和江苏。(2) 综合科技进步水平指数在 50% ～ 60% 的地区，包括辽宁、陕西、浙江、福建、湖北、山东、黑龙江和重庆。(3) 综合科技进步水平指数在 40% ～ 50% 的地区，包括吉林、四川、湖南、甘肃、内蒙古、河北、山西、安徽、青海、新疆、海南、江西和河南。(4) 综合科技进步水平指数在 40% 以下的地区，包括宁夏、广西、云南、贵州和西藏。

对各地区综合科技进步水平的历史变化进行分析，有助于了解各地区科技事业的发展态势。将 2010 年各地区综合科技进步水平与 2008 年指数进行比较（图 5-3 和图 5-4），可以发现所有地区的综合科技进步水平指数均高于 2008 年，指数增幅最高的黑龙江，达到 9.64%，紧随其后的陕西达到 8.64%，甘肃以增幅 8.29% 居全国第三，从全国增幅速度（图 5-2）可知中西部地区科技进步水平增幅大于东部地区。从各地区综合科技进步水平指数的排序看，有 10 个地区的全国排序比 2008 年有所提高：甘肃（上升了 6 位）、内蒙古（上升了 3 位）、安徽（上升了 3 位）、黑龙江（上升了 2 位）、海南（上升了 2 位）、江西（上升了 2 位）、广西（上升了 2 位）、陕西（上

① 见附件。

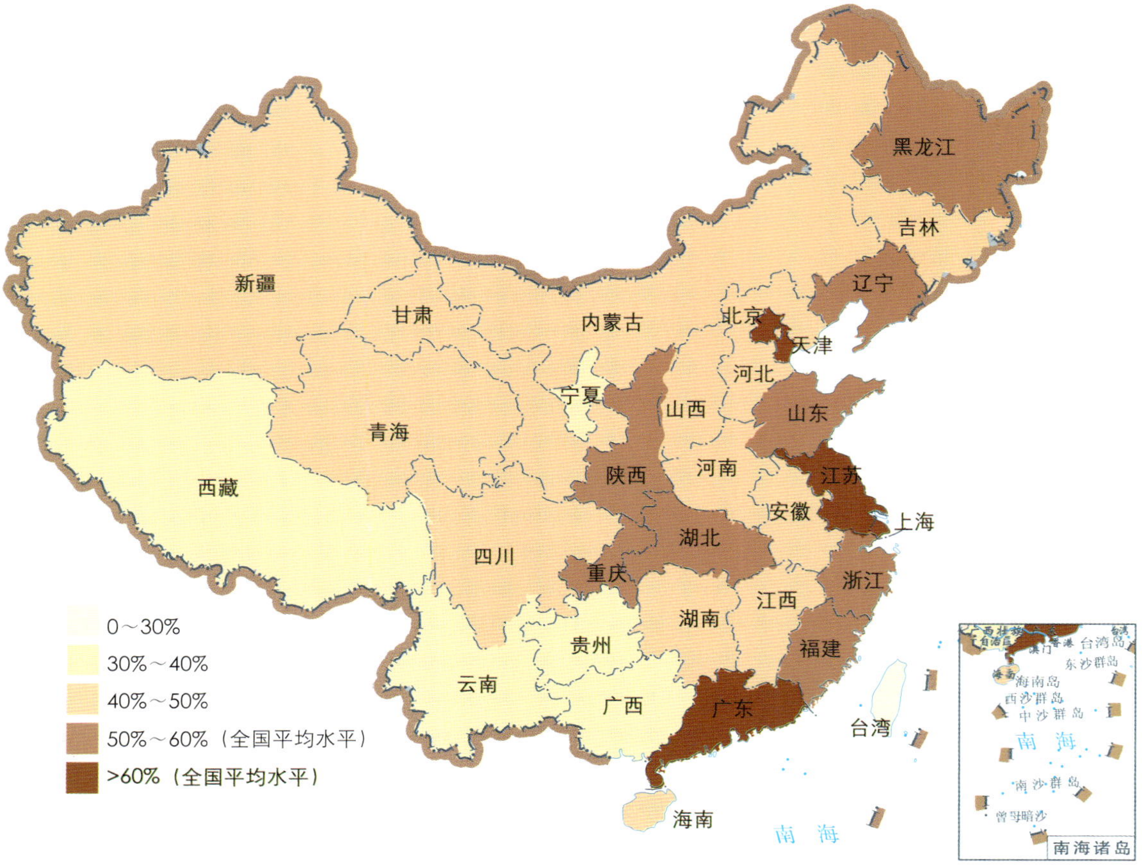

图 5-3　2010 年中国地区综合科技进步水平图

数据来源：《全国科技进步统计监测报告 2011》。

升了 1 位）、湖北（上升了 1 位）与湖南（上升了 1 位）。总体而言，排序上也显示出中西部地区比东部地区的变化幅度更大些。

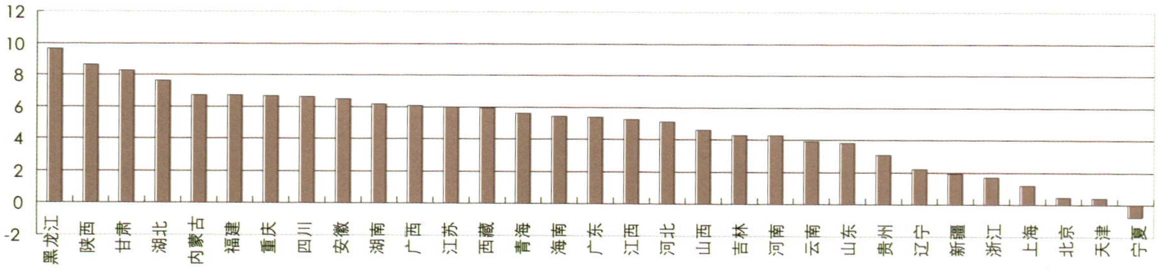

图 5-4　2008—2010 年各地区综合科技进步水平指数提高百分点排序图

数据来源：《全国科技进步统计监测报告 2011》。

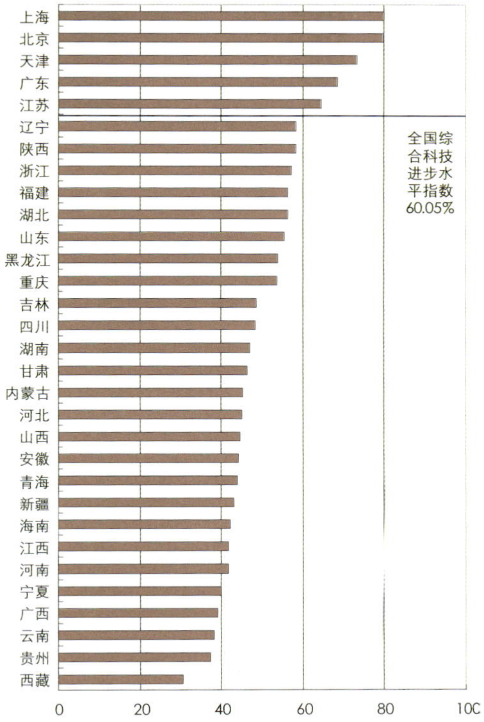

图 5-5　2010 年综合科技进步水平指数

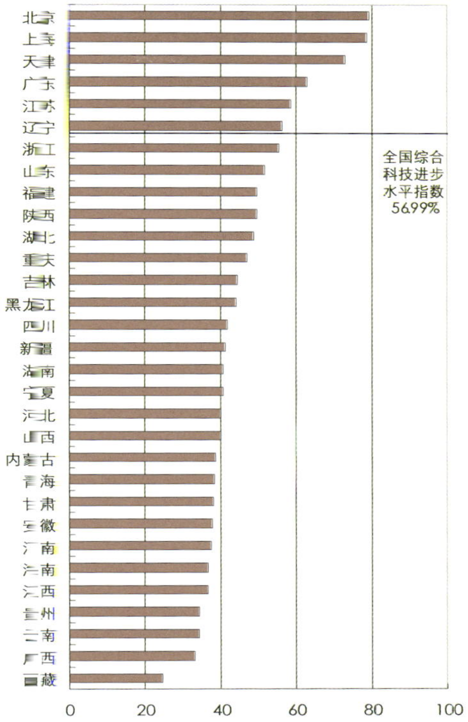

图 5-6　2008 年综合科技进步水平指数

数据来源：《全国科技进步统计监测报告 2009》、《全国科技进步统计监测报告 2011》。

附件：全国科技进步统计监测指标体系及监测标准

《全国科技进步统计监测报告》建立了一套科技进步统计监测指标体系，该体系由科技进步环境、科技活动投入、科技活动产出、高新技术产业化和科技促进经济社会发展等 5 个一级指标、12 个二级指标和 33 个三级指标组成（表 5-3）。根据全面建设小康社会的目标，结合中国科技进步的总体水平和先进地区的发展水平，参照发达国家人均国内生产总值达到 3000 ～ 4000 美元（1980 年美元价格）时科技与经济社会协调发展的状况，经反复测算确定了一套较为系统的“科技进步监测标准”。通过全国及各地区科技进步水平与这一“监测标准”的比较来反映全国和各地区达到标准的程度。采用统计综合评价方法对各级指标进行合成：将各三级指标值除以相应的监测标准，得到三级指标的监测值（三级指数）；由三级指数加权计算得到二级指标监测值（二级指数）；由二级指数加权计算得出一级指标监测值（一级指数）；最后由各一级指数加权计算得到总监测值（综合科技进步水平指数）（表 5-4）。

表 5-3 全国科技进步统计监测指标体系和监测标准

一级指标	二级指标	三级指标	标准
科技进步环境	科技人力资源	万人专业技术人员数（人 / 万人）	500
		万人大专以上学历人数（人 / 万人）	1000
	科研物质条件	每名 R&D 活动人员新增仪器设备费（万元 / 人）	8
		科研与综合技术服务业新增固定资产占全社会新增固定资产比重（%）	3
	科技意识	万名就业人员专利申请量（项 / 万人）	100
		科研与综合技术服务业平均工资与全社会平均工资比例系数（%）	200
		万人吸纳技术成果金额（万元 / 万人）	200
科技活动投入	科技活动人力投入	万人 R&D 科学家和工程师数（人 / 万人）	10
		企业 R&D 科学家和工程师占全社会 R&D 科学家和工程师比重（%）	70
	科技活动财力投入	R&D 经费支出与 GDP 比例（%）	2.5
		地方财政科技拨款占地方财政支出比重（%）	5
		企业 R&D 经费支出占产品销售收入比重（%）	6
		企业技术引进和消化吸收经费支出占产品销售收入比重（%）	1
科技活动产出	科技活动产出水平	万名 R&D 活动人员科技论文数（篇 / 万人）	5000
		获国家级科技成果奖系数（项当量 / 万人）	5
		万名就业人员发明专利拥有量（项 / 万人）	8
	技术成果市场化	万人技术成果成交额（万元 / 万人）	200
		万名 R&D 活动人员向国外转让专利使用费和特许费（万美元 / 万人）	500
高新技术产业化	高新技术产业化水平	高技术产业增加值占工业增加值比重（%）	30
		知识密集型服务业增加值占生产总值比重（%）	30
		高技术产品出口额占商品出口额比重（%）	40
		新产品销售收入占产品销售收入比重（%）	40
	高新技术产业化效益	高技术产业劳动生产率（万元 / 人）	15
		高技术产业增加值率（%）	50
		知识密集型服务业劳动生产率（万元 / 人）	60
科技促进经济社会发展	经济发展方式转变	劳动生产率（万元 / 人）	8
		资本生产率（万元 / 万元）	1
		综合能耗产出率（元 / 千克标准煤）	42
	环境改善	环境质量指数（%）	100
		环境污染治理指数（%）	100
	社会生活信息化	百户居民计算机拥有量（台 / 百户）	50
		万人国际互联网络用户数（户 / 万人）	2500
		百人固定电话和移动电话用户数（户 / 百人）	67

表 5-4 全国科技进步统计监测主要指标与 2008 年比较

指 标	2010 年	2008 年
万人专业技术人员数（人 / 万人）	256.85	254.83
万人大专以上学历人数（人 / 万人）	893.00	670.40
万人 R&D 科学家和工程师数（人 / 万人）	9.03	11.99
企业 R&D 科学家和工程师占全社会 R&D 科学家和工程师比重（%）	45.75	49.63
R&D 经费支出与 GDP 比例（%）	1.76	1.47
国家财政科技支出占国家财政支出比重（%）	4.58	4.12
地方财政科技支出占地方财政支出比重（%）	2.15	2.09
企业 R&D 经费支出占产品销售收入比重（%）	0.93	0.84
科研与综合技术服务业新增固定资产占全社会新增固定资产比重（%）	0.69	0.63
万名 R&D 活动人员科技论文数（篇 / 万人）	2072.72	2401.70
获国家级科技成果奖项数[①]（项）	319.00	309.00
万名就业人员专利申请量（项 / 万人）	14.58	9.26
万名就业人员发明专利授权量（项 / 万人）	1.05	0.60
万名就业人员发明专利拥有量（项 / 万人）	3.39	1.65
万人技术成果成交额（万元 / 万人）	291.34	200.69
高技术产业增加值占工业增加值比重[②]（%）	8.80	9.18
知识密集型服务业增加值占生产总值比重（%）	11.26	10.38
高技术产品出口额占商品出口额比重（%）	31.21	29.05
新产品销售收入占产品销售收入比重（%）	16.82	16.02
高技术产业劳动生产率（万元 / 人）	12.18	11.84
高技术产业增加值率（%）	23.77	23.64
知识密集型服务业劳动生产率（万元 / 人）	21.42	17.70
劳动生产率（万元 / 人）	4.50	3.22
资本生产率（万元 / 万元）	0.35	0.38
综合能耗产出率（元 / 千克标准煤）	9.67	9.07
工业废水排放达标率（%）	95.32	92.45
固体废物综合利用率（%）	67.14	64.95
化学需氧量排放达标率（%）	100.00	96.37

续表

指　标	2010 年	2008 年
二氧化硫排放达标率（%）	100.00	98.84
百户居民计算机拥有量（台 / 百户）	32.31	24.81
百人固定电话和移动电话用户数（户 / 百人）	86.01	73.91
万人国际互联网络用户数（户 / 万人）	3410.37	2243.94

①包括国家科学技术进步奖和国家技术发明奖。

②高技术产业增加值和工业增加值均为“规模以上工业企业”数据。

下篇

中国科学技术发展报告（区域专题报告 2012）

CHINA SCIENCE AND TECHNOLOGY DEVELOPMENT REPORT(REGIONAL REPORT 2012)

第六章

华北地区科技工作的进展与成就

2009—2011 年，华北地区各省、市、区深入贯彻科学发展创新驱动的重要精神，将科技工作作为地方工作的重点任务，各省市科技管理部门周密部署、通力协作、狠抓落实，使地方科学技术发展的整体水平有了进一步提升，科技支撑引领社会发展也取得了较大成效。科技创新正逐渐成为华北地区促进产业结构调整，保障经济社会持续稳定和全面建设小康社会的重要引擎。

一是加大科技投入力度，基础理论研究进一步发展。华北地区各省、市、区继续围绕经济社会发展中的若干重大科技需求，积极推进《国家中长期科学和技术发展规划纲要（2006—2020 年）》任务的落实，加大科技投入力度，积极开展理论研究，支持曙光百万亿次高性能计算机研制及产业化、千万吨级矿井大采高成套设备及关键技术、克隆技术发展等一系列重大关键技术取得突破。二是继续支持应用技术的研发，促进战略性新兴产业进一步壮大。支持“生物医药产业跨越发展工程”等一系列项目建设，大力发展航空航天、生物医药、新能源、新材料、节能环保等战略性新兴产业。三是大力促进创新园区、产业基地及孵化器园区等建设取得新进展。支持中关村国家自主创新示范园区建设、天津滨海新区建设以及山西太原高新区建设、廊坊战略性新兴产业孵化基地建设等一系列技术集成和孵化园区建设的顺利推进。四是努力推动一系列科技民生工程，充分发挥科技对经济社会的支撑引领作用。重点支持农业科技创新、医药卫生技术创新、城市交通及安全管理创新等等一系列民生工程的建设。五是积极搭建平台，提升企业自主创新能力。探索出“科技小巨人”等推动科技成果转化、支持小企业技术创新的新模式。

第一节 北京市

2009—2011年，北京市紧紧围绕《科技北京行动计划（2009—2012年）——促进自主创新行动》（以下简称《行动计划》）和《"十二五"时期科技北京发展建设规划》（以下简称《规划》），大力推进"2812科技北京建设工程"建设，加快中关村国家自主创新示范区建设力度，充分发挥科技的支撑和引领作用，向着将北京建设成为中国创新发展的核心引领区和具有全球影响力的科技创新中心的目标而奋力前进。

一、科技发展总体进展

3年来，在北京市委、市政府的领导下，在中央单位的大力支持下，北京市上下深入落实"科技北京"行动计划和"十二五"时期科技北京发展建设规划，中关村国家自主创新示范区建设取得新的重要突破，自主创新能力明显提高，重大科技成果不断涌现，科技对"保增长、调结构、惠民生、促和谐"的支撑引领作用显著增强，创新环境日益完善，科技工作取得了新的历史性变化。

2011年，北京高技术产业、科技服务业、信息服务业实现增加值3625.7亿元，比2008年增长了51.2%。

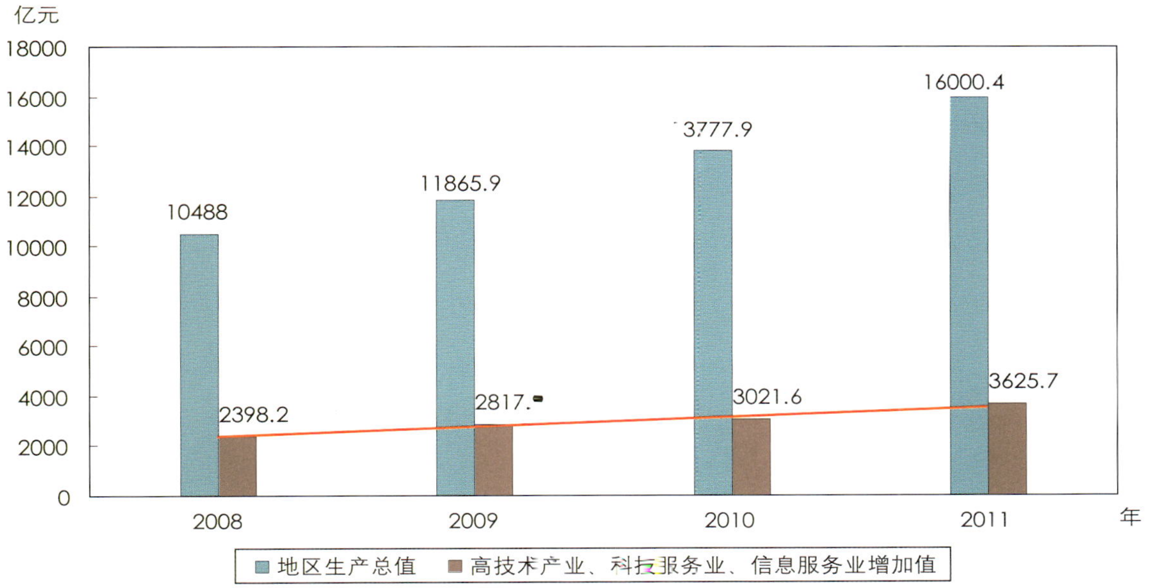

图6-1 2008—2011年北京高技术产业、科技服务业和信息服务业增加值增长情况

注：图中所用地区生产总值数据均来源于各年度北京市国民经济和社会发展统计公报。

全社会研究与试验发展经费支出 932.5 亿元，占地区生产总值的 5.83%，是 2008 年的 1.5 倍。

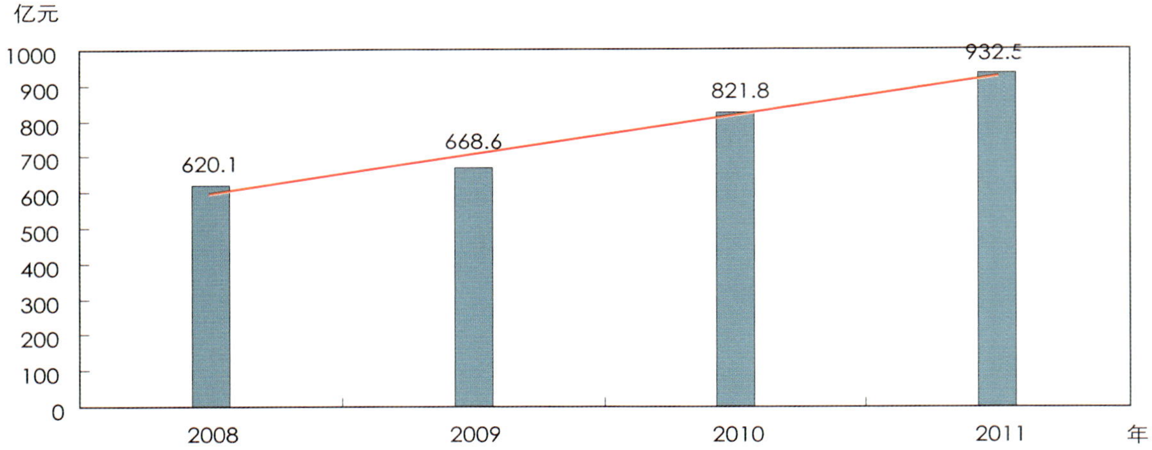

图 6-2 2008—2011 年北京全社会研发经费支出增长情况

全市高新技术企业保有量近 7300 家，占全国近 20%。专利申请量与授权量分别为 7.8 万件和 4.1 万件，分别是 2008 年的 1.8 倍和 2.3 倍。全年技术合同成交额 1890.3 亿元，是 2008 年的 1.8 倍，占全国的 40%。技术市场对首都经济增长的直接贡献率达到 9.2%。

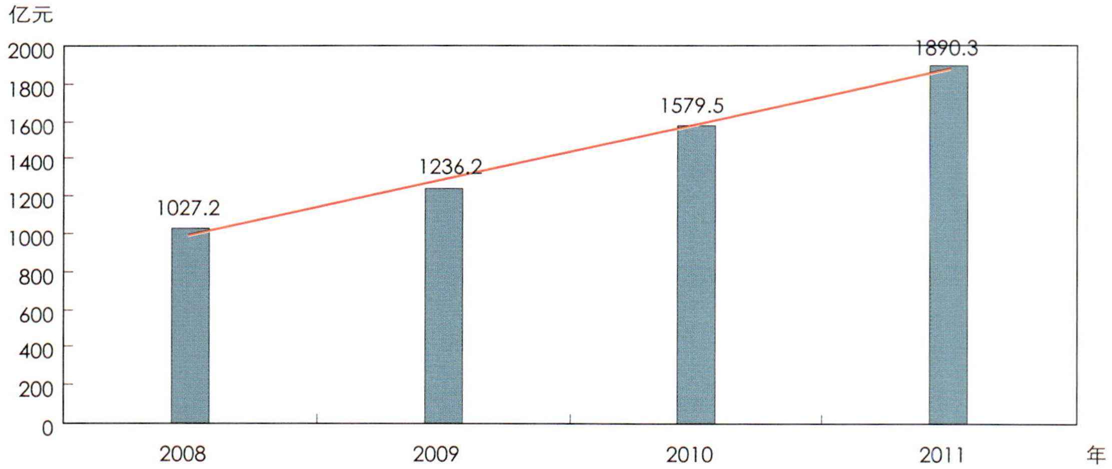

图 6-3 2008—2011 年北京技术市场技术合同成交额增长情况

中关村示范区规模以上企业总收入实现 1.96 万亿元，占全国高新区总收入的比例为 15%。

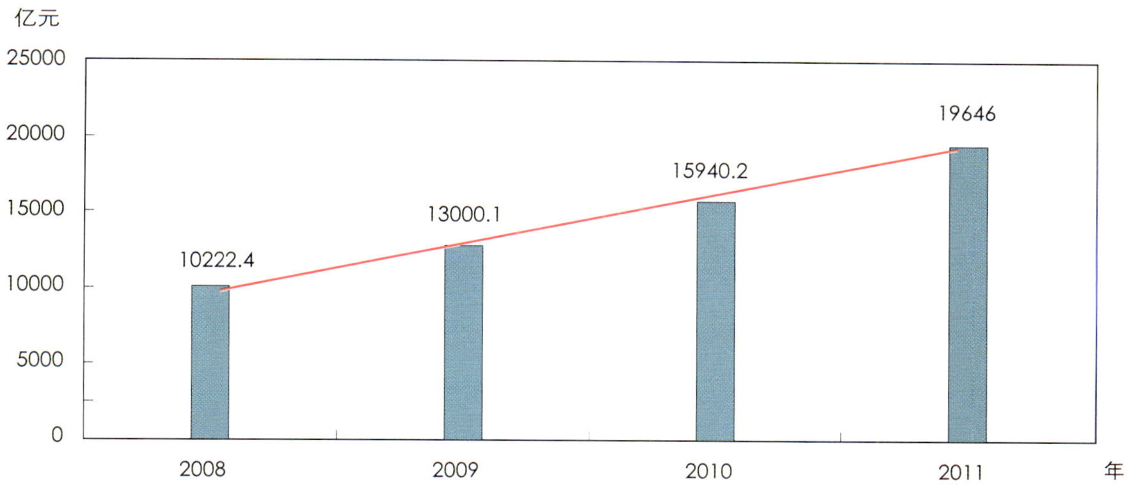

图 6-4 2008—2011 年中关村国家自主创新示范区总收入增长情况

二、科技支撑区域经济社会发展

◎ 大力实施八大科技振兴产业工程

北京打造国家现代农业科技创新高地。2010 年 8 月，北京市与科技部、农业部签约共建北京国家现代农业科技城（简称“农科城”），以现代服务业引领现代农业、促进一二三产业融合发展的理念，采取“一城多园、五个中心”的建设布局，推动都市型现代农业发展。截至 2011 年底，联合打造了科技网络服务、农村金融、产业促进、良种创制与种业交易、国际科技合作等 5 个国家层面的支撑服务平台。昌平园形成了草莓、园林苗木等特色产业链，45 家企业入驻，实现销售收入 9.5 亿元。顺义园打造花卉产业链，21 家企业和科研机构入驻。30 家企业入驻通州国际种业园，销售收入 15 亿元，着力构建“育繁推”一体化的种子产业体系，正在探索具有中国特色的新型种业体系。农科城已列入《国家“十二五”科学和技术发展规划》，将为建设全国“一城两区百园”农业科技创新体系发挥支撑和示范作用。

战略性新兴产业发展取得新进展。实施“北京生物医药产业跨越发展工程”（简称“G20 工程”），推动生物医药产业销售收入从 2009 年的 370 亿元增加到 2011 年的 750 亿元，两年翻一番，2012 年预计达到 1000 亿元，将成为北京又一个千亿元级的产业集群。积极落实“节能与新能源汽车示范推广应用工程”，推动新能源汽车产业发展。大兴新能源汽车科技产业园、昌平新能源汽车设计制造产业基地、房山高端现代制造业产业基地三大产业基地建设累计完成投资 23 亿元，实现年产能达 7 万辆，34 款纯电动车列入国家车辆产品公告目录，1500 余辆纯电动汽车投入示范运营，北京市成为纯电动汽车示范运营规模最大、汽车品种最全、运营范围最广、充换电站技术最领先的试点城市。实施“新一代移动通信技术及产品突破工程”（简称 4G 工程），着力培育

图 6-5　国家现代农业科技城昌平园的花卉生产基地

基于 4G 技术的新型应用服务与产业，研制一批国际领先的 4G 设备产品，建设新一代移动通信技术验证平台，积极参加 4G 国际标准制定工作。实施“高端数控装备产业技术跨越发展工程”（简称精机工程），以高端数控机床整机研发和产业化为牵引，带动数控系统及关键功能部件的研发及产业化，带动核心技术、共性技术突破，满足重点产业和重大工程应用需求。

科技促进现代服务业发展水平不断提高。制定实施《关于进一步促进科技服务业发展的指导意见》，重点促进研发服务、设计服务、工程技术服务和科技中介服务快速发展。截至 2011 年底，全市拥有留学人员创业园 38 家、科技企业孵化器 88 家、大学科技园 26 家、生产力促进服务机构 101 家。科技部“中国创新驿站”在北京设立了 3 个站点，驿站合作伙伴 50 家。在北京技术市场协会备案的直接从事技术成果转化的服务机构达 136 家。“跨国技术转移协作网络”汇聚了 100 余家国内外技术转移机构，中国和意大利技术转移中心获准在北京建设。2011 年落地北京的技术合同成交额 985 亿元，比上年增长 74.5%。

◎ 集中力量推进 12 项科技支撑民生工程

城市管理采用先进技术成果。“十一五”至今，北京市城市管理运行采用的先进技术成果超过 6 万项。气象预报、建筑防水、砂基透水砖、空气质量控制、奥运安保系统等一批科技奥运成果在新中国成立 60 周年庆祝活动、上海世博会和广州亚运会上综合集成和规模应用，为培育和发展战略性新兴产业、推动科技奥运成果惠及民生，发挥了重要作用。

科技交通工程取得新进展。推进机电装备、自动化推进机电装备、自动化控制、减震降噪、信号控制等先进技术的应用，提升轨道交通的建设和运营效率。开展公交城市建设综合技术研究应用与示范，发挥智能交通指挥控制系统的综合监测、信号控制、指挥调度、信息服务等四大功能，提高道路交通运行效率和信息服务水平。

科技支撑生态环境质量持续改善。建设“节能低碳发展创新平台”，推广应用垃圾焚烧发电、餐厨垃圾处理、废弃物资源化利用等技术。支持建设城市雨洪综合利用体系。实施首都增彩延绿科技示范工程，繁育彩色、抗逆树种苗木 150 万株。在朝阳、丰台、通州、昌平、怀柔、延庆等区县建成了 12 座农村污水综合治理示范工程，每年处理污水 186 万多吨。开展大气环境 PM2.5 污染现状、成因研究以及治理关键技术研究与应用，为大气污染治理提供科技支撑。

十大危险疾病防治科技攻关和成果推广应用取得新成效。以“四高”① 为标准，选定了肝炎、艾滋病、结核、禽流感等 4 类传染病和心脑血管疾病、糖尿病、宫颈癌和乳腺癌、抑郁症、慢性肾病、脊椎和骨关节病等 6 类慢性病，开展科技攻关和成果推广应用。截至 2011 年底，北京地区 88 家医疗机构加入研究示范网络，率先建成全国规模最大的重大疾病临床数据和样本资源库，保存样本 7.6 万例、病例 2.6 万例；制定了 100 余项诊疗技术和标准规范，面向全市 400 家（次）医疗卫生机构推广应用。

城市安全与应急保障体系不断完善。筛选出安全生产监管系统、重大危险源可视化监测系统等 30 项安全生产先进适用技术，加强城市生命线系统的维护管理。推动北京国家安全生产产业园建设。食品安全科技保障水平不断提高。研制出一批高端检测设备和快速检测试剂产品，提供了 108 项从仪器、试剂到检测方法的完整解决方案。在食品的生产、加工、运输、流通等环节，推广应用生产履历、源头追溯、安全检测、质量控制等先进技术，初步构建起“从农田到餐桌”的食品安全科技支撑体系。

三、推进资源统筹与机制创新

近年来，北京市紧紧围绕促进科技与经济紧密结合、深化科技体制改革、完善创新发展环境等关键环节，加快科技改革与发展，在实践中积极探索新思路、新机制、新政策、新举措，科技新北京建设取得了显著的成效。

◎ 加强顶层设计和资源统筹，加快中关村国家自主创新示范区建设

实现央地资源整合和协同工作机制的重大突破。搭建中关村创新平台，来自 19 个国家部委

① 高发病率、高死亡率、高疾病负担、科技在疾病控制中所能发挥的作用程度高。

和 31 个北京市相关部门的人员参加平台工作，初步形成了集中办公、主动受理、联合审批、一条龙服务的工作机制，落实国务院批复的一系列先行先试的试点政策。自 2009 年以来，北京市与中央部委、中央企业、高校院所签署的重大科技合作协议 30 余项，直接推动落地的中央单位重大成果转化项目 200 余项，总投资超过 1000 亿元。

实施一系列先行先试的改革试点政策。在中关村国家自主创新示范区部际协调小组领导和中关村创新平台支持下，积极推动股权激励、科技成果处置权和收益权、高新技术企业认定等一系列先行先试的试点工作。建设中关村人才特区。2011 年，中央人才工作协调小组和北京市决定在中关村建设人才特区，实施 13 项特殊政策。北京市制定了《加快建设中关村人才特区行动计划(2011—2015 年)》，实施拔尖领军人才开发、自主创新平台搭建等 6 项重点工程，落实资金奖励及财政扶持、股权激励、人才培养、人才兼职、进口税收等 10 项具体政策。

优化核心区域产业空间布局。推动中关村科学城建设，充分利用建成区现有存量空间资源，与中央企业、高校院所联合建设了 13 个新型产业技术研究院和 24 个特色产业创新园。吸引 15 家中央企业在昌平区建设未来科技城，促进中央企业资源与首都经济社会发展对接。

◎ 加强科技创新与经济发展的宏观统筹，促进科技成果转化和产业化

继续深化与国家单位的合作。北京市与科技部建立了部市会商工作机制，借鉴这个模式进一步加强了与国家发展改革委、工业和信息化部、财政部、卫生部等部委的协同工作机制。与科技部、中国科学院、中国工程院共建首都科技发展战略研究院，充分利用首都丰富的研究智力资源，搭建联合研究咨询平台。与中国科学院联合建设中国科学院怀柔科教产业园和北京国家技术转移中心。与财政部等联合开展现代服务业发展试点，为全国加快发展现代服务业积累经验。

完善科技、经济、产业等部门的协同推进机制。建立“科技北京”建设协调工作小组，组织编制“科技北京”行动计划折子工程，2010—2011 年累计实施重点任务 247 项，涉及 50 余个市相关部门、区县，在全市层面形成协同推进科技发展的工作合力。

创新政府资金的投入方式和支持方式。采取无偿资助、股权投资、后补贴、贷款贴息、间接经费等多种方式，发挥政府资金的引导作用，调动社会力量投入科技成果转化和产业化。完善政府资金统筹使用机制，建立北京市重大科技成果转化和产业化项目统筹资金，2010 年统筹 60 亿元、“十二五”期间每年统筹 100 亿元，重点支持对接国家科技重大专项和重大科技基础设施、重大科技成果转化和产业化，以及战略性新兴产业项目。特别是在全国率先提出支持科技成果转化和产业化的政府资金直接作为股权投资进入企业，支持科技成果转化和产业化，按照“政府出资、市场运作、重在激励、及时退出”的原则进行投资运作，体现政策引导性，不以盈利为目的。当

企业走向成功时，政府股份退出，再用来支持其他企业的创新活动。这种投入方式，既能在企业最困难时得到政府的支持，又能在企业获得发展后政府收回股本继续支持其他企业，有利于提高政府资金的使用效益。2010—2011 年统筹资金共支持 407 个项目，总投资超过 2000 亿元。

加快科技创新平台的发展建设。充分利用北京丰富的科技资源，积极探索促进首都科技资源开放共享的新思路、新机制。与中央在京单位共建首都科技条件平台，推动 475 家国家和北京市级的重点实验室（工程技术研究中心）、价值 145 亿元的科研仪器设备面向社会开放共享，为 9000 余家企业提供研发实验服务，累计服务合同额 16 亿元。全国政协副主席、科技部部长万钢两次对北京市促进首都科技资源开放共享的“北京模式”做出重要批示，给予高度肯定。调动全社会力量搭建科技成果转化平台，探索促进科技成果转化“全链条、全要素、全社会”的“北京模式”和“发现—评价—培育—推进”的科技成果转化路径，形成了以科技创新平台促进科技成果转化的新思路。

发挥技术市场作为科技成果转化重要渠道作用。编制实施全国首个科技服务业地方标准——《技术转移服务规范》，规范技术转移服务行为。科技部、国家知识产权局和北京市联合成立了中国技术交易所，在促进资本要素与科技成果的融合方面实现了新的突破。吸引 15 个国家和地区的 42 个技术转移服务机构在北京成立“国际技术转移协作网络（ITTN）”，按照科技部的要求和部署，在北京建设中国和意大利技术转移中心。2011 年，北京技术市场技术合同成交额 1890.3 亿元，占全国的 40%，其中 70% 以上输出京外，发挥了对全国和世界创新发展的辐射带动作用。

◎ 深化企业主导产业技术研发创新的体制机制，完善企业自主创新发展环境

营造促进企业创新发展的法律环境。制定发布了《中关村国家自主创新示范区条例》、《关于推进市属国有企业自主创新工作的指导意见》、《促进科技成果转化和产业化的指导意见》、《进一步促进中小企业发展的实施意见》等一系列政策措施，努力完善企业发展的法律环境。

优化支持企业创新发展的政策环境。开展创新型企业试点 305 家、认定中关村“十百千工程”企业 306 家、“瞪羚计划”重点企业 525 家，针对企业的创新发展需求，采用“一企一策”的支持方式，扶持一批创新型企业做强做大。推动一批产业技术联盟发展，在承担国家重大科技项目、标准创制、成果转化、市场开拓、促进产学研合作等方面发挥了重要作用。形成了中小企业发展专项资金、中小企业创业投资引导基金等促进中小企业创新发展的多渠道资金支持体系。落实高新技术企业认定、技术先进型服务企业认定、企业研究开发费用加计扣除、职工教育经费税前扣除等税收优惠政策，促进企业加大科技研发投入和人才队伍建设。针对企业在初创、成长、发展等生命周期对资金的不同需求，构建天使投资、风险投资、创业投资、银行信贷、多层次资本市场等全链条的科技金融政策。

培育企业新技术新产品应用的市场环境。组织实施科技成果应用示范工程，为企业创新发展培育市场空间。发挥政府采购的调控和引导作用，通过首购、订购、首台（套）重大技术装备试验和示范项目、推广应用等方式，带动新技术新产品在全社会的推广应用。截至 2011 年底，累计认定 1663 家单位的 4681 个新技术新产品，政府采购金额累计 146.2 亿元，拉动社会总投资 560.8 亿元。支持企业承接重大建设工程，解决企业承接重大工程有关资金需求。

实施首都创新精神培育工程。宣传、弘扬和践行“爱国、创新、包容、厚德”的“北京精神”，在全社会实施首都创新精神培育工程，重点开展创新创业环境优化、创新教育促进、创新文化建设、创新活动品牌和创新资源服务等五大工程，努力营造鼓励探索、敢于创新、宽容失败、开放包容的创新文化，不断优化有利于企业创新发展的社会氛围。

◎深化科技计划和经费管理改革，提高科技经费使用效益

完善科技计划立项决策机制。建立行政决策与专家咨询相结合的科技计划管理与责任体系。完善科技计划项目储备库，实行“及时组织、及时议定、及时入库、适时启动”的常态化机制。实行公开招标、邀标、择优委托和部分基础研究、关键技术研发平台的稳定支持等多种方式开展项目立项组织，整合调动全社会优势资源服务于首都发展。

探索适合科研工作规律的绩效考评体系。加强科技计划实施的过程管理，将科技成果的转化与应用情况作为科技计划项目（课题）结题验收的重要考核指标。制定发布《北京市科技计划管理相关责任主体信用管理办法（试行）》，对科技项目首次采用信用评价的管理手段进行管理。完善、制定科技计划项目（课题）经费管理、经费监管及不良记录管理、审计管理、绩效评价管理等制度，进一步健全科研经费管理体系。适时引入第三方评价机制，建立“抓好顶层设计、整合优势资源、引入过程监管”的项目组织管理方式，积极建立符合科技创新活动规律、既宽容适度又监督问责的绩效评价体系。

第二节 天津市

天津市委、市政府高度重视科技发展与创新，特别是天津市九次党代会后，面向经济社会中长期发展需要，天津市提出建设“自主创新高地”等一系列重大战略部署，2010 年又出台了《天津市科技小巨人成长计划》，天津市科技发展进入新的跃升期。

一、科技发展总体进展

◎ 自主创新能力不断提升

根据科技部公布的全国各省市科技进步监测报告，天津市综合科技进步水平连续第 9 年居各省市第三位，其中，科技活动投入水平全国第二。2011 年，全社会 R&D 经费支出占全市生产总值的比重达到 2.63%。全市专利申请达到 3.6 万件，专利授权达到 1.4 万件，分别增长 44% 和 27%，获得国家科技奖励 16 项，在获奖数量上取得新突破。通过加强科技重大项目实施，涌现出一大批具有国际国内领先水平的科技成果。承担国家重大科技专项、863 计划、973 计划、科技支撑计划等项目 1000 余项，获得国家经费支持 18 亿元，比“十一五”平均水平提高了 50%，达到历史最好水平。

◎ 部分学科与技术领域在全国形成科技优势

基因组学、蛋白组学、化学、化工、精密仪器等一批学科保持全国领先，在有机超分子化学、智能微网安全性等前沿技术上取得具有国际影响力的新成果。中药、干细胞、海水利用、水处理技术、高性能计算、高性能膜材料等一大批技术领域居于全国领先，初步建成研发基地。在知识创新体系建设上，天津市 2011 年新增国家重点实验室 2 个，打破多年停滞的局面，累计达到 8 个；新增国家部委重点实验室 5 个，累计达到 41 个；新增市级重点实验室 9 个，累计达到 78 个，原始性创新能力得到进一步增强。

◎ 科技型中小企业实现快速高质发展

加快发展科技型中小企业成为全市重大战略举措，科技工作进入经济发展主战场，科技型中小企业群体规模和小巨人数量加速发展。截至 2011 年底，科技型中小企业数量已经突破 2 万家，科技小巨人企业达到 1050 家，涌现出赛诺医疗、东皋膜技术、松正电动汽车等一批技术领先、快速成长的科技型领军企业，成为天津市技术创新和成果转化的主力军。在技术创新体系建设上，企业研发经费支出占到全市的 70% 以上，技术创新的主体地位日益突出；新增国家工程技术研究中心 2 个，累计达到 33 个；新增市级工程中心 5 个，累计达到 66 个；认定市级企业重点实验室 13 个，以企业为主体、产学研合作的技术创新体系得到进一步完善。科技型中小企业的快速发展对战略性新兴产业培育和优势产业发展产生了深刻影响，提升了整体经济的科技含量。

◎ 高新技术引领经济发展成效明显

天津市科技进步环境位居全国第二，高新技术产业化水平在全国位居第二。2011 年，高新技术产业产值达到 6488 亿元，占到工业总产值的 31%。科技促进经济社会发展指标位居全国第三，开发出“天河一号”、锂离子电池隔膜材料、椎光束螺旋 CT 机、USB3.0 接口芯片、新型不燃保温材料等一大批具有国际国内领先水平的标志性自主创新产品，建成 16 个国家级高新技术产业化基地，已经成为中国重要的高技术产业基地。

图 6-6 国家超级计算天津中心的"天河一号"计算机

◎ 高水平产业创新大平台建设成效显著

截至目前，全市拥有国家重点实验室 8 个，国家部委重点实验室 43 个，国家工程技术研究中心 33 个。启动建设了 15 个孵化转化一体化载体和 5 个市级高新区，国家级企业孵化器和生产力促进中心达到 15 个。启动了国家 863 计划产业化伙伴城区和天津未来科技城建设。建成了国际生物医药联合研究院、工业生物研究所、国家超级计算天津中心等一批产业创新大平台，集聚了大量高端创新要素，在津两院院士达到 39 名，国家"千人计划"人才累计达到 62 人，国家杰出青年科学基金获得者达到 51 人，国家 973 计划项目首席科学达到 18 名，国家优秀创新群体达到 20 个。20 多家国家级大院大所来津发展。

二、科技支撑区域经济社会发展

◎ 科技引领经济发展成效明显

自 2008 年始，天津市委、市政府组织实施自主创新产业化重大项目，至 2011 年底已先后组织实施了七批 140 项、以高新技术为引领的自主创新产业化重大项目，累计已完成投资 286 亿元。随着重大项目的逐步产业化，本市初步形成了以"曙光百万亿次高性能计算机研制及产业化"、"汽车动力总成控制系统开发及产业化"、"10 个重大创新药物开发及产业化"等为代表的新一代信息技术、高端装备和生物医药等高新技术和战略性新兴产业集群，促进了产业结构的优化调整。成功开发出世界上首套特巨型子午线轮胎一次法成型机、国内首台超百万亿次曙光 5000A 高性能计算机、国际最大规格的坐标轴式数控弧齿锥齿铣齿机、具有国际领先水平的新一代生物降解药物涂层冠脉支架系统等 100 多项重大创新技术和高端产品。推动了红日药业、赛象、九安、力生、瑞普等一批公司在中小板或创业板上市，培育了松正、瑞能等一批拟上市企业，涌现了松正、瑞能、神通、经纬电材等一批掌握核心关键技术、产品占据行业领先地位的龙头企业，提升了本市企业的自主创新能力和产品的市场竞争力。

图 6-7 LED 路灯节能改造工程

◎ **科技惠民取得显著成效**

天津市出台了《关于“十二五”期间加快发展民生科技实施意见》，在食品质量安全监控、血液病治疗、肝移植和复发综合预防、环境治理和生态修复等方面居全国领先水平，有的达到国际领先水平。天津市二级良好天数全年达到 320 天，达标天数比率为 87.7%，居全国先进水平。科学文化素质达标率达到 7.9%。科技兴农取得新进展，在黄瓜、菜花、杂交粳稻等育种和奶牛品种选育技术上居国内领先地位；在全国率先培育出 6 只体细胞克隆的原种波尔山羊。建成 2 个国家级农业科技园，组建了超千人的农业科技特派员队伍，累计推广农业新技术和新品种 450 个，建立农村科技示范基地 895 个，形成 29 个科技特派员创业链，产业规模达到 30 亿元，带动近万名农民就业和增收。加强新型传媒、动漫、工业设计、数字技术等科技项目实施和技术攻关，开发出高清数字电视解码芯片等一批新产品，培育和壮大了猛犸科技、世纪恒通等一批文化科技企业，推动国家动漫产业综合示范园等文化产业基地建设，文化产业创新能力不断增强。

三、加快科技“小巨人”企业发展

加快科技型中小企业发展是天津市深入贯彻落实科学发展观，转变经济发展方式，调整优化经济结构的重要战略举措。科技型中小企业代表着中小企业的发展方向，是经济发展活力、发展后劲的重要体现。加快发展科技型中小企业，是转变经济发展方式、调整优化经济结构的重要要求，是建设创新型城市的迫切需要，是培育和发展战略性新兴产业的重要载体，是促进民营经济大发展的重要举措，是增加财政收入、扩大社会就业、提高居民收入的重要途径。

2010 年 9 月，天津市颁布了《市委、市政府关于加快科技型中小企业发展的若干意见》，启动实施天津市科技小巨人成长计划，明确了加快科技型中小企业发展的目标和主要任务。同时，出台了《关于支持科技型中小企业发展若干政策》等一系列文件，提出了支持科技型中小企业发展的具体措施。“十二五”期间，全市筹集财政资金 200 亿元，用于支持科技型中小企业发展，并在税收、工商、金融等多方面加大支持力度。

◎推进科技型中小企业发展的主要举措和做法

近两年，天津市加大政府支持、引导和服务力度，不断创新工作方法，为科技型中小企业营造良好发展环境，努力实现全市科技型中小企业发展的新突破。

建立了一套有效的工作推动机制。天津市成立了科技型中小企业发展工作领导小组，办公室下设在市科委。同时，成立了科技型中小企业发展工作联席会议制度。市委组织部建立了区县处级以上干部帮扶科技型中小企业的考核制度，要求处级以上干部两年内至少帮扶一家企业。各区县都成立了区长（县长）为组长的区县工作领导小组。形成工作情况的月通报、季分析和督查等调度运行机制，逐月、逐季地抓政策、任务和目标落实。制定颁布了天津市科技型中小企业认定管理办法，明确了科技型中小企业的认定标准，建立了科技型中小企业发展服务网，形成企业网上注册、区县认定、市级复核确认的认定管理制度。

进一步加大解决科技型中小企业融资难问题的力度。围绕破解科技型中小企业发展融资难等问题，天津市 20 多个部门制定出台了几十项相应的政策措施，聚焦支持科技型中小企业发展。“十二五”期间，市区县财政专项资金投入 200 亿元，按照科技型中小企业初创期、成长期、壮大期的发展阶段，分阶段扶持。每年拿出 5000 万元，专门支持区县建设市级高新区、孵化转化产业化一体化载体、科技企业孵化器、生产力促进中心等载体建设。同时，简化科技型中小企业贷款程序，降低贷款门槛，重点满足符合产业环保政策，有发展前景的科技型中小企业流动资金需要。创新金融产品和金融机构，积极稳妥地推进小额贷款公司试点，研究探索建立以民间资本为主体、专门为中小企业服务的区域性中小银行和村镇银行试点，引导民间资本支持中小企业。积极搭建银企合作平台，向金融机构大力推介科技型中小企业。加大对中小企业信用担保机构的财税支持，提高担保机构风险防范能力和融资担保能力。各区县各部门不断加大政策扶持力度，大力推动科技型中小企业改制上市。

进一步提升科技型中小企业的公共服务能力。开发建设了“天津市科技型中小企业服务网”(科服网)，搭建起全市面向科技型中小企业服务的公共信息大平台。目前，年访问量超过100万人次。科服网可为科技型中小企业提供注册认定、项目申报等8类、35项一站式服务。市科技型中小企业发展领导小组办公室成立了7个服务工作组，各区县及街镇总计成立了248个服务组，对区县科技型中小企业工作进行指导、推动、辅导和服务，有效促进了各类扶持政策的宣讲和落实。

加强对科技型中小企业自主创新的扶持力度。鼓励、引导企业树立科技创新理念，掌握自主创新的有效途径，支持企业在引进的同时进行消化吸收再创新，真正形成自己的品牌。充分利用本市科研资源的优势，帮助企业带着课题主动找大学、研究单位开展合作。深入实施了名牌带动战略，在打造更多的中国世界名牌、中国名牌和驰名商标上进行了积极探索。依托高等院校、研究机构和各类培训机构，建立健全了科技型中小企业培训工作网络，采取财政支持和市场化运作相结合的方式，引导社会资源为中小企业和民营企业培训服务。加快了技术信息、技术培训、技术交流等公共服务平台建设，完善了科技型中小企业产业升级的配套服务体系。建立了支持科技型中小企业与大企业配套发展的工作机制，加大对科技型中小企业产业转型和结构优化升级的支持力度。

◎ 推进科技型中小企业工作的进展与成就

科技“小巨人”计划实施以来，全市上下形成合力，加快发展科技型中小企业已成为天津市的中心工作之一。经过近两年的工作推动，科技型中小企业呈现蓬勃发展态势，取得了突破性进展，为加快天津发展发挥了重要作用。

进一步优化了产业结构。截至2011年底，全市科技型中小企业达到2.1万家，占全市企业总数的比重从2010年的9%提高到13%以上。全市新增科技型中小企业8500家，其中近3500家是由传统企业转型升级的，占新增企业总数的40%。规模以上科技型中小企业上缴税费总额约占全市规模以上企业的20%。科技型中小企业凭借技术优势，在国际市场低迷不振的情况下，依然在国际国内市场上显现出强劲的竞争力和发展空间。2011年统计数据表明，参加年检的3000余家科技型中小企业平均增速达到40%以上。全市科技小巨人企业达到1050家，2011年主营业务收入超过4600亿元，占科技型中小企业总收入的比重达到77%，发挥出龙头带动作用。科技型中小企业发展，增加了天津整体经济的科技含量，成为转变经济发展方式、优化产业结构的重要突破口。

进一步促进了战略性新兴产业发展。目前，全市70%的科技型中小企业、85%的科技小巨人企业分布在航空航天、生物医药、新能源、新材料、节能环保等战略性新兴产业领域。全市涌现出天地伟业、沃德传动、瑞普生物、天大求实、华翼蓝天、东皋膜、捷威动力等一批技术领先、税收近千万元的创新型领军企业，这些技术含量高、市场竞争力强、发展潜力大的科技“小巨人”，正在成为本市转变发展方式、优化产业结构的重要抓手，成为继大飞机、大火箭等大项目后，天津经济的第二“引擎”。在加快科技型中小企业发展中，还培育出东丽华明、武清京滨、静海子牙、宝坻九园等一批战略性新兴产业基地，全市国家级高新技术产业化基地达到19家。

图 6-8　东皋膜生产线

进一步调动了全社会资源。截至2011年底，市、区两级财政和市有关部门共落实专项资金近25亿元，带动社会融资近200亿元。滨海新区成为首个国家863计划成果产业化伙伴城区。全市新引进科技型中小企业3100余家、科技成果2200多项、科技人才和团队1500多个，与11所高校签署了45份合作协议，进一步促进了科技资源在全市聚集。

进一步提升了自主创新能力。区域创新体系进一步完善，建设了5家市级高新区，15个创新创业孵化转化一体化载体、122个科技企业孵化器、60个生产力促进中心、58个科技产业园区，全市各类创新创业载体达到331个，聚集了1.6万家科技型中小企业，占全市的78%。2011年，科技型中小企业专利授权数占全市专利授权总量的70%以上，制定企业标准1万多项，开发出USB3.0芯片、镍碳超级电容器、风电主控系统、锂离子电池隔膜、新能源汽车控制系统、注射用重组尿激酶原等一批重大科技成果，填补了多项国内空白。

进一步浓厚了创新创业氛围。一年多来，先后举办了中国天津技术创业大赛、国际孵化论坛、海水淡化及水再利用国际会议等重大活动，在区县和大学组织了20场创新创业讲师团宣讲活动。市委宣传部制定了详细的宣传方案，各媒体都开辟专栏专题，加强对科技型中小企业发展政策、工作进展和典型的宣传报道。市、区县两级248个服务队深入基层，为企业解决难题2000余项。领导小组办公室会同区县组织了中关村、苏州、深圳、武汉等系列科技招商活动。各区县党政领导和部门领导自加压力、勇担责任，截至目前，已有2920名处级以上领导干部，帮助新发展了3983家科技型中小企业，形成全市各级干部抓创新创业的良好氛围。

专栏 6-1 天津滨海高新区的科技孵化载体

天津滨海高新区国际创业中心（海外留学生创业园）成立于1998年8月，坐落在天津华苑产业区华天道。中心重点围绕天津滨海高新区绿色能源、高端IT、生物医药、先进制造和现代服务业等五大主导产业领域吸引高层次创业人才，重点吸引海外高层次留学人才来区创业。截至目前，中心现有孵化企业200余家，累计孵化企业500余家，其中留学生企业200余家，培育了协和干细胞、南开创元、华翼蓝天等一大批行业领军企业，有12人入选国家“千人计划”，16人入选天津市“千人计划”，2人入选天津市生物医药领军人才。

进一步促进了科技与经济有效结合。当前，科技型中小企业成为承接和转化科技成果的主力军。从单纯推动大学和科研院所转化科技成果，向激发企业技术需求加快科技成果转化上转变。一方面增强企业技术创新意识和承接科技成果的能力，另一方面了解企业技术需求支持产学研对接，在增强企业自主创新能力和用高新技术改造提升传统产业上取得显著成效。促进科技资源面向科技型中小企业开放共享。全市科研仪器设备共享共用网，入网115台大型仪器共开展社会化服务20万小时，年测试样品数量15万个。全市78个市级重点实验室开放509台套设备，2011年为企业服务8万多机时，269项科技成果在科技型中小企业得到转化。再者，加快以企业为主体、产学研合作的技术创新体系建设。启动企业重点实验室建设工作，支持企业与大学、科研院所等建立联合实验室、工程中心等，提升了科技型中小企业的技术创新能力和技术承接能力。围绕重点行业和领域，组织建立产业技术创新战略联盟，形成龙头企业、相关小企业、大学和科研院所的有效产学研合作和上下游联合创新，已建成兽药、半导体照明、水稻育种、海水淡化及综合利用等10个产业技术创新战略联盟。天津正在逐步形成以企业为主体、产学研用相结合、网络化的技术创新体系，力争成为中国重要的产业创新中心。

第三节 河北省

近年来，河北省紧紧围绕省委、省政府重大工作部署，以提升自主创新能力和产业行业技术水平为目标，以实施重大项目和科技工程为抓手，以突破产业关键核心技术、强化创新创业人才支撑、发展创新创业平台、推进科技招商与合作为重点，加快构建以企业为主体产学研结合的区域创新体系，推动战略性新兴产业加快发展和产业结构优化升级，为全省稳增长、调结构提供重要科技支撑。

一、科技发展总体进展

◎ 科技经费投入快速增长

2011 年，河北省全社会 R&D 经费投入达到 187 亿元，比上年增长 20.0%，比 2006 年的 76.66 亿元增加 110.34 亿元，年平均增长率达到 19.52%，R&D 经费占全省生产总值增加到 0.77%，同比提高 0.01 个百分点。

2011 年，河北省地方财政科技拨款总额达到 33.22 亿元，与 2006 年的 13.46 亿元相比，实现了翻番增长，年平均增长率达到 19.80%。

◎ 科技人员队伍不断壮大

2011 年，河北省从事科技活动人员数达到 20 万人，比 2006 年的 13.05 万人增加 6.95 万人，年平均增长率达到 8.91%，从 R&D 人员投入情况看，“十一五”期间人员数量也明显增加，由 2006 年的 4.37 万人提高到 2010 年的 6.23 万人，5 年增长 1.86 万人，年平均增长率达 9.35%。高层次人才培养方面有所突破，2011 年河北医科大学丛斌教授当选为中国工程院院士，河北境内“两

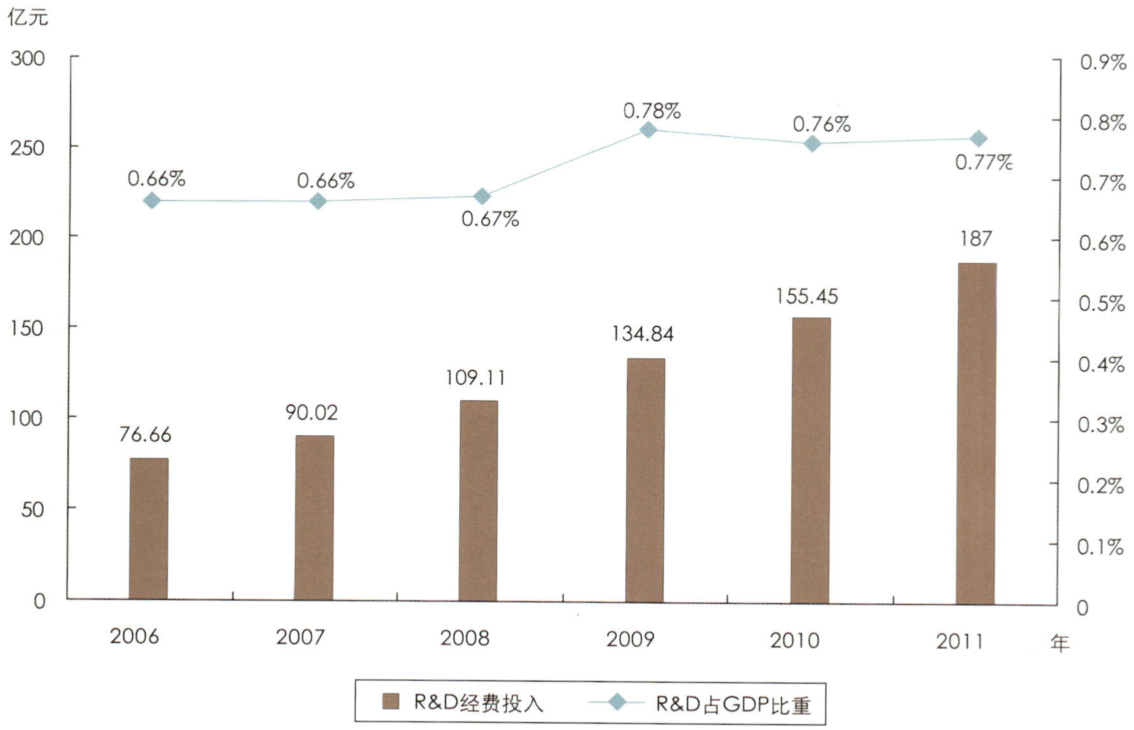

图 6-9　河北省 R&D 经费情况

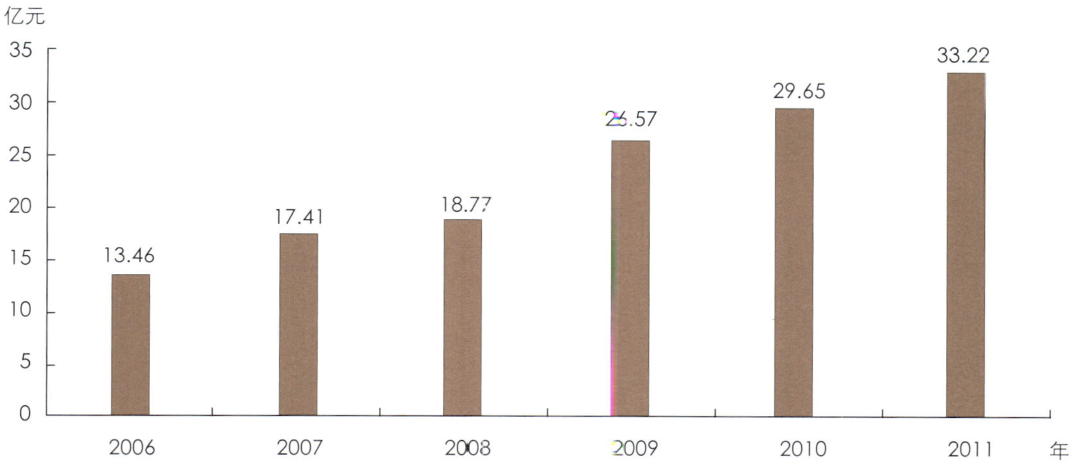

图 6-10 河北省地方财政科技拨款情况

院”院士达到 15 名。

◎ 科技成果数量和水平明显提升

2011 年，有 15 项科技成果获国家科技奖励，292 项科技成果获省科技奖励，其中河北医科大学“法医检验技术”项目获国家科技进步一等奖，实现历史性突破。全年专利申请量 17595 件，授权量 11073 件，分别比上年增长 43% 和 10%，签订技术合同 4403 份，技术合同成交金额 26.7 亿元，增长 38.4%。

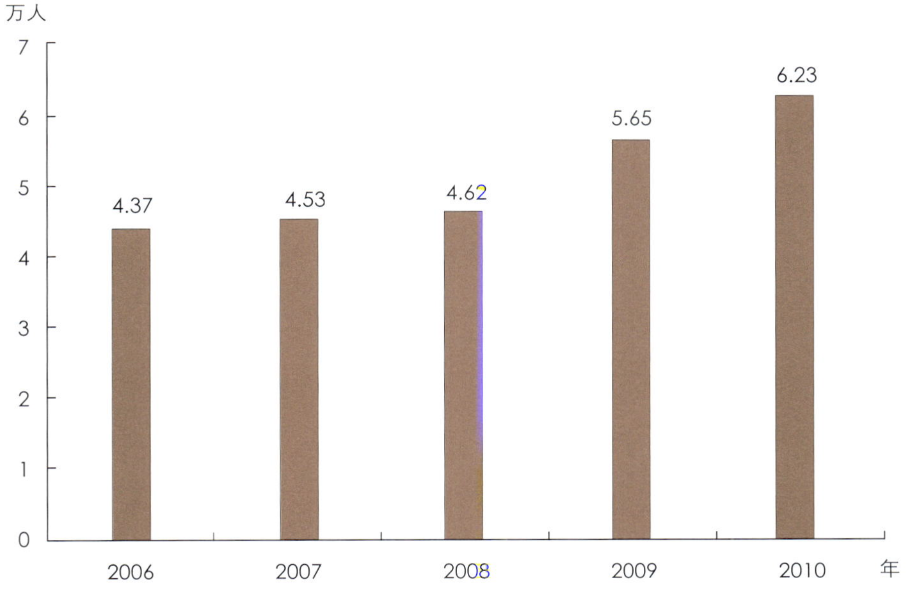

图 6-11 “十一五”期间河北省 R&D 人员投入情况

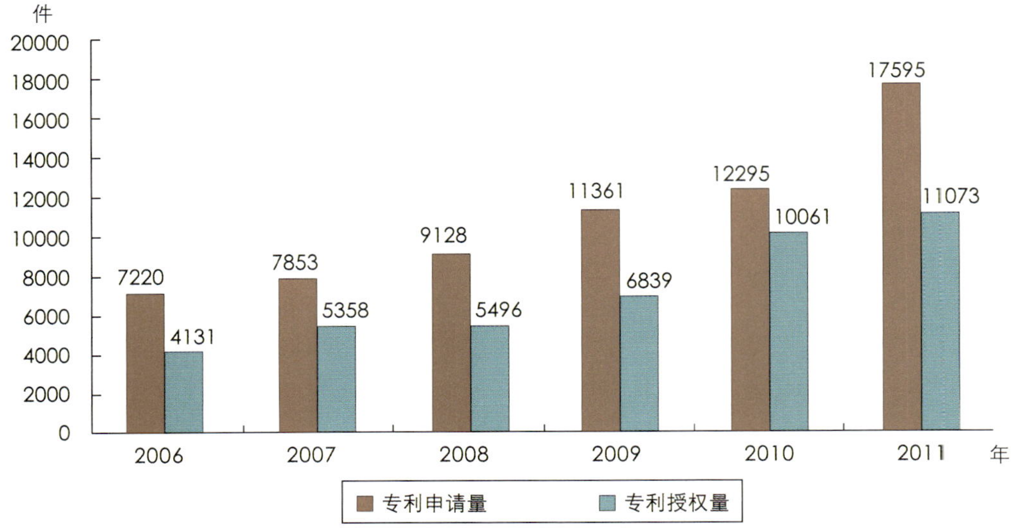

图 6-12 近几年河北省专利情况

◎ 高新技术产业保持良好发展势头

近年来，河北省加快推动战略性新兴产业发展和传统产业优化升级，积极落实支持高新技术产业发展的各项政策，高新技术产业保持了良好发展势头。2011 年，全省规模以上高新技术产业共实现增加值 1100 亿元，首次突破 1000 亿元大关，同比增长 23%，高于规模以上工业增速 6.9 个百分点，高新技术产业增加值占同期规模以上工业增加值的比重达到 10.5%，比上年同期提高 0.7 个百分点，累计实现主营业务收入 4134 亿元，比上年同期增长 23.4%，实现利润 292.8 亿元。

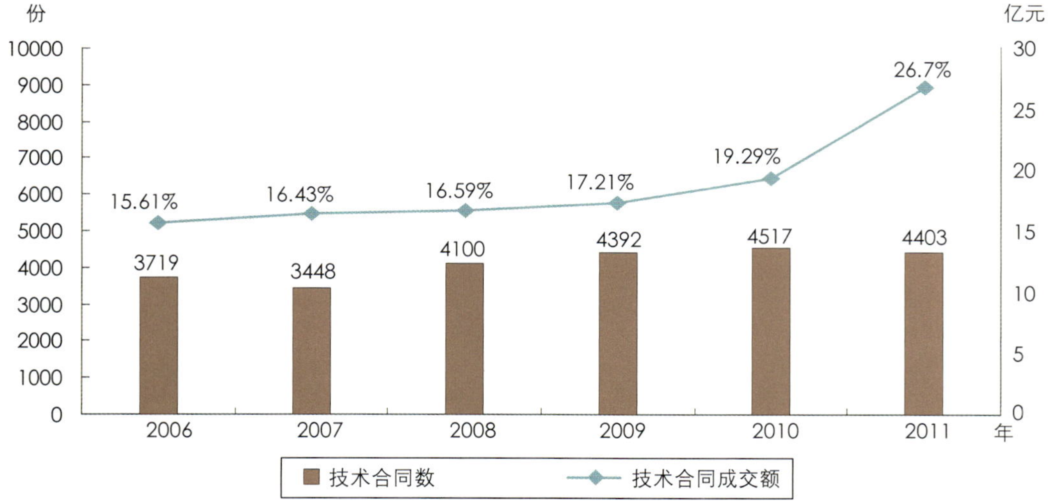

图 6-13 近几年河北省技术合同签订情况

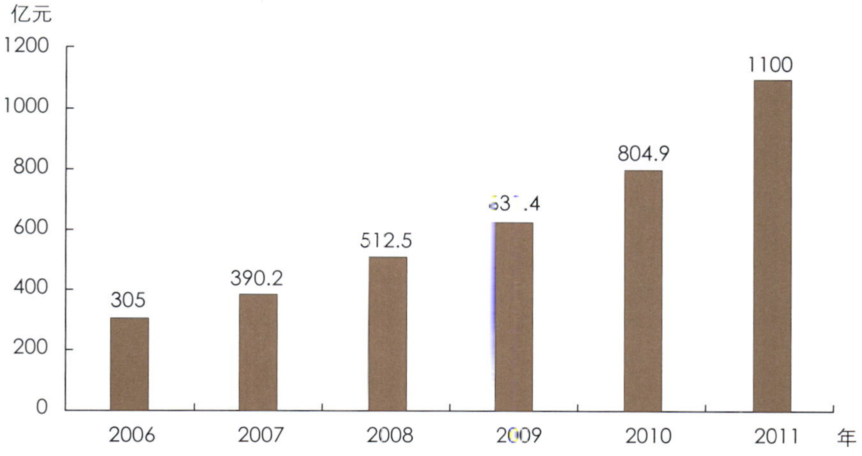

图 6-14　近年全省规模以上高新技术产业增加值

◎ 科技创新政策环境进一步优化

在河北省政府法制办、省人大教科文卫委、省人大法工委的大力支持下，《河北省科学技术进步条例》经省人大常委会通过实施，为加快推进全省科技创新和技术进步奠定了法律保障。同时积极抓好《条例》宣传贯彻工作，省科技厅组织有关专家组成《条例》解读小组，认真研究编写《条例》释义及指南，对相关法律规定进行深入细致的讲解培训；各级科技管理部门积极贯彻落实，鼓励企业、社会各界用足用好科技法规；各级新闻媒体积极配合，大力营造了全社会重视科技创新与技术进步的良好氛围。唐山、石家庄国家创新城市建设工作逐步深入，相继出台了一批推进自主创新的政策措施，发挥了重要的示范带动作用；承德全力实施“1335 科技创新跨越转型发展战略”；邯郸强化“产业科技”和“创新驱动”理念；创新产业集群建设取得积极成效，秦皇岛市被科技部批准为国家级创新试点城市。

二、科技支撑区域经济社会发展

河北省科技工作紧紧围绕科学发展这个主题和加快转变经济发展方式这条主线，以提升自主创新能力和产业行业技术水平为目标，加快构建以企业为主体的产学研结合创新体系，推动加快战略性新兴产业发展和产业结构优化升级，为全省稳增长、调结构提供重要科技支撑。

◎ 大力推进传统主导产业技术升级

围绕提升主导产业行业技术水平，优化科技资源配置，通过加大项目支持，加强产业技术路线图和科技对标，为产业结构优化升级提供了有力科技支撑。一是启动了河北省钢铁产业技术升级专项。充分发挥重点骨干企业的行业发展的“龙头”作用，省科技厅与河北钢铁集团共同出资 6000 万元，联合组织实施了“汽车用高级钢研发及产业化”等 8 个钢铁产业技术升级重大技术创新项目，努力提高钢铁产业技术含量和产品附加值。二是充分发挥产业技术路线图示范作用。省科技厅首批启动的钢铁、水泥、农业高效用水等 8 个产业技术路线图编制工作。围绕 8 个产业发展，确定了需要重点突破的技术壁垒 243 项，凝练出了研发需求 300 余项，基本理清了产业发展路径和目标，为推进产业结构优化升级奠定了基础。三是加强节能减排科技创新与示范。重点围绕钢铁、水泥等产业节能减排，筛选了“钢铁企业低压余热蒸汽发电”等 20 多项节能减排技术进行大规模示范推广，组织有机混合废气、综合废水和含银废片资源综合利用等一批节能减排项目在国家科技计划立项，为节能减排目标实现提供了科技支撑。

◎ 加快培育和发展战略新兴产业

围绕培育战略性新兴产业，加强高新技术产业发展的政策制定和宣传落实，狠抓高新技术成果产业化载体建设，推动创新要素向园区汇聚、向企业集中、向基地转移。一是大力培育发展高新技术企业。会同省财政厅、省国税局、省地税局先后组织了两批高新技术企业认定，同时组织完成了高新技术企业复审工作，全省高新技术企业超过 700 家。邯钢、长城汽车、以岭药业和硅谷化工等 4 家企业被认定为国家创新型企业，河北省国家创新型（试点）企业达到 11 家。二是加快高新技术产业基地和园区建设。积极推进保定、石家庄高新区争创“国家创新型特色园区”，大力推动承德高新区升级。支持石家庄建设高端医药产业园，在石家庄高新区建立了新药创制孵化基地，并被纳入国家创新药物孵化基地序列。邯郸市“智能感知系统及部件创新型产业集群”和保定高新区“新能源及输变电产业集群”被列入国家首批创新型产业集群培育名单，有力地推动了科技资源和创新要素向新兴产业集聚。三是积极开展创新型试点城市建设。秦皇岛市被批准为国家创新型试点城市，河北省国家创新型试点城市达到 3 家。

◎ 农业和社会发展领域硕果累累

围绕现代农业发展和提高人民生活质量、健康水平，组织开展技术研发和推广应用，取得新进展。一是加快农业新品种选育。实施了良种科技创新专项，从种质资源创新、育种技术创新、新品种培育及新品种示范四方面，抓创新研究和示范应用，提高了育种效率和创新能力。河北省科技厅会同农业厅、财政厅组织农作物新品种选育补助项目评审，石家庄市农科院的“石麦 15 号”小麦、张家口市农科院的“张杂谷 9 号”、省农科院粮油作物研究所的“冀丰 554”棉花三个优良新品种各获 350 万元奖励，为加强育种科技创新条件建设和人才培养提供了政策和资金保障。二是加快农业科技创新和示范。重点实施“农业废弃物沼气资源化利用关键技术开发与集成示范”、“方便食品精深加工共性关键技术创新与示范”等一批农业科技项目，开发示范农业新技术、新工艺 110 项，累计建立试验示范区 570 个，申请专利 75 项，制定标准和技术规程 120 项。粮丰工程项目实施取得良好成效，项目区小麦产量取得新突破，主推品种“石麦18”亩产突破700公斤，再创全省小麦高产纪录。三是深入推进“两山科技工程”。成立了板栗、苹果、食用菌、核桃、大枣等5个产业技术创新战略联盟，山区星火产业带示范基地和科技特色产业园区超过100个，促进了现代农业发展和山区资源开发与保护利用。四是大力推进社会领域的科技进步。编制完成了《河北省生物技术和医药产业“十二五”发展规划》和《河北省海洋科技及海洋产业“十二五”发展规划》。启动实施海洋科技专项，以海水综合利用、海洋生物资源开发、海洋生态环境保护为重点，实施了北戴河海滩恢复治理关键技术研究与示范等一批重点支持项目，增强了海洋科技创新能力。

三、推动创新创业平台建设和区域合作

以实施科技重大专项、重大科技创新工程和重大科技行动为重要抓手，着力推进产学研紧密结合、科技开放合作、科技人才培养、专利创造与应用、科技体制机制创新，加快提升科技创新能力，加速科技成果向现实生产力转化，为加快建设经济强省、和谐河北提供科技支撑。

◎ 加强创新创业平台建设，提升科技创新能力

推动建立以企业为主体的产学研合作新模式，加快建设一批服务产业的新型科技创新和服务平台，支撑主导产业优化升级和战略新兴产业发展。重点围绕河北省新能源产业、高端装备制造业，建立了河北省绿色智能交通产业技术研究院、河北省光伏产业技术研究院、河北省煤基清洁能源产业技术研究院等3家产业技术研究院，全省产业技术研究院已达到5家。围绕全省新兴产业、优势产业发展和企业需求，重点在新能源、新材料、资源开发和现代装备制造等领域，完成省级工程技术研究中心可行性论证25家，省级以上工程技术研究中心达到133家。燕山大学“国家冷轧板带工程技术研究中心”正式纳入科技部建设计划，全省国家级工程技术研究中心达到5家。新建肾脏病、蔬菜种质资源创新等3家省级重点实验室，省级重点实验室达到74家。以中电科集团54所为理事长单位的“导航芯片与终端产业技术创新联盟”和以新奥集团为理事长单位的“清洁燃气产业技术创新战略联盟”获得科技部批准，河北省国家级产业技术创新战略联盟达到4家。

◎ 强化政策引导，促进企业技术创新

围绕企业技术创新能力提升，加强了企业研发费用加计扣除、高新技术企业减税等政策的宣传落实，会同省财政、税务等部门，组织实施了高新技术企业认定，启动了开发区工业企业“专项提升行动”。通过这些措施，极大提高了企业对研发费用投入的积极性，涌现出一批创新型、科技型企业，全年消除“零专利”企业300家，邯钢、长城汽车、以岭药业和硅谷化工等4家企

业被认定为国家创新型企业，全省国家创新型（试点）企业达到 11 家，高新技术企业超过 700 家，省级以上生产力促进中心达到 104 家，有 38 项重大专利项目实现产业化，燕山大学的“国家冷轧板带工程技术研究中心”纳入科技部建设计划，创业投资引导基金规模扩大到 1.6 亿元，发起设立子基金 5 支，总规模达到 3.1 亿元，已投资 16 个项目，总投资 24.23 亿元，引导基金放大 24 倍。

◎ 加强科技合作，推动技术升级

利用环京津、环渤海区位优势，加强与国内科研机构、重点高校的密切合作，支持和鼓励省外研发机构与河北省联合建设科技园、成果转化基地等各类创新创业载体，积极吸引有实力的大企业集团来河北设立研发机构和产业化基地，2011 年，与科技部、中国科学院、清华大学等国家部委、科研机构和高校签署了一批合作协议。10 月 31 日，河北省政府与中国科学院签署了“十二五”省院科技战略合作协议，中国科学院北京分院、河北省科技厅、唐山市政府、廊坊市政府签署了《深入建设中国科学院唐山高新技术研究与转化中心合作协议》、《共建中国科学院廊坊战略性新兴产业孵化基地合作协议》。另外，沙河市借助武汉理工大学学科优势，合作建立沙河玻璃产业技术研究院，解决了玻璃产业中的众多技术问题，提升了产业技术水平。

第四节
山西省

2011 年，是“十二五”规划开局之年，也是山西省作为国家资源型经济转型综合配套改革试验区的起步之年。一年来，山西省上下紧紧围绕全国科技“自主创新、重点跨越、支撑发展、引领未来”的指导方针，以转变经济发展方式为主线，按照山西省委、省政府和科技部的总体部署，把“科技管理创新年”作为全年工作的中心，山西省科技创新体系建设取得了新的突破和进展。

一、科技发展总体进展

◎ 科技资源投入力度逐年加大

科技经费投入持续快速增长。进一步落实国家中长期科学和技术发展规划纲要配套政策，财政科技拨款稳定增加，企业科技经费投入保持较快增长，科学研究与试验发展（R&D）经费支出达到新的历史最高水平。各级政府都把科技创新作为财政资金支持重点，作为衡量本地区科学发展水平的重要指标。

表 6-1　2006—2011 年山西省财政科技拨款占地方财政支出比例情况

项目	2006	2007	2008	2009	2010	2011
财政科技拨款（万元）	81657	157971	176381	176069	201190	271700
增长率（%）	25.2	93.5	11.7	-0.2	14.3	35.0
财政科技拨款占地方财政支出比重（%）	0.88	1.50	1.34	1.13	1.04	1.15

山西省地方财政科技拨款从 2006 年的 8.2 亿元增长到 2011 年的 27.2 亿元，增长 2.3 倍。在政府资金引导下，全社会 R&D 经费投入迅速扩大，科技与金融结合更加紧密，多元化、多层次、多渠道的科技投入体系正在形成。2011 年，全省 R&D 经费支出 113.4 亿元，占 GDP 的比重达到 1.02%。企业 R&D 经费投入占全社会的比重连续几年超过 80%，企业作为科技投入的主体地位已基本确立。技术创新、挖潜改造、科技成果转化等专项资金持续发挥作用，全省已备案创业投资企业 16 家，国家已批复创业投资基金 5 家，专项资金的支持有力地促进了科技型企业的发展。

表 6-2　2006—2011 年山西省研究与试验发展（R&D）经费情况

项目	2006	2007	2008	2009	2010	2011
研究与试验发展（R&D）经费（亿元）	36.34	49.25	62.56	80.86	89.88	113.4
增长率（%）	37.8	35.5	27.0	29.3	11.2	26.2
R&D 经费 /GDP（%）	0.88	1.50	1.34	1.13	1.04	1.02

科技人才队伍不断壮大。近年来，山西省不断完善人才发展机制，通过颁布《山西省中长期人才发展规划纲要（2010—2020 年）》，实施海外高层次人才引进工程（“百人计划”）、“333 人才工程”、高端创新型人才引进和培养工程、新兴产业领军人才培养和引进工程、高技能人才开发工程等，引进培养了一批高层次领军人才，带动了科技人才队伍进一步壮大，激发了科技人员的积极性和创造性。截至 2011 年底，“百人计划”引进海外高层次人才 50 名，总数达到 106 人，提前两年达到原计划五年实现的引才目标。全省 R&D 人员折合全时当量 4.74 万人年，比 2006 年增加 22.2%。两院院士 5 人，国家“新世纪百千万人才工程”人员 29 人，国家杰出青年基金获得者 12 人，享受国务院特殊津贴专家 1793 人。山西大学量子光学与光量子器件国家重点实验团队荣获国家自然科学基金创新团队优秀称号。

表 6-3　2006—2011 年山西省研究与试验发展（R&D）人员情况

项目	2006 年	2007 年	2008 年	2009 年	2010 年	2011 年
折合全时当量（万人年）	3.88	3.71	4.40	4.78	4.63	4.74
增长率（%）	40.6	-4.6	18.6	8.6	-3.2	2.4

◎ 科技产出创历史新高

围绕事关山西省转型发展的重点产业，通过有重点地创新科技计划体系、有计划地集聚资源实施重大专项，卓有成效地提高了自主创新能力。2011 年，山西省获国家科学技术奖 14 项，获奖数量创历史新高，远超“十一五”期间年均 7 项的水平。SCI、EI、ISTP 收录的论文达到 2329 篇。专利申请量从 2006 年的 2824 件猛增到 2011 年的 12774 件，增长了 3.5 倍；2011 年专利授权量达 4974 件。

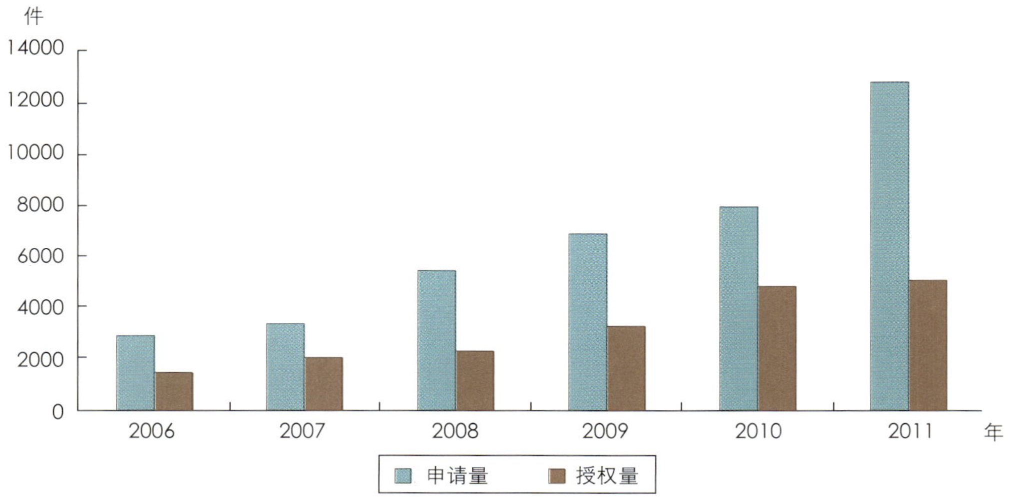

图 6-15　2006—2011 年山西省专利申请 / 授权状况

企业创新主体地位进一步显现，企业专利申请占全年申请总量 40.0%。山西省技术成交合同总金额 81.44 亿元，同比增长 17.29%。输出技术成交合同金额 22.68 亿元，同比增长 22.48%，比全国增长速度高 0.6 个百分点。

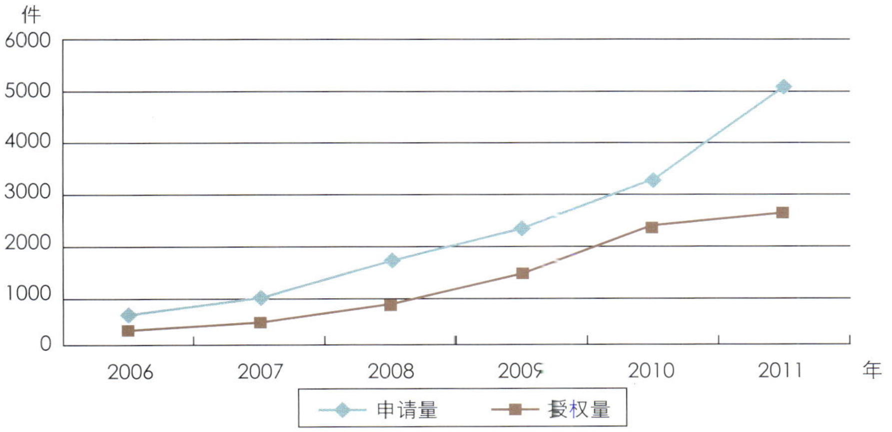

图 6-16 2006—2011 年山西省企业专利申请 / 授权状况

各领域重大科技成就持续涌现。在装备制造领域，"千万吨级矿井大采高成套设备及关键技术"顺利完成，标志着中国煤矿综采成套装备已达到国际先进水平；国产首套 80MN 双柱式快速自由锻造液压机组整体达到国际先进水平，部分技术性能达到国际领先水平；"TZΦ180 三辊连轧管机组"填补国内空白，整体达到国际先进水平。冶金领域，研发出全球第一支使用挤压机生产的 W 型钢，开发出具有自主知识产权的 436L、429、439、443、YH21CT 等超纯铁素体不锈钢系列产品。煤化工领域，在灰熔聚流化床劣质无烟煤粉煤气化技术开发与工业示范、合成气制低碳混合醇新型催化剂及配套工艺技术、尿素醇解法合成碳酸二甲酯技术、煤焦油加氢制备清洁燃料油技术、费托合成催化剂助剂机理研究等方面取得突破。新能源领域，攻克风电系列技术难题和物理法冶炼提取高纯度多晶硅技术，在太阳能电池生产装备方面取得重大技术突破，研制成功国产多晶硅片铸锭炉等设备。农业领域，选育出"F"型小麦雄性不育系（FA）和增产 15% 以上的杂交组合。电子信息领域，成功推出高清晰大屏幕激光投影样机，为激光显示产业发展奠定了良好的基础。环保领域，研发了全国首套热解析工业化修复装置。基础研究领域，"受限空间中光与超冷原子分子量子态的调控及其应用"项目再获国家重大科学研究计划立项资助，山西大学已成为中国量子光学和量子信息的重要实验研究基地和人才培养基地。

◎ 创新环境进一步优化

从健全法制到深化改革，科技创新环境逐渐改善。围绕释放创新活力、积攒创新动力，建立健全科技相关法规制度，修订了《山西省科学技术进步条例》（征求意见稿）、《山西省高新技术产业发展条例》，出台实施了《山西省中长期人才发展规划纲要（2010—2020 年）》、《山西省中长期教育改革和发展规划纲要（2010—2020 年）》、《山西省知识产权战略纲要（草案）》以及《山西省高新技术产业化项目管理办法》等制度。完善科技促进产业转型的相关政策措施。出台了《关于加快培育和发展战略性新兴产业的意见》、《发挥科技支撑作用促进经济平稳较快发展的意见》、《关于落实八大产业调整和振兴规划开展技术创新的工作方案》、《山西省现代农业产业技术体系建设实施方案》、《山西省农业技术推广示范行动方案》及《山西省高新技术产业发展领域指南》等。

通过盘活存量资源、做大增量资源、合理配置资源，不断夯实科技基础条件。企业自主创新主体地位不断提升。截至2011年底，全省省级以上重点实验室28个、工程实验室6个；省级以上工程技术（研究）中心达53家、工程研究中心6个；省级以上国际科技合作基地24个，其中国际联合研发中心1个；省级以上企业技术中心160家，太钢、太重、天脊煤化工等3户企业技术中心进入全国50强，太钢技术中心获得全国综合评价第二名、冶金行业第一名。研究生教育创新中心达到15家，科技孵化器、大学科技园、技术转移示范机构等一批科技创新服务机构跃升国家级行列。加快现代农业产业技术体系建设步伐，在玉米、小麦、谷子、食用菌等17个领域搭建创新平台，建立专家团队，构成现代农业科技指导、推广和示范网络。

二、科技支撑区域经济社会发展

近年来，全省围绕传统产业优化升级和新兴产业发展壮大两大主线，强力推动创新成果的应用，加快科技促进转型跨越的步伐。

◎ 传统产业明显提升优化

传统产业技术改造力度不断加大，产业结构向高端化、现代化迈进。截至2011年底，煤炭资源整合重组效果进一步显现，山西省煤炭工业的产业集中度明显提高，形成4个年生产能力亿吨级和3个5000万吨级以上的煤矿企业，单井平均规模达到120万吨以上；产业水平明显提高，实现了工作面自动化生产、采煤机、液压支架和运输系统智能化控制，极大地提高了产品档次和生产装备的信息化水平，资源回收率提高到80%以上，煤炭产业可持续发展能力进一步增强。焦化行业炭化室高度4.3米以上机焦产量比重由“十五”末的36.9%上升到90.6%以上。钢铁行业钢铁工业工艺技术和装备水平不断提升，1000立方米以上高炉比重由9%上升到21%以上，高炉自动化操作水平普遍提高。电力行业火电机组继续向大容量、高参数、环保型方向发展，30万千瓦以上火电机组占火电装机容量比重占到70%以上。建材行业新型干法水泥生产技术得到迅速推广，水泥耗水、耗煤和二氧化碳排放量明显降低，新型干法水泥熟料产量比重由20%上升到77%以上，为推动转型跨越发展奠定了坚实的基础。

◎ 新兴产业进一步发展壮大

新兴产业加快发展，产业规模和创新能力逐步提升。立足新兴产业基础和资源优势，完成了一批重大科技攻关项目，开发了一批新产品，推进了一批产业化示范项目，形成了富有特色的新型产业发展格局。先进装备制造业等新兴产业均保持较快增长，正在成为拉动工业经济增长的重要力量。2011 年，全省装备制造业高出全省规模以上工业增速 4.3 个百分点，对工业经济增长贡献率达到 6.9%，成为仅次于煤炭、冶金行业拉动全省工业经济增长的第 3 大动力。在现代煤化工、新能源、节能环保和信息产业等领域，推进 60 万吨甲醇制烯烃、40 亿立方米煤制天然气、己二酸、己内酰胺、聚甲醛、云计算、镁合金、太阳能电池组件及制造关键设备等新产品的发展，新兴产业技术水平明显提升。截至 2011 年底，全省高新技术企业达 248 家，高新技术产业增加值从 2009 年的 331.5 亿元增加到 2011 年的 510 亿元，占全省 GDP 的 4.6%。高新技术进出口总额从 2009 年的 6.5 亿美元上升到 17 亿美元，增长 1.6 倍。

◎ 农业科技发挥了强有力的支撑作用

农业科技创新能力不断增强，已成为推动现代农业发展的主要力量。2011 年，49 个农作物新品种通过省级审（认）定，9 个农作物新品种通过国家审（鉴）定，2 个农作物新品种获得植物新品种权。在旱作节水高效农业综合配套技术研究与示范、黄土高原退化草地植被恢复重建、黄瓜等蔬菜病害防治、功能性食用菌栽培、观赏凤梨产业化、亚麻胶和苦参碱萃（提）取、老陈醋酿造关键技术及产业化应用，晋岚绒山羊、山西新白猪、奶牛、边鸡等主要畜禽品种选育和关

图 6-17　天镇县卅里铺盐碱改良基地改良后的饲草玉米示范区

键技术研究等方面取得了阶段性成果。围绕"一县一业"、"一村一品"、农产品加工龙头企业"513"工程等，依托科技富民强县专项行动、农村技术承包计划和新农村建设科技示范点建设等，推广了"大丰 26"玉米、"舜麦 1718"、"尧麦 16"、"晋麦 78"、"晋麦 85"、VVV 型渗水地膜旱作新技术等一批新品种和先进适用技术，搭建了农业信息服务平台，促进了农业综合生产能力稳步提高，全省全年粮食产量达到 119.3 亿公斤，再创历史新高。

◎ 科技惠民取得明显成效

社会发展科技进入了快速发展阶段，科技进步对维护人民健康、改善人居环境、保障社会安全、防灾减灾等方面提供了有力的支撑。常见多发病、重大传染病、地方病的防控取得了明显成效，农村卫生适宜技术推广应用取得进展，初步形成 6 个中药产业集群。工矿区土地沉陷防治和复垦技术取得突破，焦化废水深度处理回用组合工艺和脱硫脱硝一体化技术有效推广，大宗工业固体废物综合利用量和综合利用率均有显著提高。加大了煤矿灾害预警、处置和救援技术研发推广，煤矿百万吨死亡率下降到 0.086，为推动转型跨越发展创造了良好的安全环境。

三、打造科技创新跨越工程

近年来，山西省着力破解"科技创新跨越工程"这个课题，把它作为"综改区"建设中科技先行先试、率先发展的凝聚力工程，作为引领和支撑资源型经济转型的总抓手，通过全面梳理从要素投入到能力建设、科技产出再到推广示范以及产业化的全过程，发挥政府主导作用，集中优势科技创新力量，瞄准重点领域、薄弱环节，优化资源配置、强力接环补链，促进科技创新的链条化、系统化发展。

◎ 在战略思路上，以重大项目为抓手实现重点突破

改变以往有限的资金"撒胡椒面"、人员各自为战、项目零碎分散的局面，集中人力财力，瞄准事关转型跨越发展重点领域的共性关键技术难题，加大攻关力度及产业化进程，增强对转型跨越发展的支撑引领作用。通过积极申报国家各类科研专项、有重点地安排省级计划，有效地集中国家和省级财政项目经费、创业投资基金、企业研发投资等各级各类资金，打包投入到既定的重大科研专项中去。2011 年，省级科技项目总数减少 7%，资金投入强度提高 4%。重点实施了煤层气抽采关键技术及示范等一批重大专项，以及太阳能光伏产业等多个高新技术产业专项项目。通过大规模、多领域、深层次的联合，突破了一批涉及全局性、战略性的重大关键技术，掌握了一批核心自主知识产权，研发了一批具有市场竞争力的重大战略产品，形成了一批标志性重大科技成果，解决了一批制约全省发展的瓶颈问题，带动了一批高新技术和战略性新兴产业的发展。

◎ **在发展策略上，以整合科技资源为关键夯实创新基础**

改变以往封闭的思维模式和行为习惯，积极开展全方位、多层次、高水平的科技合作交流。截至目前，全省已经与38个国家建立了合作交流关系，并与美、加、日等国家的一些机构建立了长期合作机制。院省合作进一步加强，中国科学院与山西省人民政府长期全面合作协议工作思路逐渐清晰，从项目切入、重点城市为主的方式取得良好成效。2010年，省人民政府与科技部建立了部省工作会商制度，环渤海区域、华北五省、中部省份的科技合作交流也不断加强，有效地促进了彼此间的了解和科技资源的合理配置。边整合边建设资源共享。坚持存量资源整合、增量资源建设同步进行，发挥有限资源的最大作用。目前，已经形成由科技文献资源、科学基础数据、自然科技资源、大型科学仪器资源平台四大基础性公共资源平台和技术转移服务平台及若干个专业技术创新平台组成的科技基础条件平台体系，构建了公益性、基础性、服务性的科技物质和信息保障系统，为全省科学技术研究和创新活动提供了有力支持。

◎ **在推进方法上，以创新载体建设为重点促进产学研合作**

改变以往“拉郎配”的方法，注重以创新载体建设为重点，强化创新意愿和能力培育，促进产学研合作与协同创新，促进创新载体的多元化。拓展创新主体外延，突破主体只能是单个企业的概念束缚，将创新主体放大到企业集团、产业园区、产业联盟、产业协会、创新中心、实践基地等，增加了创新成果的适用性和合作的广泛性。积极推进以产业技术创新战略联盟为主要形式的产学研合作，先后组建镁产业、中药注射剂产业、醋产业等六大产业联盟，对于集中力量突破行业共性关键技术发挥了重要作用。太原理工大学与建工集团、太重集团“校企共建”的土木工程、钢铁材料、信息技术研究生教育创新中心，山西大学与省环境监测中心站共建的研究生教育创新实践基地，进一步丰富了创新载体形式。不断改善科研基础设施和科研工作环境，大幅提升科技创新和推广服务能力，一批国家级创新载体相继建成。太原高新区被商务部批准成为新材料科技兴贸出口创新基地，2011年，实现科工贸收入1200亿元，同比增长13.2%。山西晋中国家农业科技园区、山西运城国家农业科技园区批复认定。省级创新载体建设方兴未艾，山西省农业科学院科研创新基地、山西省工业技术研究院、太榆科技创新城和“一市一个科技创新园区”建设工作顺利推进。这些创新载体建设起点高、标准高，对于优化创新环境和完善创新体系，加快科技成果产业化具有重要意义。

◎ **在环境建设上，以提高保障执行力为目的改善体制机制**

改变以往上传下达的机械行文模式，更加注重创新环境建设，从保障、执行力上增强协同创新的法制机理和工作机制，强化政策协调提高保障力。以《山西省科学技术进步条例》、《山西省高新技术产业发展条例》为统领，全面梳理各项纲要、方案、意见、办法，建立政策法规体系。

2009 年以来，全省各部门废除、修改、拟定的有关科技创新的制度和方案等多达 30 余项。具体内容上，特别将政府对科技的投入、人才培育使用、科研项目管理、高新技术产业化等作为出发点与落脚点，进行强制性或明确性规定，从而进一步提高了政策保障水平。强化部门联合提高执行力。在大科技的发展理念下，有效地将政策法规嵌入全省科技发展的中长期规划、五年规划、年度创新计划中，落实在各部门的具体项目中，促进了政策法规和实际工作的无缝对接。同时，建立了厅市科技联席会议制度，形成了工作的长效机制，优化了科技创新及产业化环境。

➲专栏 6-2　山西省大型煤炭基地高效集约化开采关键装备与技术项目

煤炭高效集约化开采是传统煤矿生产方式的变革与高新技术应用结合的产物。在科技部的大力支持下，2007 年山西省组织了由太重煤机和山西焦煤集团西山煤电牵头，太原理工大学、煤炭科学研究总院、平阳重工集团等优势企业、大学、科研院所共同承担的“大型煤炭基地高效集约化开采关键装备与技术”项目，研制了多个综采工作面成套装备，建成了年产千万吨级矿井大采高综采示范工作面；研制了多个短壁开采关键装备，建成了神东乌兰木伦和中煤东坡两个工程示范点，形成了高效短壁开采和快速掘进技术体系；研制了 EBH315 半煤岩及岩巷掘进机及配套的除尘系统，基本解决了煤矿井下 80 ～ 100MPa 半煤岩及岩巷掘进及粉尘治理难题；研制了多个大型矿井辅助运输关键设备。项目开发新产品和新装置等 24 项，发表论文 126 篇，取得国内授权专利 46 项，软件著作权 15 项，各类标准 103 项。建成了西山、晋城、平湖、神东煤机装备应用示范基地，提升了中国煤机装备制造的整体技术水平。

第五节 内蒙古自治区

近年来，内蒙古自治区坚持“自主创新、重点跨越、支撑发展、引领未来”的方针，加强对高新技术产业的投入，不断升级科技创新平台，重点推进“创新型内蒙古示范工程”、“草原英才工程”和“产学研合作促进工程”等一系列科技创新项目，积极推进体制机制创新，内蒙古自治区的科技发展取得了较大进展。

一、科技发展总体进展

近年来，内蒙古自治区科技资源得到了快速积累，自治区科技事业发展呈现良好势头。据科技部 2011 年统计数据显示，内蒙古综合科技进步水平监测指数全国排名第十八位，比“十一五”初期提高了 3 位；科技促进经济增长方式转变指标的排名第十位，比“十一五”初期提高了 5 位；33 项三级科技进步统计监测评价指标中，有 7 项指标的排名进入全国前八位，创造了历史最好成绩。高新技术产业规模进一步扩大，2011 年全区高新技术产业完成产值 2209.33 亿元，同比增长 21.53.%，高于规模以上工业企业同比增幅 12.3 个百分点。高新技术产业总产值占规模以上工业总产值的比重为 10.4%，体现了内蒙古工业领域调结构、转方式的初步成效。科技对农牧业生产贡献率稳定增长，科技创新团队为粮食丰产工程发挥重要作用；“草原英才工程”顺利实施，由科技厅承担的“草原英才”工程三个子项目取得新进展，在引进高层次创新创业人才的同时，本土领军人才培养取得重要突破；科技创新平台载体加速升级，通过多年定向扶持，一批重点实验室、工程技术研究中心、农业科技园区、高新技术特色产业化基地、国际科技合作基地、企业孵化器提升到国家级行列。科技投入大幅增长，多元化科技投入体系建设不断完善。2011 年，自治区本级应用技术研究与试验发展经费 2.5 亿元，同比增长 11%；获得国家科技专项经费 3.71 亿元，创历史最高水平。全区 R&D 活动人员总量保持 12.8% 的增长速度，已达到 2.48 万人。科技合作迈出新步伐，自治区党委政府和中科院进行了高层对话，中科院分支机构建设各项基础工作基本完成。专利战略的实施促进了专利数量的提高。2011 年，全区专利申请量 3841 件，同比增长 31.9%，其中发明专利 1267 件，同比增长 35.94%；授权专利 2262 件，同比增长 7.92%，其中发明专利 364 件，同比增长 38.93%。以上成绩充分表明内蒙古自治区自主创新能力有了大幅提高，科技综合水平得到了实质性提升。

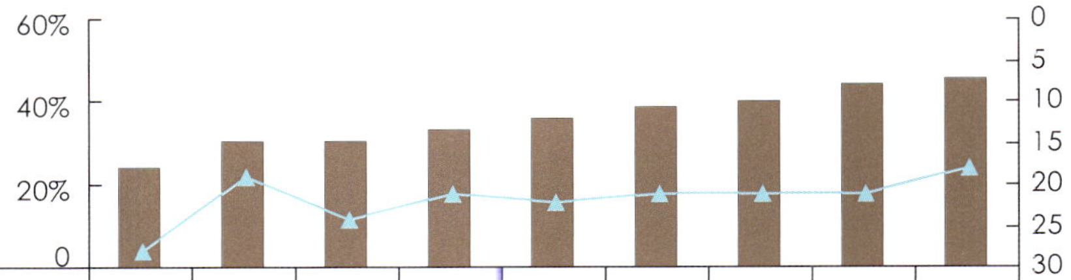

年　份	2003	2004	2005	2006	2007	2008	2009	2010	2011
监测指数（%）	24.3	30.1	30.44	33.2	35.54	38.62	40.34	43.91	45.35
全国位次	28	19	24	21	22	21	21	21	18

图 6-18　内蒙古综合科技进步水平指数在全国位次走势图

二、科技支撑区域经济社会发展

◎ 支撑传统产业转型升级

围绕自治区重点产业调整和振兴实施方案，加大集成创新和引进消化吸收再创新的力度，加强新技术、新工艺、新产品的研究开发，提高产品的科技含量和品牌附加值，开展了一批重大工艺和技术装备的改造和升级，以高新技术提升传统产业竞争力，促进传统产业转型升级和整体素质提高。

近年来，内蒙古自治区传统产业升级取得了一批重大成果。玉米超高产栽培技术达到国内领先水平，创造东北春玉米产区 1343 公斤的最高产纪录；草原绿色肉业发展关键技术研究，初步建立肌抑素打靶基因技术策略；国内首条焦炉煤气制天然气生产线建成投产；自主研制的长距离可伸缩皮带采煤输送机达到世界最高水平；亚洲最大、中国首套年产 10 万吨的二氧化碳捕集与封存项目落户鄂尔多斯；中国投产的首台采用超临界、直接空冷技术的供热机组进入商业运行；克隆技术实现了从单体到群体的突破，成功克隆出国际上规模最大的 12 只转基因绒山羊，克隆出 25 只国内最大规模的转基因绵羊群，克隆出中国首例高产鹿茸马鹿。

◎ 引领战略新兴产业蓬勃发展

根据国务院加快培育和发展战略性新兴产业的总体要求，从内蒙古经济社会快速发展的实际情况出发，自治区科技厅组织编制了《自治区战略性新兴产业科技发展研究报告》和《“十二五”战略性新兴产业创新基地建设规划》，结合《内蒙古自治区关于加快培育和发展战略性新兴产业的意见》，重点在新材料、先进装备制造、生物、新能源、煤炭清洁高效利用、电子信息、节能环保、高技术服务业等八大产业领域，开展相关科研攻关。

两年来，内蒙古自治区新兴产业发展在部分领域取得了一批成果。攻破了利用非粮油脂原料生物柴油、利用纤维类植物生产乙醇和秸秆类生物质湿法生产生物柴油等技术；生产出中国第一台具有完全自主知识产权的稀土永磁兆瓦级风力发电机；在太阳能单晶硅、多晶硅材料清洁高效生产等方面获得突破；形成兆瓦级光伏电站工程化应用技术；建成电动汽车用镍氢动力电池生产线；建立中国第一个无井式气化采煤工业性试验工程；具有自主知识产权的世界首套煤制乙二醇和煤制烯烃生产线建成投产；太阳能光伏发电领域，国内首次应用 280W 大功率组件建设的 5MW 示范电站并网发电；国内首条物理法多晶硅材料生产线开始建设；节能环保领域，“城市生物质垃圾联合厌氧发酵工艺”在国内最早实现系统集成；研制出具有世界先进水平的百米高速钢轨万能轧制生产工艺；开发出具有自主知识产权的热轧带钢后置式“超快速”冷却设备并应用于包钢 CSP 生产线。建立了具有自主知识产权的 2500 株乳酸菌资源库，建成了年产 100 吨益生乳酸菌发酵剂、年产 100 吨益生乳酸菌制剂生产线。

◎ 大力支撑民生社会事业发展

2010 年，启动实施了“干细胞临床应用及产业化”、“中蒙药现代化”、“盐碱地改良建设生物质能源基地”等一系列重大民生项目，开展了干细胞治疗重大疾病技术研究、干细胞临床技术应用中心及内蒙古干细胞储存库建设、抗肝炎新药亥麻素片临床研究以及锁阳、肉苁蓉规范化种植示范基地建设等项目。2011 年，第一个蒙古族的全基因组序列图谱绘制完成，标志着中国的人类学、民族学、人类遗传学及医学健康研究进入基因组水平。“十一五”期间实施的“森林草原碳汇研究”、“荒漠藻综合固沙技术推广示范”、“半干旱区粮食作物综合节水研究与示范”以及“基于生态健康的水资源动态模拟评价与合理调控”等重大民生项目取得了显著的经济社会效应。

◎ 积极开展农牧业科技服务

近年来，三个农牧业产业科技服务体系市场化创新模式得到完善推广；三网合一村委会联盟网平台建设已有良好开端，60% 旗县三网合一村委会联盟网硬件已建成，50 个村的三网合一村委会联盟网实现服务；在草、肉、乳业等 10 个领域建立了产业化服务体系创新平台；在探索创新农村牧区科技服务机制方面，发挥政府引导和市场驱动两个机制的作用，联合其他部门共同推动实现农村牧区科技“零距离服务”，形成了星火科技 12396 农牧业科技服务模式，覆盖了 12 个盟市 101 个旗县，实现了与全国联网，服务功能不断完善。

◎ 纵深推进科技特派员创业服务行动

截至 2011 年底，全区已有 12 个盟市、99 个旗县开展了科技特派员工作，基本达到全区适宜地区的全覆盖。科技特派员人数增加至 5846 名，由科技特派员牵头组建各种形式的农业生产合作组织和专业协会 506 家，会员人数达 60970 人，科技特派员与农民及涉农机构结成利益共同体 745 家，创办农业企业 220 家，形成龙头企业 51 家；在全国首批认定了“马铃薯产业”等 22 个自治区级科技特派员创业链，进一步集聚了创业服务要素资源；创新探索并形成了 6 种服务模式，丰富了科技特派员创业行动的内涵。科技特派员组织化程度不断提高，实现了从单个科技特派员到专业化、法人科特派，从单人单户服务到集团化、企业化运作，从农业领域向工业领域延伸的三大转变。

◎ 组织实施富民强县计划

继续组织实施科技富民强县专项行动计划，集成推广了一批先进适应技术，规划建设了一批科技示范园区和基地，发展壮大了一批龙头企业。在试点地区形成了“一县一产业”的新格局，促进了农业增产增效、农民就业增收，推动了县域经济社会全面协调发展。截至 2011 年底，全区国家级科技富民强县专项行动计划项目实施的试点旗县（市、区）达到 40 个，通过国家绩效考评实施后续奖励项目的旗县 5 个，中央财政累计补助经费达 7460 万元。这对于我区依靠科技建设社会主义新农村新牧区，推进农牧业现代化，加快旗县科技进步起到了极大的推动作用。

三、推进重大科技工程项目

◎ 重大战略部署的调整

内蒙古经济持续平稳快速增长，总量在全国的位次不断上升，人均生产总值步入全国前列。“内蒙古现象”让世人瞩目，但区域间发展不平衡、经济增长方式粗放等问题依然突出。2010 年，自治区党委、政府做出决定，将工作着力点放在加快转变经济发展方式和经济结构调整作为了发展目标上，适时提出“富民强区”战略目标。同年，自治区科技厅启动“十二五”科技发展规划编制工作，2011 年经自治区人民政府批准正式启动实施。在规划编制的同期，自治区党委政府拟在全区组织开展重大科技专项工作，先期在若干领域选择一批重点方向开展攻关，相继批准成立了由巴特尔主席任组长的自治区科技重大专项攻关领导小组，和以中国科学院白春礼院长、清华大学顾秉林校长任首席顾问的自治区科技重大专项顾问委员会、科技重大专项咨询论证委员会。2011 年，国务院颁布了《关于进一步促进内蒙古经济社会又好又快发展的若干意见》（国发［2011］21 号）文件，明确了内蒙古今后在全国的战略定位，即“内蒙古是我国北方重要的生态安全屏障；国家重要的能源基地、新型化工基地、有色金属生产加工基地和绿色农畜产品生产加工基地；我国向北开放的重要桥头堡；团结繁荣文明稳定的民族自治区。”这些重大战略部署，无疑为内蒙古科技事业更好更快地发展指明了方向。

◎ 创新政策的出台落实

为了进一步推动区域创新，优化创新创业环境，自治区科技厅加大了政策研究、制定与落实的力度，在发展高新技术产业、促进科技成果转化、推动创新资源整合、改革科技计划管理体制等方面，出台了十多项政策性文件。开展了科技优惠政策进企业行动，加强了与税务部门的协调，落实企业研发费用 150% 加计扣除的税收激励政策，落实高新技术企业所得税优惠政策，2011 年减免税达 1.51 亿元。加强科技金融合作，开展知识产权质押、科技保险试点等工作，联合自治区财政厅、中国人民银行、内蒙古银监局等 5 家单位共同印发了《推进内蒙古自治区科技金融结合工作的若干意见》，与内蒙古银行签署战略合作协议，在乌海市率先开展了知识产权质押融资试点工作，这些举措着力缓解内蒙古自治区重大科技项目资金短缺和科技型中小企业融资难问题。加快推动制定政府补贴和重大建设工程对资助创新产品招标加分等有效措施，开通知识产权援助服务平台，维护专利权人、创新主体合法权益等，在此基础上健全科技投入政策的统筹协调机制，形成科技投入的稳定增长机制。通过集成计划资源，实施了若干战略、工程，包括科技名牌培育战略、技术标准推进战略、知识产权创造战略，技术创新工程、创新平台升级和创新产业化载体升级等工程，启动了产学研战略联盟和创新型企业试点，这些工程和试点工作的开展，对高校、科研机构、企业等创新主体发挥了较好的引导和示范作用，体现出了政府营造创新大环境的服务定位。

◎ 重大科技工程的组织实施

创新型内蒙古示范工程。从三个层面进一步拓展示范内容：区域层面，包头、呼和浩特市获得国家创新型试点城市，遴选20个旗县开展创新型旗县示范；院校层面，选择1～3所大学、院所开展示范；中介层面，选择2～3个服务类型不同的中介组织开展示范。完善科技名牌评价指标体系，制定了内蒙古科技名牌企业、技术、产品地方标准，培育了一批科技名牌技术、产品和企业，提升了企业科研水平和意识。实施重点产业技术标准研究专项，促进形成全区技术标准体系框架，在特色优势领域实现国际标准研究新突破。

创新平台和产业化载体升级工程。截至2011年底，全区已有高新技术开发区、园区8个，其中国家级1个；各类特色科技产业化基地35个，其中国家级5个；企业孵化器18家，其中国家级4家；组织认定国家高新技术企业132家；认定自治区级企业研发中心96家。认定自治区级工程技术研究中心61家，其中国家级工程技术研究中心2家。启动实施自治区重点实验室提升计划，共认定建设自治区级以上重点实验室65家，其中省部共建重点实验室3家。对大型科学仪器、特种科研攻关设施、种质资源、实验材料、数据资源进行了优化配置，全区重大科技攻关和研发所需的关键装备和设施配备进一步增强。

技术创新工程。推进优势领域产业技术创新战略联盟构建工作，全区目前拥有马铃薯、煤炭地下气化、中蒙药等11家产业技术创新战略联盟。全面推进创新方法培训和推广应用。通过中小企业创新基金和重点新产品计划项目，扶助科技型企业开展创新创业。实施知识产权托管工程，推动科技型企业提升核心竞争力培育一批具有核心技术、自主知识产权以及较强竞争力的知识产权优势企业和产业集群。到2011年底，自治区共有国家级创新型企业4家，国家级创新型试点企业6家。

知识创新推进工程。围绕加快培育和发展战略性新兴产业，自治区科技厅制定实施《内蒙古自治区知识产权创造战略》，加大激励发明专利申请资助力度，进一步提升发明专利的数量和质量，大大激发了社会各界发明创造的主动性和积极性。2011年资助发明专利452项，比去年同期增长102个，增长率为29%。基础研究工作按照“顶层设计、突出重点、均衡发展”的思路，支持优势学科，培养优秀人才和创新团队。2011年，争取国家基础研究计划支持，3个973前期研究专项项目获得国家批准，争取国家自然科学基金项目232项，首次实现了争取经费1亿元的重大突破；安排项目358个，经费投入2000万元。

产学研合作促进工程。一是积极推动国际科技合作和交流。先后与日本、美国、瑞典等国家在稀土材料利用、农牧业、冶金、优良马种培育、新能源等领域开展合作项目 100 余项。二是积极争取国家科技合作项目基地支持。在已建 5 个国际科技合作基地的基础上，启动鄂尔多斯清洁能源国际科技创新园建设。三是与中科院的科技合作逐步走向深入。在合作共建方面，恩格贝生态示范区取得新进展，恩格贝沙漠科学馆已经成功开馆。中国科学院内蒙古草业中心及三个分中心建设工作进展顺利。作为国家级研发机构的中国科学院核科学技术与材料研究院已进入实质性推进阶段。在院盟（市）合作方面，现已有 5 个盟市与中科院建立院盟（市）科技合作关系。四是积极推进国内大院大所的优势科技资源引进。先后与北京师范大学、中国矿业大学、中关村科技园区管委会、中国国机集团等签署了合作协议，组织实施了一批科技合作项目。与北京市科委共同组织实施京蒙科技合作项目取得良好效果。

专栏 6-3 内蒙古稀土产业科技创新能力不断提升

中国稀土探明储量居世界首位，包头地区的稀土储量占全国的 80% 多。近年来，内蒙古以提高稀土资源综合利用水平为目标，以满足企业需求和支持地方经济发展为动力，不断强化科技创新，重点开展稀土资源利用技术相关重大关键问题攻关，并在完善产学研合作机制、加快科技成果转化等方面积累了经验，取得了成效。

包头稀土研究院原是一所部属开发类院所，为了进一步发挥稀土院在自主创新中的作用，2007 年，该院成为包钢集团控股的上市公司稀土高科下属的科研机构，建立了适应市场经济的管理体制与机制的联系与互动体系。该院从稀土湿法冶金、火法冶金、功能材料及应用领域，确定了多条技术路线图，举全力开展应用技术研究。先后建成了“稀土冶金及功能材料国家工程技术研究中心”，打造了“精细系列稀土氧化物”、“特种用途高性能钕铁硼”、“多种规格稀土电热材料”、“特殊尺寸稀土磁致伸缩材料”等创新试验平台，整体提升了稀土行业的产业技术水平。与此同时，这些平台与国家工程研究中心、东北大学、北京科技大学等单位组成了具有各自创新优势并形成优势互补的创新平台体系，不仅为包钢集团，也为全区一批代表性稀土企业提供了技术支撑。

第七章 东北地区科技工作的进展与成就

2010—2011 年，东北地区的科技工作取得了较为明显的进展，各具特色的区域创新体系建设不断推进与完善。辽宁省作为国家老工业基地，坚持以科技创新促进经济社会转型升级发展，不断推进技术创新体系和特色产业基地建设，加快国家技术创新工程试点省建设步伐，以建设创新型辽宁为目标，推动辽宁老工业基地的全面振兴；吉林省以“创新机制、融入市场，创造技术、研发产品，培育产业、做大做强”为基本思路，着力实施创新驱动战略，科技创新在支撑老工业基地振兴和调结构、促增长、保民生方面发挥了积极的作用；黑龙江省深入落实国家科技发展战略，科技工作紧紧围绕建设“八大经济区”、“十大工程”的战略部署，大力推进区域创新体系建设，在调结构、转方式、促发展方面发挥了强有力的支撑作用，有力地促进了黑龙江省经济社会更好更快发展。

第一节 辽宁省

辽宁省深入贯彻落实科学发展观，不断创新科技发展理念，始终坚持以科技引领经济社会发展，以技术创新体系和特色产业基地建设为重点，大力推进国家技术创新工程试点省建设，推进创新型辽宁建设目标和辽宁老工业基地的全面振兴。

一、科技发展总体进展

◎科技创新资源投入持续增长

科技经费投入不断增长。2006—2010 年，辽宁科技投入力度不断加大，地方财政科技拨款逐年增长，连续五年全国排名第七位；地方财政科技拨款占地方财政支出的比重基本维持在 2.2% ～ 2.5%，在全国排在第七至第八位。

表 7-1 辽宁省地方财政科技拨款情况

	2006 年	2007 年	2008 年	2009 年	2010 年
地方财政科技拨款（万元）	345221	386889	490226	574867	689037
在全国位次	7	7	7	7	7
占地方财政支出比重（%）	2.43	2.19	2.28	2.14	2.16
在全国位次	7	8	7	7	8

注：数据来源《2011 年辽宁科技统计数据》。

全省 R&D 经费投入总量及投入强度连续五年增长，2010 年，R&D 经费投入量为 287.47 亿元，R&D/GDP 的比重为 1.56%，分别较上年增长了 23.7% 和 2.0%。

表 7-2 2006—2010 年辽宁省 R&D 经费投入情况

	2006 年	2007 年	2008 年	2009 年	2010 年
R&D 经费投入（万元）	1357857	1653989	1900662	2323687	2874703
在全国位次	7	7	7	7	7
R&D/GDP（%）	1.47	1.50	1.41	1.53	1.56
在全国位次	6	6	7	10	10

注：数据来源《辽宁统计年鉴 2011》。

科技人力资源投入继续增加。辽宁 R&D 活动人员规模不断扩大，2010 年有 R&D 活动人员 12.6 万人，较 2009 年增长了 5.8%；R&D 人员折合全时当量为 8.5 万人，较上年增长了 4.6%。加快技术工人队伍建设，初步建立了以企业为主体、职业院校为基础，学校教育与企业培养紧密结合的高技能人才培养体系，使得全省技术工人队伍发展壮大。目前，全省技术工人队伍总数为 350 万人，其中初级工占 35%，中级工占 42%，高级工占 18%，技师占 4.6%，高级技师占 0.4%。

科技基础条件逐步完善。2010 年，全省省级重点实验室和省级工程实验室分别达到了 270 个、55 个，基本覆盖了全省科学研究的重点学科领域；省级工程技术研究中心的数量增至 392 个，其中国家级工程技术研究中心 11 个，数量居全国第六位。省级以上工程研究中心达到 34 个，其中国家级工程研究中心 12 个，数量在全国名列前茅。

◎ 科技产出水平不断提升

“十一五”期间，辽宁省登记科技成果数量为 4453 项，获得国家科技奖项数居全国前列。其中，2010 年共登记科技成果 887 项，获得省部级及以上政府科技奖励 281 项，较 2009 年均略有增长。

重大关键技术攻关取得突破。在工业领域，2011 年已争取 4 个 IC 装备项目获得国家 IC 装备重大专项经费支持；“3500 吨级大吨位履带起重机”等 30 余个项目将获国家 863 计划、支撑计划经费支持。已攻克 AP1000 屏蔽电动泵壳体制造等重大关键技术 200 余项，研制出世界首台特高压升压变压器（400MVA/1000kV）、国内首支瓦锡兰系列 82T 超大型船用曲轴、国内首个自主知识产权 300 英尺水深自升式钻井平台等重大产品 50 项。在农业领域，玉米、水稻等主要粮油作物丰产高效栽培、设施农业高效安全生产等技术攻关取得新突破，2011 年全省农作物良种覆盖率达到 96.8%，玉米和水稻百亩连片超高产田平均产量分别达到 1017 公斤 / 亩和 837.1 公斤 / 亩，均为历年大面积最高产量水平。在社会发展领域，攻克了器官移植、人体动态识别等一批关键技术，取得了良好的社会效益。

专利产出及论文数量不断增加。2006—2010 年，全省专利申请受理数逐年显著增加，2010 年，专利申请受理量达到 3.4 万件，比 2006 年翻了一番，全国排名第九位。其中，2010 年申请发明专利 9884 项，占总申请受理量的 28.9%，是 2006 年申请发明专利量的 2.26 倍。2010 年，全省专利授权量 1.7 万件，比 2009 年增长 40.1%，有效发明首次突破万件，达到 1.0 万件，每万人发明专利拥有量居全国第七位。2009 年，国际三系统 SCI、CPCI-S 和 EI 收录辽宁省科技论文总数达 11933 篇，居全国第七位，国际科学论文被引用数居全国第四位。

技术合同成交额稳步增长。2006—2010 年，辽宁技术市场合同成交额逐年增长。2010 年，全省技术合同成交 15589 项，成交金额为 130.7 亿元，分别是 2006 年的 1.2 倍、1.6 倍，在全国排名第五位。

◎ 科技创新环境不断完善

企业技术创新的主体地位逐步确立。2010 年，辽宁省 R&D 经费达到了 287.5 亿元，其中 75.4% 来自企业；与全国水平相比，企业所占 R&D 经费比重高出 3.8 个百分点。企业已成为科技投入的主体和研发的主体。

产学研合作不断拓展。建立数控机床、IC 装备、光伏、生物医药等产业的技术创新战略联盟 16 个；新建丹东仪器仪表、辽阳芳烃、抚顺精细化工等技术研究院 10 个和产业集群创业服务中心 7 个；与中国科学院、中国工程院、清华大学、北京航空航天大学、北京理工大学、南开大学、天津大学、上海交通大学、吉林大学、哈尔滨工业大学、西安交通大学等“二院九校”签订省院校战略合作协议；推进辽宁科技大学和辽宁工程技术大学科技园升级为国家大学科技园，辽宁国家大学科技园总数达到 5 个，居全国第四位，构建起有力的产业技术支撑体系。

科技体制改革不断深化。积极、稳妥地推进技术开发型科研机构转制工作，目前共有 159 个技术开发型科研机构基本完成转制任务，省属技术开发型科研机构转制工作已全面完成。积极探索以股份制形式建立技术开发公司等经验，推广了技术入股、研发项目经理制等多种分配形式，极大地调动了科技人员的积极性，增强了企业的创新动力。

二、科技支撑和引领经济社会发展

◎ 特色产业基地成为区域经济持续高速增长的强力引擎

以推动经济发展为目标，以科技创新为手段，与地方政府共同规划建设了本溪生物医药、万家数字技术、抚顺先进能源装备、阜新液压、朝阳新能源电器（超级电容器）、鞍山菱镁新材料、营口渤海科技城、盘锦海洋工程装备制造、抚顺碳纤维、鞍山激光、铁岭换热器等 11 个特色产业基地。以特色基地为载体，积极构建产业群体、研发和孵化、教育培训、技术服务、风险投资等比较完整的产业链，打造新兴产业集群。目前，特色产业基地呈现出强劲的发展态势，为区域经济发展培育了新的增长点。截至 2011 年底，基地已建成投入使用的研发中心、公共技术服务平台和孵化器面积达到 127 万平方米，引进高校、科研院所和科技中介机构 131 家；已签约项目 1660 个，总投资额 3566 亿元，达产后可实现年产值 5655 亿元。

◎ 高新区成为区域经济发展的重要推动力量

充分发挥科技创新对产业升级的支撑和引领作用，致力于以增量带动结构优化，以创新促进产业升级，全面推动高新区又好又快发展。辽宁省相继建有沈阳、大连、鞍山、营口、辽阳 5 个国家级高新区和抚顺、本溪、锦州、阜新、铁岭、葫芦岛 6 个省级高新区和丹东、朝阳、盘锦 3 个省级筹建高新区，已有 80 余家世界 500 强企业在高新区投资。高新区创新、创业基础条件齐备、完善，已经成为各市高新技术产业化的重要区域。全省高新区呈现良好的发展态势，主要经济指标年均增速保持在 20% 左右，有力地促进了全省高新技术产业发展，有力地拉动了全省经济增长和产业结构调整。2011 年，全省规模以上工业企业实现高新技术产品增加值 3923.6 亿元，比中央实施东北振兴战略前的 2003 年翻了 3 番多；占地区生产总值比重达到 17.8%，比 2003 年提高了 11.7 个百分点。2010 年，高技术产业产值达到 11590.5 亿元，比 2002 年增长 6.2 倍；规模以上工业企业新产品产值达到 2747.1 亿元，是 2002 年的 5.5 倍，新产品产值率达到了 7.6%。

◎ 科技特派员农村科技创业促进县域经济发展

辽宁省通过创造性地实施“四位一体”（即科技特派团、特派组、特派员和农业技术员培养工程）的科技特派行动，促使科技走出“象牙塔”，走向田间地头，走进百姓生活。截至 2011 年底，全省所有涉农县（市、区）都开展了科技特派行动，已派出科技特派团 243 个、科技特派组 136 个、农业科技人员 5235 名，培养半年制、非学历的农民技术员 8558 名。4 年来，共有 25562 名科技特派员活跃在农村生产一线，创办农民专业技术合作组织 2256 个，构建起了新型农业技术服务体系，引进新品种 3504 项，推广新技术 2453 项，有力地促进了北票辣椒、绥中果品、阜新花生、岫岩食用菌等“一县一业”、“一乡一品”的发展，新增经济效益 277 亿元，辐射带动百万农民实现致富，有效解决了农业技术“最后一公里”问题。

三、实施科技工程推进区域特色创新体系建设

◎ 实施产学研结合促进工程，提高科技成果转化能力

制定出台《辽宁省进一步促进产学研合作若干意见》。一是深入开展省院校合作，加强沈阳国家大学科技城和大连生态科技创新城建设指导，引进落实一批重大高新技术产业化项目和研发中心项目，辐射带动沈阳经济区和沿海经济带发展。二是大力加强网上技术市场和产学研合作服务网络平台建设，组织各市开展大规模的形式多样的科技成果对接活动；支持锦州建设承接国家科技成果转化的示范基地，丹东建设承接中科院系统成果转化的示范基地，促进中科院化学所纳米印刷等科技成果实现产业化，全省技术合同成交额达到 160 亿元，增长 11%。三是继续推进企业孵化、技术转移、创业投资、科技评估等服务机构建设，发展知识产权、管理咨询、价值评估、专利代理、法律援助等中介组织，构建专业化网络化的科技中介服务体系，制定有利于科技服务业发展的优惠政策。四是加快建立以企业为主体的技术创新体系，发展产业技术创新战略联盟，围绕产业链开展产学研协同创新，在工业、农业和社会发展领域攻克 200 项重大关键技术，开发百万千瓦核组泵等 50 项重大产品，推进高端装备制造、新能源、新材料、生物医药、云产业、激光和生物育种等战略性新兴产业发展。全省规模以上工业企业高新技术产品增加值增长 25% 以上，达到 5000 亿元。继续实施农业种子创新工程，选育高产、优质、多抗的农业新品种，发展生物育种产业。五是实施工业企业科技特派员行动，力争用 4 年时间从省内外高校和科研机构选派千名科技人员担任工业企业科技特派员，辐射带动 5000 家企业发展。六是深入开展科技对外合作，在高新区和特色产业基地建设“国际创新园”等国家级国际科技合作基地，以及对俄罗斯和乌克兰科技合作基地，吸引利用国外科技资源。

◎ 实施高新区创新发展提升工程，增强区域创新能力

辽宁省高新区目前数量不少，但体量小、层次低，作为发展战略性新兴产业的重要载体和高新技术产业先导区，在辽宁新一轮大发展中，高新区必须迈开大步、跨越发展。一是实现总量倍增。

高新区的主要指标增速不低于30%，到“十二五”末，各高新区的生产总值和财政收入总量和占本地区的比重都要实现倍增。二是明确定位。立足区域发展全局，做好产业规划和空间布局。每个高新区都要根据实际选定一到两个特色高新技术产业，引资引智，集聚企业，集群化发展，打造区域新兴支柱产业。三是创新体制机制。拟出台《关于加快高新区发展的若干意见》，鼓励高新区创新管理体制和运行机制。四是大力加强高新区孵化器、公共技术研发和服务平台等创新体系建设，引进科技含量高、带动力强的重大项目和国际知名企业与研发团队，在产学研结合和科技金融上进行创新和试点，走在全省前列。五是建立考核机制，把高新区发展的指标纳入省政府对各市绩效考评的内容，推进高新区发展实现大幅跃升。

◎ 实施特色产业基地提升工程，提升基地科技创新水平

针对各基地发展不同情况实施分类指导，强化科技特色和集群发展。一是围绕增强产业核心竞争力，重点加强研发、检测、孵化器、金融等公共服务平台建设，构建完善的科技创新服务体系。二是围绕拉长产业链条，提高产业丰厚度，加大招商引资引智力度，吸引国内外行业龙头企业和高水平的科研院校、创新团队、创业投资机构入驻。三是狠抓签约项目落地和落地项目投产，尽快形成生产规模。此外，积极推进鞍山激光科技产业园建设、鞍山纳米产业集群和沈阳手机产业集群发展。

◎ 实施科技与金融结合推进工程，提高区域创新资金支撑能力

制定出台《辽宁省促进科技与金融结合工作的实施意见》。一是就创新财政科技投入方式、风险投资、科技担保和股权、期权激励等方面制定支持政策，充分发挥财政资金的杠杆放大效应，引导和带动社会资本参与科技创新。二是在高新区和特色产业基地积极开展科技金融试点。目前，已按照《辽宁省人民政府关于建设沈阳国家大学科技城的实施意见》，在大学科技城推进了引导资金、风投资金、产权激励等工作。下一步计划在营口、本溪开展科技创业风险投资试点，在试点基础上逐步向全省推广。三是在省创新基金的使用上，积极探索贴息、股权投资等方式，增强中小微企业融资能力。2012年重点培育初创期和高成长性科技型中小微企业300家，支持企业上市，发展壮大科技型中小微企业群。

◎ 加强科技基础能力建设，增强科技持续创新能力

一是围绕科技发展需求，重点在高校、科研院所建设一批国内一流的重点实验室和工程技术研究中心；在企业建设一批行业领先的企业研发中心，提高自主创新能力。二是围绕提升科技服务水平，加强科技研发公共服务平台建设，完善科研设施共享机制，提供科学数据共享和大型仪器设备共用等服务，已提请省政府对全省大型科学仪器设备开放共享进行立法。三是围绕高新技

术产业，特别是战略性新兴产业发展需求，建设云计算科技服务平台。今年，重点依托东软集团、大连华信等企业，率先在沈阳、大连开展健康服务云、软件及服务外包云应用示范，打造云创意产业园。同时，推进鞍山聚龙金融云、北方软件知识管理云等建设。四是围绕现代农业发展和新农村建设需求，深入落实中央一号文件精神，加大农业科技创新和农村科技特派工作力度，完善新型农业技术服务体系，推进农业标准化生产，发展区域农业特色主导产业。以东亚种业有限公司为载体，整合省农科院、丹东农科院等优势资源，引进海外研发团队与人才，建设以玉米育种为主的现代生物育种研发中心。

◎ 加强科技创新人才队伍建设，提高区域创新智力支撑能力

坚持人才资源是第一资源。一是围绕全省优势研究领域和院士后备，通过博士科研启动基金和自然科学基金，着重培养一批具有较高原始创新能力的领军人才。二是围绕全省战略性新兴产业发展需要，依托海外学子创业周和省“十百千”人才引进工程，引进一批高端的战略性新兴产业人才和海外高层次创新创业人才和创新团队。三是吸收借鉴中关村股权激励改革试点等先进经验，鼓励企业、科研院所和高校探索试行科技成果入股、科技成果收益分成等激励方式，调动广大科技人员创新创业的积极性。

◎ 加强科技软环境建设，营造科技创新良好氛围

一是加大科技宣传工作力度，营造重视科技、重视人才、鼓励创新的文化环境。二是抓好《全省推进企业科技创新政策落实行动方案》的实施，营造良好的政策环境。三是继续组织开展专题培训和现场办公，帮助基层和企业、科研人员解决科技管理和创新创业过程中遇到的难题，提供优良的服务。四是进一步完善科技评价和奖励制度，要把科研院所、高校为企业和社会服务以及科技成果技术市场的交易情况作为评价奖励的重要内容。在奖励指标上，要向产学研合作和取得显著经济社会效益的成果倾斜。五是实施高新技术企业培育工程，每年培育高新技术企业 300 家以上，到“十二五”末全省高新技术企业突破 2000 家。

此外，继续深化科技计划管理改革，加强与省直有关部门的协同和部省市的协同；建立省市联动、协同、会商机制，继续带领各市、高新区、特色产业基地、大学科技城开展科技招商，争取科技部等国家有关部委支持。通过积极努力，加速将辽宁成为国家重要的技术研发与创新基地，进入创新型省份的前列，实现“辽宁制造”向“辽宁创造”的转变。

第二节 吉林省

吉林省积极应对国际金融危机和科技竞争加剧的严峻形势，以“创新机制、融入市场，创造技术、研发产品，培育产业、做大做强”为基本思路，着力实施创新驱动战略，科技创新在支撑老工业基地振兴和调结构、促增长、保民生方面发挥了积极的作用。

一、科技发展总体进展

◎ 科技投入不断增长

人力资源投入稳步上升。2011 年，吉林省 R&D 人力资源投入达到 4.76 万人年（预测值），与 2006 年相比增幅达 67.1%。R&D 人力资源投入占总人口的比重由 2006 年的 0.10% 上升到 0.17%。

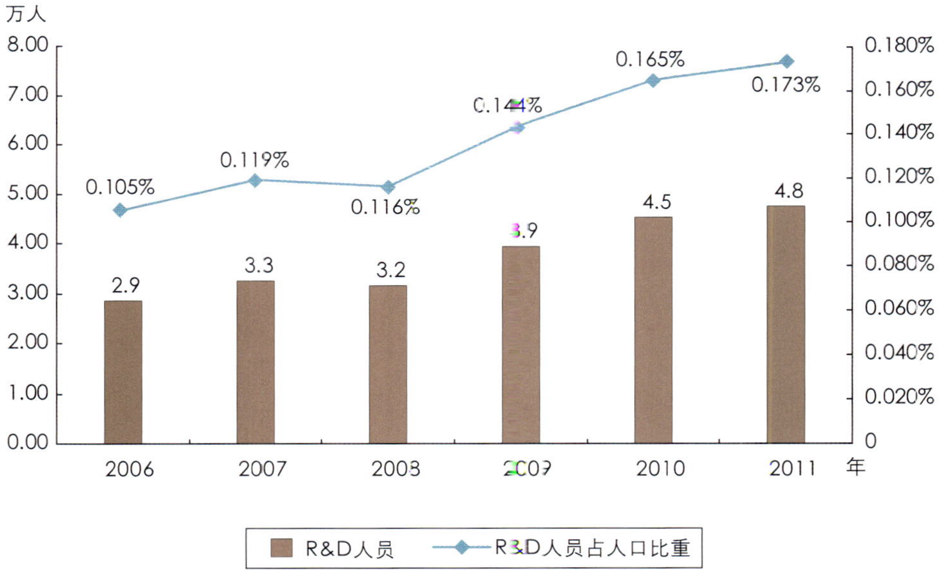

图 7-1 吉林省 2006—2011 年 R&D 人力资源投入比较

财政科技投入达到历史最好水平。2011 年，吉林省财政科技支出达到 21.2 亿元，由 2006 年不足 10 亿元的水平首次突破到 20 亿元以上，有效支撑了全省科技发展。

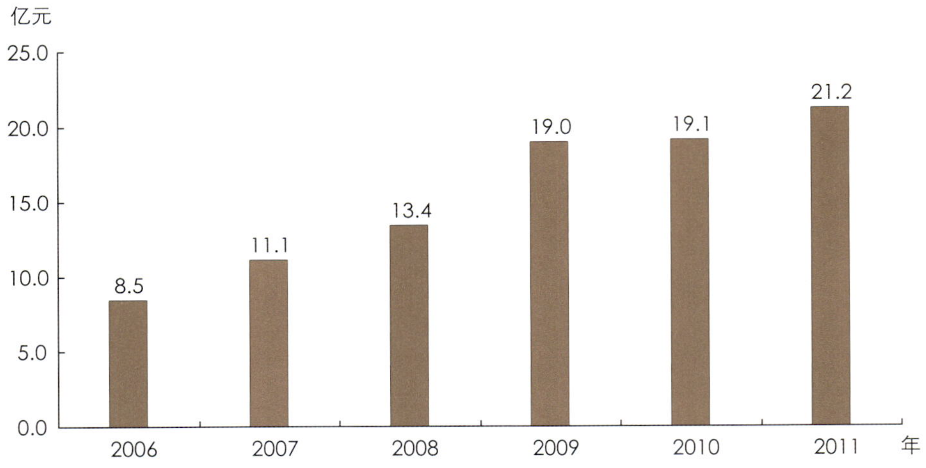

图 7-2　吉林省 2006—2011 年财政科技投入比较

◎科技成果量和质量稳步提升

政府科技项目支撑引领作用进一步增强。2010 年，国家和地方 R&D 项目总数 11219 项，投入 R&D 经费 26.6 亿元。项目数和经费数分别比 2009 年增长了 15.2% 和 44.9%。

表 7-3　吉林省 2009—2010 年 R&D 项目情况比较

	国家科技项目		地方科技项目		其他科技项目	
	项目数（项）	经费数（万元）	项目数（项）	经费数（万元）	项目数（项）	经费数（万元）
2009	4095	141742	5643	41733	5108	461159
2010	5259	208089	5960	57831	5972	353885

科技成果数量、质量稳步提升。2011 年，吉林省科技成果数 500 件，与 2008 年相比增长了 21.1%。获省级及以上科技奖励成果由 2006 年的 126 件增加到 2011 年的 284 件，占登记科技成果总数的比例由 2006 年的 25.6% 上升到 2011 年的 56.8%。2011 年，全省专利申请量由 2006 年的 4578 件增加到 8196 件，专利授权量由 2006 年的 2319 件增加到 4921 件。

◎高新技术快速发展

截至 2011 年底，吉林省高新技术企业共认定 289 户，规模以上高技术制造业实现增加值 285.6 亿元，长春国家级高新区总收入突破 3000 亿元，吉林国家级高新区总收入实现 1250 亿元，延吉国家级高新区总收入实现 135 亿元。

◎科技平台体系逐渐形成

2011 年，发光学及应用实验室获批国家重点实验室，全省国家级重点实验室达到 12 家，省

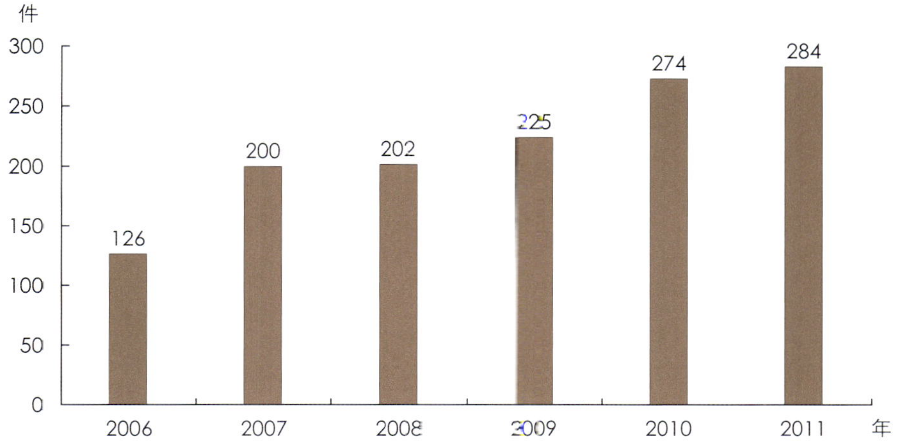

图 7-3　吉林省 2006—2011 年省级及以上科技奖励成果数量比较

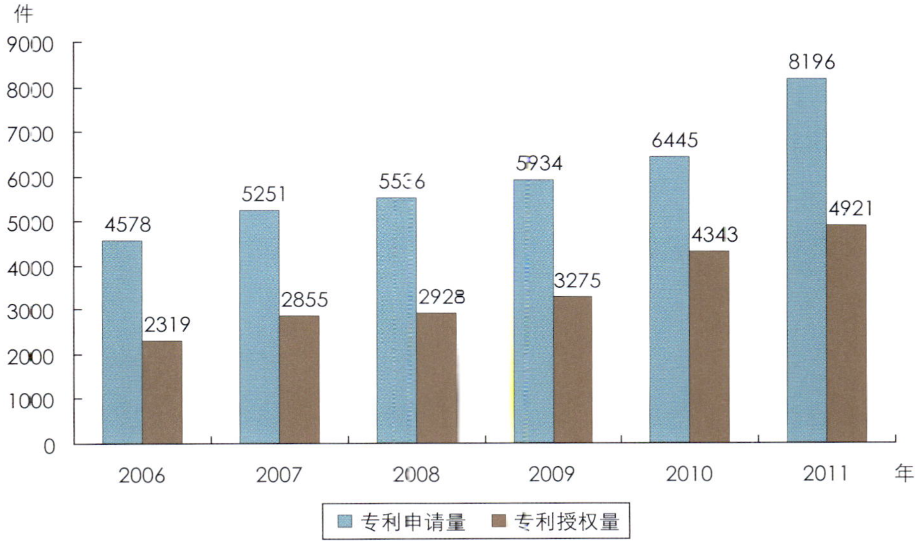

图 7-4　吉林省 2006—2011 年专利申请和授权数量比较

部共建实验室 3 个。珲春国遥博诚科技有限公司院士工作站、辽源四环汽车零部件院士工作站、省农科院现代农业院士工作站 3 个院士工作站获批，全省院士工作站达到 7 户。人参、镁合金、动漫等 3 个产业技术创新战略联盟组建，全省产业技术创新战略联盟达到 5 个。截至 2012 年 5 月末，吉林省共有科技企业孵化器 18 家，其中国家级科技企业孵化器 5 家。已成立市、县、区及行业生产力中心共 36 家，其中国家级示范生产力促进中心 4 家。

二、科技支撑和引领经济社会发展

◎ 加快成果转化，培育新兴产业

培育新兴产业是科技支撑和引领经济社会发展的重要环节。吉林省科技工作着力于加速成果转化，有效促进了新兴产业的培育和发展。2011 年，通过加大科技创新和加快成果转化，生物医药、生物化工、电子信息、新材料、新能源、新能源汽车、先进装备制造等十大战略性新兴产业发展均取得了显著的成绩。吉林省重大科技成果转化项目先后支持过的“百吨级碳纤维及其配套聚丙烯腈原丝”、“车载前装导航信息系统”、“生物基化工醇”、“重组人胰岛素研制”、“350km/h 高速动车组”、“新能源汽车”等项目的投产运营，为新兴产业发展奠定了坚实基础。目前，一汽集团首批新能源轿车下线并投放市场、长春大成集团千吨级秸秆制糖生产线 10 月建成投产、长客公司自主研制的新一代高速动车组担当了 G1 次京沪高铁首发重任、白城市建成全省最大的风电设备配套中心、年产 1.2 亿安时锂离子电池在辽源投产、吉林化纤建成目前国内最大的年产 5000 吨的碳纤维原丝生产线等。吉林省新兴产业发展，得益于科技创新和成果转化工作的大力推进，得益于重大科技成果转化项目和重大科技攻关项目的实施，得益于产业技术创新战略联盟的加快组建和作用发挥。

◎ 加强科技兴农，助力粮食增产

吉林省是国家重要的商品粮基地，也是全国重要的农业科技创新基地之一。2011 年，吉林省粮食总产量 634.2 亿斤，实现了粮食增产百亿斤的目标。科学技术发挥了关键作用，科学耕作技术以及生物防螟、农田灭鼠、测土配方施肥、等离子种子处理、地膜覆盖玉米等重点集成技术的实施，大大推动了粮食作物的增产增收，仅膜下滴灌技术一项就使中西部易旱区 15 个县（市、区）200 万亩土地总增产 5 亿斤左右；长春市推广多功能生物菌肥治理黑土地项目实现粮食增产 8%，测土配方施肥技术预计提高化肥利用率 8%，农机节本增效新技术示范项目增产粮食 1000 万斤以上，创经济效益 1000 万元以上。此外，建设农业生物技术研发园区项目，研发和转化一批具有普遍意义的关键技术，孵化一批现代农业高新技术企业的同时带动一批农业产业化龙头项目，建立病虫害监测数据库和数字监测预警系统等，都有利推动了科技对农业发展的支撑。2012 年以来，松原国家农业科技园区获批、吉林省中玉农业有限公司与中国科学院遗传与发育生物学研究所签署《玉米育种合作研究协议》以及“吉林春玉米粳稻大面积均衡增产技术集成研究与示范”、“藏区菌物多样性调查与珍惜菌物保护剂可持续利用关键技术研究”和“生猪健康养殖模式构建与示范”3 个科研项目获得国家科技支撑计划资助等，将进一步提升全省农业科技创新能力，推动全省农业发展方式转变和农业结构调整，促进全省现代农业发展。

◎ 壮大民生科技，推动发展转型

“让城乡居民生活得更加美好”是吉林省调结构、促增长、保民生的重要目标。“十一五”以来，围绕这一目标，吉林省科技工作在绿色能源、节能减排、全民健康、生态环境、防灾减灾、公共安全等领域进行了重点支持，取得了一系列先进、适用的技术成果，很多科技成果已经成功转化并应用于生产实践，有力的推动和支撑了发展转型。一是新型建筑材料、新型建筑结构体系、建筑节能新技术、农村住宅节能、城镇既有住宅节能改造技术等一大批先进、适用技术成果的成功应用于全省重大民生工程——“暖房子”工程，仅 2010 年和 2011 年全省就完成节能技术改造 4200 多万平方米，每个采暖期可节约标煤 25 万吨，减少 CO_2 排放 60 万吨；二是生物质能、风能等方面研发的新技术与新产品，推动了绿色能源产业的快速发展，如玉米秸秆燃料产业化关键技术与设备的研制开发已实现了燃气—发电—供热联产一体化，产品不仅可作为民用燃气、工业用气、供热用气，而且还可作为车用燃料；沼气发酵技术与装备的研制开发逐步向规模化发展，容积产气率达到 1.15 立方米 / 天，解决了寒冷地区沼气越冬生产的难题。三是节能降耗技术得到有力推广，如中钢集团吉林铁合金公司一分厂 103 号电炉投入试运行的“电炉谐波吸收及功率因数补偿综合装置”，可使日产量提高 10%，电耗下降 2%。四是积极研发推广生态环保技术，在受损生态系统修复、点面源污染防治、资源保护开发、废弃资源处理及利用等领域，研究开发了一批生态治理新技术与环保新产品，加强了二龙山、查干湖、石头口门等全省重点水源地以及长白山天然矿泉水的保护或治理研究，并进行应用示范，促进了经济社会和环境的协调发展。

三、推进区域特色创新体系建设

◎ 大力强化科技计划和科技项目带动作用

进一步完善科技计划管理，增设了科技成果转化促进计划和科技创新人才培育计划。适应科技计划改革和财政预算制度改革的需要，提前启动实施省科技发展计划项目。推进“产业技术自主创新联合行动”，与企业共同出资，着重解决企业在研发、制造等环节的重大关键技术问题。深入实施“双十双百”工程。先后组织实施三批重大科技成果转化项目和重大科技攻关项目。前两批重大科技成果转化项目，带动作用明显，财政投入资金以 1 : 9 的比率带动地方、企业资金投入，22 家企业与有关科研机构、高等院校建立了产学研合作机制，吸引 340 多名科技人员深入到企业开展技术服务，经济效益和社会效益巨大，已获专利授权 82 项、新产品 95 个，实现产品销售收入 70.8 亿元，利润 16.3 亿元，有力地增强了企业技术创新主体地位和科研开发的积极性、主动性。

◎ 积极拓展科技交流与合作

成功召开省与科技部第二次部省会商工作会议、省与中国工程院合作工作会议、省与中国科学院省院科技合作领导小组工作会议。积极争取国家科技资源更多地向全省配置，据不完全统计，仅 2011 年吉林省获批科技部科技计划项目达 340 项，项目资金 7.3 亿元。四平市获批建设国家可持续发展实验区，省生产力促进中心、长春中俄科技园被确认为国家级技术转移示范机构、松原国家农业科技园区获批。进一步加强国际科技交流合作，成功举办第二届东北亚产业技术论坛、2011 年长吉图区域中韩技术转移大会，促进全省与俄罗斯暨独联体国家、美洲国家、西欧国家的科技交流，进一步扩展全省国际科技合作领域。启动建设 20 个省级国际科技合作基地。组织参加北京科博会、亚欧博览会、西部博览会、深圳高交会等科技展会，推介成果。“十一五”以来，共确立 200 多项吉林省科技发展计划国际合作项目，有效拓展了对俄、欧美、日韩等科技发达国家的科技合作，解决了一批制约全省自主创新的瓶颈问题，形成了一批掌握自主知识产权的关键技术。加强对基层科技工作的指导，先后与吉林市、白山市、通化市、白城市、长春市建立了厅市会商制度，加强地方政府与省科技厅的合作互动，共同促进地方科技创新与成果转化工作，推进区域创新体系建设。

◎ 积极推进特色产业和优势产业创新

大力推进农业科技创新。实施国家“粮食丰产科技工程”，取得一批重大科技成果，建立了丰产高效技术模式与体系，并在生产中大面积示范推广应用，增产增收效果显著。组织开展科技特派员农村科技创业行动，已选派科技特派员 3100 多人，向农民提供种养殖实用技术，发放技术资料，现场解决技术难题。培训贫困山区农民技术骨干超过万人，引导当地贫困群众依靠科技实现脱贫致富。大力推进医药健康产业发展。制定了《吉林省医药健康产业发展“十二五”规划》、《科技人参工程实施方案》、《吉林省推进保健食品产业发展行动计划》等，加强长春国家生物技术产业基地和通化医药城建设，启动国家“创新药物孵化（吉林）基地”建设，主办“医药健康产业发展高层论坛”，开展医药产业专题对接，启动科技人参工程科技专项，推进梅花鹿、林蛙、五味子等产业发展，加强对医药产业的扶持和协调，医药产业销售收入和利润大幅增长。2011 年，全省医药产业实现销售产值 1150.31 亿元，同比增长 45%。其中，规模以上医药制造业实现销售产值 819 亿元；中药材产业实现销售产值 241 亿元；医药商业实现销售产值 90.2 亿元。大力支持基层开展特色产业创新，深入开展科技人员服务企业的“双千行动”，科技人员与企业对接 1200 余对，对促进企业技术研发和科技成果转化起到了重要作用。

◎ 着力优化科技创新环境

研究制定《科技成果转化促进计划》、《创新型吉林建设科技行动计划》，构建科技创新大氛围、大环境。加强知识产权创造与保护。开展国企事业单位知识产权试点和示范创建工作，举办各类知识产权专题培训班，建立省知识产权培训基地。开展知识产权优势企业培育工作，提高企业知识产权保护能力。实施中小企业知识产权战略推进工程。开展执法检查，提供咨询服务。推动科学普及工作。成功举办科技活动周，举办了“千镇（乡、街道）万村（社区）科普长春行”、“千镇（乡、街道）万村（社区）科普行”巡演、“畜牧博士、专家科技培训百乡行”等系列活动，深入全省各地开展科学普及宣传活动。成功举办知识产权宣传周、世界知识产权日、中国专利周吉林省分会场启动仪式等系列活动，组织系列宣传、讲座，营造良好的知识产权文化氛围。

第三节
黑龙江省

黑龙江省深入落实国家科技发展战略，科技工作紧紧围绕建设“八大经济区”、“十大工程”的战略部署，积极应对国际金融危机冲击，大力推进科技创新体系建设，在调结构、转方式、促发展方面发挥了强有力的支撑作用，为黑龙江省经济社会更好更快发展做出了切实的贡献。

一、科技发展总体进展

◎ 自主创新能力实现新突破

据《全国科技进步统计监测报告》显示，近年来黑龙江省综合科技进步水平在全国排序中画出一个“微笑曲线”，2008 年起止滑上扬，2010 年和 2011 年两年综合科技进步水平稳定在全国第十二位，一大批创新成果在三峡工程、神舟 7 号、嫦娥 2 号、北京奥运等国家及省重大工程中都发挥了突出的支撑作用。

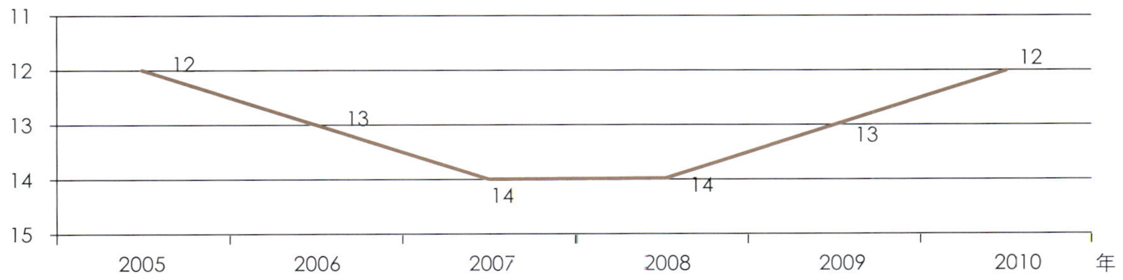

图 7-5　2005—2010 年黑龙江省综合科技进步水平全国排序

2010—2011 年，黑龙江省共获国家科技奖励 35 项。其中，国家技术发明二等奖 6 项；国家科技进步特等奖 1 项，一等奖 3 项，二等奖 25 项。省级科技奖授奖 559 项，其中一等奖 64 项，二等奖 244 项，三等奖 251 项。

表 7-4　2010—2011 年黑龙江省科技项目获奖情况

			2010 年	2011 年	合计	总数
国家级	发明类	一等奖				35
		二等奖	2	4	6	
	进步类	一等奖	1		1	
		二等奖	3		3	
		三等奖	16	9	25	
省级		一等奖	33	31	64	559
		二等奖	125	119	244	
		三等奖	128	123	251	
	其中	自然类	61	67	128	
		发明类	10	9	19	
		进步类	215	197	412	

◎ 科技经费投入持续增长

2011 年，黑龙江省省级科技投入由 2010 年的 4.88 亿元增长到 5.30 亿元，研究与试验发展经费、发展高新技术产业化专项资金、基础研究经费、科学事业费分布更加科学合理。

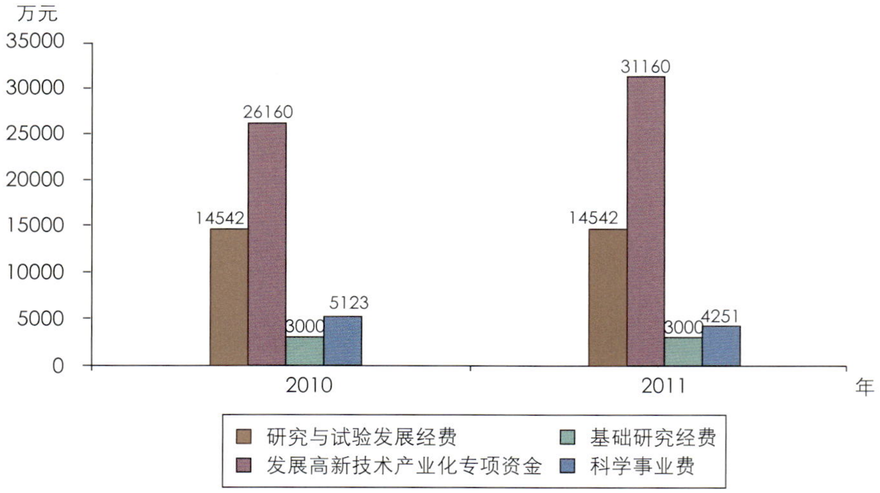

图 7-6　2010—2011 年科技投入统计表

在增加科技经费投入的同时，黑龙江省积极申报国家各类科技计划项目，特别是建立部省会商制度以来，国家科技经费支持为黑龙江省科技进步注入了强劲的科技源动力。2010 年，共争取国家各类科技项目 831 项，争取国家经费 11.77 亿元，实现了争取国家项目和资金的历史性突破。2011 年，项目数和经费数较 2010 年又分别增长了 41.0% 和 6.2%。

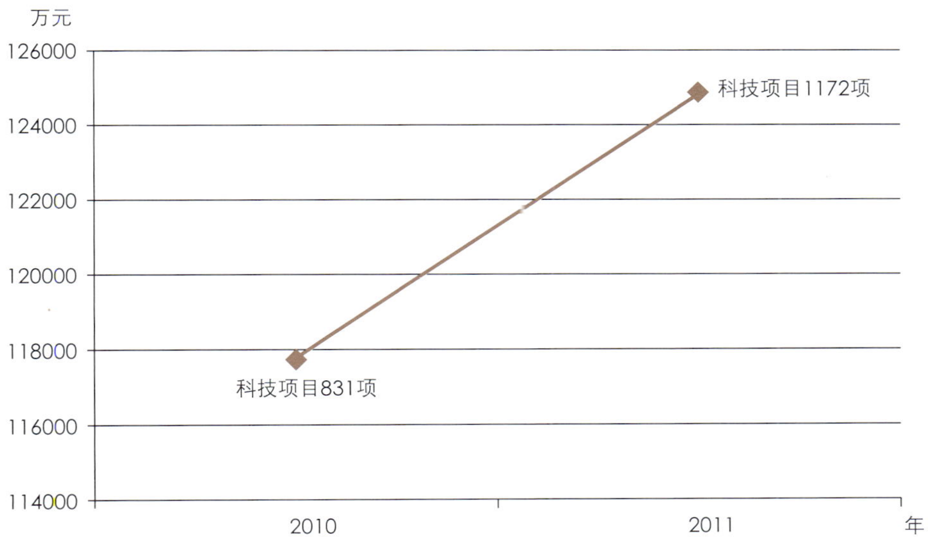

图 7-7　2010—2011 年争取国家科技项目情况

◎ 科技产出规模不断扩大

2011 年，全省共登记科技成果 1376 项，应用类科技成果转化率为 85.14%，同比提高 3 个百分点，连续两年科技成果转化率继续稳定在 80% 以上。认定登记技术合同 1816 项，同比增长 7.39%，技术合同交易额实现 62 亿元，同比增长 16.15%。全省专利申请 23432 件，同比增长 128%，增幅居全国首位。

表 7-5　2010—2011 年全省三大类科技成果构成比例

年份	基础理论成果		应用技术成果		软科学成果		合计
	项目数	占总数（%）	项目数	占总数（%）	项目数	占总数（%）	项目数
2010	252	17.34	1113	76.50	88	6.06	1453
2011	227	16.50	1090	79.22	59	4.28	1376
总计	479	16.93	2203	77.87	147	5.20	2829

◎ 高新技术产业发展迅速

黑龙江省高新技术产业产值由 2010 年的 3941 亿元增长到 2011 年的 5005 亿元，同比增长 27%，占全省规模以上工业总产值的 52%；高新技术产业增加值实现 1254 亿元，同比增长 28%，占全省规模以上工业增加值的 26%。高新技术产业的快速发展，已成为黑龙江省最具活力的新的经济增长点。

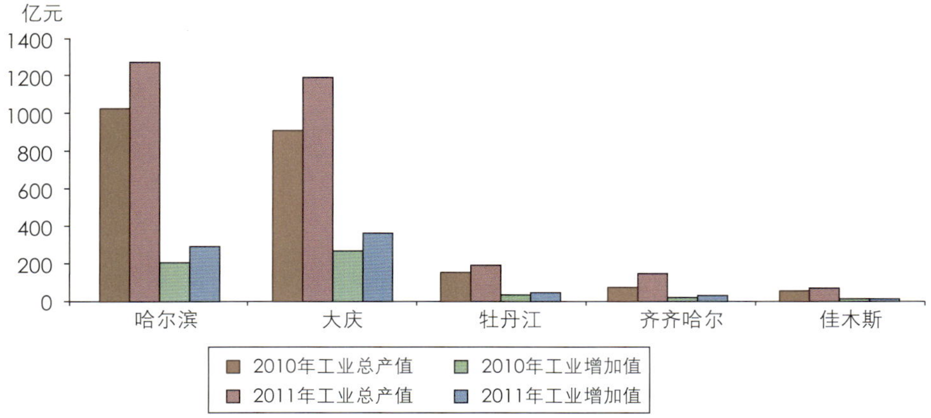

图 7-8　2010—2011 年黑龙江省重点高新区主要经济指标

◎ 企业创新主体地位进一步确立

2010—2011 年，新认定高新技术企业 152 家，认定高新技术产品 393 项，使全省高新技术企业和高新技术产品总数分别达到 494 家和 997 个，企业数量始终居东北三省一区之首。截至 2011 年底，黑龙江省共有创新型及创新型试点企业 155 家，其中创新型企业 53 家（国家级 6 家）、创新型试点企业 102 家（国家级 8 家），创新型培育企业 157 家。2011 年，全省 46 家企业孵化器全年新增孵化科技型企业 360 家，孵化毕业企业 110 家；获国家科技型中小企业技术创新基金立项支持 114 项 7165 万元，立项数和支持金额在东北三省一区上升到第二名；培育专利优势企业 54 家。

◎ 创新创业环境日益优化

近年来，黑龙江省加快推进科技体制机制创新，营造良好的科技创新创业发展环境。一是加快政策制定。制定并完成了《创新省份建设及科技发展“十二五”规划》，确定了七个科技发展优先领域及 100 个科技创新与研发重点方向。颁布了《黑龙江省财政科技专项资金绩效评价实施意见（试行）》，修改完善了《黑龙江省科技计划与项目管理暂行办法（草案）》，完成了《黑龙江省人民政府关于加强高层次人才队伍建设、促进科技成果转化落地的意见（征求意见稿）》。二是深入推进部省会商和厅市共商。2011 年，在全面落实部省会商第一次议定内容的同时，积极准备签署部省会商第二次议题。与七台河、鹤岗签订了厅市共商议定书。三是推进科技与金融相融合。同龙江银行签署了《全面战略合作框架协议》，龙江银行“科技专营支行”和“科技特色支行”正式成立，推出了知识产权质押等金融新产品。四是推进科研院所整合。提出组建 10 个基本能够覆盖重点产业领域行业研究院的规划，形成了《黑龙江省第一批科研事业单位资源整合意见》。

二、支撑和引领经济社会发展

◎ 加快突破产业发展关键技术

黑龙江省围绕十大产业组织谋划科技大项目，推进产业技术创新行动计划。2011 年，省科技厅共组织实施 31 项重大科技项目，政府经费投入 5917 万元，引导企业投入 23.7 亿元，放大 40 倍，起到政府投入“四两拨千斤”的作用。大力推进生物产业发展，牵头推进生物产业 53 个重点项目，开（复）工 51 个，17 个项目列入第一批产业结构调整重大项目，获支持资金 1.66 亿元。通过重大科技项目建设推动战略新兴产业发展，突破了一批关系全省产业发展的关键、共性技术。如一重集团“核电站超大型铸锻件关键技术开发”项目的研制成功，打破国外对中国的技术封锁，为黑龙江省核电装备产业发展奠定了重要基础。“高性能聚丙烯腈碳纤维原丝的聚合工艺研究”推进了中国高性能碳纤维材料技术进步。“高寒地区沼气生产工业化试验”为农村新型清洁能源提供了示范。

专栏 7-1 “高性能聚丙烯腈碳纤维原丝的聚合工艺研究”项目

该项目由哈尔滨天顺化工科技开发有限公司承担，项目的实施将结束中国不能生产高性能碳纤维材料的历史，对满足国防和民用需要，带动与碳纤维相关产业发展意义重大。项目在多个方面取得创新突破，对原丝实施改性，碳化过程缓慢稳定，可大大减少碳化过程中纤维缺陷问题的产生，尤其实现了较低聚合温度，为目前国内该行业的最低温度，创新的同时达到了节能减排和环保要求。项目自主设计建成了年产 20 吨高性能聚丙烯腈碳纤维原丝的中试生产线并完成中试生产调试工作，该生产线可稳定生产合格高性能碳纤维原丝，且具有完全独立的自主知识产权。

◎ 促进科技优势转化为产业优势

2011 年，黑龙江省围绕科技成果转化行动计划，启动并实施了“科技成果转化落地专项行动”，开展科技“双走进、双发布”活动，共开展 233 场成果对接活动，促成企业和高校、院所签署 351 项科技成果转化合同及合作协议，签约金额实现 31.9 亿元。七台河、鸡西、鹤岗等市地主要领导亲自组织企业到省内高校、院所求合作、找成果、寻技术，签署产学研战略合作协议。哈尔滨工业大学、东北林业大学、东北农业大学、省农科院、省林科院等省内高校、院所纷纷组织成果，主动进入园区、进入产业、进入企业推介转化。

➲专栏 7-2 科技成果转化落地专项行动取得明显实效

哈尔滨工业大学推出的 5 个重点项目和哈尔滨兽医研究所 7 个研发项目实现在省内落地。大庆市将哈尔滨医科大学杨宝峰院士“蚓激酶冻干粉针”等 15 个成果落地转化，引入香港长和“日处理鲜奶 500 吨奶粉加工”等 17 个项目。牡丹江市引进 6 个硅材料产业成果在特色产业基地落地转化，产业链正在形成。肇东绿色食品工业园与东北农业大学签署了“冷却肉气调包装和抗菌涂膜保鲜技术”等 4 项科技合作协议。

◎ 营造高新技术产业发展良好环境

围绕科技园区提档升级行动计划的实施，落实《2011 年高新科技产业集中开发区推进方案》，加快推进“一带两区四园”建设。2011 年，哈大齐高新技术产业带高新技术产业产值占全省的 87%，哈尔滨、大庆、齐齐哈尔三个国家级高新区实现生产总值 858.5 亿元，占全省 GDP 的 6.9%。哈尔滨高新区和大庆高新区分别成为全国首批科技服务体系建设试点和创新型产业集群建设试点，每年将获得国家火炬计划 2000 万元支持。齐齐哈尔国家级高新区成功揭牌。哈尔滨高新区以科技创新城建设为重点，创新园入驻 139 个研发项目，产业园入驻 48 个产业项目。大庆高新区加快新兴产业城建设，90 个千万元以上项目完成投资 281.8 亿元，其中，亿元以上项目 60 个。齐齐哈尔高新区重新调整规划布局，推进一重集团研发中心建设，促进战略性新兴产业集群发展。牡丹江高新区光伏产业园千亿级光伏产业集群项目已经启动，佳木斯高新区农机产业园初见雏形。哈尔滨工业大学、哈尔滨工程大学、哈尔滨理工大学、东北石油大学等 4 家国家级大学科技园孵化面积达 6.46 万平方米，新增东北农大省级大学科技园。哈尔滨新媒体产业化基地被认定为“哈尔滨国家现代服务业新媒体产业化基地”。全省高新技术产业化基地达到 20 家，实现工业总产值 1797 亿元。

◎ 全面推进引进消化吸收再创新

2010—2011 年，围绕实施对外科技合作行动计划，分别与加拿大阿尔伯塔省签署科技合作备忘录，与中国科学院、中国工程院签署科技合作协议。通过举办全省重点园区科技招商引企现场推进会，指导全省重点园区共完成科技招商引企项目 31 项，投资 515.6 亿元。引进国外先进技术 25 项，其中 8 个项目列入中外政府间科技合作项目。两年共有 38 个项目列入科技部国际科技合作计划，争取资金 2.09 亿元。组织 100 多家科研机构和企业与德国、美国、加拿大、日本等国外科研机构开展对接，引进海外高层次人才 65 人次。与俄罗斯科学院西伯利亚分院签署关于推进“联合研究院”建设议定书，积极推进“中俄联合研究院”建设，跟踪省中医研究院、省微生物研究所与俄方达成合作意向的 4 个项目。

◎ 科技惠民取得明显成效

2011 年，围绕民生科技工程行动计划，启动实施了一批科技项目。一是实施民生科技项目。

启动国家科技支撑计划“东北严寒地区建筑节能关键技术研究与示范”项目；在民生领域实施了“餐厨垃圾处理技术的研究”等13项科技攻关计划项目；争取到2个联合国开发计划署UNDP项目。二是实施科技富民强县项目。新支持五常等19个县市实施国家和省级科技富民强县项目。支持哈尔滨农垦分局蔬菜产业科技成果示范基地建设、建三江国家农业科技园区北方粳稻产业科技成果集成示范和林甸县马铃薯产业科技服务能力建设。三是开展科技服务新农村建设。派出专家200余人次开展新农村帮建和科技扶贫工作，为拜泉县、依安县落实帮建资金300万元，帮扶利民村将人均纯收入由2010年不足1300元提升到3900元。

三、推进“八大经济区”特色创新体系建设

◎ 科技“5381”工作引领创新发展

黑龙江省委提出建设“八大经济区”和实施“十大工程”发展战略，并将“高新科技产业集中开发区”和“科教人才强省富省工程”交由省科技厅牵头推进，把科技工作推向了经济建设的“主战场”。2010年，黑龙江省科技厅围绕省委、省政府中心工作，科学站位、战略思考、超前谋划、开拓创新，提出龙江科技“5381”工作思路，全省科技工作“围绕中心、服务发展”的格局基本形成，积极推动全省经济发展步入“内生增长”与“创新驱动”的双重轨道，加快形成以创新增强产业竞争力，以创新推动龙江经济大发展的良好氛围，切实提升知识、技术转移和规模化生产能力，在引领和支撑经济发展方式转变的实践中做出突出贡献。

专栏7-3 科技“5381”工作思路

为破解科技与经济发展两层皮的难题，引导科技要素向企业集聚，加快科技创新成果转化，调动各类科技资源全面服务于黑龙江省经济建设和社会发展，黑龙江省科技厅创新科技工作理念，提出科技“5381”工作思路，即“五大方略”、“三个转变”、“八大科技行动计划”和“一个突破”。

五大方略：建立大机制、谋划大项目、构建大平台、培育大团队、支撑大产业。

三个转变：围绕重点产业、新兴产业发展，科技立项要集中有限资源变“巴掌”为“拳头”，实现从支持专家向支持团队、从支持企业向支持产业、从支持项目向支持方向的三个转变。

技术创新八大行动计划：产业技术创新行动计划、技术创新服务平台建设行动计划、科技成果转化行动计划、科技园区提档升级行动计划、产业技术创新战略联盟行动计划、创新型企业建设行动计划、民生科技工程行动计划、对外科技合作行动计划。

一个突破：强力推进高新科技产业集中开发区建设，提升自主创新、支撑产业、服务社会的三大能力，以局部突破带动整体实力的跃升。

◎战略选择加速创新体系建设实现重点突破

为从根本上加强科技创新能力，从源头上增强服务社会能力，从内涵上提高支撑产业能力，黑龙江省科技厅将2010年确定为“科技创新平台建设年”。哈尔滨市强化了技术研发、科技资源信息共享、科技企业孵化、技术转移服务和科技投融资五大创新服务平台建设，为企业自主创新提供优质高效服务；牡丹江市在短时间内完成“公共科技资源共享综合服务平台”建设；七台河市完善科技信息服务平台建设；佳木斯市征集总价值3788万元的大型仪器设备66台（套），分别实现与省科技创新创业共享服务平台的对接和开放共享。

2011年，是黑龙江省“科技园区建设年”，“一带两区”加快建设。国家级高新技术产业开发带战略布局提前完成，成为全省高新技术产业的核心区，实现高新技术产值4361亿元，高新技术产业增加值1092亿元，均占全省的87%；国家与省5个高新区实现生产总值990亿元，占全省GDP的7.9%。全省44%的高新技术企业、58%的创新型企业、89%的高新技术产品来自科技园区，为黑龙江省经济社会发展、产业结构调整、创新体系建设提供了新生力量。

◎科技创新平台创新能力明显提升

按照政府引导、企业参与、市场运作的模式，黑龙江省将现有科技平台资源进行整合，打造哈尔滨科技创新城的核心工程和示范工程——新兴产业技术创新服务平台，平台集新兴产业研发、科技资源共享、科技成果转化、国际交流合作、科技项目孵化、科技企业金融、知识产权交易以及技术创新联盟服务平台等八类子平台为一体，规划总建筑面积达10.4万平方米，预计投资7.9亿元。

产业技术创新服务平台：整合科技资源，在2010—2011年打造了高性能纤维及其先进复合材料技术、大型农机配套装备产业、牡丹江生物技术药物、石墨深加工技术创新服务平台等32个面向重点产业振兴和战略性新兴产业培育的技术创新服务平台，大力提升产业的核心竞争力。

科技资源共享服务平台：科技资源共享平台自2009创办以来到2011年底，已加盟服务单位488家，入网大型仪器设备达2105台（套），仪器原值总计约16.6亿元，占全省可整合共享设备的80%左右，完成仪器服务11768次，平台门户网站访问量已达73万余次、科技114完成呼入呼出服务3.6次。2011年，搭建了由13家地市子平台加盟的地方科技资源共享协同网络，完成了由23家有检测职能机构加盟的行业检测系统建设。

科技成果转化服务平台：以省科技成果转化中心被国家科技部确立为首批国家创新驿站试点为契机，完成了省科技成果转化网升级改版，创办了科技成果展示交易市场，首次实现了专利技术和适用成果公开拍卖。新版东北技术转移联盟网验收完成并投入试用，大庆成果转化中心成为国家级技术转移示范机构，首批认定省科学院微生物研究所等 6 家省级技术转移示范机构。

➲专栏 7-4　“芩百清肺浓缩丸”项目

由黑龙江中医研究院中药多途径给药创新服务平台成功转让的“芩百清肺浓缩丸”项目是具有市场前景好、科技含量高的中药创新品种。项目采取双向选择，最优合作的方式，最终与哈尔滨天合力制药股份有限公司建立了合作关系。该药目前已完成新药申报的各期临床观察研究，即将获得新药证书和生产批件。项目于 2010 年获得黑龙江省科技进步一等奖。

◎ 产业技术创新战略联盟加强产学研紧密结合

2011 年，黑龙江省新组建了水稻、冷水鱼、食用菌和石墨 4 个产业技术创新战略联盟，125 所高校、科研院所和企业新增为成员单位，签订了 73 个科技开发协议，实现协议金额 1.2 亿元。全省产业技术创新战略联盟由 14 个发展到 18 个，其中国家级联盟达到 4 个。联盟紧紧围绕制约黑龙江省产业发展的关键与共性技术难题，组织实施各类科技项目 92 项，获资金支持 4.27 亿元。其中动力装备、铝镁合金新材料、半导体照明等 8 个高新技术领域联盟，开展技术攻关 129 项，申请专利 212 项。黑龙江水产所牵头组建的国家级冷水鱼产业技术创新战略联盟，集纳了全国 57 家产学研优势单位加盟，针对中国冷水性鱼产业现状，组织谋划并承担了“黑龙江等流域冷水鱼健康养殖关键技术集成与示范”国家科技支撑计划项目，示范带动黑龙江省冷水鱼产业快速发展壮大。

表 7-6　2010—2011 年黑龙江省新建产业技术创新战略联盟统计

所属领域	联盟名称	建成年份
新材料	先进复合材料产业技术创新联盟	2010
	石墨产业技术创新战略联盟	2011
装备制造	黑龙江省高纬度地区电动汽车产业技术创新战略联盟	2010
农业	马铃薯产业技术创新战略联盟（国家级）	2010
	农机产业技术创新战略联盟	2010
	黑龙江省水稻产业技术创新联盟	2011
	冷水性鱼类产业技术创新战略联盟	2011
	黑龙江省食用菌产业技术创新战略联盟	2011
环保	环保产业技术创新战略联盟	2010

◎ 人才队伍建设取得新进展

2010—2011 年，通过各类科技计划项目支持，共培育 973 计划首席科学家 2 人、长江学者奖励计划特聘教授 3 人、国家杰出青年科学基金获得者 2 人、新世纪优秀人才 73 人、教育部创新团队 5 个、国家创新研究群体 4 个。1 人当选中国工程院院士，“两院”院士已达 40 人，居全国第五位。

中国科学技术发展报告（区域专题报告2012）
CHINA SCIENCE AND TECHNOLOGY DEVELOPMENT REPORT(REGIONAL REPORT 2012)

第八章

华东地区科技工作的进展与成就

华东地区是中国发展最活跃、综合实力最强的区域之一，在社会主义现代化建设中具有重要的战略地位和带动作用。在“十二五”开局之年，华东各省围绕建设创新型国家的战略目标，组织实施各省“十二五”科技发展，加快各具特色的创新型省份建设，各省市自主创新和科技发展水平取得明显提升。

上海市围绕“创新驱动、转型发展”的战略需求，以提升科技创新效率、加快创新价值实现为主线，抢占科技制高点、培育经济增长点、服务民生关注点，加快推进科技创新和创新体系建设；江苏省高度重视科技进步与创新在经济社会发展中的作用，确立了科教与人才强省、创新驱动为经济社会发展的基础战略和核心战略，做出实施科技创新工程的重要部署；浙江省围绕转型升级、改善民生、“三大战略”、“四大建设”等中心工作，推进国家技术创新工程试点省工作，构建以企业为主体、政府引导和市场配置资源相结合的区域创新体系；安徽省围绕全面转型、加速崛起、兴皖富民主线，以合芜蚌自主创新综合试验区和国家技术创新试点省为主抓手，发挥科技进步与自主创新在加快经济结构调整、发展方式转变方面的支撑引领作用；福建省提出并实践“突出一个重点、把握五个坚持、实现五个主要、促进两个落地”的工作思路，探索以企业为主体、科技与经济紧密结合的科技改革创新;江西省坚持“自主创新、重点跨越、支撑发展、引领未来”的方针，围绕中部崛起、全省经济社会发展大局和鄱阳湖生态经济区建设，推进科技创新“六个一”工程深入实施；山东省以转变经济发展方式为主线，深入实施“蓝黄”两大战略，把科技创新平台建设作为科技发展的战略重点，积极争取承担国家重点项目，不断完善区域特色创新体系建设。

第一节 上海市

近年来，上海按照建设创新型国家的总体要求，围绕“创新驱动、转型发展”的战略需求，以提升科技创新效率、加快创新价值实现为主线，着眼于抢占科技制高点、培育经济增长点、服务民生关注点，加快推进科技创新和创新体系建设，为建设更具活力的创新型城市注入新动力。

一、科技发展总体进展

◎ 科技投入稳定增长

全社会全年用于研究与试验发展（R&D）经费支出大幅增长，2011年达到597.7亿元，较2010年（481.7亿元）增长24.1%，占全市生产总值约3.1%。其中，来自企业的研发投入达到415.83亿元，占全市R&D经费支出总量的比重达到69.6%。

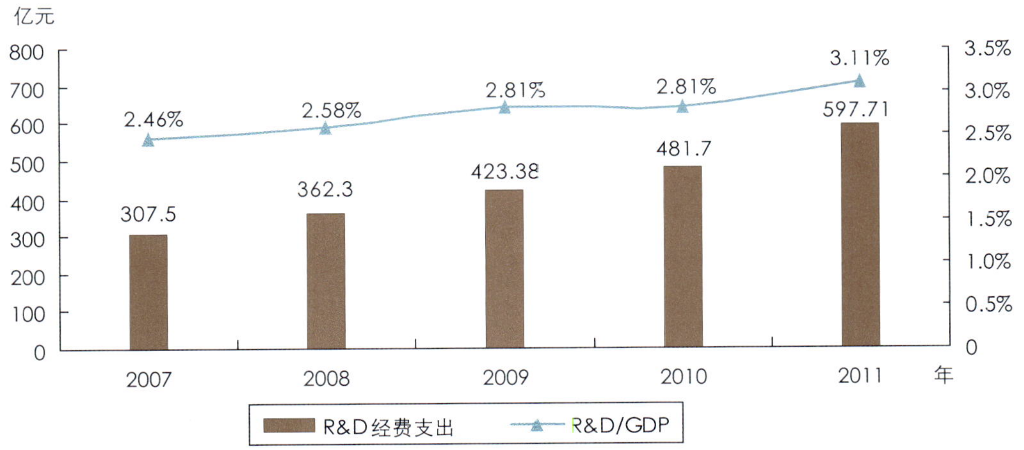

图 8-1 2006—2011 年上海全社会 R&D 经费投入情况

◎ 高端创新资源集聚

66所普通高校、340余家跨国公司在沪设立研发机构，1家国家实验室、41家国家重点实验室、38家部委开放实验室、17家国家工程技术研究中心汇聚上海。在沪两院院士达到166人，225人入选国家“千人计划”，形成了结构合理、层次衔接的研发基地和创新人才布局体系。

◎ 科技创新能力增强

2011 年，全市发明专利申请量达到 32142 件，发明专利授权量为 9160 件，分别同比增长 22.8% 和 33.4%。全市有 56 项（人）获得 2011 年度国家科技奖励，占国家授奖总数的比重连续 10 年保持两位数。涌现出了“注射用重组人尿激酶原”、光刻机、刻蚀机、百米级第二代高温超导带材、3000 米深水半潜式钻井平台等一批重大科技成果。

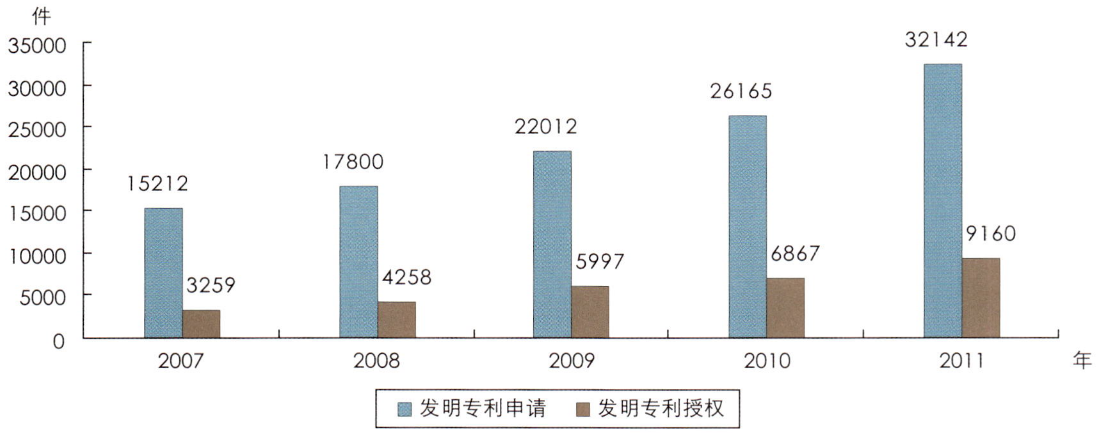

图 8-2 上海发明专利申请量和授权量

◎ 科技成果加快转化

2011 年，全市战略性新兴产业总产出 10194.85 亿元，比上年增长 12.2%（按现价计算）。高新技术产品出口 933.63 亿美元，比上年增长 11%。新认定高新技术成果转化项目 616 项，其中电子信息、生物医药、新材料等重点领域项目占 87.8%。累计认定高新技术企业 3589 家、技术先进型服务企业 255 家。

◎ 创新创业服务体系日益完善

以张江国家自主创新示范区建设为契机，上海科技金融结合日益紧密，科技金融服务初显轮廓；研发公共服务平台各项功能逐步健全，研发与转化服务功能基本建立；创新政策体系日益完善，政策支持的效应已经初步显现；“大科技”管理格局正在形成，协同创新的机制有了良好的开端。

二、科技支撑区域经济社会发展

上海坚持把支撑引领经济社会发展作为转型发展的主攻方向，将产业创新与服务创新、科技惠民结合起来，将培育升级与改造淘汰结合起来，加快形成创新经济为主的产业结构。

◎ 创新驱动产业转型升级

加快高新技术产业化。围绕新能源、高端装备制造、生物医药、新一代信息技术、新材料等高新技术产业化重点领域，通过前瞻布局，攻克了一批产业核心技术和共性技术，并转化为具有竞争力的新产品。如在新能源领域，2 兆瓦陆上风电机组实现产业化，3.6 兆瓦海上风电机组获得首个订单，钠硫电池储能技术完成单体电池研发和应用示范，进入规模化生产准备阶段。在高端装备制造领域，16500 吨油压机研制成功，7500 吨全回转浮吊等海洋工程装备逐渐形成系列化和规模化。在生物医药产业方面，上海逐步加速从传统的低端原料药、低端化学药向高端原料药、生物制药及中高端医疗器械领域转型，2011 年实现经济总量 1775.72 亿元，同比增长 19.29%。

加快培育战略性新兴产业。围绕培育和发展战略性新兴产业，市政府依托市科委组建新兴产业科技创新推进工作小组，进一步做好国家战略任务的承接实施，强化产业技术创新的前瞻部署和研发攻关。2011 年，上海市战略性新兴产业总产出 10194.9 亿元，比上年增长 12.2%，其中制造业部分工业总产值达到 7850 亿元，增加 11.5%，高于规模以上工业增速 2.3 个百分点；服务业部分营收收入 2344.5 亿元，增长 14.8%。新能源、民用航空、先进重大装备、新材料等战略性新兴产业加快培育，极大规模集成电路制造装备、新一代宽带无线移动通讯网等一批重大专项成果实现产业化。

专栏 8-1 光刻机关键技术和产品研发

高端投影光刻机是集成电路装备中技术难度最高、价格最昂贵的关键设备。“十五”以来，为自主研制光刻机，科技部和上海市政府共同推动组建上海微电子装备有限公司，主要从事用于集成电路芯片制造等领域的投影光刻机系列产品的研发、制造及销售。经过十余年的不懈努力，上海微电子装备有限公司已经形成了“技术高端切入，逼近世界水平；市场中端介入，形成产业规模；拓展应用领域，伴随客户成长”的良好局面，成为世界上继欧洲和日本 3 家光刻机公司之后的第 4 家掌握高端光刻机的系统设计与系统集成技术的公司。

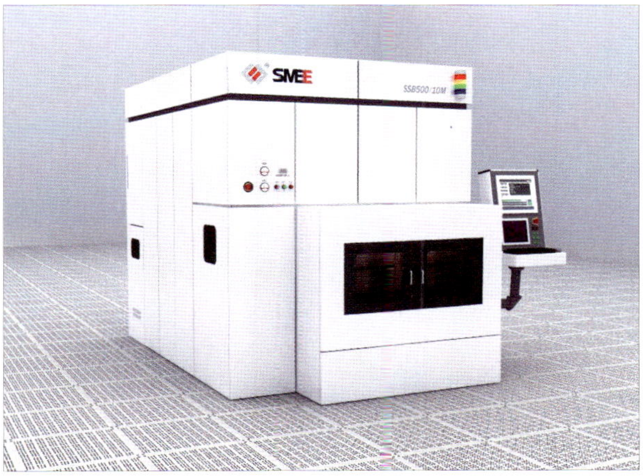

图 8-3 上海微电子装备有限公司研制的高端投影光刻机

加快传统制造业改造升级。通过加大技术改造创新、信息化与工业化融合、重塑品牌等多种途径，传统产业能级得到提升。如宝钢集团汽车板保持 50% 以上市场占有率；外高桥造船公司采用数字化手段设计和造船，2010 年造船完工量占全国 10% 以上；海立集团通过技术引进消化吸收再创新，空调压缩机产销量连续多年位居全国第一、世界第三。

◎ 现代服务业新业态不断涌现

为培育现代服务业新业态，上海在“衣食住行”各个方面打造数字生活的服务模式，涌现出一批新兴服务品牌和新业态企业。例如，“衣”：逸尚信息依托互联网技术为服饰类企业提供流行资讯的信息服务（B2B），成为中国最大的服饰设计资讯平台，服务 60 万用户，涵盖国内 80% 的服装品牌，70% 的鞋帽品牌和 90% 的箱包手袋品牌。“食”：订餐小秘书以呼叫中心结合互联网的模式向 200 万会员提供“免费的餐厅和美食介绍及订位”服务，目前已与上海、北京等超过 4000 家餐厅建立了合作关系。“住”：筑京现代自主研发“中国建筑工程选材库”、“企业智库”、“电子展厅”等数据库产品，建立了 25 大类超过 870 个细分行业的建筑材料和设备供应商业绩、产品、解决方案等知识平台，为企业提供专业的信息支持，推动了建筑材料和设备供应商企业的信息化水平。“行”：一嗨租车运用先进订车管理 ERP 系统，配合精确的 GPS 系统，以及后台账单处理系统，率先在业界提出“公共交通 + 租车”的低碳出行方式。目前，一嗨租车成为中国首家实现全程电子商务化管理的连锁租车服务提供商，在全国近 50 个城市开设了近 300 个服务网点，服务范围覆盖全国。

◎ 推进科技惠民

取得一批民生科技成果。加快发展民生科技，加强生命健康、食品安全、城市建设管理、防灾减灾等方面的研发布局和成果应用，为社会民生持续发展提供技术支撑。例如，在资源环境方面，为青草沙水源地原水工程建设和生态环境安全提供技术支撑，确保了水源地 2010 年实现优质安全供水。在城市安全方面，围绕地下空间开发需求，编制盾构隧道下层空间防火分隔等指南并形成工程示范。在绿色建筑方面，开展了包括新建、既有建筑改造、生态建筑集成应用等多专业领域科技研发工作，大步提升了本市绿色建筑科技水平。“大型居住社区江桥基地”为全国第一个绿色建筑保障房，为规模化推进实践奠定了基础。人口健康方面，重点支持了心脑血管疾病、恶性肿瘤、内分泌营养代谢性疾病等重大疾病的早期诊断与规范化治疗研究，取得了阶段性进展，带动了医疗科研水平的提升。其中通过早期诊断和综合干预措施，使社区血糖控制达标率提高了 10%；开展食品安全快速检测技术研发和食品安全监管信息网络建设，推进上海乃至全国食品安全生产的标准化，食品安全监管的信息化，食品安全检验监测技术的国产化。

专栏 8-2　青草沙水库建设科技支撑

青草沙水库是上海“十一五”的重大工程。1987 年，上海组织实施“长江—上海城市供水第二水源规划方案研究”，拉开了研究开发利用长江口饮用水水源的序幕。2011 年 6 月，青草沙水源地原水工程全面建成通水。其水质要求达到国家Ⅱ类标准，供水规模逾 719 万 m^3/d，占全市原水供应总规模的 50% 以上，受水水厂 16 座，受益人口超过 1100 万人。工程的建成和投入运行，改写了上海饮用水主要依靠黄浦江水源的历史，从根本上改变了上海城市原水的供应格局。

图 8-4　青草沙水库

实施一批重大民生科技示范工程。例如，围绕崇明生态岛建设，在“部市合作”框架下，聚焦自然生态、产业生态和人居生态等三大领域，先后布局了 70 多个项目，财政投入 2.6 亿元，带动社会投入 7.2 亿元，全面推进崇明生态岛科技支撑工作，并研究制定了崇明生态岛建设规划，构建了《崇明生态岛建设指标体系》，以村带镇、以镇促岛，点、线、面结合的科技集成与示范引领效果逐步显现，为崇明生态岛建设以实现“低碳、国际、生态”的世界级生态岛的目标提供科技支撑。医联工程初具规模，全市 34 家三级医院实现网络化互联互通，医联健康卡、门诊诊疗信息、出院小结等临床信息都可以实现因需共享；医生在诊疗过程中，同类用药和检验检查信息都能进行跨院的智能提醒，每月平均跨院诊疗信息调阅查询次数为 2.5 万余次，每月通过医联外网查询检验报告有约 5500 人次。

三、提高科技创新效率、加快创新价值实现

部署实施“十二五”科技发展规划，全面建设张江自主创新示范区，加快提升科技创新能力，

优化创新创业环境，深化科技管理改革。

◎ 增强自主创新能力

积极承接国家战略任务。一批重大专项加快实施，部分成果实现产业化。极大规模集成电路制造装备及成套工艺专项实现从重大关键装备研制、成套工艺开发到配套材料的关键性突破，高端光刻机具备了系统设计与集成测试能力，国产先进封装光刻机形成小批生产能力，并获得了境外市场的订单；介质刻蚀机已销售 20 台，销售额超过 4 亿元。新一代宽带无线移动通信网专项，推出大陆地区首款 40 纳米产品并实现销售，成功完成 TD-LTE 中端基带芯片的流片，累计申请专利 300 多项。重大新药创制专项，重组人尿激酶原（商品名“普佑克”）获得生产批文，这是中国“十一五”期间重大新药创制专项中第一个获得生物制品国家一类新药证书的产品，有 11 个创新药物获得或即将获得生产批文，另有 30 个创新药物处于Ⅲ期临床试验，近 40 个新药进入临床前研究。

提升科技基础能力。稳步推进科学研究，既聚焦重大应用需求，部署实施重点研究，又鼓励自由探索，扩大资助面，2011 年上海市自然基金的资助数量增加至 500 项，资助率达到 27.4%，同时涌现出一批重要基础研究成果。加强研发基地建设，13 个国家级研发基地落户上海，新建了 11 个市级重点实验室和 35 个市级工程技术研究中心，上海光源、65 米射电望远镜等一批重大科学基础设施进展顺利，为上海推进重大科学研究任务提供了重要支撑。培养集聚创新创业人才，围绕“高层次创新型科技人才队伍”、“战略性新兴产业科技人才队伍”、“青年科技人才队伍”、“科技保障人才队伍”等 4 支队伍建设，进一步加大对包括企业人才在内的科技人才和创新团队的培养力度。2011 年，上海新增 7 名两院院士、40 人入选国家级“千人计划”、18 人国家首批“青年千人计划”。

◎ 优化创新创业环境

全面推进张江示范区“五个突破”。2011 年 3 月 29 日，上海市委、市政府召开动员大会，举全市之力建设张江国家自主创新示范区，并出台《关于推进上海张江国家自主创新示范区建设的若干意见》，重点聚焦股权激励、人才特区、财税改革、科技金融和政府管理创新五个方面，改革突破、先行先试。张江高新区实现了扩区，示范区面积达到 296.4 平方公里，形成“一核、三带、多组团”发展格局。目前，张江示范区建设正呈现出“三个加速”的良好态势，即举全市之力建设张江示范区的格局加速形成，创新发展的态势加速显现，辐射影响力加速提升。2011 年，张江示范区继续保持快速发展，经济总量持续增长，按“一区六园”统计实现营业总收入 8231.84 亿元、增加值 1903 亿元、上缴税收 550 亿元，分别同比增长 24.39%、42.12% 和 24.43%。

启动实施区县创新热点计划。通过深化市区联动，实施区县创新热点计划，推动有条件的区县实施重大专项和重要创新成果的技术转移和产业化，构建起相互沟通的、地理临近性的价值链网络，实现创新驱动、转型发展，提高区县的产业竞争力和财力。2011 年，闸北轨道交通运控系统、杨浦绿色土木“创新热点”计划启动实施。杨浦创新型城区建设加快推进，市政府出台了《关于推进杨浦国家创新型试点城区建设的指导意见》及配套措施，市区两级共同设立为期 5 年总量为 15 亿元的专项资金，一批具体政策和重点项目陆续出台实施。在 2011 年全国县市科技进步考核中，上海 17 个区县通过考核，9 个区县被评为全国科技进步先进区县。

深化科技与金融结合。积极创建国家科技与金融结合试点城市，加快构建“四大功能板块”（科技信贷、股权投资、资本市场和科技保险）、搭建“一个平台”（科技金融支撑条件保障平台），推动技术和资本对接。市政府批准出台《关于推动科技金融服务创新，促进科技企业发展的实施意见》，市财政设立 3 个 10 亿元专项资金以促进科技金融发展。专营性服务机构加快建设，金融产品创新力度不断加大，科技型中小企业履约保证保险贷款、知识产权质押贷款、科技小巨人企业信用贷款等得到推广。其中，履约责任保证保险贷款试点进一步扩大，信贷总额度由 1.5 亿元增至 5 亿元；与浦发银行联合推出的“科技小巨人信用贷”，2011 年 9 月试行以来，已有 60 多家科技小巨人（培育）企业获得 3.3 亿元贷款资金。

◎改革完善科技管理体制机制

全面实施技术创新工程试点。围绕强化企业主体地位，进一步引导创新资源向企业集聚，着力提升企业技术创新能力。2011 年，8 家企业被评为国家级创新型企业；3206 家企业享受研发加计扣除政策优惠，加计扣除额达到 198.2 亿元。加快建设应用技术创新体系，深化上科院等应用型科研院所改革发展，加强产业技术创新战略联盟和技术创新服务平台建设，增强产业共性技术供给能力。加快建设完善创新创业服务体系，大力建设创业苗圃、孵化器和加速器等组成的科技创业孵化服务链，新建市级科技企业孵化器 14 家，全市 37 家创业苗圃新入驻预孵项目 687 个，累计入驻 1258 个，589 个预孵项目成功注册企业或被企业并购。继续推进科技中介服务发展，活跃技术市场，全年技术交易额突破 550 亿元，新增 5 家国家级技术转移示范机构。

推进转制科研院所的改革和发展。鼓励具有突出共性技术研发能力和显著行业技术服务能力的转制院所开展“新型科研院所”改革试点。2010 年上海电缆研究所成为首个试点单位，2011 年启动上海电器科学研究院试点，试点工作已取得初步成效。2011 年，上海电缆研究所面向全行业为 7329 家次企业提供检测试验服务（公益性服务），开展研究项目共计 54 项，科研经费总投入达 2691 万元。同时，衍生企业经济效益增长，与公益性服务相得益彰，2011 年电缆所 9 个衍

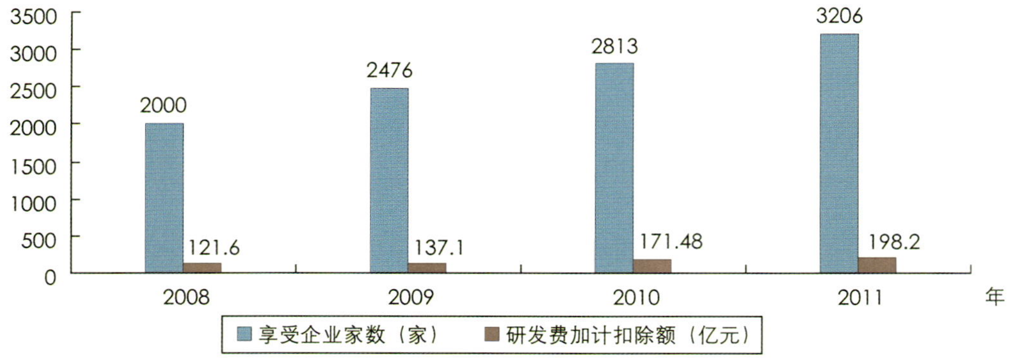

图 8-5　近年来上海企业研发费加计扣除政策落实情况

生企业实现营业总收入 6.82 亿元，比 2010 年增长 16.2%。2011 年，上海电器科学研究院，科研经费总投入达 1731 万元，比 2010 年增加 20.7%，明显提高了电科院的行业共性技术研究、公共服务的能力和水平。目前，其他具有较强共性技术研发能力和行业技术服务能力的转制科研院所也在抓紧研究试点方案，筹划启动试点工作。

改革完善财政科技投入机制。2011 年 7 月市政府转发市财政、市科委等五部门《关于改革和完善市级财政科技投入机制大力促进科技成果转化和产业化的实施意见》。按照“分类管理、重点推进、分步实施”的原则，改革完善市级财政科技投入机制。在计划管理上，按照“国家任务与配套”、“基础、民生与平台”和“成果转化与应用”三类进行征集和布局，拓展项目发现渠道，完善项目组织模式，探索了委办区县推荐、联合招标、成果对接等模式，积极推进项目库建设。在投入管理上，按照分类管理原则，完善了事中、事后补助投入方式，深化探索“投资”和“奖励”等新型投入方式。同时，推广实施了定额、限额招标和立项前财务评审制度，2011 年度限额招标经费比例超过 80%。

第二节 江苏省

江苏省高度重视科技进步与创新在经济社会发展中的作用，进入“十二五”，确立了科教与人才强省、创新驱动为经济社会发展的基础战略和核心战略，做出实施科技创新工程的重要部署，进一步强化了自主创新和科学发展的导向。

一、科技发展总体进展

“十二五”开局之年，江苏省科技工作坚持“自主创新、重点跨越、支撑发展、引领未来”的方针，大力实施创新驱动战略，推进科技创新工程，全省科技事业取得了令人瞩目的成绩，科技综合实力稳步提升，科技投入显著增加，科技产出快速提高，科技资源进一步集聚，区域创新能力继续位居全国前列，科技进步对经济增长发挥了强有力的支撑作用。

◎ 科技创新综合实力增强

全省 113 个市、县、区通过全国科技进步考核，13 个市、50 个县（市、区）被评为全国科技进步考核先进市（县、区），位居全国前列。全社会研发投入逐年增长，2011 年首次跃过 1000 亿元大关，占 GDP 比重提高到 2.2%，提前四年达到国家“十二五”规划目标。2011 年，全省科技进步贡献率达 55.2%，根据《中国区域创新能力报告 2011》，江苏省区域创新能力继续保持全国第一，实现“三连冠”，企业创新能力连续 3 年排名第一。

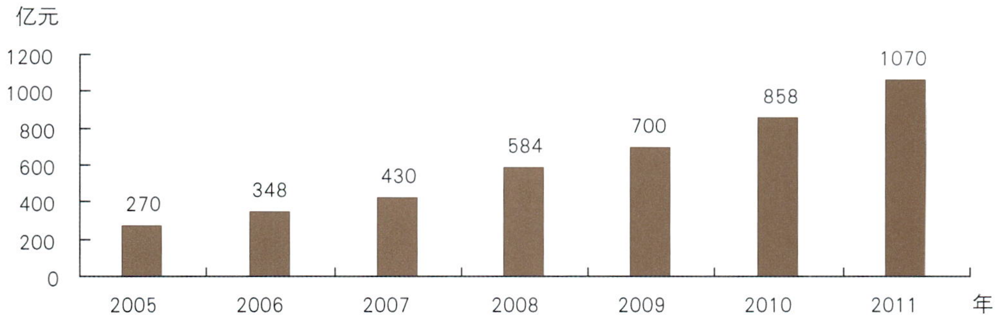

图 8-6　江苏省研发经费投入情况

◎ 自主创新能力提升

专利申请量和授权量、企业专利申请量和授权量、发明专利申请量逐年增加并保持全国第一，2011 年发明专利授权量突破 1 万件，达 11043 件，增长 53.2%；全省认定省级高新技术产品 6938 项，国家重点新产品 201 项；主持和参与完成的 55 项成果荣获国家科学技术奖，总量居全国第二位，在国家技术发明一等奖以及企业作为主持单位获得国家科技进步一等奖等方面取得了重要突破。

◎ 创新平台建设日益完善

2011 年，江苏省新建省级以上科技创新平台 343 家，总数达 2371 家，其中产业技术研究院、企业研究院等重大研发机构 44 家、重点实验室 92 家、科技服务平台 286 家、企业院士工作站 310 家、

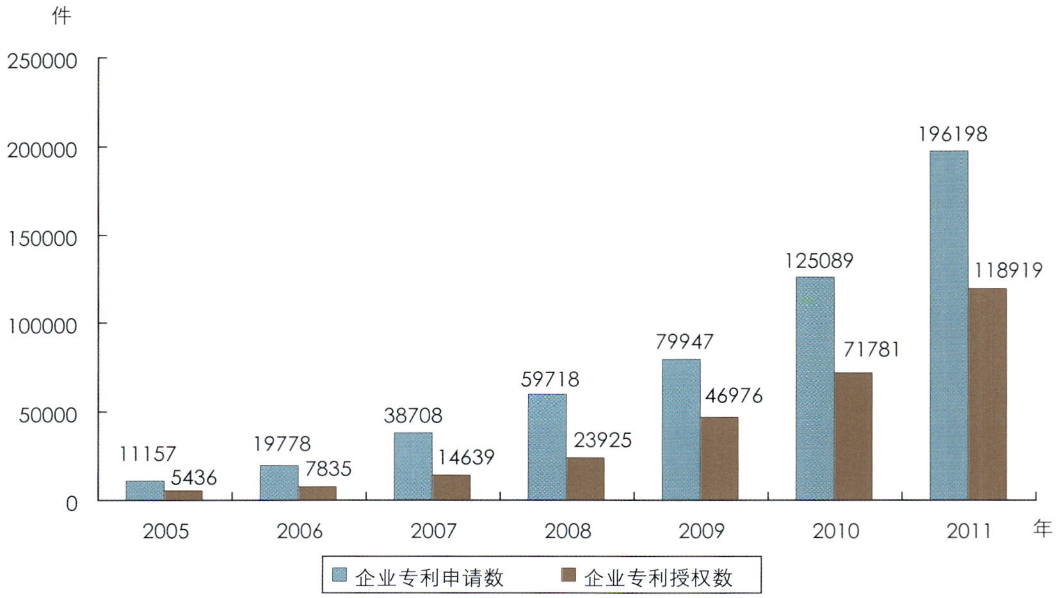

图 8-7 江苏省企业专利申请、授权情况

工程技术研究中心 1639 家。全省建有国家级科技基础设施 62 家，其中国家级重点实验室 32 家、国家级工程技术研究中心 25 家。

◎ 创新载体集聚发展水平提高

2011 年，江苏省 18 家省级以上高新园区创造了全省 40% 的高新技术产业产值和 60% 的新兴产业产值，工业生产总值占全省的比重提高到 20%；新建了 8 个国家高新技术特色产业基地，总数达 92 家；累计建设了 101 个省级科技产业园，347 家各类科技创业园，基本实现各县（市）和主城区创新载体全覆盖。

◎ 区域创新布局加强

创新型城市（乡镇）建设加快，国家创新型试点城市达 7 家，居全国前列，初步形成了创新型城市群；基层科技布局进一步加强，首批认定了 10 家省级创新型城市和 23 家省级创新型乡镇；启动了苏南自主创新示范区规划编制工作，按照“战略性新兴产业集聚区、深化改革的试验区、创新驱动的引领区”的目标定位，努力把苏南建成具有国际影响力的产业科技创新中心和创新型经济示范带，辐射带动苏中、苏北地区加快发展。

二、科技支撑区域经济社会发展

近年来，江苏省科技创新在调结构、促增长、保民生方面发挥了积极作用，为应对危机实现全省经济平稳较快发展提供了有力支撑，也为国家创新战略实施做出了贡献。

◎ **前瞻培育战略性新兴产业**

江苏抢抓国家重大科技项目实施的重要机遇，加强工作部署和计划集成，在集成电路、新材料、节能环保、新能源、生物技术和新医药、现代装备制造等领域组织实施了一批战略性新兴产业专项，重点培育壮大了一批具有自主知识产权的新兴产业，集中力量推动了战略性新兴产业发展。一是促进了新兴产业快速发展。光伏产业规模已占全国的55.2%，全球的21.8%，形成了国际上著名的江苏光伏板块；风电产业整机制造、齿轮箱、风机叶片等分别占全国的20%、65%和58%，构建了国内最为完整的风电产业链；生物医药产业销售收入占全国的12%，继续保持全国第二；集成电路产业规模占全国的42.9%，稳居国内之首。二是突破了一批关键核心技术，形成了一大批具有标志性的重大自主创新成果。新材料领域，国内首条满足国防要求的碳纤维生产线建成，T300碳纤维已批量产业化；为国家大飞机工程配套的镍基高温合金达到世界领先水平；特大桥高强缆索首次突破世界建桥史上1000米主跨，先后中标全球第一、第二的斜拉桥。重大装备领域，自主设计建造国际上首座圆筒形超深海石油钻井平台，作业水深达3000米，代表当今国际最高水平；2000吨智能化履带起重机成为亚洲第一吊；7000米深海载人潜水器打破世界载人深潜新记录。生物医药领域，开发出国际上第一个小核酸应用产品；重组人胰岛素、血管内皮抑制素等基因工程药物在全国率先上市。三是发挥了产业集群效应。南京软件和智能电网、苏州纳米材料、无锡物联网、常州动漫设计、泰州生物医药、盐城风电装备以及昆山平板显示等都已成为地方新的支柱亮点。2011年，全省战略性新兴产业销售收入超过2.6万亿元，比上年增长26.4%，高新技术产业产值突破3.8万亿元，占规模以上工业比重超过35%，其中生物技术和新医药产业产值突破4000亿元。

◎ **科技助推传统产业转型升级**

2011年是江苏省实施“传统产业升级”计划的第二年，江苏在实施创新驱动战略、推动产业转型升级上进行了积极的探索，通过大力提升科技支撑作用，助推传统产业转型升级。一是以自主创新、技术改造为工作着力点，组织实施了一批重大项目，引导传统产业技术升级换代，开发了一批拥有自主知识产权的名品新品，提高了传统企业的新产品开发能力。二是以企业院士工作站、产业技术研究院等载体建设为重点，着力搭建传统企业创新平台，引导高层次创新创业人才走进企业开展自主创新、转化科技成果。三是面向中小企业创新需求，推进技术供给、产品设计、分析测试、验证试验等专业化公共科技服务平台建设，在传统产业领域重点培育发展了一批技术服务、技术成果转化平台。四是把加强研发机构建设作为增强企业自主创新能力的突破口，在传统产业领域新建了一批企业研发机构，培育了一批高成长性科技中小企业。

◎ 促进农业与社会发展科技创新

江苏把科技服务于民生作为科技工作的落脚点之一，将推进科技进步与提高和改善民生紧密结合，让科技成果惠及广大人民群众。一是积极推进民生领域科技创新，组织实施了民生科技行动计划，着力解决关系民生的重大科技问题。二是为加强农业技术集成与创新示范，深入推进了粮食丰产科技工程和农业优良品种培育工程，2011 年江苏育成农业新品种 50 个，为江苏省粮食产量“八连增”发挥了重要支撑作用。三是推进农村科技服务超市建设，建设了 214 家分店和便利店，组织科技服务超市万村行活动，打造了特色鲜明、服务有力、致富有效、农民认可的农村科技服务品牌。四是组建了 10 个农业产业技术战略联盟，新建了 11 家现代农业科技园，认定了 100 家省级农业科技型企业，确认了 85 家科技型农业专业合作社，深入开展了“送科技下乡、促农民增收”、科技富民强县等专项活动，带动农业增效、农民增收。五是组织实施了民生科技示范工程，围绕节能减排、生态环境、人口健康、公共安全等人民群众关心的重点领域，加强共性技术攻关和推广示范。大力创建科技社区，围绕智慧生活、平安生活、低碳生活，建设了 25 个“新知识普及、新技术示范、新产品应用”的“三新”科技社区。六是支持办好科技青奥，围绕环境、交通、食品安全等重点领域，加强科研攻关、技术集成和引进技术的消化吸收，推动高新技术成果在青奥会各环节的应用，为举办一届成功的青奥会提供了有力的科技支撑。

三、全力推进科技创新工程

2011 年 5 月，江苏召开了实施创新驱动战略推进科技创新工程会议，提出了要在 2015 年率先在全国建成创新型省份的战略目标。按照这一部署要求，江苏在科技创新工作中，以加快转变经济发展方式为主线，以培育自主知识产权、自主品牌和创新型企业为重点，采取了一系列有力措施，构建了具有区域特色的创新体系。

◎ 建立健全政策法规体系，营造良好的创新政策环境

通过明确工作思路、强化工作部署、构建工作体系，不断建立完善科技创新政策法规体系，营造良好的创新政策环境。一是明确工作思路。在实施创新驱动战略推进科技创新工程工作会议召开后，科技系统立足全球化视野、高端化目标和市场化手段，研究提出了“一个体制、两个支撑、三个体系、四个落脚点”的科技创新工程推进思路。即，以体制创新和政策突破为先导，构建创新发展的动力机制；以科技投入和科技人才为支撑，夯实创新发展的基础；以产学研结合体系、科技金融体系、科技服务体系为突破口，构建富有竞争力的区域创新体系；以科技服务经济社会发展为根本落脚点，坚持主体是企业、方向在产业、重心下基层、服务于民生的发展路径，

大幅提高科技创新引领和支撑经济发展的能力。二是强化工作部署。制定出台了《关于实施创新驱动战略推进科技创新工程加快建设创新型省份的意见》、《贯彻省科技创新工程实施方案（2011—2013 年）》等文件，并在此基础上进一步将工作抓手细化为科技创新政策落实、科技企业培育百千万工程、民生科技、科技人才提升等十大行动计划和两个专项实施方案，明确了每个专项计划的工作目标、重点任务和具体措施，确保各项部署落到实处、见到实效。三是构建工作体系。围绕任务分解、目标考核、责任追究三个环节，对科技创新工程重点目标任务进行层层分解，把工程实施与目标管理、干部监督、内部审计结合起来，把落实重点任务与加强政风行风建设、完善科技管理体系、改善科技服务结合起来，形成了“一级抓一级、一级带一级、一级管一级”的工作推进体系。

◎ 加强产学研合作和技术创新国际化，构建产学研合作长效机制

工作载体上，深化与国内著名院校和国际知名机构的广泛合作，先后与中科院、清华大学、北京大学签订新一轮战略合作协议，建立稳定的合作关系；采用市场化方式每两年组织一次“中国江苏产学研合作成果展示洽谈会”和“中国·江苏国际产学研合作论坛暨跨国技术转移大会”等重大产学研活动，打造具有较高知名度的产学研活动品牌。研发载体上，围绕新兴产业发展需求，争取国家重大科技资源布局，打造一批体现国家水平的重大产学研平台；围绕地方需求，引进行业一流科教单位设立研究院或分支机构，提升产业竞争力；围绕企业需求，鼓励产学研共建企业研发机构，提高企业研发水平。服务载体上，进一步推动“科技镇长团”、教授团、博士团的选派，更广泛地组织教授、博导走出去开展科技咨询；与以色列政府共同设立了“江苏—以色列产业研发合作专项联合资金”，启动建设国家中以科技合作中心，进一步拓展获取和利用省外国外创新资源的渠道。

◎ 强化企业技术创新主体地位，打造企业创新梯队

深入开展国家技术创新工程试点，通过平台向企业集中、人才向企业集聚、政策向企业集成，打造以创新型领军企业、科技上市企业、高新技术企业和民营科技企业为骨干的创新梯队。对于创新型领军企业，采取“一企一策”的方式，遴选一批综合实力强、创新优势明显的骨干企业予以支持，打造江苏企业的品牌亮点；对于科技上市企业，着力加大对其在股份制改造和上市等关键成长期的支持力度；对于高新技术企业，充分发挥政府引导作用，建立高新技术企业培育基地，选择新兴产业和重点领域的科技型优势企业进行培育；对于民营科技企业，通过建立科技企业孵化器、科技公共服务平台等方式，帮助企业降低研发成本、掌握自主知识产权。

➲专栏 8-3 南瑞集团：依靠自主创新创造竞争优势

南瑞集团主要从事电力系统二次设备、信息通信等的研发、设计、制造、销售与工程服务，经过多年发展，构建了以院技术中心为统领、各板块研发中心为骨干、产业公司研发部门为基础的三级研发体系和全员参与的科研产业发展创新模式。2011 年，南瑞实现合同额 230.4 亿元，营业收入 171.9 亿元，利润总额 30.3 亿元，同比增长 50.5%；获各类科技奖励 63 项，其中国家科技进步一等奖 1 项；获发明专利 77 项；圆满完成了世界首例特高压直流 6×700 兆瓦孤岛试验，成功研制了世界首支特高压干式油气套管、国际首套光伏电站移动检测平台、国内首套无线传感器监测系统，以及大电网安全稳定实时预警及协调防御系统。“十二五”期间，南瑞集团将重点发展电网自动化、信息通信等核心产业，力争实现技术水平和产业规模的国际领先。

图 8-8 江苏电网安全稳定实时预警及协调防御系统项目

◎ 将人才引进、培养、使用相结合，创建人才发展特区

充分发挥人才的引领作用，把人才引进、培养、使用等工作有机结合起来，创造更加有利于干事创业的良好环境。一是按照人才引进国际化、人才使用市场化、人才流动柔性化的要求，大力实施高层次创新创业人才培育引进计划、科技创新团队建设计划、企业博士集聚计划，鼓励更多的高端人才到江苏创业。二是深入开展招才引智工作，加快人才、项目、基地和服务的“四位一体”联动，重点引进培养产业发展亟须的领军人才、拔尖人才和高素质管理人才，建立多层次

科技人才队伍。三是深入推进科技教育结合，支持研究生参与承担科研项目，突出培育在校学生的科学精神、创造性思维和创新能力。四是打破制约创新与创业的政策壁垒，推动科技人才向企业集聚，从高校院所选派教授、博士到企业、基层服务，选聘优秀科技企业家到高校担任产业教授，努力打造江苏人才特区。

◎ 深入实施知识产权战略，创建实施知识产权战略示范省

以创建实施知识产权战略示范省为契机，江苏省大力实施知识产权战略推进工程，促进自主知识产权和自主品牌创造。一是推进战略实施示范创建工作。2011 年 6 月，江苏省人民政府与国家知识产权局签订了《创建实施知识产权战略示范省“十二五”合作框架》，按照合作框架有关要求，稳步推进知识产权管理体制改革。二是提升知识产权产出质量。结合创新驱动战略实施，研究制定激励自主创新、知识产权创造的配套政策和措施，引导支持企事业单位大力开展原始创新、集成创新和引进消化吸收再创新。三是促进知识产权转化运用。完善促进知识产权转化运用的配套政策，引导重大专项科技成果转化，重点支持关键技术、核心技术具有自主知识产权的成果转化。四是培育知识产权优势企业。重点引导高新技术企业和大中型企业实施知识产权战略，指导企业将专利战略、品牌战略和标准战略有机结合起来。

◎ 深化科技金融结合

江苏省着力推进国家科技和金融结合试点省建设，创新科技与金融结合的体制机制，全面提升科技金融发展水平。一是大力发展创业投资。通过阶段参股、跟进投资、投资保障和风险补助等方式，推进各地和高新区设立引导资金，吸引境内外股权投资基金、社保基金、保险公司等投资机构在江苏开展创业投资业务，拓宽创业投资资金来源。二是积极发展新型科技金融组织。探索建立科技支行、科技小额贷款公司和科技担保公司，稳步推进知识产权质押、科技保险、科技担保等工作，完善银行科技贷款风险补偿和奖励机制，引导激励银行加大对科技型企业的信贷支持力度。三是进一步发展科技金融中介服务机构。鼓励各地建设政府资金引导并具有抚育孵化功能的科技园区、科技企业加速器、科技企业孵化器、生产力中心、创业服务中心等创新创业载体，探索建立区域性产权交易市场，整合现有科技资源，建设面向金融机构和科技企业的科技金融信息平台。

第三节 浙江省

2011 年，浙江省以科学发展观为统领，贯彻落实“两创”总战略，围绕转型升级、改善民生、“三大战略”、“四大建设”等中心工作，组织实施“十二五”科技发展规划，扎实推进国家技术创新工程试点省工作，完成了“十二五”开局之年的各项目标任务，科技创新各项事业取得了新进展。全省 R&D 经费占 GDP 比重达 1.96%，比 2010 年提高 0.14 个百分点；全省财政科技投入超过 144 亿元，同比增长 7.4%，全省科技进步水平居全国第八位，区域创新能力居全国第五位，国际科学论文被引用数居全国第四位。

一、科技发展总体进展

◎ 推进国家技术创新工程试点省工作

企业创新能力加快提升。浙江省创新型试点示范企业达 309 家，国家创新型企业 19 家、国家创新型试点企业 16 家，均居全国前三位。高新技术企业累计达 4013 家，居全国前列。科技型中小企业累计达 4541 家。2011 年，全省规模以上工业企业新产品产值 12253 亿元，比上年同期增长 28.8%，增幅比全部规模以上工业高 7.4 个百分点，新产品产值率 22%，同比提高 1.3 个百分点。2011 年，企业研发费用加计抵扣优惠 34.56 亿元，享受高新技术企业税收优惠 18.73 亿元，分别比上年增长 28.6% 和 23.2%，居全国前列。新组建 8 家产业技术创新联盟，累计达 23 家。

◎ 科技支撑作用日益显现

浙江省启动实施 10 个重大科技专项和 10 个重大科技成果转化工程，组织实施了 296 个重大科技项目，项目研发总投入 32.5 亿元，平均研发强度 1097 万元，研发总投入超过 1000 万的项目有 108 个。通过项目实施，突破了一批核心关键技术，转化了一批重大科技成果，产生了显著的经济效益。2011 年，浙江省争取国家项目数 3169 项，获中央财政资助 17.9 亿元，创历史新高。国家科技型中小企业技术创新基金、国家“新药创制”重大科技专项项目、国家自然科学基金项目立项数和资助经费均有较大幅度增加。

浙江省委省政府召开全省农业科技大会，出台了《关于加快推进农业科技创新的若干意见》

等文件，表彰了10名农业科技突出贡献者和115名农业科技先进工作者。深化科技特派员基层创业工作，支持19个法人特派员和120个团队特派员与地方结对。6个县（区）列入国家科技富民强县专项行动计划。

研究制定了《关于加快发展民生科技的若干意见》，加快推进人口健康、公共安全、生态环境、防灾减灾等民生领域科技创新。制定并落实《浙江省十二五科技兴海规划》、《关于科技支撑引领海洋经济示范区和舟山群岛新区建设的若干意见》，加快提升海洋科技创新能力。南湖区成为全省第11个国家级可持续发展实验区。

◎ 推进科创基地、高新园区等各类平台建设

加快推进青山湖科技城等重大创新基地建设。浙江省出台了《关于进一步支持青山湖科技城建设发展的若干意见》，举办了青山湖科技城和未来科技城北京推介会，新引进香港大学、中国地质大学、中国气象科学研究院等一批高水平研发机构，正式入驻的科研机构达23家。宁波研发园、嘉兴科技孵化城、舟山海洋科学城、温州及衢州省级大学科技园、丽水生态科技城、德清科技城等重点创新基地加快建设。

图8-9　青山湖科技城规划图

推进高新园区、特色产业基地发展。浙江省与科技部隆重举行了绍兴国家高新区建设动员大会。省政府召开全省高新园区提升发展工作会议，温州、嘉兴、衢州等积极申报国家高新区，新批舟山等6家省级经济开发区增挂省级高新园区牌子，省级高新园区累计达16家。新建省级特色产业基地7家，累计达83家，其中国家级41家。全省高新技术特色产业基地（不含新批7家）产品销售收入、利税总额分别达到7932亿元、953亿元，同比增长65.4%和56.7%。温州市激光与光电产业集群列入国家首批“创新型产业集群试点（培育）”。高新技术产业产值达到1.31万亿元，同比增长22.8%。

三类重大创新平台和“六个一批”创新载体加快建设。全省科技创新平台达60家，总投资39亿元，加入服务层企业达2.36万家。新建省级重点实验室、工程技术研究中心37家，累计达240家，其中国家重点实验室12家、国家工程技术研究中心10家。新建省级企业研究院25家、省级高新技术企业研究开发中心219家，累计分别达60家、1333家。新认定省重点科技中介服务机构29家，累计达59家。全省共有各类科技企业孵化器118家，其中国家级孵化器24家，在孵企业5673家，总场地面积366万平方米，居全国第三。

专栏 8-4 浙江省现代纺织技术及装备创新服务平台

浙江省现代纺织及装备创新服务平台于2006年以绍兴轻纺科技中心为主体，联合浙江理工大学、浙江大学等高校加盟共建。目前，平台发展会员企业3000余家，服务覆盖全省2/3以上纺织企业，并拓宽到纺织全行业以及泰国、印度、印尼等东南亚地区和欧美市场，在纺织品创意设计及国际流行面料展示及流行趋势发布等方面优势突出。平台提供的面料和花型原创设计使用户企业的产品附加值普遍提升2倍以上，仅此项就拉动全省纺织业增加收入近200亿元，带动纺织品出口35亿美元。平台从“一根纱”、“一块布”向“一条产业链”延伸，形成现在所拥有的共性技术支撑服务链，积极发挥研发、人才双集聚效应和区域内链式服务体系等效能。

图 8-10 高速数码喷射印花机

◎推进国内外科技合作

浙江省政府与科技部在舟山共建国家海洋科技国际创新园，积极筹建中意纺织与新材料联合研究中心。浙江中科院应用技术研究院挂牌成立，2011 年通过项目转化实现产值 134 亿元，连续 4 年被中科院授予全国“院地合作一等奖”。2009 年以来，浙江省与中科院合作实施产业化项目 620 个，2010 年实现销售收入 268.8 亿元，分别列全国第三位、第二位。新引进创新载体 38 家，累计达 882 家，其中以企业为主体引进占 75%。网上技术市场运行 10 年来，累计为中小企业破解技术难题 2 万多项，技术合同成交额超 200 亿元。全省科技成果登记数量从 2006 年的第 12 名上升到 2010 年的第 1 名。研究制定了《关于进一步加强军民科技合作促进军民科技融合的若干意见》，累计实施军民科技合作项目 350 项，总投资超过 100 亿元。

◎强化创新人才和团队建设

2011 年，新入选国家“千人计划”27 人，累计达 93 人，新增人数与总数均居全国第四位，浙江省“千人计划”累计引进人才 229 名。青年人才加速成长，339 名青年科技人才新入选“新世纪 151 人才工程”；实施“新苗人才计划”1612 项，高技能人才培养计划 67 项，打造高技能人才创新工作室 29 个。省自然科学基金新增设了青年科学基金项目。2011 年，全省 SCI 论文数、国际被引用篇数均居全国第四位。

创新团队成效初显。据不完全统计，通过 2 年的培育，首批科技创新团队取得了良好绩效，2 名带头人被评为中国工程院院士，2 名带头人成为国家 973 首席科学家，由省农副产品深化制造团队支持的赞宇科技公司成功上市。

◎实施知识产权战略

2011 年，浙江省专利申请量、授权量达 16.5 万件和 12.8 万件，同比增长 35% 和 11.7%；发明专利申请量、授权量达 22500 件和 8600 件，同比增长 25% 和 35%。深化区域、企业知识产权试点示范工作，新认定余姚市等 9 个县（市、区）为省级知识产权示范单位和 153 家省专利示范企业。16 项专利技术、6 项外观设计专利分获第 13 届中国专利优秀奖（获奖数居全国第二位）、外观设计专利优秀奖。启动浙江省知识产权服务中心建设。

◎完善科技管理体制

继续按照“四位一体”工作布局，推进科技管理“五个转变”，加强科技项目和经费的全程监管，组织开展全省重大科技项目财务检查和指导。配合科技部、财政部对浙江省承担的国家科技计划项目实施及经费管理使用情况开展监督检查，总体评价良好。

加快推进科技与金融结合。研究制定了《关于进一步促进科技与金融结合的若干意见》，杭州、温州、湖州获批国家科技金融试点城市。成立了注册资本金3亿元的浙江中新力合科技金融服务有限公司。“数银在线”开通科技金融服务平台，专门为中小企业提供金融信息服务。着手开展科技型中小企业贷款履约保证保险试点工作。德清县成立了全省第一家规模为2亿元的佐力科创小额贷款公司。在浙的创投企业达166家，创投管理资本超过369亿元，创投机构和管理资本均居全国第三位；杭州科技支行累计发放贷款10.6亿元，全省300多家信用担保机构累计为中小科技企业担保7万多次，担保总额达1100亿元；企业专利权质押贷款达2亿多元。

◎深化基层科技工作

浙江省作为省级科技部门唯一代表在全国基层科技工作会议上进行经验介绍，诸暨等5家县级科技部门进行了书面交流。杭州市获批国家现代服务业创新发展示范城市和国家科技金融结合试点城市。宁波国家高新区新建设79万平方米的研发园，鄞州区2011年区财政科技投入1.83亿元，自2006年以来年均增长30%，R&D投入占GDP比重从2006年的1.28%增长到2.2%。温州市成为国家知识产权质押融资试点城市。

二、科技支撑区域经济社会发展

2011年，浙江省对2479项重大科技专项项目进行了统计调查，调查显示重大科技专项进展顺利、科技成果丰硕、后续发展效应明显，对经济社会发展起到了有效的支撑作用。

◎重大科技项目执行情况

企业成为项目执行和投入主体。企业参研的项目占总数的79.2%，属于产学研合作的项目占总数的670%。项目实际经费中，项目承担单位自筹的经费占86.6%，财政科技经费占9.1%，金融机构贷款和其他经费仅占4.3%。

高层次不断涌现。2011年，执行项目的参研人员总数达16938人，项目累计引进科技人才737人，聘请国外专家167名，占总人数的1.0%。共投入研发工作6295人年，平均每个项目投入5.40人年。

项目成果丰硕。调查项目累计实现产值达1083.60亿元，实现缴税38.71亿元，创汇28.34亿美元；通过项目实施及成果转化应用，增加就业岗位55436个，有2512人和653人分别取得了硕士和博士学位，晋升为中级和高级职称的分别有1812人和1215人；申请发明专利2762件，向国外申请71件；获得1003件授权发明专利和20件国外授权专利；累计发表科技论文5669篇，其中向国外发表1660篇；出版著作132部；获国家级科技奖28项，省部级科技奖132项。

◎重大科技项目跟踪情况

重大科技项目后续发展势头良好。调查项目结题后，合计发表科技论文3818篇，包括被

SCI、EI、ISTP 收录的 1208 篇；申请发明专利申请 431 件，向国外申请专利 32 件；获得 379 件的发明专利授权和 2 件国外专利授权；项目成果合计被批准技术标准 1065 项，达到国际标准、国家标准、行业标准、地方标准和企业标准的分别占 0.8%、9.9%、8.7%、4.3% 和 76.2%；共计获得国家科技奖 36 项，获省部级科技奖和市级科技奖分别为 216 项和 274 项；转让成果 222 次，获转让成果收入达 11.18 亿元；294 个项目成果在企业中孵化，169 个项目的成果进行创业。

项目产生的经济和社会效益良好。截至 2011 年底，累计实现新增产值 2350.74 亿元，净利润额 221.18 亿元，实交税金 119.60 亿元，实现出口额 63.59 亿美元；这些跟踪调查项目在节能减排方面也取得了很大的成就，其中节水 38.59 亿吨，节电 22.80 亿度，节煤 222.87 万吨，节约其他物料折合人民币 27.72 亿元，减排废气 72.85 亿立方米，减排废水 39.12 亿吨，减排废物 170.50 亿吨。

三、强化以企业为主体的区域创新体系建设

浙江省加快区域创新体系建设的总体目标是：到 2015 年，实现一个率先、五个翻番的发展目标。即率先在全国进入创新型省份的行列，研发经费投入、研发人员总量、发明专利授权量、新产品产值、高新技术产业产值等主要指标比 2010 年实现翻番。全省 R&D 经费占 GDP 的比重力争达到 2.5%，高新技术产业增加值占 GDP 的比重力争达到 30%。为此，近年来逐渐开展下述措施。

◎ 创新型城市建设

通过 5 年的努力，力争全省有一半以上的设区市达到国家创新型试点城市标准，一半以上的县（市、区）进入创新型县（市、区）行列。杭州、宁波、嘉兴三市充分发挥国家创新型试点城市建设的示范带动作用，先行先试。

◎ 创新型企业和联盟建设

预计到 2015 年，培育 5000 家创新型企业，形成国家、省、市县级创新型企业梯队。用足用好国家扶持高新技术企业发展的政策，大力发展高新技术企业，加块培育科技型中小企业。依托 146 家行业龙头骨干企业，做强做大高新技术企业研发中心和企业研究院，支持企业引进培育高层次创新人才。

依托龙头骨干企业，联合一批高校、院所和企业研发机构，组建一批市、县级产业技术创新联盟。充分发挥已建的产业技术创新战略联盟的作用，引导和支持联盟面向产业和产业链发展急需突破的关键技术难题，开展协同攻关，带动关联企业快速成长。

专栏 8-5　娃哈哈研究院

娃哈哈企业研究院正式成立于 2009 年 12 月，下设食品饮料研究所、生物工程研究所、机电工程研究所和模具研究所 4 个研究机构，建成了国家级企业技术中心、国家级博士后工作站、CNAS 国家级检测中心、省级重点实验室等各类科研平台，授权各类专利 40 余项，其中申请和授权的发明专利有 7 项，参与或主持制定的各类标准 20 余项，承担了工信部重大科技专项 1 项，863 科技项目 2 项，国家发展改革委能力建设项目 2 项，省市各级科技项目 20 余项。2010 年，研究院开发的新产品实现销售近 30 亿元，为集团可持续发展提供了动力。

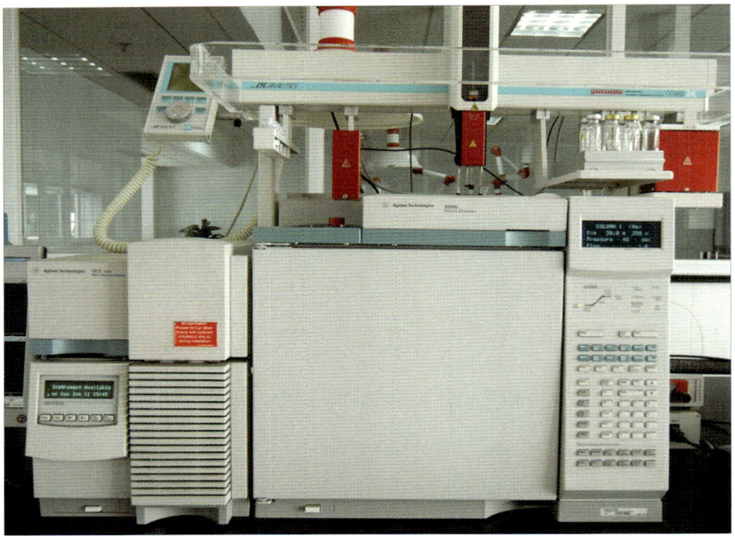

图 8-11　娃哈哈研究院气质联用仪（GC-MS）

◎ 创新载体平台基地建设

加快建设一批重点创新基地，引进集聚国内外一流的企业研发机构、科研院所和大学研发机构。现有高新园区在二次创业过程中，要借鉴宁波高新区做法，规划建设创新基地和研发园。温州等省级高新区要力争早日升级为国家级，在省级产业集聚区布局建设省级高新园区。

努力提高已建创新平台的创新能力，开发有竞争力的服务产品，通过市场化运作，实现平台运行的良性循环。结合重点块状经济向现代产业集群转变的需要，新建区域创新平台。按照企业化、产业化、专业化的发展方向，新建或改造一批科技企业孵化器，强化创新创业服务功能，探索建立与创业投资机构、担保公司的合作机制，为在孵企业获得融资支持提供便利条件。

◎ 国内外科技合作

更加注重科技工作对外开放，支持企业到海外设立、兼并和收购研发机构，设立国际科技园或孵化器。积极支持企业参与国际学术交流，引进和利用海外高层次人才，购买国外专利、专有技术、软件著作权、工艺配方和品牌。深化与中科院等大院名校的合作，深入实施432工程，持续支持清华长三角研究院、中国科学院宁波材料所等创新载体的建设和发展，大力引进军工集团和国防科研机构到浙江省转移转化科技成果。

◎ 科技与金融结合

进一步扩大创业风险投资引导基金的规模，鼓励创业风险投资加大对处于种子期和初创期的科技企业的投资力度。加快推进科技信贷专营机构建设试点，推动商业银行建立科技支行，筹划建设科技小额贷款公司，加强与银行的合作，创新开发服务科技型中小企业的信贷产品，积极推进知识产权质押工作。加快推进科技型中小企业履约保证保险，各市县可以通过保费和贴息联合补助、建立风险池等方式积极参与。引导保险公司针对科技型企业在技术研发、成果转化和产业生过程中的风险问题，开发科技保险产品。设立财政科技金融专项资金，通过贷款贴息、费用补助、风险补偿等方式，鼓励金融和投资机构加大对科技型中小企业的投融资力度。

◎ 知识产权创造应用和保护

加大对专利授权的补助力度，鼓励专利服务机构、专利代办机构为企业提供知识产权服务，支持企业引进购买专利或实施专利许可。强化创新活动中的知识产权导向，将专利申请和授权纳入党政领导科技进步目标责任制考核、创新型城市创建重要内容，把是否能够创造和掌握自主知识产权，作为项目研发、成果转化的重要目标。

第四节 安徽省

2010年以来，面对复杂严峻的国内外发展环境，安徽省认真贯彻落实国家各项宏观调控和科技发展政策，围绕科学发展主题和全面转型、加速崛起、兴皖富民主线，以合芜蚌自主创新综合试验区和国家技术创新试点省为主抓手，全省科技进步与自主创新实现了跨越式发展，科技综合实力显著提升，自主创新在加快全省经济结构调整、发展方式转变方面发挥了重要的支撑引领作用。

一、科技发展总体进展

安徽省主要自主创新指标在全国的位次大幅前移，进入全国前列，自主创新在全国的影响进一步扩大。

表 8-1 2010 年和 2011 年安徽省自主创新进入全国前十位的指标

	2010 年	2011 年
国家级创新型（试点）企业数（不含中央企业驻地方的数字）	1	1
高新技术企业数	7	
企业技术创新能力指数（区域创新能力报告）	10	11
专利申请量	7	8
专利授权量	7	7
发明专利申请量	9	10
地方财政科技投入占财政支出的比重	7	

◎ 科技投入

财政科技投入逐年增加。安徽省认真贯彻落实《关于实施科技规划纲要、增强自主创新能力的意见》和《国家“十二五”科学和技术发展规划》。设立试验区、试点省和战略性新兴产业专项资金，支持和鼓励创新。2011 年，全省地方科技拨款超过 77 亿元，占财政支出比例 2.33%。

表 8-2 2010 年和 2011 年安徽省财政科技经费情况

	2010 年	2011 年	较上年增长
地方财政科技拨款	58.0 亿元	77 亿元	32.8%
占地方财政支出比重	2.24%	2.33%*	0.09%

* 为 2011 年预测数。

全社会 R&D 投入实现大幅增长。地方财政科技投入引导了全社会 R&D 投入结构优化与提升。R&D 投入达到 214.6 亿元，R&D 投入占 GDP 比重 1.4%。

表 8-3 2010 年和 2011 年安徽省 R&D 投入占 GDP 比重

	2010 年	2011 年	较上年增长
R&D 经费投入	163.7 亿元	214.6 亿元	31.1%
占全省 GDP 的比重	1.32%	1.4%	0.08%

创新人才队伍不断壮大。2011 年末，全省共有各类专业技术人员 166.6 万人，比上年增长 4.3%。从事研发活动人员 10.2 万人，其中科学家和工程师 8.7 万人。高端人才培养引进成果丰硕。中科大潘建伟新当选中科院院士，成为全国最年轻的院士。实施国家引进海外高层次人才“千人计划”、省“百人计划”、省“115”产业创新团队等工作取得丰硕成果。

表 8-4 2011 年安徽省引进培养人才情况

	人数（人）
省院士工作站柔性引进 院士	36
“千人计划”	35
“115” 产业创新团队	128
省学术技术带头人	303
科技特派员	987

◎ 科技产出

国家级奖励获新高。2011 年，全省科技成果等级数 860 件。17 项成果获 2011 年度国家科技奖，其中安徽省作为第一申报单位的 17 项，创历史最高水平。

表 8-5 2010 年和 2011 年安徽省科技成果及奖励情况 单位：项

	2010 年	2011 年
登记成果数	780	860
应用技术成果	749	833
基础理论成果	28	27
软科学成果	3	—
获国家级奖励	9	17
省级奖励	178	175

专利申请量与授权量保持高速增长。2011 年，全省获专利授权 32681 件，同比增长 104%；发明专利授权量 2026 件，较上年增长 82.3%；万人发明专利拥有量达 0.8 件；发明专利申请量首次突破万件，居全国第十位。

表 8-6 2010 年和 2011 年安徽省专利申请数和授权数

	2010 年			2011 年		
	全省（件）	全国位次	较上年增长（%）	全省（件）	全国位次	较上年增长（%）
全年专利申请量	37780	8	130.6	48556	—	28.5
发明专利申请量	6396	14	43.2	10982	10	71.7
全年专利授权量	16012	12	86.3	32681	—	104.1
发明专利授权量	1111	17	39.7	2026	14	82.3

创新产业不断壮大。2011 年，全省高新技术产业总产值达到 8330 亿元，较上年增长 46.5%；战略性新兴产业实现产值 4132 亿元，较上年增长 62.1%；新开发国家和省级（重点）新产品 511 个、

高新技术产品 1128 个，实现新产品产值 3358 亿元，较上年增长 47.8%。争取国家层面的更大支持。2010 年和 2011 年分别获国家各类科技计划项目 1216 和 1359 项，支持经费 11.3 和 15.2 亿元，其中 2011 年国家 863、973 和科技型中小企业技术创新基金对安徽省的资金支持超过 4 亿元。合肥、芜湖市被列为国家第二批“十城万盏”半导体照明应用工程试点示范城市。

表 8-7 2010 年和 2011 年安徽省创新产业发展情况 单位：亿元

	2010 年	2011 年	较上年增长（%）
高新技术产业产值	5968.2	8330.3	46.5%
高新技术产业增加值	1623.3	2142.7	24.6%
占全省规模以上工业增加值比重	29.0%	30.3%	1.3%
占全省 GDP 比重	13.2%	14.2%	1%
战略性新兴产业产值	2549.1	4132.1	62.1%

◎ 创新环境

政策环境：制定和实施了一系列政策措施，形成了比较完善的创新政策体系，高新技术企业、企业技术开发费用抵扣等财税优惠政策得到较好落实；投入环境上，省里设立试验区、试点省和战略性新兴产业专项资金，支持和鼓励创新；奖励环境上，从人才、项目、企业到园区等都设立了奖项，全方面激励创新。

评价环境：建立四大成果指标体系，评价市、高校、科研院所、园区自主创新工作。

舆论环境：人民日报、新华社、经济日报、中央电视台等主流媒体，多次对安徽自主创新进行重点宣传，“安徽有个合芜蚌”、“从粮棉钢到合芜蚌”、安徽自主创新“兴皖富民 活力江淮”等一批脍炙人口的新闻报道在全国反响强烈。

二、科技支撑区域经济社会发展

围绕七大主导产业，加强共性关键技术攻关，加速科技成果转化，推动传统优势产业改造提升和战略性新兴产业融合发展，主导产业核心竞争力显著提升，涌现出一批百亿元企业、千亿元产业和千亿元园区，加快新型工业化进程。

◎ 支撑传统产业转型升级

安徽省瞄准产业链高端，以政策为推动，以高新技术产业为引领，以先进制造业为主体，不断推进工业结构加速向高加工度、资源节约型和环境友好型转变。

汽车工业是安徽的重要支柱产业。2008 年以来，安徽着力加强汽车关键技术研发和创新能力建设，重点发展节能环保、新能源汽车和汽车相关基础原材料产业，完善汽车零部件配套体系，促进了以芜湖、合肥两市为龙头的汽车产业的超常发展。2010 年，全省整车产销量分别为 124.64 万辆和 122.83 万辆，实现工业总产值 1643.5 亿元，实现工业增加值 394.0 亿元。芜湖、合肥两市汽车工业领军企业奇瑞、江淮分居全国汽车生产企业销量排名第七位和第十位。

安徽海螺集团位居水泥主导产业亚洲首位、世界第三，多年来持续注重企业发展与经济社会、资源环境的协调发展，致力于推广实施余热发电、垃圾焚烧等节能环保产业，已将高耗能、高污染的传统产业打造成为今天的生态环保型企业。依托国家科技支撑计划“水泥生产过程余热发电技术与装备开发”项目的实施，海螺集团研发成功水泥低温余热发电成套技术，并形成不同产能水泥生产线配套余热发电工程的系列化设计标准。海螺集团还凭借在水泥高温煅烧、废气处理技术领域的研究和经验积累，与日本川崎重工合作，开发出具有自主知识产权、世界首创的利用新型干法水泥窑处理城市生活垃圾系统。

专栏 8-6　奇瑞汽车股份有限公司——打造自主品牌　敢与巨人同行

奇瑞汽车股份有限公司（以下简称“奇瑞公司”）成立于 1997 年 1 月，由安徽省及芜湖市 5 家投资公司共同出资设立，是国家创新型企业。目前，是中国最大的自主品牌乘用车研发、生产、销售、出口企业。

从集成创新走向原始创新的创新战略。在集成创新阶段，通过“以我为主、联合开发”，实现产品开发“从无到有”。通过控股设计开发、委托设计、协同配套开发等形式，以我为主整合全球资源。在原始创新阶段，实现了产品开发“从有到优”。每年研发投入占销售收入 5% 以上。成立前沿技术部，在海外成立自己的设计公司，加大产品开发的技术因素。

整合全球创新资源，构建研发体系。实施“大技术”战略，以本部汽车工程研究总院为核心，国内外分院为支撑，一批控股设计公司为骨干，关联零部件企业和供应商开展协同设计。同时，兼顾与国内高等院校、科研院所开展合作的产品研发体系。

关注知识产权的商品化运作。建立由公司副总经理直接领导的知识产权管理机构，聘请资深专利代理人担任知识产权顾问，以专利检索和分析报告作为新项目立项的重要参考依据。在商品化运作上，输出车型技术，在合资项目中方掌握运营的控制权及技术、品牌所有权。

◎ 支撑和引领战略性新兴产业发展

围绕重点发展的战略性新兴产业领域，拟定发布了新能源汽车、智能语音、生物技术等 11 个产业技术发展指南和低碳技术发展纲要。在“十二五”科技发展规划编制中，将培育发展战略性新兴产业作为重中之重，明确了发展方向、重点领域及推进措施。

集成合芜蚌试验区和创新工程试点省工作专项资金、省科技计划等项目，重点支持新兴产业技术创新。凝练实施半导体照明、新能源汽车等重大科技专项和 129 项战略性新兴产业重大科技攻关项目、94 项合芜蚌试验区和试点省专项重大创新项目，推进实施江淮新能源汽车、海螺城市生活垃圾处理等 16 个省属企业科技成果转化重点项目。制定了光伏、新型显示产业技术发展指南。

重大项目带动了一批高端成果加速转化和产业化。2011 年，以战略性新兴产业为先导的高新技术产业实现增加值 2142.7 亿元，较上年增长 24.6%，高于规模以上工业增加值增速 3.5 个百分点；占全省 GDP 的比重达 14.2%，较上年提高了 1 个百分点。

◎ 支撑民生等社会事业发展

围绕生物育种、农产品深加工、医疗卫生、生态环保、公共安全等领域，组织实施了一批技术攻关、成果转化、集成应用示范项目。加快新能源汽车应用示范，支持合肥市实施节能与新能源汽车示范推广试点和私人购买新能源汽车补贴试点工作。加快农业物联网关键技术应用示范，牵头举办了农产品质量安全追溯与农超对接科技示范行动，开通农产品质量安全追溯平台。加快半导体照明应用示范，支持合肥、芜湖市实施国家“十城万盏”半导体照明应用工程试点。加快太阳能光伏应用示范，推进合肥、芜湖、蚌埠等市光伏发电集中连片应用示范区建设，实施一批示范项目。加快科技惠民应用示范，推进科技强警计划、医疗卫生科技民生行动等实施；加快语音、蓝藻综合治理等技术和设备推广应用。

图 8-12　极大规模集成电路制造用光刻、检测和直接成像设备研制现场

三、推进合芜蚌试验区创新体系建设

安徽省以增强自主创新能力为核心，以合芜蚌试验区为主抓手，全面推进自主创新试点试验，区域创新体系建设不断完善，探索走出了一条以合芜蚌自主创新综合试验区先行先试，辐射带动全省自主创新的新路径。

◎ 合芜蚌试验区先行先试辐射带动

2008 年初，胡锦涛总书记视察安徽，做出安徽“应在自主创新方面有更大作为”的重要指示。为贯彻党的十七大和胡锦涛总书记重要指示精神，2008 年 10 月，安徽省做出建设合芜蚌自主创新综合试验区的重大战略决策。

安徽省把合芜蚌试验区作为推动科学发展、全面转型、加速崛起、兴皖富民的重要战略平台，把推进试验区建设作为区域发展的三大战略任务之一，实施一系列促进创新的重大举措，为合芜蚌试验区建设提供了强有力的组织、政策和条件保障。

建立统筹协调机制。省委、省政府主要领导亲自担任自主创新领导小组组长，设立创新办，整合多方资源，大幅度增加科技投入，把自主创新工作纳入政府目标考核，建立了以贡献为导向的创新人才、创新企业、创新园区考核评价和奖励制度，构建了全社会联手互动、广泛参与、合力推进创新发展的大格局。

开展股权激励试点。经国务院批准，财政部、科技部批复同意合芜蚌自主创新综合试验区参照中关村国家自主创新示范区开展企业股权和分红激励试点。“十二五”期间，计划辅导培训 100 家企业，力争完成 30 ～ 50 家企业的股权和分红激励试点工作。

打造合芜蚌人才特区。省委、省政府出台《关于建设合芜蚌自主创新综合试验区人才特区的意见》，实施六大人才工程，重点引进培育 100 名领军人才和 1000 名高端人才。

推进科技金融结合。省暨合芜蚌三市已经引导设立创业风险投资基金 18 只，总规模达 60 亿元，累计完成投资项目 90 个，投资总额达 29 亿元；启动开展知识产权、股权和商标权质押贷款等新型融资试点工作，支持科技型中小企业上市融资。

设立了一笔专项资金。从 2008 年起，省财政设立 5 亿元的合芜蚌试验区建设专项资金，2010 年又增加 1 亿元国家技术创新工程试点工作专项资金，加上原有的科技经费预算，每年省财政科技投入近 10 亿元。同时，还设立了总额 8 亿元的创业风险投资引导基金。

经过三年多的建设与发展，合芜蚌试验区提前两年实现“两个突破”、“两个提高”、“四个翻番”的建设目标，2011 年 7 月，经国务院批准，财政部、科技部同意合芜蚌试验区参照中关村国家自主创新示范区的相关政策，开展企业股权和分红激励试点；国家还将合芜蚌自主创新综合试验区与北京中关村、武汉东湖、上海张江国家自主创新示范区作为自主创新试验示范重点区域，列入国家“十二五”科技发展规划。

◎ 加快全省创新体系建设

围绕“科学发展、全面转型、加速崛起、兴皖富民”大局，以强化自主创新支撑发展为中心环节，以合芜蚌自主创新综合试验区和国家技术创新工程试点省建设为主抓手，紧扣加速科技成果转化这一核心，突出科技创新、产业创新、体制创新联动，加快全省创新体系建设。

深化产学研合作。通过产学研联合攻关、建立产学研实体和产业技术创新战略联盟、开展区域性产学研对接、选派科技特派员等多种形式，探索建立新型产学研实体，稳定长效的产学研合作机制。

加强创新平台建设。加快“一中心、三基地”创新平台建设，启动科技创新公共服务中心运行。加强与长三角、珠三角、港台以及中部地区的创新合作与对接，促进国际科技合作，打造科技成果研发、交易、转化、服务平台，构建覆盖全省的“科技路路通”创新服务体系。

创新科技项目管理方式。建立健全“项目跟着需求走、资金跟着项目走、合同跟着资金走、监督跟着合同走”的机制，开展了科技计划项目实施及经费管理使用情况专项检查，形成了省级财政科技投入 10 亿元、撬动国家科技项目支持 15 亿元、拉动全社会研发投入 100 亿元以上，带动产业投资 500 亿元以上的放大效应。

纳入政府目标考核。将各市、县高新技术企业、R&D 投入、发明专利拥有量等自主创新指标，省直相关部门支持试验区和试点省建设情况纳入省政府目标考核。将取得产业、科技、人才、改革“四大成果”作为评价自主创新成效的主要指标，建立了统计评价指标体系。

第五节 福建省

2011 年，福建省深入贯彻落实科学发展观和国务院《关于支持福建省加快建设海峡西岸经济区的若干意见》，结合《海峡西岸经济区发展规划》总体要求，颁发了《关于促进科技成果转化和产业化的若干意见》，加速推进以企业为主体的自主创新体系建设，以及科技创新驱动经济发展方式转变，实现福建省的科学发展和跨越发展。

一、科技发展总体进展

◎ 区域科技进步水平再上台阶

据国家科技部监测，2011 年福建省综合科技进步水平由上年的全国第十一位提升到第九位，其中科技促进经济社会发展指数居第五位，高新技术产业化指数居第七位，知识产权指数居第八位，特别是科技活动产业指数由第二十六位跃升至第十三位。在新一轮的全国科技进步考核中，福建省有 6 个设区市和 70 个县（市、区）通过考核，其中 28 个市、县（区）被评为全国科技进步考核先进市、县（区）。

◎ 科技人力资源投入继续增长

2011 年，福建省拥有国有企事业单位专业技术人才总量 62.64 万人，比 2010 年增加 2.7 万人。现有在闽工作的两院院士有 17 人，长江学者 13 人，入选“千人计划”专家 18 名，入选“百千万人才工程”800 多名，创新人才队伍进一步优化。据统计，2010 年全省有 R&D 活动机构 1765 个，投入 R&D 人员全时当量 76737 人年，比上年增长 21.29%。其中工业企业从事 R&D 活动人员折合全时当量为 57156 人年，比上年增长了 23.09%。初步统计显示，2011 年有 74.5% 的 R&D 活动人员集中在企业，表明企业已逐步成为 R&D 活动的主要力量。

◎ 企业科技投入主体地位凸显

2011 年，福建省全社会 R&D 经费投入达 210 亿元，比 2010 年增长 22.9%，R&D 经费内部支出占 GDP 比重达到 1.2%，比 2010 年的 1.16% 略有提高，其中企业投入资金约 180 亿元，占全省研发经费总投入的 85.8%。从 R&D 经费来源和分布情况看，企业也占绝对优势，表明企业自主创新能力和研发主体地位明显增强。

◎ 科技成果专利产出水平提高

2011 年，福建省共获国家科学技术奖 7 项，获奖成果数量与上年持平，但水平等级有所提高，其中获国家科技进步奖 6 项（特等奖 1 项、一等奖 1 项、二等奖 4 项），国家技术发明奖二等奖 1 项。同年，福建省政府授予省科学技术奖 189 项，其中省科技进步奖 172 项、省自然科学奖 8 项、省技术发明奖 9 项。此外，2011 年福建省专利申请量首次突破 3 万件、达 32325 件，比上年增长 46.97%；专利授权量首次突破 2 万件、达 21857 件，比增 21%。

其中，全省每万人口发明专利拥有量 1.362 件，与 2010 年的 0.9 件相比，多出 0.462 件，年增长 51.3%。有 5 项专利获得中国专利优秀奖，PCT 国际专利申请位居全国第八位。

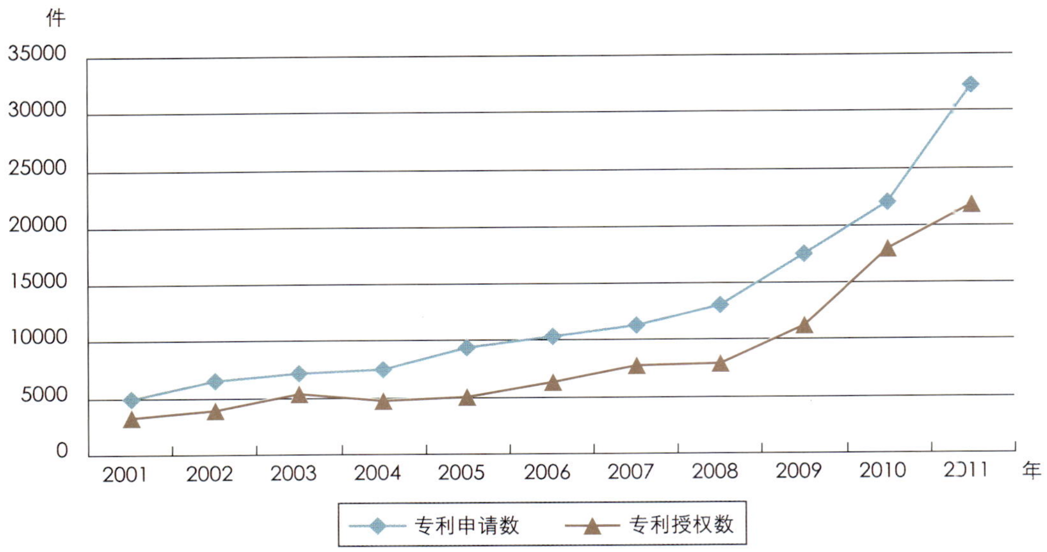

图 8-13 福建省 2001—2011 年专利申请和专利授权数

◎ 技术合同交易总额大幅增长

福建省技术合同成交金额呈现逐年快速递增的趋势。2010 年，福建省全年登记的各类技术合同共 5137 项，比上年增加 7.04%；成交的合同金额达 38.12 亿元，比增 45.33%；平均每项合同的成交金额为 74.21 万元，比上年增长 35.74%。据初步统计，2011 年完成技术市场交易金额 53.4 亿元，比 2010 年增加 15.4 亿元，增长幅度达 40.5%。

◎ 科技资源共享机制逐步建立

截至 2011 年底，福建省先后建立省级以上重点实验室 56 个（其中国家级 6 个），工程技术研究中心 73 个（其中国家级 5 个），各类科技企业孵化器 29 家（其中国家级 7 家），生产力促进中心 101 家（其中国家级 11 家），创新型企业 443 家（其中国家级 14 家）。同时，全省科技资源得以更加合理配置与使用，创新平台共建共享机制不断强化。如，2011 年建成并投入运行的福建省服务企业科技资源共享数据库，包括创新平台信息数据库、科技人才信息数据库、省外科技人才信息数据库、海外科技人才信息数据库以及台湾科技人才信息数据库等 5 个子系统，为全省科技创新与成果转化提供了重要的信息共享平台。

◎ 高新技术产业持续快速发展

2011 年，福建省共有科技部认定的高新技术企业 1493 家，比 2010 年的 1207 家增加了 286 家，增长 23.7%；全省高新技术产业总产值近 9000 亿元，比 2010 年的 7073.61 亿元增长约 29%；高新技术产业增加值超过 2200 亿元，比 2010 年的 1838.25 亿元增长约 23%，其中高新技术产业增加值占 GDP 的比重从 2010 年 的 12.5% 增加到 13% 以上。当年新增泉州国家级高新技术产业开发区，使省级以上高新技术产业开发区增加到 6 个，其中国家级 3 个（福州、厦门和泉州）。海峡西岸经济区国家高新技术产业带、海峡两岸科技产业合作基地建设纳入国家科技及产业化工作布局。

◎ 自主创新政策导向更加明确

2011 年，福建省先后审议通过了《福建省科学技术进步条例》（修订稿），颁发了《福建省人民政府关于促进科技成果转化和产业化的若干意见》，开展了《福建省专利保护条例》修订立法调研。同时，还相继实施了《福建省科学技术成果转化条例》、《福建省知识产权管理办法》、《福建省科技保险补贴资金使用管理暂行办法》等一系列激励自主创新的地方性政策法规，逐步形成具有海西特色的科技法律法规体系。同时，省政府还专门召开全省企业创新工作会议，就加快发展方式转变、推进企业真正成为科技创新主体有关工作进行全面部署，并重奖了荣获科技成果奖的科技人员和创新型企业，进一步营造了有利于企业创新的良好环境和社会氛围。

二、科技支撑区域经济社会发展

◎ 推动传统产业转型升级

福建省以绿色、低碳、智能和可持续发展为导向，加快技术装备更新、工艺优化和新产品开发，重点推动电子信息、装备制造、石油化工等三大主导产业和轻工、纺织、冶金、建材、建筑、林产等六大传统优势特色产业发展，促进传统产业转型升级。2011 年，加大企业科技研发和创新投入，实行企业 R&D 经费专户管理制度，规定企业自身的研发投入必须占销售额的 1% 以上。如安踏、九牧每年科技研发投入都超过销售额的 3%。三棵树围绕环保涂料、节能涂料、功能涂料等重点领域，开发具有自主知识产权、高技术含量、高附加值的产品，成为中国涂料界发展最快的企业。龙净环保通过自主创新，从产品模仿转变为自主研发企业，引领全国环保除尘产业。宏远纺织参与国家和省科技项目，突破关键技术，建成国内首套具有自主知识产权的年产竹短纤维 5 千吨生产线。金牌橱柜获国家 863 计划课题资助，应用信息技术进行升级改造，实现"个性化大规模定制"，成为行业内首家拥有自主品牌、出口欧美高端橱柜市场的企业。2011 年，全省高新技术改造传统产业产值 5082.6 亿元，占全省高新技术产业总产值的比重达到 59.5%；实现产业增加值 1423.7 亿元，利润总额 545.3 亿元。

◎ 推进高新技术产业发展

福建省全面实施《海峡西岸经济区国家高新技术产业带发展规划》，大力培育高新技术产业，加快推进特色产业基地集约化发展。按照发展七大战略性新兴产业（新一代信息技术、生物与新医药等），突出抓好 17 个领域（功能材料的结构化学等），主攻 5 个重点（新型平板显示等）的总体布局，重点实施一批科技重大专项，加快形成战略性新兴产业集群。2011 年，组建了由核心企业牵头、大中小企业参与、产学研用充分结合的高新技术产业联盟和产业集群，新培育 5 个省级、10 个以上市级产业技术创新重点战略联盟；新认定高新技术企业 350 家；新增福清平板显示、漳州节能照明、漳州智能家电 3 个国家高新技术产业化基地，新建 1 个国家创新基金创新型产业集群试点（闽东中小电机创新型产业集群）；厦门海洋与生命科学产业集群和泉州新一代数字微波通信产业集群获得全国首批创新型产业集群建设工程试点，高新技术产业创新集群基地建设取得新突破。全省战略性新兴产业增加值达 1200 亿元，比上年增长 28%。

◎ 加强农业“五新”技术研发示范

2011 年，福建省围绕发展优质、高产、高效、生态、安全的农业，着重加强农业“五新”技术研发示范工作，组织实施蔬菜、花卉和环境友好型饲料等 3 项农业类重大专项，以及 100 项省级农业科技重点项目，总资助经费达 4744 万元。加快农林作物和养殖动物品种创新，取得了较好成效：在水稻、茶叶、甘蔗和食用菌等品种上继续保持全国领先地位，在超级稻、多抗蔬菜、特色水果、出口花卉等品种上取得较大突破；观赏向日葵新品种“闽葵 3 号”成为国内第一个育成的无花粉观赏向日葵 F1 新品种，其花荣获“第十二届海峡两岸花卉博览会”金奖，种子荣获“福建省第三届花王评选暨花卉精品展”金奖；在国内首次分离并系统鉴定了鳗源创伤弧菌强毒株，提供了疫苗 625 万尾份；在国际上率先研制出鉴别传统美洲型和变异型高致病性猪蓝耳病免疫荧光诊断试剂盒。继续发挥科技特派员培训基地作用，共有科技特派员、企业技术员、经济合作社（或协会）成员、农民技术员和种养殖大户 360 人接受了培训；推进科技帮扶工作，实施了“福建省农村科技春光行动计划”，建立了大学生村官科技信息服务平台（设立示范点 22 个）；首次建立了武夷岩茶自动化生产线和坛紫菜高质量深加工全自动生产线，附加值提高 40% 以上。

◎ 重视科技保民生研究开发

2011 年，福建省切实推进民生领域的科技创新，致力于运用科技加强保障人民身体健康、开发疾病防治与药物创新和提高食品安全，重点加强医药卫生科技、资源环境科技和公共安全科技创新三大科技领域创新，成效显著。联合全省有关的科研机构和企业，组建“福建省体外诊断试剂产业技术创新战略联盟”和“福建省微生物药物产业技术创新战略联盟”，并启动了“福建省体外诊断技术企业科技创新平台”等建设，进一步提升了区域生物医药领域的科技竞争力。持续支持各类计划项目以推动医疗卫生领域的科技创新，如厦门大学和养生堂万泰公司联合研制的“重组戊型肝炎疫苗”获国家一类新药证书和生产文号，是世界上第一个用于预防戊型肝炎的疫苗，成为中国生物医药研发原始创新的一个里程碑；短葶山麦冬成为福建省第 3 个获得国家药监局

GAP 认证的中药品种。完成“延平二号”海上环境自动化监测平台、海上调查动态信息集成系统和福建海洋调查数据开放信息中心建设，进一步加强福建省资源环境监测。完成“福建省产品质量和食品安全检测试剂与仪器工程技术研究中心”项目，并申请专利 11 项（其中发明专利 9 项）、获得授权 3 项。建成食品安全现代分析技术服务基地和食品安全仪器及试剂生产基地，年生产销售仪器 1000 台套、试剂盒 10 万套，在全国推广应用。

三、提出并实践重大科技改革

◎ 实践以企业为主体的科技创新工作导向

2011 年，福建省紧紧围绕新时期建设“创新型省份”和推进“良性互动、有机统一、具有福建特色的区域创新体系”的目标任务，以解决科技与经济紧密结合为主攻方向，大胆改革、主动作为，在全国率先提出了“突出一个重点、把握五个坚持、实现五个主要、促进两个落地”科技创新工作新思路。“一个重点”，即是全省科技创新工作以确立企业创新主体地位为重点，以提升企业创新能力为核心，实现以企业技术创新为导向。“五个坚持”，是坚持创新驱动，促进经济发展方式的转变和产业结构升级；坚持服务理念，创新要素集聚企业，提高企业创新能力；坚持打造创新平台，提升区域创新能力；坚持整合资源，健全多元化科技投入体系；坚持公平公开公正原则，创新科研管理方式。“五个主要”，是实现政府财政科技投入经费主要投向企业，科技创新平台主要建在企业，高层次人才主要引向企业，全社会研发投入主要由企业完成，科技奖励主要由企业获得，促使企业成为技术创新主体。“两个落地”，即加快引进一批能够引领产业升级的重大科技成果在福建落地，加快吸引一批国内外一流大学、科研院所及中央企业、跨国公司的研发机构在福建落地建设。这些创新思路，成为统揽新时期全省科技工作的基本指导思想和行动指南，得到了科技部和中共福建省委、省政府领导的高度肯定，已在全国推广应用。

专栏 8-7　研发带动中涵机动力有限公司转型升级

中涵机动力有限公司主营柴油机燃油喷射系统高压共轨泵、电控 VE 泵总成、喷油器总成等系列产品，近年来，企业进行自主研发、科技创新，并实现升级改造。聘请中国工程院院士为首席专家顾问，引进的中国超快激光奠基人之一陈国夫、光学博士程光华为代表的激光团队；联合沈阳黎明航发集团、无锡油泵油嘴研究所等，成立集“产、学、研、用”一体的项目团队，推进产学研用一体化技术创新体系建设;与中科院西安光机所合建“高端激光装备工程中心”，成立“产、学、研、用”一体的中科中涵激光设备（福建）股份有限公司，成功研发了航空发动机关键零件专用加工装备和汽车喷油嘴喷油孔的专用加工装备，切实推进超快激光加工装备项目的产业化，获国家重大科学仪器设备专项支持。

◎加速释放创新主体活力

福建省围绕“五个主要”，坚持项目、基地、人才三位一体的整体机制，将有限的科技资源汇聚到企业技术创新这一“支点”上，激励和引导更多企业参与技术创新。为了促进企业科技创新，实行了企业法人科技项目负责制、企业研发经费专户（专账）制度和企业申请科技项目准入制度，并明确要求2011年全省新立项的重大专项和创新平台、区域重大项目都要以企业法人负责制、产学研联合实施，并试行了企业研发经费专户制度；进一步确立科技重大专项和重大项目以企业技术创新需求为导向的立项机制，2011年整合了近2亿元的资金，重点在电子信息、新材料、生物与新医药等领域支持企业科技创新；完善科技政策执行部门工作会商和信息沟通制度，推动激励自主创新政策有效落实，培育壮大创新企业。2010年，全省企业研发费用加计扣除额19.32亿元，高新技术企业所得税减免19.3亿元。

◎着力促进科技成果转化

福建省围绕“两个落地”，以企业需求作为出发点，抓住企业研发、成果转化、平台建设、人才培养和研发机构建设等企业创新链中的关键环节，大力增强科技研发、技术创新和成果转化能力。如，在已有一系列科技成果转化相关法律法规体系的基础上，进一步出台《福建省人民政府关于促进科技成果转化和产业化的若干意见》，并推动设立科技创新与成果转化专项资金；制定实施技术创新工程，每年安排2亿元资金用于引进、培养和集聚创业创新人才，支持科技人员与企业合作开展技术研发创新；强化科技人员服务企业，近3年来，发动组织高校、科研院所和各级政府部门派出16000多名科技人员服务全省21000多家企业，组织360多家科技创新团队服务企业；依托“6·18”、“9·8”等项目成果交易平台，每年帮助一大批企业面对面引进新技术、对接新成果；启动福建省创新创业企业股权融资与交易市场，推动金融机构出台一批针对科技型企业的综合融资方案与融资产品；积极开展科技保险、专利权质押贷款等科技试点工作；大力推进科技创投事业和科技型企业上市融资，当年有3家科技型企业成功上市、募集资金17.74亿元，26家企业与券商签订了新三板业务合同。一批高水平的科技孵化器、生产力促进中心、技术转移中心等中介服务机构，为企业成果转化提供优质服务，有力地促进了科技成果在福建省落地转化。2011年，全省有60.8%的省级科技获奖成果、60%的申请专利和61%的授权专利来自于企业。同时，福建省人民政府与中国科学院合作共建设的海西研究院，自去年正式落户福州以来，各项建设进展顺利，今后将坚持面向国家重大战略需求，面向世界科学前沿，聚焦海西产业科技需求，在更高层次上提升福建的研发能力与水平。

◎ **积极抢占海西发展先机**

近年来，福建省科技工作主动融入海西发展大战略，立足闽台独特“五缘”关系和资源优势，加大科技先行先试力度。2011 年，福建省人民政府与国家基金委联合设立“促进海峡两岸科技合作联合基金”，促进两岸科技人员为海西建设合作研发；全国首个专利代理人资格考试台湾居民考点落户福建；紧扣重点产业关键领域，积极引进国内外一流大学、科研院所和大型企业的研发机构落地福建，加快建设中科院海西研究院、海西院稀土研究所和中科院西安光机所莆田分所；成功举办第五届海西科技论坛暨海峡两岸绿色能源产业对接洽谈会、第四届海峡两岸知识产权论坛、两岸专利论坛等重大活动，闽台科技交流合作层次和水平得到进一步提升。从 2008 年起，福建省人民政府还与科技部建立了两年一次的“省部会商”机制，在去年举行的第二次省部会商工作会议上，双方就科技抢占海西发展先机达成了两点重要合作共识：一是共同构建闽台科技交流合作前沿平台，包括支持平潭综合实验区先行先试两岸科技合作新模式，推动国家级海峡两岸科技产业合作基地，将福建打造成为两岸科技交流的重要窗口；二是共同建设海峡西岸经济区国家高新技术产业带，促进福建经济结构优化升级。

第六节 江西省

2011 年，江西省科技工作坚持“自主创新、重点跨越、支撑发展、引领未来”的方针，围绕全省经济社会发展大局和鄱阳湖生态经济区建设，大力推进科技创新“六个一”工程深入实施，为实现中部崛起新跨越提供了有力的科技支撑。

一、科技发展总体进展

以鄱阳湖生态经济区建设为龙头，以深入实施科技创新“六个一”工程为中心，以科技入园入企为抓手，支撑发展，引领转变，惠及民生，大力推进创新型江西建设，取得了重要进展和新突破，科技事业呈现出加快发展的良好局面，科技创新在经济社会发展中的支撑引领作用更加凸显。

◎ **科技资源投入**

2011 年，全省全社会研发投入（R&D）96.8 亿元，比“十五”期末的 28.8 亿元增加 3 倍多，占 GDP 的比重达到 0.84%。省级财政预算安排科技支出 6.4 亿元，占省级财政支出预算的 1.31%。

另外，2007—2011 年，省政府共整合财政资金 9 亿元，组织实施了 162 个重大高新技术成果产业化项目，五年总计带动企业投入近 300 亿元，累计实现销售收入 590 多亿元。2009—2011 年安排 10500 万元组织实施了 12 个重大科技专项。在加大市县财政科技投入方面，全省明确要求设区市达到财政支出的 1.5%，县级达到 1%，后来又增加到 2%。

◎ 科技产出情况

2006—2011 年，江西区域创新能力在全国排名由第二十二位前移至第十八位，大幅跃升四位；科技进步贡献率由 45.6% 提高到 50.1%，提高近 5 个百分点；争取国家科技项目经费由 1.31 亿元增加到 11.26 亿元，翻了 3 番；两院（中国科学院、中国工程院）院士由 2 位增加到 4 位，并实现了中国科学院院士的零突破；“十一五”以来，全省高新技术产业年产值由 854 亿元增加到 4256.5 亿元，年均约递增 30%，2011 年全省高新技术产业完成总产值 4256.5 亿元，占规模以上工业总产值（18466.8 亿元）的比重达 23%。全省十大战略性新兴产业实现主营业务收入 8538.20 亿元，占全省工业收入的 46.2%；专利申请与授权、新产品研发等指标保持两位数的年增长率。“十一五”期间，全省专利申请、授权量分别达到 2.13 万件和 1.28 万件，是“十五”期间的 1.8 倍和 2 倍；完成新产品研发 2400 项，为“十五”期间的 1.5 倍；登记科技成果 1660 项，比“十五”期间增长 110%。其中，27 项重大科技成果获国家科技进步奖，比“十五”期间增加 12 项，增长 80%。全国科技进步先进市县由 11 个增加到 23 个。

◎ 科技进步与创新环境

近两年，江西省推进鄱阳湖生态经济区建设、实施全省科技创新“六个一”工程以来，江西省委、省政府对科技创新工作高度重视，采取了一系列重大举措，大力推动经济社会进入创新驱动、内生增长的发展轨道。出台《关于科技创新“六个一”工程的实施意见》及配套政策，从组织、政策、资金等多方面积极构建了更加有利于科技创新的工作机制。尤其是通过实施科技创新“六个一”工程，各地逐步形成了“一把手”争先抓科技、各部门根据各自职能积极抓科技、全社会共同推动科技进步的良好局面，带动全省创新创业环境明显改善。一是科技投入有较大增长。市、县、企业、大学、科研院所的研发投入也显著增长。二是法制环境进一步改善。“十一五”期间，先后制定颁布了《江西省科学技术普及条例》、《江西省专利促进条例》等地方性科技法规，开展了科技进步法和“六个一”工程实施的执法检查，解决了一批长期想解决而没有解决的问题。三是政策扶持力度加大。企业研发投入的抵扣税政策，自主创新产品的政府采购政策，高新技术企业的减负税政策，激励创新的人才政策等保障和激励科技创新“六个一”工程的政策措施得到进一步落实。四是全民科技基础进一步夯实。科普工作广泛深入，进一步健全了社会科普体系，国家级科普基地增至6个、省级由21个增至43个。五是知识产权工作得到加强。省政府颁布了《江西省知识产权纲要》，省知识产权局升格为副厅级参公单位，获批建立了国家专利局南昌代办处、国家专利技术（江西）展示交易中心等平台，并在全国率先设立省政府专利奖。六是省市县科技工作联动进一步加强。全国科技进步先进市县由11个增至23个，南昌市、景德镇市先后被科技部批准为国家创新型试点城市，丰城被列为省级依靠科技进步转变发展方式示范市，以科技入园为载体，基层科技工作显示度和影响力得到显著提升。七是科技金融结合更加紧密。全省银行业金融机构为十大战略性新兴产业的贷款不断增加，其中仅省开发银行支持全省“六个一”工程建设累计贷款就达87.5亿元。此外，创业投资、融资担保、专利权质押、信用保险等新机制为“六个一”工程的实施经费提供了新的途径。新组建了注册资本金7000万元的省科技担保公司，累计完成担保贷款1.5亿元。八是科技计划管理体制改革得以加强。进一步完善科技项目管理流程，明确项目组织管理主体，强化项目承担单位的法人责任。建立并完善“一网九库”和科技业务综合管理系统，进一步完善了科技项目评审评价机制，加强实施督导、过程管理和项目验收，提高管理水平和服务效率。

二、科技支撑区域经济社会发展

江西省通过自主创新应对危机，推进结构调整，加快发展方式转变，促进江西经济社会平稳较快发展。在半导体照明、光伏产业、生物技术与遗传育种、纳米纤维、超级稻、中医药现代化等科技领域取得了一批有重要影响的成果；科技“五入园”（以科技机构、科技政策、科技项目、科技人才和科技服务入园）的科技模式，成为全国科技工作的江西“品牌”。

◎ 突出创新重点构筑产业优势

通过实施以主攻十大战略性新兴产业为中心任务的科技创新“六个一”工程，突破了江西省产业发展的“低端锁定”困局，促进了全省产业结构的转型升级。近两年，十大战略性新兴产业生产能力快速增长，工业增加值保持了20%以上、主营业务收入保持了40%以上的增长速度，对全省工业增长的贡献率举足轻重。产业效益领跑全省，2010年和2011年十大战略性新兴产业利润同比增长分别为77.5%和21.4%，拉动全省工业利润增长33个百分点和10.3个百分点，成为耀眼的增长极。产业链不断延伸，产业集群不断壮大，光伏产业主要集中在新余、上饶，形成了从高纯硅料、硅锭片到太阳电池、组件、系统集成及应用产品生产的完整产业链；航空制造产业集中在南昌、景德镇，形成了涵盖教练机、直升机、通用飞机等比较完整的航空产业体系；半导体照明产业集中在南昌、吉安，形成了具有原创知识产权的半导体照明产业链。

图 8-14　国内唯一具有全部自主知识产权的 LED 企业——晶能光电

◎ 健全创新体系提升企业主体地位

通过创新型企业的培育试点，以企业为主体、产学研相结合的技术创新体系正加快形成。全省共培育了创新型（试点）企业 204 家，其中国家级创新型企业 7 家，国家级创新型试点企业 5 家，省级创新型试点企业 192 家。组建了稀土、光伏、铜、动力电池等 17 家产业技术创新战略联盟。一批创新型（试点）企业成长为行业的“领头羊”，全省高新技术产业现已形成以光机电一体化为龙头，以生物、医药和医疗器械、新材料、电子信息为重点的格局。2011 年，光机电一体化领域实现增加值 434.2 亿元，占全省的 43.7%，全省产值居前三甲的企业齐聚该领域；生物、医药和医疗器械、新材料、电子信息三大领域增加值占全省比重均超过 10%。其中，生物、医药和医疗器械领域作为利用高新技术产业改造升级传统产业的典范，实现增加值 172.6 亿元，占全省的比重达 17.4%。

◎ 实施重大项目增强成果转化能力

将项目作为科技成果转化为现实生产力的重要抓手。从 2007 年开始，江西省累计投资 9 亿元，组织实施了 162 个重大高新技术成果产业化项目，5 年总计带动企业投入近 300 亿元，累计实现销售收入 590 多亿元。同时，围绕十大战略新兴产业，以企业为实施主体，瞄准产业链发展的关键核心技术，突破了一批拥有自主知识产权的核心关键技术，获得了一批有影响力的科技成果，有力地推动了全省自主创新能力的提升。据统计，实施的 100 万元以上国家和省级科技重大项目 423 项。截至 2011 年底，累计申请专利 1226 项，授权专利 441 项，其中发明专利授权 132 项；申请国外专利 21 项，国外授权专利 6 项；累计开发新产品、新材料、新工艺、新装置等 512 项，制定标准 294 项，其中国家标准 19 项、行业标准 23 项、地方标准 9 项、企业标准 243 项。

◎ 强化协同创新提高创新整体效能

通过科技创新"六个一"工程的实施，加强政府统筹协调，整合科技创新资源，优化创新平台、特色基地、创新团队在十大战略性新兴产业的布局，江西省基础研究、应用研究、技术创新和成果转化的协调机制加快建立。全省建有各类国家级高新技术产业特色基地 20 个，国家级研发平台 9 个，省级重点实验室 66 个，省级工程技术研究中心 97 个，高水平创新平台 10 个。完成"一网、九库、五系统"全省信息与数据文献共享科技公共服务平台建设，实现 11 个设区市和近 90 个县(市、区）通过联调与省中心节点联通，并推动全省大型科学仪器协作共用平台加入"华中地区大型科学仪器协作网"，实现全省区域平台和国家平台网的信息共享。同时，为构建结构合理的高层次新兴产业人才队伍，全省还组建了 99 个优势科技创新团队。

三、实施战略性新兴产业科技创新工程

2009 年 6 月，为应对全球金融危机，贯彻落实《国务院关于发挥科技支撑作用促进经济平稳较快发展的意见》精神，加快转变经济发展方式和推进鄱阳湖生态经济区建设，江西省委、省政府决定实施科技创新"六个一"工程，即主攻十大战略性新兴产业、培育 100 个创新型企业、实施 100 项重大高新技术成果产业化项目、建设 10 个国家级研发平台、办好 10 个国家级高新技术产业特色基地、组建 100 个优势科技创新团队。经过 3 年的实施，"六个一"工程取得了显著成效，为转变经济发展方式和结构调整找到了突破口，为推进战略性新兴产业发展探索了一条行之有效的道路，促进了科技与经济紧密结合，使江西省科技创新工作驶入了加速发展的"快车道"。

◎ 体制创新统筹科技资源

工程实施之初，建立了高位推进的组织体系，成立了由省主要领导任组长，五位副省级领导任副组长，省直 27 个部门为成员单位的省科技创新"六个一"工程领导小组，领导小组办公室设在省科技厅。各成员单位和设区市也建立了相应的组织协调机构。这种跨部门、跨区域的协调推进体制，切实解决了政出多门、条块分割、资源分散的问题。

◎ 机制建设形成工作合力

充分发挥省科技创新"六个一"工程领导小组及办公室的职能，建立了目标责任制、进展调度制、交流协调制、统计考核制，确保各项工作落到实处。形成了省委、省政府高位推动，成员单位认真履职，各设区市主动作为，各级各部门密切配合，全社会广泛参与的工作机制，为工程全面实施提供了有力支撑。

◎ 内涵拓展落实工程实效

以推进十大战略性新兴产业超常规发展为中心，加强顶层设计，制定了产业发展规划、产业链延伸规划、产业科技创新规划、重大技术引进和创新项目指南、重大项目建议书以及“六个一”每个单项工作的规划，将优势产业、骨干企业、重大项目、研发平台、特色基地、创新团队等进行统筹考虑和整体布局，使 6 个单项工作成为逻辑关系严密、层层相扣、互相联系的统一整体。

专栏 8-8　科技创新推动南昌高新区新一轮跨越

2011 年，南昌高新区经济继续保持快速发展的好势头，实现了“十二五”精彩开局。主要经济指标都实现了 20% 以上的增长，园区主营业务收入 804 亿元，同比增长 20%；园区利税总额首次突破百亿大关，达 118 亿元，同比增长 23%；财政总收入 28.1 亿元，同比增长 30.7%；出口创汇 17.02 亿美元，同比增长 59.1%。南昌高新区对产业经济发展进行了高起点规划，将太阳能光伏产业、航空产业、半导体照明（LED）产业、服务外包产业等环境友好型产业作为重要的战略性新兴产业重点打造，不断调优产业结构，实现了特色产业集群化发展。

图 8-15　赛维 BEST 公司拥有全球最大的大面积高效双结硅基非晶微晶叠层薄膜太阳能电池项目生产线

◎ 政策扶持引导要素配套

以《江西省人民政府关于科技创新“六个一”工程的实施意见》和各设区市《实施意见》为纲领，省市两级均出台了一系列贯彻落实意见和鼓励创新、推进产业加快发展的政策措施，共同构建了一个规划科学、目标清晰、任务明确、保障措施有力的工程推进体系。同时，还整合地方、部门资源，落实了财政投入和奖补、税收优惠、人才、土地等激励政策，营造了良好的政策环境。

◎ 宣传造势营造发展氛围

江西省建立了科技创新“六个一”工程专题网，并在省政府门户网站设立“六个一”工程专栏，编辑内部刊物《工作动态》，编印“六个一”工程读本和产业资料，举办专题巡回展览，保持与媒体畅通的联系，向海内外介绍“六个一”工程。除了这些常规手段外，2011 年，还在全省范围内开展了一场声势浩大的“六个一”工程集中报导和主题宣传活动。各种生动活泼的宣传活动提高了全社会对科技创新“六个一”工程的认识，为工程深入实施提供了强有力的舆论支持。

◎ 开放合作搭建招商平台

专栏 8-9 生态科技城建设成效显著

江西省坚持产城结合，全面启动了瑶湖生态科技城建设。2010 年投入 2000 多万元，高起点编制了瑶湖湖心岛生态总部区、国际社区、总部经济港等的城市设计，规划投入为历年之最。2011 年，又与美国西图集团、GE 公司签订了战略合作协议，将对高新区产业新城进行整体规划和设计，全面提升高新区发展品质和水平。通过投融资体制创新，2010 年以来先后启动了总投资 20 多亿元的奥体中心配套路网、瑶湖组团起步区等市政道路建设和安置房建设。实施了道路改造提升工程，区内主干道路全部实现了沥青化改造。同时，加快了生态园区建设，打造了紫阳大道、火炬大道两条花卉景观大道，启动了占地 1500 亩的瑶湖郊野公园建设。

江西省不断加大产业、科技招商引资力度，2010—2011 年，组织开展了一批规格高、影响大、效果好的招商推介活动。江西省政府会同科技部、工业和信息化部等国家部委举办了 12 场产业合作推进会，签约项目 400 个，投资金额 2892.98 亿元。在系列招商活动中，世界低碳与生态经济大会暨技术博览会、陶瓷科技论坛、香港招商活动周等已经成为江西的“名片”。

第七节 山东省

2011 年，山东省科技工作围绕转变经济发展方式这条主线，深入实施“蓝黄”两大战略，进一步完善创新体系、优化创新环境、提升创新能力，加快了创新山东的建设步伐。

一、科技发展总体进展

山东省深入实施科教兴鲁、人才强省和可持续发展战略，不断优化科技创新环境，自主创新能力显著提升，科技支撑引领作用日益凸显。2011 年是山东省取得科技成果最多、科技投入最大、科技作用发挥最强的一年，实现了“十二五”良好开局。

◎ 科技创新环境不断优化

科技创新法制与政策环境进一步改善。山东省修订了《山东省科学技术进步条例》，于 2012 年 5 月 1 日施行。发布了《山东省科学和技术发展“十二五”规划》。出台了山东省“十二五”制造业信息化科技工程规划和科技服务业发展规划，以及《关于促进文化与科技融合发展的意见》和《关于加快培育发展全省云计算产业的指导意见》等一批促进和鼓励自主创新的政策。

部省会商进入新的阶段。为更好地争取国家在科技项目、科技平台和科技经费等方面的支持，启动了新一轮的省政府与科技部的工作会商。双方签署了《部省工作会商制度议定书》和《部省共建黄河三角洲国家现代农业科技示范区协议》，双方围绕推进国家区域发展战略实施、农村信息化示范省建设、战略新兴产业发展、创新平台建设等进行合作，进一步提升全省自主创新能力。同时，与国家自然科学基金委就设立海洋科技联合基金达成合作意向。

科技交流合作进一步深化。山东省政府与中国科技大学签署战略合作框架协议，与上海交通大学达成全面合作意向。积极争取国家国际科技合作重大项目，4 个市实现了零突破。继续深化与中国工程院和中国科学院的合作，各种博览会、洽谈会及产学研合作创新活动都取得显著效果。编写了《山东省高技术产业协同创新资源路线图》，初步理清了 187 项重大关键技术和产品研发相关的创新资源分布情况。

高层次科技人才加快向全省集聚。山东省积极参与实施“千人计划”和“泰山学者”工程，全省有 16 名高级人才入选国家第六批“千人计划”，总数增加到 46 名，其中创新人才 30 名，创业人才 16 名。山东国家综合性新药研发技术大平台首批聘任了 10 位“泰山学者—药学特聘专家”，并给予每人 500 万元科研经费支持。山东信息通信技术研究院新增驻院研发团队 10 个，引进海内外高层次人才 9 人，在研究院工作的海外人才新增 19 人。加大对基础研究领域和中青年人才的支持。2011 年度，新上省自然科学杰出青年基金项目 21 项，每项资助总额 50 万元；省自然科学基金项目 617 项，资金 3776 万元；博士基金立项 320 项，资金 1600 万元。山东大学参与的国际重大科学计划阿尔法磁谱仪项目获得突破性成果，AMS2 搭乘奋进号航天飞机飞往国际空间站，标志着山东省的科学团队首次进入国际科学研究的最前沿。

科技计划管理和科技奖励评审改革扎实推进。山东省对现有省级科技计划体系进行科学梳理和分类，对厅内各处室管理的技术领域进行科学界定，避免重复交叉。与省财政厅联合出台了《关于改进和加强省级财政科技经费管理，推进自主创新工作的意见》，建立科技信誉等级评价制度，强化了对财政科技经费的管理。改进和完善了科技奖励评审系统，更新了评审专家库，专家总数达到 1.5 万余人，省外专家约占 1/2。强化了省科学技术奖励候选人管理，与省委组织部等 4 部门联合出台文件，对行政管理等非科研人员不合理地“搭车”参与成果奖励申报问题进行了规范。

科技与金融结合、科学仪器协作共用等工作取得新进展。在潍坊和济宁开展了科技和金融结合试点，完成了 2011 年省科技风险投资项目考察筛选工作，确定对 2 家企业进行投资。省科学仪器协作网功能更加完善，开发完善了科学仪器检验检测公共服务系统等。加入省协作网的仪器设备 3218 台套，协作网点击率超过了 106 万次。获准筹建山东省创新方法研究会，开展了创新方法培训和企业试点应用，企业创新能力不断提高。

知识产权服务能力显著提升。为推动实施国家知识产权战略，山东省编制了《山东省知识产权战略纲要（2011—2020）》（征求意见稿），出台了《山东省专利工作“十二五”规划》，高标准谋划全省知识产权工作，更好地发挥知识产权对创新型省份建设的支撑和引领作用。加强专利行政执法和知识产权保护长效机制建设，建立了山东半岛蓝色经济区知识产权保护联盟。知识产权宏观管理能力、信息服务水平不断提升，为东岳、莱钢、博特丝杠 3 家企业及滨州家纺行业制作了国内外专利分析预警报告。大力推广知识产权电子申请，大大提高了服务企业和科研单位的能力。

◎ 自主创新能力显著提升

山东省取得一批重要科技成果，其中获得国家科技奖励 39 项。高新技术产业实现产值 2.8 万亿元，增长 27%，占规模以上工业总产值的比重增长 27.31%。全年专利申请量首次突破 10 万件，增长 35.55%。以上数据均创历史新高。山东省基层科技工作取得长足进步，全省 140 个县市区中有 134 个通过全国科技进步考核，受表彰的先进数量居全国首位。山东省区域创新能力跃升至全国第六位，成为创新能力较强的地区之一。新增国家级创新企业 13 家，总数达 35 家，新增量和总数量均居各省市之首。有 33 家国家级创新服务中心通过科技部的复核，数量居全国前列。在国家科技特派员创业大赛中，全省有 10 个项目获奖。

二、科技支撑区域经济社会发展

坚持以支撑发展方式转变和经济结构调整为中心，大力实施自主创新成果转化重大专项，加快培育战略性新兴产业，着力发展民生科技和农业科技，推动山东省经济尽快走上创新驱动的发展轨道，为经济文化强省建设提供了强有力的科技支撑。

◎ 加快培育战略性新兴产业

加快高新技术产业发展。山东省把高新技术产业发展作为推动产业结构优化升级突破口，着力突破核心关键技术，抢占经济科技战略制高点。规范高新技术企业认定，总数达到 1434 家。积极培育科技型中小企业，争取国家科技型中小企业创新基金项目 172 项，获得经费 1.25 多亿元，实施省级项目 114 项，扶持资金 4000 万元。启动省科技型中小企业创新发展专项扶持资金支持产业集群试点，安排资金 2000 万元，重点支持了东营石油装备、招远电子材料和福山汽车零部件产业集群发展。17 个市高新技术产业产值与 2010 年相比全部实现增长，菏泽市增长幅度超过了 50%，威海、德州、莱芜 3 市增长幅度超过 35%。

强化科技计划对战略性新兴产业的支撑引领。山东省自主创新成果转化重大专项重点围绕十大战略性高新技术产业，优先安排了 72 项重大专项，安排资金 2.5 亿元，着重加强了对高端电子信息、新材料、装备制造、电动汽车、节能环保、农业高新技术等产业的支持。同时，将新兴产业发展与国家目标结合起来，提高了参与和实施国家科技计划的能力。

专栏 8-10 山东省自主创新成果转化重大专项初见成效

为进一步突出企业创新主体地位，促进自主创新成果转化，山东省 2007 年启动实施“山东省自主创新成果转化重大专项”（简称重大专项），重点支持已取得的拥有自主知识产权的科技成果，经中试能够实现产业化或能够直接进入产业化开发，并能较快形成较大产业规模，显著提升相关产业技术水平和核心竞争力的重大自主创新成果转化项目。重大专项项目实施在当地产生了很大的示范带动作用，逐步形成以政府为引导、企业为主体、全社会共同参与的多元化科技创新体系，为优化调整产业经济结构、加快经济发展方式转变发挥了积极的作用。

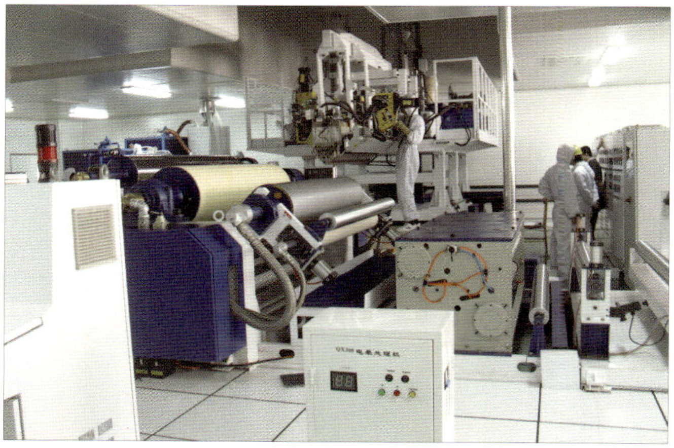

图 8-16 山东东岳神舟新材料有限公司全氟离子膜制膜装置

加快将高新区培育成地方经济发展新的经济增长点。2011年，山东省级及省级以上高新区批准入区项目2753个，固定资产投资2777亿元、规模以上工业总产值1.3万亿元，出口额192亿美元，专利申请超过1万件，科研经费支出近300亿元，高新区已经成为带动区域经济结构调整和经济发展方式转变的强大引擎。高新区布局更加合理，临沂高新区升级为国家高新区。临沂作为革命老区，其高新区升格为国家级高新区，充分体现了党中央、国务院和科技部等有关方面对革命老区的特殊关爱，也是对全省高新区建设的肯定。目前，全省国家级高新区总数达到8家，与江苏省并列全国第二位。省级以上高新区达到20家，国家创新型科技园区5家。

◎ 着力发展民生科技和农业科技

农业科技创新保障了全省粮食实现连续9年增产。继续推进国家农业农村信息化示范省建设，省里综合服务平台已实现网上测试，启动了蔬菜、苹果和农产品物流等六大专业信息服务系统建设。深入实施农业良种工程，启动了科技型种业企业自主创新能力建设资金项目，设立专项资金1500万元。新组建省级农业高新技术产业示范区2家，总数达到8家。黄河三角洲国家现代农业科技示范区纳入国家现代农业发展“一城两区”战略部署，先期启动了黄河三角洲优质肉牛科技示范工程。

海洋科技创新能力继续保持全国领先地位。2011年，山东省新争取了两个海洋领域973项目，总数达到18项，海洋863计划项目累计近200项，新增的两项国家海洋领域重大科学研究计划全部落户山东。青岛蓝色硅谷、威海南海新区、潍坊滨海新城等规划建设，支撑了蓝区建设和海洋新兴产业发展。国家重大科技基础设施——海洋科学综合考察船顺利下水，使中国海洋综合科考和船舶研制能力上了一个新台阶。

医药科技创新体系建设有序进行。重大新药创制体系和成果转化体系取得新进展，新认定10家大平台产业化示范企业，总数达到30家。目前，大平台共投入医药科研经费54.7亿元，获得国家批准新药证书56件，省部级以上科技奖励83项。国家山东创新药物孵化基地已获得发明专利授权70项，制定国家药品技术标准14项。

区域可持续发展工作取得新进展。继黄河三角洲可持续发展实验区成为中国第一个跨行政区域的国家可持续发展实验区后，新建设了2家国家可持续发展实验区，国家可持续发展先进示范区和国家可持续发展实验区总数达到8家，位居全国前列。新建了济南历下区、潍坊高新区、诸城市、莱芜雪野旅游区、沂水县等5个省级可持续发展实验区。

三、推进科技创新平台、工程和项目建设

坚持把科技创新平台建设作为科技发展的战略重点，深入实施国家技术创新工程，积极争取承担国家重点项目，不断完善区域特色创新体系建设，聚集一批新兴产业、培养和吸纳一批创新创业人才、培育造就一批创新人才团队、承担一批国家计划项目，努力推动行业科技进步和区域科技创新。

◎ 努力搭建科技创新平台

重大科技创新平台建设取得突破性进展。青岛海洋科学技术国家实验室的建设取得重大突破。第一次明确把国家实验室的建设纳入省部会商共建重要议题，目前一期工程已竣工，二期工程建设资金得到落实，各项工作正在加快推进。“科学号”海洋科学综合考察船在武汉正式下水，成为目前全国最先进的综考船，具备全球无限区航行能力及全天候观测能力，吨位约 4800 吨，总投资约 5.5 亿元，将成为中国海洋多学科综合交叉研究与探测的主力船。山东国家综合性新药研发技术平台建设取得重大进展。山东大学齐鲁医院心脑血管病新药临床评价研究技术平台被列入国家重大新药科技创新重大专项计划，实现全省零突破。山东信息通信技术研究院等七大公共平台建设初具规模，千万次超算、集成电路设计、数字媒体、通信测试和物联网、嵌入式系统等五大平台已投入运行。国家超级计算济南中心正式揭牌启用，装备了国内首台国产

图 8-17　中国首台全部采用国产 CPU 和系统软件构建的千万亿次计算机系统

中央处理器和系统软件构建的神威蓝光千万次计算机系统，标志着中国成为继美国、日本之后，第三个能够采用自主知识产权中央处理器来构建千万次计算机的国家。量子通信技术研发平台和量子保密通信测试网建设进展顺利，中国科学院量子技术与应用研究中心和济南量子技术研究院正式成立。黄河三角洲可持续发展研究中心正式命名，成为国家高效生态经济可持续发展产业的技术创新平台，为黄河三角洲国家可持续发展实验区建设提供科技支撑。省部共建黄河三角洲国家现代农业科技示范区方案得到科技部、中组部、工业和信息化部的批准。全省农村农业信息化综合服务平台实现网上测试。

企业科技创新平台健康发展。继续推进国家技术创新工程试点，加快建立产业技术创新战略联盟，以企业为主体的技术创新体系逐步完善。新增 4 家国家工程技术研究中心，总数达到 30 家，继续保持在全国各省市首位。新增省级工程技术研究中心 177 家，总数达到 921 家，布局更加合理。新建院士工作站 69 家，引进院士 78 位，总数分别达到 177 家和 197 位，院士与企业合作了大批项目，促进了企业科技创新。

科技条件建设不断提高。重点实验室和企业重点实验室建设与管理进一步完善，国家重点实验室达 3 家，企业国家重点实验室 10 家。新建 23 个省企业重点实验室，总数达 60 家，批准了 6 个省企业重点实验室培育基地。

◎深入实施国家技术创新工程

深入实施国家技术创新工程，积极构建和发展技术创新战略联盟和创新型企业。加快建立以企业为主体，市场为导向、产学研相结合的技术创新体系，大幅度提升企业自主创新能力。围绕全省五大重点区域发展战略总体部属，重点推动全省优势产业和战略性高新技术产业的技术创新战略联盟的构建和发展。建立了一批创新战略联盟。着力培育创新型（试点）企业，针对不同类型的企业进行分类指导、重点扶持，探索不同类型企业创新发展的有效模式。

◎积极争取承担国家重点项目

围绕国家科技创新发展方向，立足山东省特色和优势产业，通过与国家科技计划对接，积极承担国家重大科技专项。2011 年，山东省共承担国家自然科学基金项目 1300 项，获得国拨经费 6.6 亿元，同比增长超过 100%。除青岛外，争取国家重大国际科技合作项目 36 项，获准填报经费预算首次突破 2 亿元，居全国各省市前列。工业高新领域争取国拨经费超过 6 亿元，重点支持全省全氟离子膜、8AT 自动变速器、光纤量子通信、新型非易失存储器和动态随机存储器方面的关键技术及产业化研究。海洋领域获得经费超过 1.3 亿元。医药领域争取“重大新药创制”科技重大专项 22 项，争取国拨经费 7356 万元。围绕国家农村农业信息化示范省建设，作为国家科技计划改革先行试点单位，组织实施了国家科技支撑计划和 863 计划 2 个项目，获资金支持近 2 亿元。国家农业科技成果转化资金立项 24 个，争取资金 1760 万元，立项总数及资金总额并列全国第一位。

第九章 华中地区科技工作的进展与成就

2010年以来，河南省、湖北省、湖南省围绕本省重点建设任务与社会经济发展中的关键技术问题，着力科技体制改革，提高自主创新能力，稳步推进重点工作，区域创新体系建设取得积极进展，有力支撑和引领经济社会发展。河南省紧紧围绕中原经济区建设，按照“四个重在”的要求，通过培育壮大创新主体、积极搭建创新平台、加速创新资源和要素聚集、深化体制改革和机制创新、实施重大科技专项、培养领军人才、扩大对外开放合作，稳步推进自主创新体系建设；湖北省围绕构建中部战略支点、实现跨越发展的大局，大力加强主体培育，集聚创新资源，加快技术转移，强化产学研合作，大力推进创新能力建设，努力提高科技对经济社会发展的支撑能力；湖南省以服务“四化两型”和“四个湖南”建设为中心任务，通过大力推进产学研协同创新、科技和金融结合、科技重大专项协同攻关、部省及厅市（州）协同机制，大力构建协同创新体系，着力增强自主创新能力，将科技优势转化为经济优势。

第一节 河南省

2011年是“十二五”开局之年，在河南省委、省政府的正确领导下，全省科技系统认真落实科学发展观，紧紧围绕中原经济区建设，认真贯彻落实《国务院关于支持河南省加快建设中原经济区的指导意见》和省第九次党代会精神、全省自主创新体系建设工作会议精神，按照“四个重在”的要求，团结奋进，扎实工作，各项重点工作稳步推进，实现了“十二五”的良好开局。

一、科技发展总体进展

◎ 创新环境不断优化

河南省委、省政府高度重视科技创新工作，按照建设“一个载体，三个体系”的重大战略部署，把加快科技创新作为实践科学发展观的重大战略进行部署和实施。召开了全省自主创新体系建设工作会议，颁布了《河南省“十二五”科学技术发展规划》，出台了《关于进一步推进自主创新体系政策的实施意见》、《河南省促进高新技术产业发展条例》等政策文件。中原经济区上升为国家战略后为科技事业发展带来了新的发展机遇，省第九次党代会确定了推进科技创新工作为“三化”协调发展的强大驱动力量，为科技创新工作营造了良好的氛围环境。

◎ 科技投入稳定增长

不断创新科技投入机制，财政科技投入的引导、示范、放大作用日益显现；企业的研发投入所占比例逐步加大，企业逐步成为研发投入的主体。2011 年，河南省全社会研究开发费用达到 253.6 亿元，比上年增长 19.97%，占 GDP 的比重为 0.93%。

◎ 科技创新能力进一步增强

2011 年，河南省新增 3 名两院院士。其中，两名中原学者当选为中国工程院院士。河南大学和中国农科院棉花研究所联合组建的棉花生物学以及依托河南天冠集团组建的车用生物燃料技术两家国家重点实验室获得国家批准，河南省国家重点实验室总量达到 7 家，使河南省在高校国家重点实验室建设上实现了零的历史性突破。国家发展改革委批准建立了 7 个国家级企业技术中心、13 个国家级工程实验室（其中省部共建 10 家）。全省新建 549 家市级以上工程技术研究中心，其中省级 100 家。全省市级以上工程技术研究中心达 1851 家。

◎ 科技创新成果稳定增长

2011 年，河南省科技成果获得国家科技奖励 24 项。浚县农科所程相文研究员主持完成的玉米新品种“浚单 20”获得国家科技进步一等奖（全国共 9 项），创造了县级科研单位获得国家科技进步等奖的纪录。2011 年，全省专利申请量首次突破 3 万件，达 34076 件，较 2010 年增长 35.5%，专利授权量 19259 件，同比增长 16.4%。体现创新能力的发明专利大幅增长，全年发明专利申请量 8833 件，同比增长 46.7%。2011 年，签订技术合同 5010 份，成交金额 38.76 亿元。

二、支撑和引领经济社会发展

◎ 加快战略性新兴产业培育和传统产业改造升级，支撑新型工业化

加快培育战略性新兴产业。通过实施“新型超晶格稀土正极材料研发”、“兆瓦级风电机组”等省重大科技专项，积极培育新型电池及其关键材料、高端装备、碳纤维等产业集群。许继集团承担的省重大科技专项“兆瓦级风力发电机组关键技术研究与产业化”项目，研发出拥有自主知识产权的 2 兆瓦风力发电机组并通过 GL 认证，整体性能达到世界先进水平，并在国家电力风光

储输示范工程中成功应用，已实现订货 300 多台，合同金额近 30 亿元。

图 9-1 许继集团研发的拥有自主知识产权的 2 兆瓦风力发电机

大力实施“十城万盏”半导体照明、“十城千辆”节能与新能源汽车、“金太阳”等科技示范工程，已推广应用半导体照明灯具 2.1 万盏，年节约用电 1576 万度，应用节能与新能源汽车 546 辆，光伏发电总装机容量 60 多兆瓦。全省高新技术产业呈现良好发展态势。2011 年，全省规模以上高新技术产业实现工业增加值 2300 亿元，同比增长 21%。

改造提升传统优势产业。把解决传统优势产业转型升级的技术瓶颈摆在突出的位置，实施一批重大科技项目，带动煤化工、钢铁、铝、纺织等传统优势产业技术创新，增强竞争力。河南中孚实业股份有限公司实施的“低温低电压铝电解新技术”破解了世界铝工业生产的重大技术难题。河南煤业化工集团有限责任公司实施的“煤制乙二醇产业化技术研究与开发”重大科技专项以煤为原料生产乙二醇产品，开辟了以煤为原料制取乙二醇的非石油路线，以代替、补充石油路线生产乙二醇的短缺。

◎ 加快农业科技创新，支撑新型农业现代化

大力实施国家粮食丰产科技工程，关键技术研发成效显著。攻克了光热资源高效利用、节水灌溉技术和专用缓控释肥等 6 项关键技术，创造了黄淮海 50 亩连片小麦平均亩产 751.9 公斤、15 亩连片夏玉米平均亩产 1064.8 公斤和一年两熟平均亩产 1770.5 公斤等三项超高产纪录；在 1100 多万亩的项目区，通过成果的示范与应用，化肥与灌溉水利用率提高了 10% 以上，灾害损失率

降低15%以上；小麦平均亩产比全省同期平均亩增产25.4%；玉米平均亩产比全省同期平均亩增产32.3%；项目区用占全省13%的耕地面积，收获得了占全省18%的粮食产量，累计增产粮食152.7亿斤，增加效益118.43亿元，为全省粮食大面积持续增产提供了重要支撑。

组织实施了小麦新品种“百农矮抗58”、“郑麦366”和玉米新品种“浚单20”产业化研究与开发等省重大科技专项，培育推广河南省两大粮食作物新一代的主导品种。通过良种培育，河南省成功实现了主要粮食品种的更新换代。其中，“百农矮抗58”累计种植面积已达1.5亿亩，增加效益达150亿元，成为全国第一大小麦品种；“郑麦366”成为国内优质强筋小麦第一大主导品种；玉米新品种“浚单20”全国种植面积累计已推广1.32亿亩，成为继“郑单958”之后又一个可在全国大面积推广的玉米品种，得到温家宝总理的高度评价，并亲自命名为“永优”。

良种培育的重大科技专项和国家粮食丰产科技工程的实施不但为全省粮食大面积开展高产创建提供了强有力的技术支撑体系，而且为全省粮食总产连续创历史新高，进而保障国家粮食安全做出了重大贡献。

◎加强民生科技工作，支撑新型城镇化

以重点解决人民群众最关心的重大民生问题的科技需求为出发点，实施民生科技工程，加强人口健康、生态环境保护、城镇发展、防灾减灾等民生领域的科技创新。

实施节能减排科技示范工程，推广先进适用的节能技术，组织开发“节能蒸压粉煤灰多孔砌块及成套设备研制”、“新型超低辐射节能安全玻璃的研究与开发”等15项先进节能减排技术。推广应用“太阳能空气集热器技术成果转化”、“ZWC型转网式除污机”等25项先进节能减排技术，取得了显著的节能减排成效。中信重机公司自主研发的“利用水泥窑处理生活垃圾的工艺技术及装备”，一条生产线可日处理垃圾量500吨，完全实现了城市生活垃圾的无害化处理和资源化利用。三门峡恒生科技研发有限公司承担实施的省重大科技专项“丙二腈合金清洁镀金技术”项目，成功解决了国际电镀业多年来存在的氰污染世界难题，已建成了年产50吨生产线，在“神舟”飞船系列、“嫦娥一号”及国内310家电镀金企业成功应用，推动电镀金行业逐步实现清洁无害化安全生产。

培育节能减排科技示范企业，认定中信重工机械股份有限公司等30家企业为第4批河南省节能减排科技创新示范企业。加强节能减排科技创新平台建设，以节能减排工作和示范企业培育为重点，培育建设省级工程技术研究中心。目前，全省已有节能减排省级工程技术研究中心67家。

三、深入推进自主创新体系建设

◎培育壮大创新主体，巩固和加强企业技术创新主体地位

通过实施企业创新能力培育科技工程，支持企业尽快成为技术创新的主体。围绕全省传统优势产业和战略性新兴产业，加大高新技术企业和创新型企业培育力度。2011 年，新培育高新技术企业 161 家、省创新型（试点）企业 92 家，截至 2011 年底，全省有效期内高新技术企业数达 624 家，省级创新型企业已达 142 家，试点企业 77 家。国家火炬计划重点高新技术企业创建取得新突破，12 家企业被新认定为国家火炬计划重点高新技术企业，目前全省总量已达 42 家。中信重工、南阳防爆集团等 10 家企业被确定为国家创新型企业，使全省国家创新型企业增至 13 家，数量居中西部各省前列。积极支持和培育高新技术企业上市融资，2011 年河南省又有 11 家高新技术企业上市，占全省新上市企业数量的 85%，融资金额约 77 亿元。目前，全省 95 家上市企业中，共有高新技术企业 45 家，基本占据全省上市企业的半壁江山。

◎积极搭建创新平台，企业研发中心和重点实验室不断取得新突破

加强企业研发中心建设。目前，省级工程技术中心已达到 481 个，其中建在企业的占 90%。研发中心的建设有力地带动了企业自主创新和产学研结合能力的提升。

加强重点实验室建设。2011 年，天冠集团燃料乙醇技术重点实验室、河南大学和中国农科院棉花研究所联合组建的获得科技部批准，其中棉花生物学重点实验室获准组建，使河南省在高校国家重点实验室建设上实现了零的历史性突破。

重点加强产业集聚区主导产业的企业研发中心、科技孵化器、科技创新公共服务平台等建设。重点推进洛阳科技城、郑州金水科技城、创意岛、专利协查中心等一批科技孵化平台建设，不断完善功能，提高其服务能力。全省已建设省级以上科技企业孵化器 26 家，其中国家级 13 家，数量均位居中西部前列。

◎丰富发展创新载体，加速创新资源和要素聚集

促进高新区开展“二次创业”。全省高新区已经初具规模。经济总量不断增长，年平均增速在 30% 以上。2011 年，全省 6 家（郑州、洛阳、安阳、南阳、新乡、平顶山）工业增加值 920.65 亿元，占全省工业增加值的 6.4%。高新区创新能力不断提升。截至 2011 年底，全省 6 家高新区共培育高新技术企业 305 家，占全省的 49%。郑州高新区的国家科技服务体系建设试点和洛阳高新区的轴承产业国家创新型产业集群试点获科技部批准。2011 年，在科技部对国家高新区的综合评价中，郑州高新区的知识创造与孕育创新能力大幅提升，跃升至第 6 名。产业结构不断

优化，截至2011年底，全省6家高新区实现高新技术产业增加值540亿元，占全省23.5%。

实施产业集聚区科技创新工程。在产业集聚区建设了71家省级工程技术研究中心。12个省创新型产业集聚区依靠科技创新，实现集聚集约发展。新形成了郑州高新区产业集聚区的动漫创意、开封汴西产业集聚区的汽车及零部件、周口经济技术产业集聚区的农副产品深加工等特色产业集群。郑州高新区动漫创意产业集群被评为全国十大动漫创意产业基地。新培育1家国家级和9家省级科技企业孵化器（国家级和省级各13家），大多数创新型产业集聚区内也都已规划布局了科技企业孵化器。新乡新型电池及材料高新技术产业化基地上升为国家高新技术产业化基地。

◎深化体制改革和机制创新，促进科技与经济紧密结合

推进省属科研单位改革，以河南省科学院改革为契机推进省属科研单位改革，进一步激发了科研单位和广大科技人员的创新活力。促进科技与金融的结合，积极推进专利权质押融资工作，与交通银行郑州分行签署了知识产权质押融资合作框架协议，争取到了50亿元的专利质押贷款授信额度。落实企业研究开发费用加计抵扣税收优惠政策，制定出台《企业研究开发费用认定管理实施意见（试行）》，2011年全省企业研发活动减免所得税额达到100亿元。与中国银行、民生银行、浦发银行签订了科技金融战略合作协议，贷款授信额度1000亿元。

◎以重大科技专项为抓手，突破经济社会发展关键核心技术

2011年，按照改造提升传统产业和培育壮大战略性新兴产业并重的原则，加大省重大科技专项实施力度，解决了一批经济社会发展中的关键技术难题，推动了装备制造、有色金属、客车、超硬材料、耐火材料等产业的改造升级，引领了特高压输变电装备、锂离子电池、硅—光伏、生物疫苗、风力发电装备、电动汽车、盾构等新兴产业的形成和发展，一大批重大科技成果和关键技术装备在西电东送、高速铁路、载人航天、北京奥运、上海世博、“蛟龙号”载人深潜器等国家重点工程中应用。农业科技创新为全省粮食产量连续创历史新高提供了有力支撑。中国北方地区小麦、玉米、棉花三大农作物种植面积最大的优良品种都出自河南。

◎以领军人才培养为突破口，建设高层次科技创新人才队伍

制定出台了《河南省科技人才发展中长期规划》。为加强科技人才队伍建设，推进人才强省战略的实现提供了政策依据。“中原学者计划”取得了重大突破。2011年，两名中原学者当选为中国工程院院士，一名长期在郑州大学全职工作的外籍专家当选外籍中国科学院院士。新建了74个院士工作站（已建总数达116个），新引进50多名院士进入院士工作站工作，目前进入院士工作站工作的院士已达100多人，大大提升了全省科技创新人才队伍层次。新培育了两名国家973计划项目首席专家和一名国家杰出青年科学基金获得者，实现了全省省属单位培养973项目科学

家的新突破。积极推进与国家自然科学基金委合作，在中部六省首先与国家自然科学基金委联合设立了“人才培养联合基金”，未来 5 年共同安排 1.5 亿元，专项支持河南省 40 岁以下青年科技人员开展基础研究工作。

◎ 积极扩大对外开放合作，吸引国内外优秀创新资源向全省集聚

扩展政府间科技合作。国际科技合作与交流的渠道、领域和形式不断拓宽，河南省已经与世界上 60 多个国家和地区建立了科技合作与交流关系，新 12 个国际联合实验室，参与了国际热核聚变实验堆计划、伽利略计划等国际重大科技合作项目。实施了一批国际科技合作项目，合作领域涉及国民经济和社会发展的主要领域，初步形成了全方位、多层次、广领域的科技对外开放格局。

积极搭建技术对接和成果转化平台。2011 年，成功举办河南省技术转移洽谈会。共征集技术成果项目 5209 项，征集技术难题项目 4235 项。对接成功的项目 1135 项，成交总金额 385.02 亿元。

第二节 湖北省

“十二五”是湖北省加快转变经济发展方式的关键时期，是建设创新型湖北的攻坚阶段。2011 年是“十二五”的开局之年，在这一年里，湖北省的科技工作在湖北省委、省政府的正确领导和科技部的大力支持下，围绕构建中部战略支点、实现跨越发展的大局，振奋精神，主动作为，开拓创新，狠抓落实，大力推进创新能力建设，大力推进成果转化，大力推进高新技术产业做大、做实、做强，大力推进农业科技创新和民生科技进步，大力推进体制机制创新，努力提高科技对经济社会发展的支撑能力，实现了“十二五”良好开局，为全面实现跨越式发展目标奠定了坚实基础。

一、科技发展总体良好

湖北省 R&D 经费继续稳定增长。2011 年，总经费达到 323 亿元，同比增长 22.3%，R&D 占 GDP 的比重为 1.65%，与去年持平。其中，按活动类型分，R&D 总经费中基础研究经费 13.9 亿元，占 4.3%；应用研究经费 47.2 亿元，占 14.6%；试验发展经费 261.9 亿元，占 81.1%。按执行部门分，企业投入 236.3 亿元，占 73.16%；科研机构投入 46.5 亿元，占 14.4%；高等院校 37.7 亿元，占 11.67%；其他 2.5 亿元，占 0.77%。

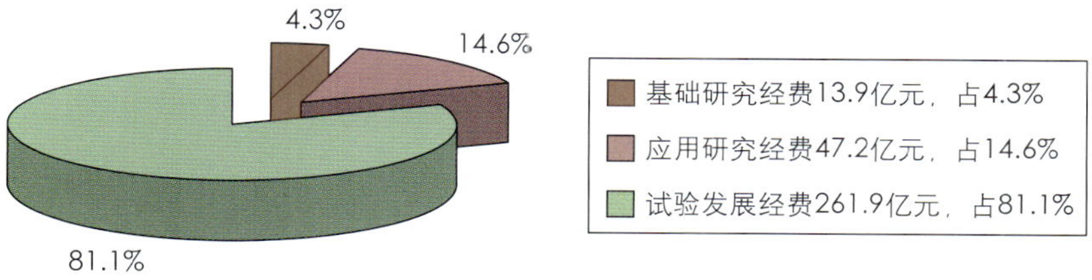

图 9-2　湖北省 2011 年 R&D 经费按活动类型分布图

数据来源：湖北省统计局年度上报数据。

省级科技计划安排重点突出。2011 年，全省共安排省级科技计划 1707 项，投入资金 32500 万元。其中重大科技专项 10 项，经费 5000 万元，这批重大科技专项项目总投资 8.1 亿元，预计项目完成后，年新增销售收入 44.7 亿元，利税 5.5 亿元，年创汇 3100 万美元。省级科技计划中企业承担项目 513 项，获得经费支持 23582 万元，占总经费的 72.56%，经费额度较 2010 年增长 7.73%。

获得国家科技经费总额持续增长。2011 年，湖北省获得国家科技计划经费支持 25.65 亿元，其中争取科技部项目 849 项，经费 13.2 亿元，比 2010 年增长 39.2%；获得国家自然科学基金资助 1820 项、经费总额为 8.98 亿元，分别比 2010 年增长 27% 和 82.2%；争取民口国家科技重大专项项目 14 项，经费 34665 万元。民口国家科技重大专项项目主要集中在集成电路装备、数控机床、油气开发、转基因、新药创制 5 个专项，其中高校获得经费支持 17682 万元，占总经费的 51.01%，企业获得经费支持 16983 万元，占总经费的 48.99%。

高水平科技人才队伍不断壮大。2011 年，全省新当选两院院士 7 人（当选总人数居全国第二位），在鄂中国科学院院士和中国工程院院士分别达到 25 人和 36 人（均位居全国前列）。全省 39 人入选“千人计划”、59 人入选“百人计划”、36 人入选“双百计划”、12 人入选国家 973 计划首席科学家。

创新平台建设稳步推进。2011 年，新增国家级科技创新平台 7 个，其中国家重点实验室 5 个（居全国第二位），企业国家重点实验室 1 个，国家工程技术研究中心 1 个。新建了 24 个省级工程技术中心和 25 个校企共建研发中心。新建了智能电网、水生蔬菜、钒资源等 8 个省级产业技术创新战略联盟。

科技成果转化成效显著。全省获 2011 年度国家科技奖 44 项，居全国第四位。全年共登记重大科技成果 1200 项，其中稳定应用、转化的 1082 项，应用率达到 90%。据对 240 项重大成果应用转化的调查统计，已新增产值 444.2 亿元，新增净利润 227.8 亿元，上缴税款 35.9 亿元。

专利申请与授权量增幅明显。2011 年，全省专利申请量首次突破 4 万件，达到 472510 件，同比增长 35.77%，位列全国第九；全年发明专利授权量 19035 件，同比增长 9.64%；全省有效发明专利拥有量和发明专利密度位居中部第一。

二、科技支撑引领作用日益凸显

◎ 高新技术产业和战略性新兴产业加快发展

重点围绕全省确定的新一代信息技术等七大战略性新兴产业领域和特色产业链，组织实施了智能型光伏发电系统及产业化等一批重大科技专项和重点科技项目，突破了一批核心关键技术，有力地促进了产业创新发展和产业升级。华中数控公司自主研发的 4 通道、9 轴联动高性能数控系统打破国外技术对中国的长期封锁；大功率光纤激光器在东湖示范区实现了产业化，彻底改变中国高端激光装备依赖进口、核心技术受制于人的局面；超高速超大容量超长距离光纤传输技术研究取得突破，成功实现了 240Gbit/s 实时传输（相当于在一对光纤上 2.75 亿人同时通话），是目前国际上光通信传输技术的最高水平，将解决互联网流量爆炸式增长带来的骨干传输网拥堵日益严重的问题。鼎龙化学公司研发出彩色聚合碳粉技术，是继其研发的碳粉电荷节剂打破日本垄断后，再次打破国外封锁。

2011 年，全省高新技术产业增加值达到 2325.9 亿元，同比增长 23.4%，高于同期工业增长速度 2.9 个百分点；高新产业增加值占全省 GDP 的比重达到 11.87%，比上年提高了 1.1 个百分点。在电子信息、先进制造、新材料、新能源与高效节能、生物医药等五大主导产业中，电子信息产业实现增加值 390.74 亿元，同比增长 29.6%，是增幅最大的产业。先进制造与新材料产业分别实现增加值 934.5 亿元和 514.6 亿元，分别占全省高新技术产业增加值的 40.2% 和 22.1%，依然排在前两位。新能源与高效节能产业作为全省在“十一五”期间重点培育的战略性新兴产业，继续保持高速发展态势，2011 年同比增长 29.5%，实现增加值 103.72 亿元，在全省高新技术产业所占比重比 2010 年提高 0.2 个百分点。生物医药与医疗器械产业全年实现增加值 138.1 亿元，同比增长 18.2%，发展态势与去年基本持平。

在出口方面，2011 年实现高新技术产品出口交货值 621.89 亿元，同比增长 61.7%，增幅创 5 年来新高。其中，电子信息出口 312.3 亿元，增幅达 104.2%；新能源与高效节能产品出口 184 亿元，增幅达 183.3%。两大行业对全省高新技术产品出口增长起到了重要的推动作用。

◎ 现代农业发展水平快速提升

按照湖北省委、省政府发展现代农业、建设农业强省的部署，突出农业“产业链”和“创新链”

的结合，完成了粮、棉、油等 12 条主要农业产业链技术创新规划。育成并审（认）定新品种 51 个，审定品种优质率水平居历年之首。争取国家淡水生物产业专题落户湖北，并首批启动了淡水鱼品种选育、健康养殖等 3 个项目 18 个课题。推进农业科技创新载体建设，仙桃国家农业科技园区全面启动建设，积极谋划创建华中农业高新技术产业开发区，完成了“一区多园多基地”的总体规划设计。首批启动建设了 30 个省级农业科技园区。进一步完善农村科技信息服务体系建设，精选专家 500 多名，制作、收集多媒体培训课件 1100 个，组织派遣 3000 多名科技特派员在农业生产一线创新创业。

◎ 民生科技创新取得新进展

在民生科技产业发展方面，加大了生物医药和节能环保战略性新兴产业的培育。武汉国家综合性新药研究开发技术大平台建设项目顺利通过了国家验收，已成为武汉国家生物产业基地的核心研发中心。重点支持 15 项创新类别高、拥有自主知识产权的新药品种开发。在推进科技改善民生方面，重点加强了服务人口健康和保障公共安全的技术创新与示范，共研发先进诊疗技术 23 项，制定诊疗规范 3 项，推广诊疗新技术、诊疗规范 19 项，大大提高了妇科肿瘤、脑血管病等重大疾病和常见多发病的规范化治疗水平。以食品安全、交通安全为科技创新方向，重点组织开展了食用植物油保真检测装备、食品中抗生素残留检测装备、地铁安全控制技术等一批公共安全关键技术攻关与示范。

◎ 科技成果推广转化取得新突破

2011 年，全省技术交易首次突破“百亿”大关，科技服务湖北经济社会发展的规模和影响不断扩大。截至目前，全省共登记技术合同 7669 项，成交额 119.40 亿元，比上年全年增加了 31.32%。企业吸纳技术成果的积极性大幅提高，全省高校、科研机构等在省内应用转化的技术合同比例首次超过 50%。湖北正由成果“输出大省”向成果“吸纳大省”转变。

2011 年 6 月起，湖北省科技厅依托武汉光谷联合产权交易所启动了“湖北省重大科技成果推介（拍卖）会”系列活动，共组织武汉大学、湖北省农科院、黄石市、武汉工程大学、华中农业大学等 5 个专场推介会，成功推介 700 余项重大科技成果和专利，成交 60 余项，部分重大项目的转让在全省引起较大反响，推介（拍卖）会的“品牌效应”逐步显现。

三、多种举措推进区域创新体系建设

◎ 加强主体培育，提升企业创新能力

统筹科技资源，支持企业创新活动。进一步调整财政资金流向，使科技资金由过去的主要流

向高校和院所，调整为主要流向企业；采用后补助、跟投等方式，吸引银行贷款、社会资金为企业创新服务；同时积极推动执行研发费用所得税加计扣除及高新技术企业所得税减免政策，降低企业创新成本。2011 年，省级科技资金用于支持企业自主创新的额度达到 30680 万元，占总经费的 94.4%；全省研发费用所得税加计扣除额度为 52 亿元，高新技术企业所得税额度为 21 亿元。

多种方式助推企业发展。加大调研力度，以企业创新需求为主要标准组建项目备选库，畅通企业项目申报渠道；建立企业融资需求信息库，以此为基础分类组织多场对接活动，促成投资 40 多项，投资金额过 10 亿元，成功举办了“2011 年中国中部（湖北）创业投资大会”，现场签约 83 个，意向投资金额达 17.87 亿元；积极为初创企业争取资本支持，探索成立科技成果转化天使投资联盟，目前联盟共有成员 30 人，天使投资资金近 2 亿元；大力推进“科技型中小企业成长路线图计划”，通过现场考核、机构推荐、综合考评等方式筛选出第三批“路线图计划”重点培育企业 132 家，并启动了新入库企业成长路线图计划的编制工作，在全省 2011 年上市的 6 家高新技术企业中，有 4 家是“路线图计划”重点培育企业，另有 20 多家企业已启动上市申报工作；推进创新型企业建设试点，启动第二批 241 家创新型企业试点工作，认定了 61 家创新型企业，新增国家创新型企业 5 家，试点企业总计实现工业总产值和销售收入分别增长 29.3% 和 28.8%，均高于全省高新技术产业发展平均水平。

◎ 集聚资源，推进载体建设

产业载体是科技部门的工作重点和服务重点，是促进成果转化，推进科技优势向经济优势转化的重要力量。近年来，湖北省积极做好与地方政府的沟通协调，并争取科技部和其他部门的支持，集成政策、资金、人才等各类资源，推动各类载体从无到有，升级发展，成为高新技术产业和战略性新兴产业发展的有力推手。目前，全省已拥有 1 个国家自主创新示范区，3 个国家级高新区，15 个省级高新区，19 家国家级科技企业孵化器，22 家省级科技企业孵化器，各级各类生产力促进中心 108 家，2 个国家级农业科技园区，30 个省级农业科技园区。这些载体正成为当地经济发展最快、最活跃的区域之一。

强化高新区的聚集、辐射和带动作用。实施高新区“聚焦工程”，促进创新产业、创新企业、创新平台、创新政策向高新区集聚。2011 年，全省 18 家高新区规模以上工业总产值达到 8596 亿元，实际工业增加值 2460 亿元，同比分别增长 37% 和 32%，其中高新技术增加值 1815 亿元，同比增长 36%。高新区工业增加值占全省的比重达到 30.8%，成为全省发展最快、最活跃的区域之一，也是高新区所在市经济发展的支柱。

加速推进东湖自主创新示范区建设。示范区 10 年发展规划已获国务院批复，在股权激励、科技投融资、税收政策、人才培养引进等方面开展体制机制创新、政策先行先试，已取得一些突破，已被财政部、科技部、发展改革委、商务部确定为国家现代服务业试点，首批已获得3亿元专项资金支持。东湖高新区的“地球空间信息及应用服务产业集群”已被正式列为国家创新型产业集群培育重点。

做好高新区的升级培育。为优化全省高新技术产业的总体布局，一方面注重引导推进有条件、有积极性的省级高新区争创国家高新区，开展以升促建工作。孝感、荆门两地政府的申报高新区升级的请示经省政府上报后，国务院已转请科技部研究。另一方面，有序推动高新技术产业发展居前列的市县创建省级高新区。2011年，省政府先后批复新增随州、天门、大冶和宜都4家省级高新区，使全省省级高新区总数达到了18家。

启动实施科技企业加速器建设试点。2011年，湖北省科技厅提出的启动科技企业加速器建设的建议，在全省得到了迅速而热烈的响应，已有东湖、襄阳、荆门、黄石、葛店、荆州、孝感等地的高新区开始了建设科技企业加速器的探索。

加强孵化器建设。一是出台了新的《湖北省科技企业孵化器认定和管理办法》，以规范孵化器管理；二是开展了省级孵化器的认定和复核评先工作，并组织条件较好的孵化器申报国家级孵化器；三是召开全省科技企业孵化器座谈会，加强了全省孵化器建设的工作指导与培训交流。目前，全省省级以上科技企业孵化器总数已增至41家，全省总孵化面积约200万平方米，在孵企业3000多家。从孵化器中走出了8家上市企业，并帮助25家毕业企业进入上市绿色通道。

◎ 推进成果转化，加快技术转移

拓宽成果转化服务内涵。建立了统筹各类成果产出的评价指标体系，编辑发布了“湖北科技成果产出报告”；建立了覆盖科技成果工作全流程的“一站式”服务平台和连接“大院大所大企业”、行业管理部门和市县的成果管理服务体系；建立了科技系统与大中企业的联动机制，启动了“全省大中企业科技成果管理和创新体系建设情况调查”，制定了“全省大中企业科技成果产出绩效考评方案”；建成了“湖北转化成果库”，正在筹建“湖北科技成果档案馆”。初步实现了科技成果评价、登记的集成管理。

启动实施科技成果转化促进工程。一是强化企业需求和成果应用导向，科技计划引导成果转化。全年引导实施成果转化项目3953项，引导各类投入达到174亿元。二是加强成果转化平台建设。认定了139家省级技术合同登记处（站），开通了“湖北技术交易网”。同时加强科技成果推介和信息发布，举办了5个专场科技成果推介（拍卖）会。三是创新投入机制，保障成果转化。充分运用政府投入的引导作用，撬动金融资本、创投资本向科技成果转化聚集。2011年，全省50多家企业的科技成果转化项目获得相关投资机构的投资，新增直接投资 10.6 亿元，带动社会投资近 50 亿元。

加强技术转移体系建设。启动认定了首批 10 家“湖北省技术转移示范机构”，积极争取并新获批国家技术转移中心 1 家，使全省国家级技术转移机构达到 8 家，位居中部第一。逐步形成了以国家技术转移示范机构为核心，省级技术转移机构相支撑，连接在鄂高校、科研单位“横向项目”管理机构和各类成果转化服务平台，覆盖全省的技术转移服务体系。

◎ 发挥优势，强化产学研合作

充分发挥科技计划导向作用。一是以科技计划项目为纽带，鼓励高校院所与企业联合申报项目，在评审指标体系设置中，向以企业为主体、产学研相结合的项目倾斜，2011 年省级科技计划项目中产学研合作项目达 50% 以上；二是调整计划定位。省级自然科学基金以应用基础研究为先，重点关注高新技术产业关键共性问题的基础研究；创新平台专项中设立校企共建研发中心类别并进行后补助，截至目前全省已组建校企共建研发中心 67 个。

搭建产学研合作平台。将产学研合作写进多份厅市会商协议，成为地方政府和科技部门的工作重点；举行了数次产学研合作签约仪式，为多家高校院所和企业的合作牵线搭桥；继续开展科技特派员工作，3000 多名科技人员活跃农业生产一线创新创业，涌现出了专家带基地、研究生驻基地以及院县共建专家大院等一大批先进典型。

推进校地校企合作。启动了全省“产学研合作示范市（县、区）”试点工作，正式批准黄石市、安陆市建设湖北省产学研合作示范城市（县），同时充分发挥“中科院武汉成果转化与育成中心”纽带作用，加强部省协调联动，积极推动湖北企业与中科院研究机构的战略合作。

第三节 湖南省

2011 年，在湖南省委、省政府的坚强领导下，在科技部的精心指导和大力支持下，全省科技系统紧紧围绕科学发展、富民强省这一主题，牢牢把握转变经济发展方式这一主线，以服务“四化两型”和“四个湖南”建设为中心任务，着力增强自主创新能力，将科技优势转化为经济优势，为服务全省经济社会发展大局做出了积极贡献。

一、科技发展总体进展

◎ 创新投入不断加强

湖南省财政科技支出增长16.3%。各市（州）、县（市、区）财政科技投入稳步增加。争取获得国家科技经费21.2亿元，同比增长30%。应用基础研究获国家自然科学基金委员会资助经费比2010年翻了一番。

◎ 科技资源进一步丰富

创新人才不断集聚，省“百人计划”累计引进海外高层次创新人才83人，其中32人进入国家“千人计划”，居全国前列。新增3名两院院士。一批科技新秀成为“科技湘军”的新生力量。创新平台持续升级，新建2个国家重点实验室、5个国家企业重点实验室、3个国家工程技术研究中心。国家超级计算长沙中心、亚欧水资源研究与利用中心、中意设计创新中心（湖南）、中意技术转移（湖南）分中心等一批重要创新平台陆续建成运行。

◎ 创新成果喜获丰收

21项重大科技成果通过国家科技奖励评审，230项科技成果获湖南省科学技术奖，全省专利授权16064件。农业科技创新取得重大突破，超级杂交稻第三期高产目标攻关获得成功，实现百亩片亩产926公斤。

◎ 科技发展环境逐步优化

科技进步法执法检查整改工作取得积极进展，《湖南省科技进步条例》修订、《湖南省实施〈实验动物管理条例〉办法》出台等科技立法工作有序开展。认真贯彻《科学技术普及法》，湖南省被评为全国“全民科学素质行动计划纲要实施工作先进集体”。科技创新国际化战略深入推进，国际科技交流合作基础条件不断改善，科技援外成效显著。《创新型湖南建设纲要》编制工作基本完成。

二、科技支撑区域经济社会发展

◎ 高新技术产业和战略性新兴产业加快发展，有力推动了产业结构调整

高新技术产业持续快速发展，全年实现高新技术产业产值9772亿元，同比增长51.8%；实现高新技术产品增加值2888亿元，同比增长48%；高新技术产品增加值占GDP的比重达14.7%，比2010年提升1.7个百分点。战略性新兴产业培育力度加大，在实施产学研结合创新专项的基础上，新启动实施了战略性新兴产业科技攻关和重大科技成果转化专项，在高新技术产业和战略性

新兴产业领域，突破了一批具有战略性、前瞻性的共性技术和核心技术，开发新产品446个，累计新增销售收入和利税分别达到461亿元、114亿元。长株潭荣获“节能与新能源汽车领军城市奖”，湘潭、郴州被列入国家LED照明应用示范城市。中低速磁悬浮列车在株洲下线，标志着中国装备制造科技创新能力步入世界前列。

图 9-3　中低速磁悬浮列车在株洲下线

◎ 农业科技创新扎实推进，有力提升了现代农业发展水平

新型农业科技服务体系建设稳步开展，获批国家农村农业信息化示范省建设试点，成为全国第二个示范试点。《湖南省国家农村农业信息化示范省建设实施方案》通过国家论证并顺利实施。农业科技成果推广成效显著。科技富民强县专项试点和农村特色产业科技示范基地建设工作有效开展，主体项目产品新增销售收入160多亿元。选派科技特派员4000多名，建设了一批科技特派员工作站，带动农民创业增收。

◎ 社会发展科技创新取得新进展，有力促进了民生改善

积极为保障人口健康加强生物医药科技创新，临床医疗技术研究中心建设加快推进，儿科应急救治技术、尘肺治疗新方法、糖尿病免疫诊断和干预技术等研究取得新进展。浏阳生物医药园“国家创新药物孵化基地”建设加快推进，引进美国新药创新团队来湘创业。食品安全和安全生产科技创新进一步加强，成功研制出高通量电化学微阵列芯片检测试剂盒，大幅提高了食品安全监测水平。非煤矿山安全生产技术与装备研究取得重大突破，成功研制出矿用可移动式救生舱。湖南省卫星定位连续运行基准站科技共享服务平台全面建成。

◎ 科技支撑湘江流域重金属污染治理成效显著

把湘江流域重金属污染防治技术创新作为科技工作的重中之重，通过科技重大专项实施和成果示范推广，突破了重金属废水处理、冶化固废资源化利用等重大关键技术。包装、凝练、设计了一批项目，“有色金属资源基地重金属减排与废物循环利用技术及示范”等 14 个项目获得国家立项，国拨经费预算近 1.7 亿元。2011 年 11 月，依托中南大学申报的国家重金属污染防治工程技术研究中心获批组建，成为重金属污染治理方面的首个国家级科技平台。依靠科技成果推广示范强化可持续发展理念，在湘江流域建设了 11 个省级可持续发展实验区。

三、着力构建协同创新体系

◎ 产学研协同创新纵深推进

累计构建 57 个产业技术创新战略联盟，其中 4 个已进入国家级联盟试点行列，18 个纳入了省级联盟试点，联盟成员单位超过 700 家，企业占 70% 以上。争取国家科技型中小企业技术创新基金经费 2.7 亿，列全国第四、中部第一。成果转化机制逐步完善，在全国率先启动了省级科技成果转化示范基地、科技成果转化示范县、科技成果转化示范企业建设工作。湖南省生产力促进中心韶山创新成果产业化基地启动建设。长沙高新区被纳入国家首批科技服务体系建设试点，湖南省技术产权交易所、长沙新技术创业服务中心获批“第三批国家技术转移示范机构”。2011 年中国（长沙）科技成果转化交易会签约项目 251 个，签约金额近 200 亿元。

◎ 科技和金融结合迈出重要步伐

长沙高新区成为首批国家科技和金融结合试点园区。长沙银行、上海浦发银行、中国建设银行相继在长沙高新区挂牌成立了科技支行，推出知识产权质押贷款、合同贷款、政府信用现金流贷款、应收账款质押贷款等业务，专门为高新区内的科技型中小微企业提供融资服务，其中长沙银行科技支行和浦发银行科技支行分别设立了 2000 万元的风险补偿基金。建设湖南省重大科技成果数据库，为社会资本投资科技成果转化项目提供信息服务，并与国家科技成果转化引导基金项目库对接。搭建了全省科技金融服务工作平台，为科技金融各参与方提供政策、技术、市场、投融资、信用等方面的信息服务，提高科技资源与金融资源融合的效益与效率。

◎ 科技重大专项协同攻关成效突出

湖南省积极整合和聚集科技资源，把经济社会发展的重大科技需求转化为科技工作的重大任务和强大动力，把产业发展和民生保障的核心技术瓶颈和共性技术瓶颈转化为科技攻关的重大课题和重大项目，进一步强化省科技重大专项对产学研结合的引导作用，取得了显著成效。2011 年，新启动实施 9 个科技重大专项，其中 2 个专项向社会公开招标，涵盖了机械制造、新材料、环境治理、科技农业和公共安全等行业和领域。经过一年的实施，通过产学研协同攻关，共计攻克重大瓶颈技术 35 项。近年来，湖南集中 70% 以上的科技经费用于组织实施省科技重大专项，累计组织实施 58 个省科技重大专项，突破了 462 项重点优势产业中的关键瓶颈技术和社会发展中的共性技术难题，获得专利 467 项（其中发明专利 164 项），制定国家标准 94 个，形成重点新产品（品种）612 个。

◎ 部省、厅市（州）协同推进机制不断完善

部省会商扎实开展，科技部与湖南省人民政府举行第五次部省工作会商会议，双方决定共同推动湘江流域与洞庭湖区综合治理和资源利用、湖南特色战略性新兴产业发展、湖南国家农业农村信息化科技示范省建设、湖南创新环境建设等 4 个方面的重点工作。厅市（州）会商进一步深入，湖南省科技厅与株洲、湘潭、衡阳、郴州、湘西自治州、张家界等市州进行了科技工作会商或工作对接，推动了服务省战略目标与满足市州经济社会发展重大科技需求的结合，促进了上下协同配合。省市联合基金规模不断扩大，在与湘潭、衡阳共同设立省市联合基金的基础上，又同常德市人民政府共同设立了常德联合基金，由双方共同投入，重点解决市州经济社会和科技发展中的重大应用基础研究问题。

第十章 华南地区科技工作的进展与成就

2010—2011 年，华南地区科技工作特点鲜明，进展明显，充分发挥了科技在促进地区经济社会发展中的支撑引领作用，取得了显著成效。广东省以发展战略性新兴产业为重点，积极推动经济转型发展，加快科技服务业发展，不断完善科技创新服务体系，出台全国首部自主创新地方性法规，为优化创新环境提供立法保障；广西壮族自治区围绕实现“富民强桂”新跨越和建设生态文明示范区的总体要求，加快创新型广西建设步伐，创新体系建设稳步推进，高新技术产业保持快速发展势头。海南省围绕产业发展、社会发展、改善民生抓科技，深入贯彻实施“科教兴琼”战略、“人才强省”战略和“大企业进入、大项目带动、高科技支撑”发展战略，不断加强区域创新体系建设。

第一节 广东省

广东省紧紧围绕“加快转型升级、建设幸福广东”的核心任务，按照“大科技、大开放、大合作”的发展思路，吸引高层次创新人才，推进产学研紧密结合，引导企业开展技术创新，突破一批核心关键技术和产业共性技术，大力发展高新技术产业和战略性新兴产业，促进社会民生发展。

一、科技发展总体进展

◎ 科技综合实力大幅提升

自 2008 年起，广东区域创新能力跃居全国前列，创新的经济绩效、企业创新能力等分项指标领先全国。

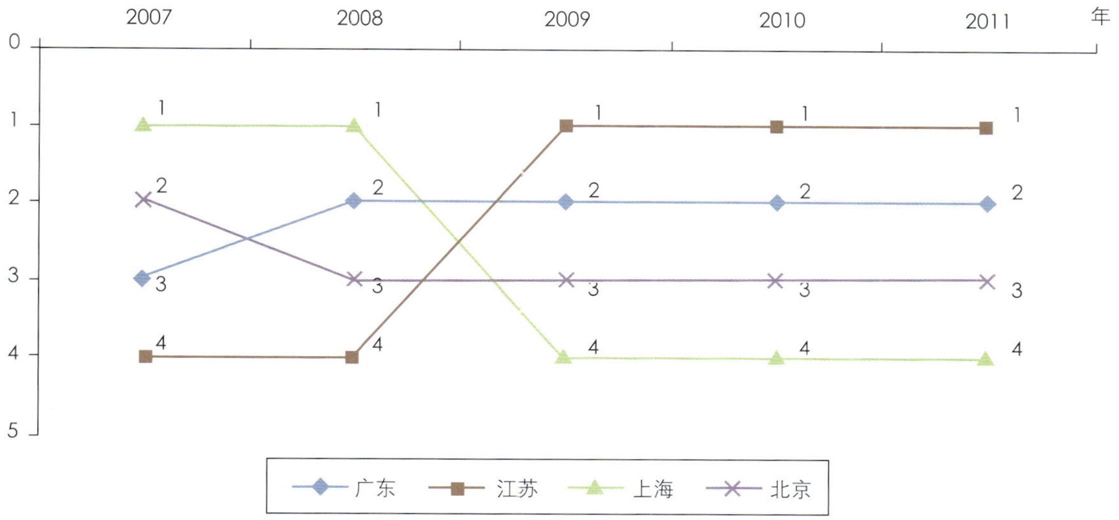

图 10-1　广东和主要省市区域创新能力全国排位变化图

广东科技进步监测水平稳步上升，科技进步综合指数从 2007 年的 58.81 提高到 2011 年的 68.34，连续 5 年位居全国各省区首位。

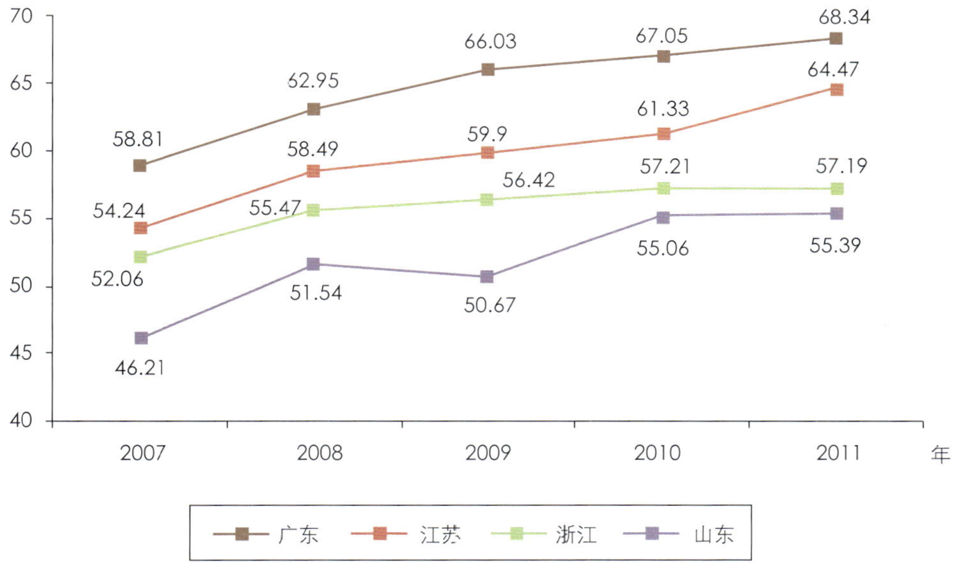

图 10-2　2007—2011 年粤苏浙鲁科技进步水平指数

广东省加快实现从对外技术依赖型向技术自给型转变，技术自给率从 2007 年的 53.9% 快速上升到 2011 年的 66.8%，对外技术依存度降至 33.2%。提前实现 2010 年规划目标，并已接近创新型地区技术自给率达 70% 的目标。

表 10-1　2007—2011 年广东省技术自给率

指标名称	2007 年	2008 年	2009 年	2010 年	2011 年
技术自给率（%）	53.9	58.8	63.7	65.3	66.8
技术对外依存度（%）	46.1	41.2	36.3	34.7	33.2

在省部院产学研合作、重大科技专项等一系列重大项目带动下，广东以企业为主体、市场为导向、产学研结合的开放式创新体系业已形成，极大地激发了各创新主体积极性。2011 年，广东 R&D 投入规模达到 1045 亿元，增长 29.2%，约占全国的 1/8；R&D 经费占 GDP 比重达到 1.96%，增长 0.2 个百分点，比全国平均水平高 0.13 个百分点。

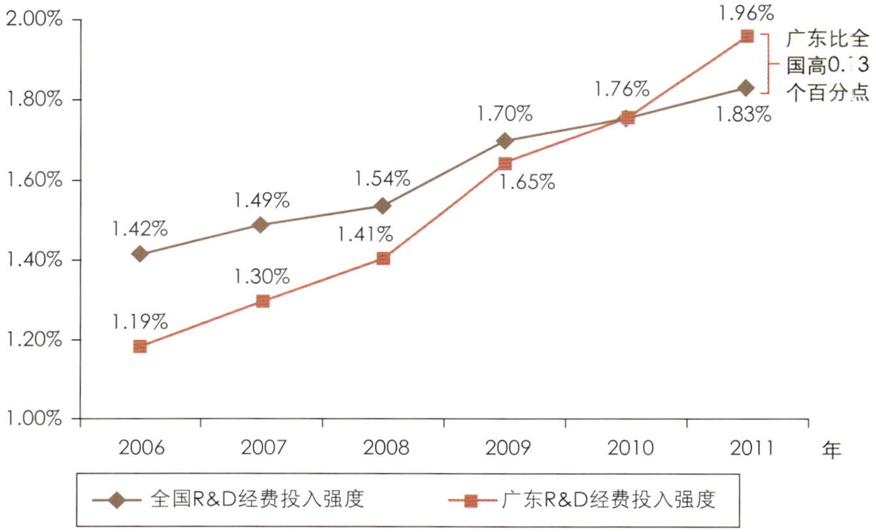

图 10-3　2006—2011 年广东省与全国 R&D 投入强度比较图

广东 R&D 投入呈加速增长态势，从 2007 年新增 92.58 亿元到 2011 年当年新增近 236.25 亿元；研发投入强度位于“S 型”曲线的快速上升区间，从 2007 年的 1.3% 快速提升至 2011 年的 1.96%。

◎ 创新人才队伍迅速发展壮大

广东 R&D 人员从 2007 年的 20 万人，增加到 2011 年的 41.08 万人，人才总量翻了一番，规模全国第一。科技领军人物和创新科研团队加速集聚和涌现。目前，在粤工作的两院院士共 99 名（含双聘院士 66 名），其中 2009 年新增院士 5 名，为历年之最；拥有中央“千人计划”入选者 62 名。

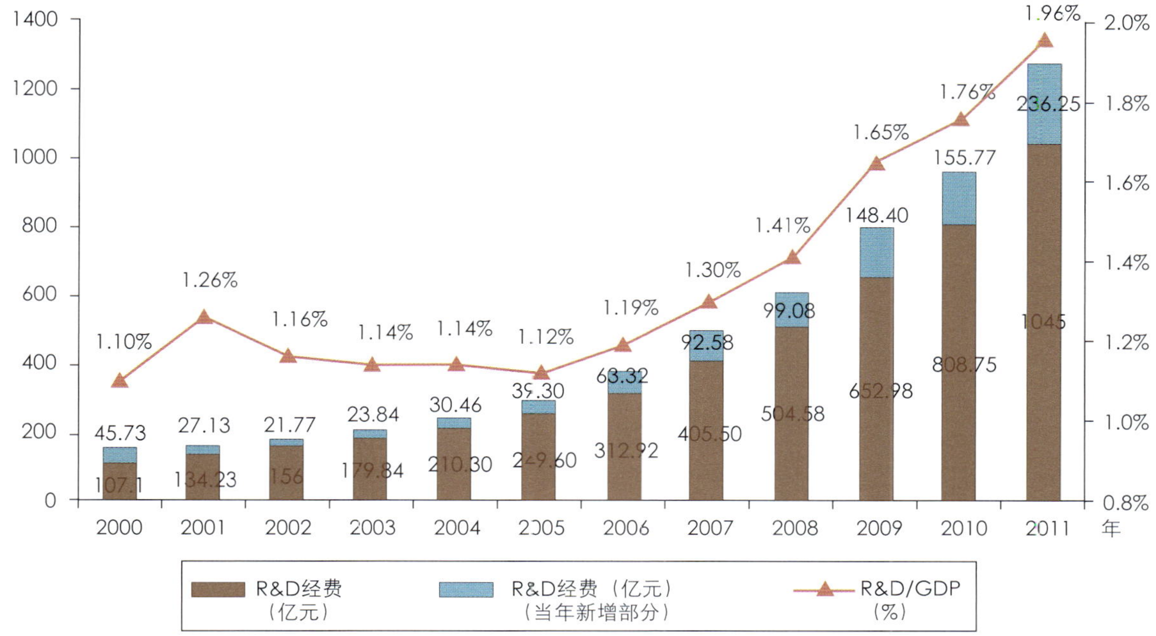

图 10-4 2000—2011 年广东省 R&D 经费投入及强度比较图

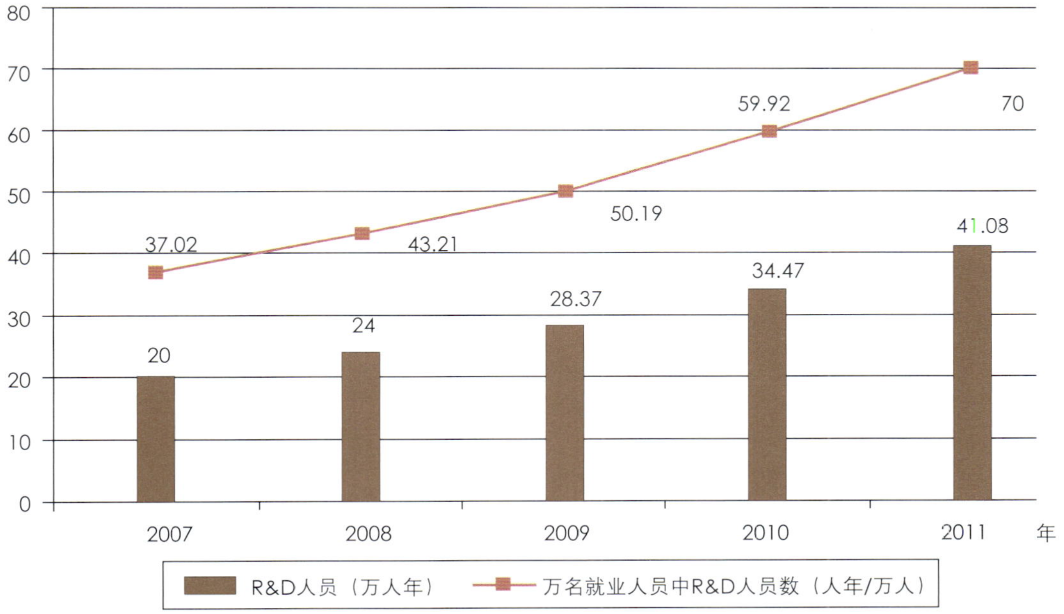

图 10-5 2007—2011 年广东省 R&D 人员投入情况

◎ 重大创新成果不断涌现

近年来，广东省不断突破大批核心技术和前沿科学难题，在超材料、基因组、第四代移动通信技术等部分领域跻身世界领先水平。2011 年，广东 34 项成果获得国家科技奖，其中获得国家自然科学二等奖 4 项，为历年之最；获得国家科学技术一等奖 1 项，是广东自 2001 年后再次获得该奖。三大索引（SCI，EI，ISTP）收录的国际科技论文数逐年稳步增长，从 2007 年的 8363 篇增至 2010 年的 14779 篇，年均增长 15.30%。

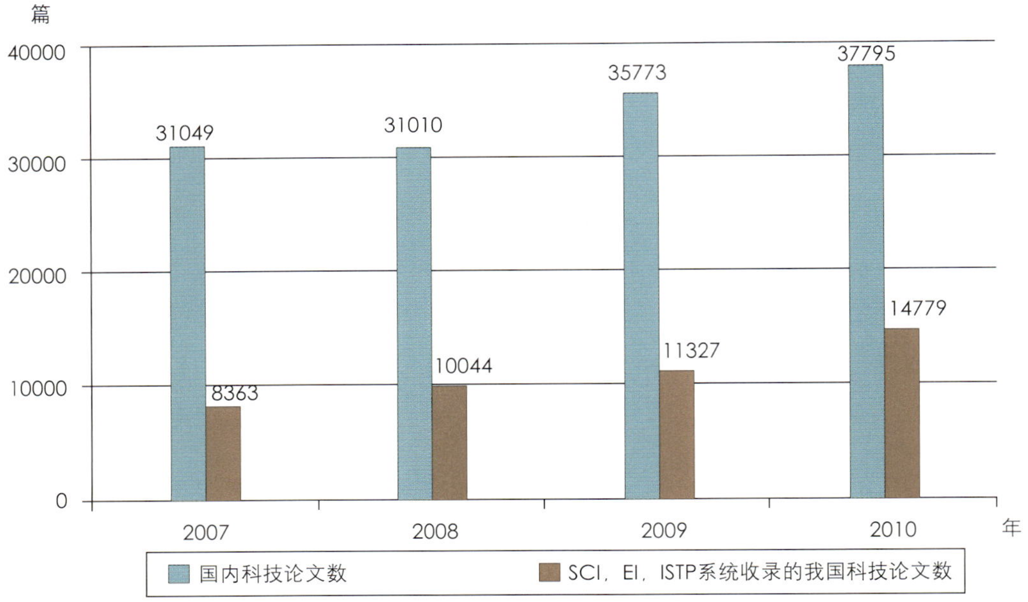

图 10-6　2007—2010 年广东省科技论文产出状况图

2011 年，广东省专利产出量增质升，全年专利申请 196275 件，同比增长 28.4%，比 2010 年高速 6.7 个百分点，规模继续排名全国第二；发明专利申请 52012 件，同比增长 27.3%，继续居全国第二；发明专利授权 18242 件，同比增长 33.2%，仍保持全国第一。

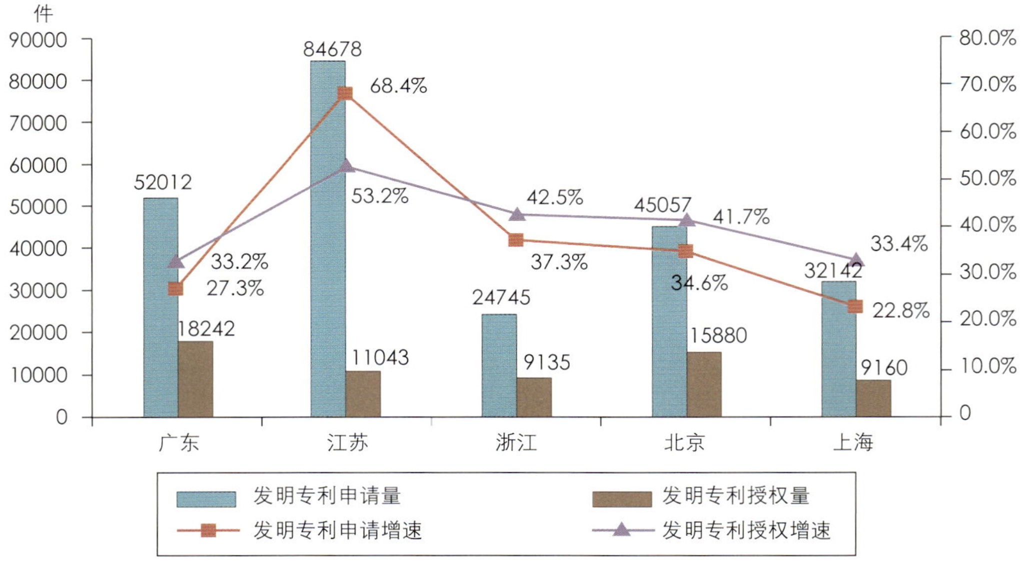

图 10-7 2011 年广东省与国内发达省市发明专利产出比较图

◎ 高新技术产业较快发展

2011 年，广东高技术制造业规模继续保持全国第一，发展呈总量增长、增速平缓态势。2011 年，累计实现总产值 2.45 万亿元，增长 17%，增幅比 2010 年略降 3 个百分点。按产品统计法测算，2011 年，广东高新技术产品产值 3.4 万亿元，增长 17%，与近三年平均增速基本持平，继续保持稳步增长态势；高新技术产品占工业总产值比重达到 37.8%，比 2010 年提高 2.2 个百分点。

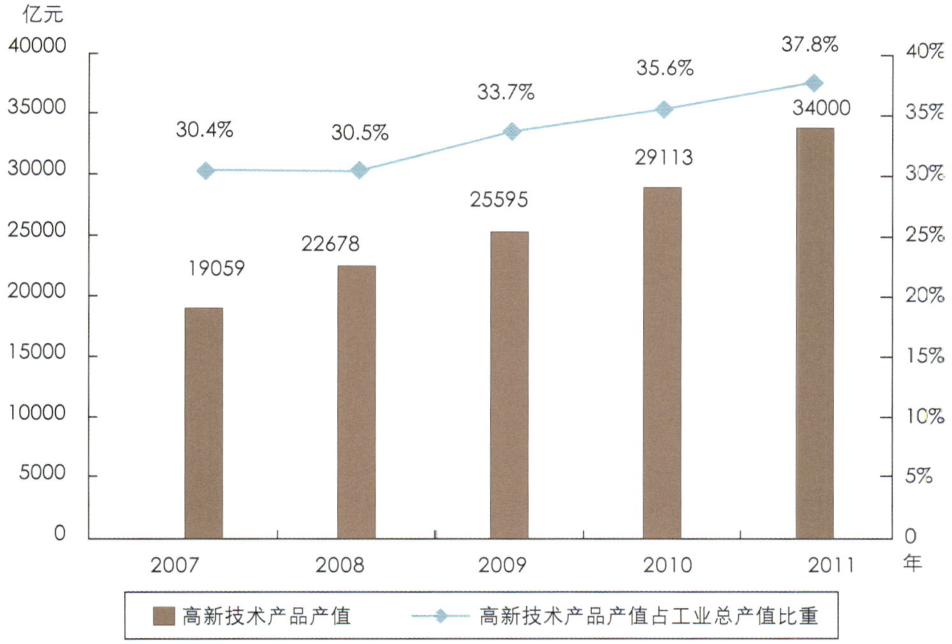

图 10-8　2007—2011 年广东省高新技术产品产值变化情况

高新区是广东省高新技术产业较快发展的重要引擎。2011 年，广东 21 个省级以上高新区营业总收入保持 23.4% 的快速增长，其中国家级高新区 9 个，数量位居全国第一位，营业总收入 1.51 万亿元，雄踞全国第二，并形成了 12 个省级以上创新型产业集群建设试点。

◎ 战略性新兴产业发展态势良好

在优先发展战略性新兴产业的政策引领下，广东省以高端新型电子信息、LED、新能源汽车为先导的八大战略性新兴产业发展迅猛，加快推进了广东先导产业的培育发展。广东省战略性新型产业总产值从 2008 年的 0.82 万亿元上升至 2011 年的 1.5 万亿元，年均增长 22.3%，占全省工业总产值的比重超过 14%。从行业领域看，广东省战略性新兴产业以高端新型电子信息和高端装备制造为主，占全省战略性新兴产业的 57%，新材料、LED 和新能源与节能环保领域均超千亿元。

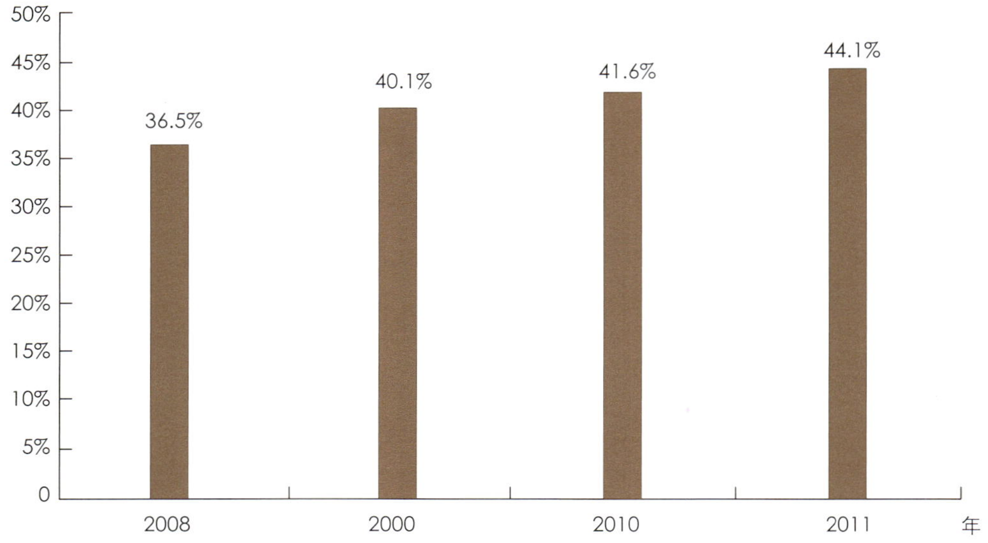

图 10-9　广东省战略性新兴产业占高新技术产品产值比重

近年来，广东省大力实施专业镇“一镇一策”行动计划，在技术和服务上大力推动专业镇转型升级，促进专业镇从产业集群向创新型产业集群转型。2011 年，广东省 326 个专业镇保持平稳发展态势，地区生产总值超过 1.6 万亿元，增长 27.3%，占全省 GDP 的 30.94%；工业总产值 42559.69 亿元，增长 64.9%；特色产业产值 17251.50 亿元，增长 63.5%；创新平台数从 2007 年的 153 个增加到 2011 年的 315 个，实现了翻番；特色产业中高新技术产业产值比重从 2007 年的 12% 提高到 2011 年的 26%，年均增长 21.5%。

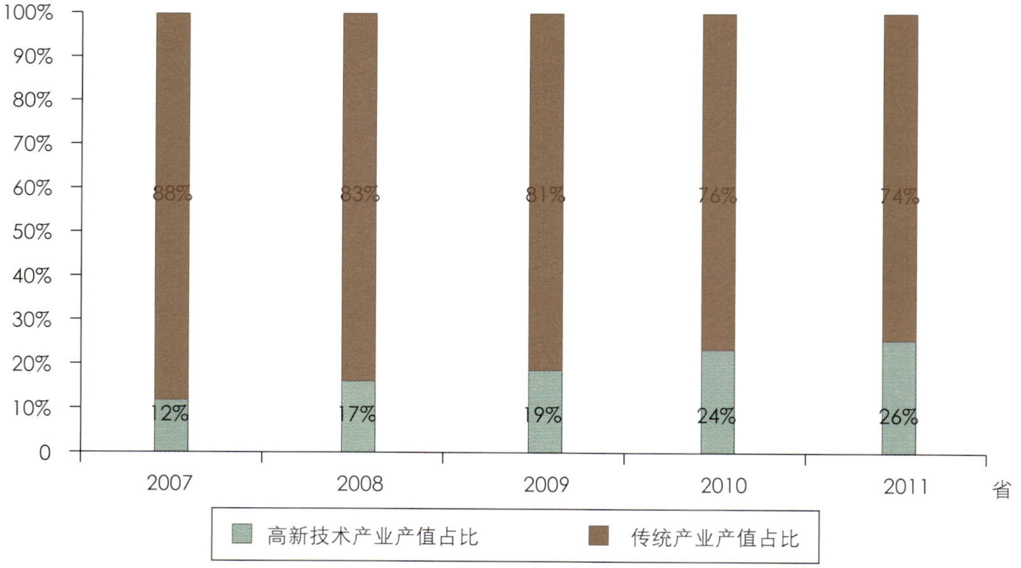

图 10-10　2007—2011 年广东省特色产业中高新技术产业和传统产业产值比例

◎ 创新基础设施条件不断改善

广东省加大科技基础条件建设投入，全省技术中心、重点实验室数量快速增长，企业办科技机构稳步增加，新型科研机构加速涌现。2011 年，广东省共有省级以上工程技术研究开发中心 552 个，其中国家级工程技术研究开发中心 18 个。另拥有省级以上重点实验室 161 个，其中国家重点实验室 19 个。大中型工业企业办科技机构从 2007 年的 1540 家上升到 2011 年的 2274 家。先后涌现出一批以深圳光启、华大基因等为典型代表的新型科研机构 62 家。此外，重点高校、大院（所）在粤设立的研发机构也在快速成长，成为完善广东区域创新体系的重要支撑。

表 10-2　2007—2011 年广东省重大科技机构数量　　单位：个

指标	2007 年	2008 年	2009 年	2010 年	2011 年
省级工程技术研究开发中心	292	342	420	484	552
省重点实验室	101	101	123	139	161
国家重点实验室	8	10	13	15	19
大中型工业企业设立的科技机构	1540	1678	1906	2092	2274

二、调结构、稳增长、保民生，支撑引领经济社会发展

2010 年以来，广东省大力发展高新技术产业和战略性新兴产业，加快改造提升传统优势产业，努力调结构、稳增长、保民生，科技综合实力和自主创新能力得到大幅提升，有力支撑引领经济社会朝着又好又快的方向发展。

◎ 以发展战略性新兴产业为动力，推动经济转型发展

启动第一批战略性新兴产业核心技术攻关。在核心高端芯片、云计算关键技术及系统集成、新型显示技术与数字家庭、电动汽车电驱动技术、重大创新药物研制、节能环保、高端装备、新材料等八大战略新兴产业领域共遴选出 53 个创新能力强、经济效益好、示范带动效应大的项目，安排财政专项资金 4.29 亿元，每个项目的平均支持强度在 1000 万元左右。

大力建设创新型产业集群。高新区及高新技术产业持续快速发展，积极推进战略性新兴产业基地的建设。2007—2011 年，广东省高新技术产品产值从 1.91 万亿元增加到 3.4 万亿元，年均增长 15.6%。全省拥有高新技术企业 5475 家，数量位居全国前列。2009 年，首次以广东省委省政府的名义召开了高新区工作会议，出台粤发［2009］13 号文件，赋予高新区市级经济管理和一级

财政管理权限，推动高新区考核，设立高新区专项等。2011 年，省财政高新区专项投入 2 亿元，带动地市及社会投入 22 亿元，有力推动高新区建设工作。目前，全省拥有省级以上高新区 21 个，其中近两年新增国家级高新区 3 个，累计 9 个，数量居全国第一。

推进创新链与产业链“双链融合”。与中国科学院合作引进半导体所研发团队，攻克 LED 核心装备（48 片 2 英寸 MOCVD），样机核心部件的国产化率为 90% 以上，设备总体性能指标接近同类型国际产品。成立省半导体照明产业联合创新中心，打造 LED 产业高端服务集聚区。截至 2011 年底，全省 LED 领域的专利申请量累计突破 9100 件，LED 授权专利数量达 1270 多件，双双名列全国第一。其中，全省 LED 芯片制备技术领域的专利申请量达 1700 多件，迄续 3 年保持 30% 以上的增长率，引领产业逐渐向高端环节延伸。以新商业模式示范推广 LED 照明产品，有效拉动市场应用。建立全省 LED 照明技术及产品应用推广联席会议制度，创造性地运用“合同能源管理 + 供应链 + 金融”这一新商业模式，以规模化应用拉动产业发展。

◎ 以“技术 + 服务 + 市场”为抓手，推动传统产业转型升级

2011 年，广东省大力实施专业镇“一镇一策”行动计划，在技术、服务和市场上大力推动专业镇转型升级，促进专业镇从产业集群向创新型产业集群转型。利用产业生态方法指导专业镇科学发展，全年完成 50 多个专业镇产业生态发展调研，确立了从技术和服务两个层面开展专业镇的提升建设。

以专业镇产学研合作和联合实施技术路线图计划为抓手，加快推动产业共性技术攻关。围绕产业升级的共性技术需求，先后制定 20 多个专业镇产业技术路线图，为陶瓷、纺织、服装、五金、家电等区域支柱产业的升级规划技术发展路径，指导企业开展创新。

配合广东省战略性新兴产业发展战略，引导珠江三角洲地区一批基础较好的专业镇培育发展 LED、高端新型电子信息、新能源、生物医药等新兴产业，目前已涌现出珠海三灶的生物医药、佛山三水的太阳能光伏等战略性新兴产业专业镇，并在佛山乐平、东莞企石、佛山南庄、中山小榄等专业镇孕育出太阳能光伏、光电、绿色环保、LED 等一批具有高科技含量的战略性新兴产业，促进了专业镇向创新型产业集群转型。

◎ 以发展科技服务业为核心，不断完善创新服务体系

以广州、深圳为龙头，以珠三角地区为中心区，依托各类科技园区和专业镇等载体，积极探索创新服务业发展模式，打造全国领先的现代服务业集聚区和科技服务体系，取得了重要进展。

积极筹备广东现代服务交易中心。2011 年 12 月，“广东现代服务交易中心”在番禺天安节能科技园挂牌成立。该中心把“现代服务”作为交易产品，实行网上网下同时运营，使其成为现代

图 10-11 广东现代服务交易中心网站

服务产品的“超市”，为企业自主创新提供专业化服务。

根据促进科技服务业发展计划，从科技服务示范基地、科技服务平台建设、科技服务机构培育及科技服务业技术及产品研发等四个方向加强政府引导。2011 年，广东省在专业镇科技服务试点方面做了大胆尝试，选取了 12 个专业镇开展研发设计、技术检测、科技金融等科技服务试点。组织开展了第二批科技服务业百强企业（机构）的认定工作，44 个科技服务机构入选，至此全省共认定科技服务业百强企业（机构）89 个。

◎ 以民生科技为重点，促进科技服务民生能力提升

注重科技服务社会民生，以农业科技创新、低成本医疗和节能减排为重点，助力幸福广东建设。2011 年，广东省强化农村基层信息服务体系建设，通过实施“农村信息直通车工程”，利用大型“三农”公共信息数据库和公共服务平台，集成各类先进适用科技成果并在广大农村地区扩散应用，实现科技知识和市场信息进村入户，成为“国家农村农业信息化试点省”。

发展低成本医疗，有效降低百姓看病成本。2011 年，广东省通过启动“临床医学”民生科技专项，着力解决大量临床技术难题，运用云计算、远程通讯、生物芯片等高新技术降低医疗成本，开发低价、高质、适用的医疗仪器及设备，切实提升了基层医疗装备水平和医疗卫生服务水平。

科技创新推动节能减排，促进可持续发展。实施“低碳技术创新与示范”重大科技专项，在推动节能减排和可再生能源方面取得了良好的成效。广东石化企业通过实施节能减排重大专

项，大大提升了污水零排放技术。目前，该技术已处于国内外领先水平，污水处理成本降低了1/3，并成功推广到大亚湾核电站工程、宝洁公司等重大工程和知名企业，累计回用污水达1000万吨。

三、探索区域合作创新模式

◎ 出台全国首部自主创新地方性法规，为优化创新环境提供立法保障

2011年，中国首部自主创新地方性法规《广东省自主创新促进条例》制定并于2012年3月1日正式实施。《广东省自主创新促进条例》第一次在立法层面明确了自主创新的概念定义和逻辑框架，提出覆盖自主创新全过程的法规体系，明确了科技行政主管部门在自主创新中的组织管理和统筹协调职能，并在研发成果、自主创新成果转化与产业化、创新型人才建设与服务、自主创新激励与保障等方面提出了一系列"高含金量"的新措施，对于持续有力推进广东自主创新工作具有重大而深远的意义。目前，广东省以全面落实《广东省自主创新促进条例》为契机，抓紧制定18个配套和细化的政策，修订相关规章和管理办法，逐步建立适应新时期科技创新的政策体系。

◎ 深化"三部两院一省"产学研合作，加速国内创新资源集聚广东

推动与教育部、科技部、工业和信息化部、中国科学院和中国工程院等中央部门的产学研合作，搭建起"三部两院一省"产学研合作新格局。逐步构建起以派驻企业科技特派员为点、以建设产学研创新联盟为线、以建立产学研结合区域示范基地为面的产学研合作体系。建立校市、校企全面合作机制。全省21个地级市和400多家大中型企业相继与全国高校建立了全面战略合作关系，为区域、产业和企业提升创新能力提供了技术支撑和人才保证。

组建省部产学研创新联盟。共组建了54个创新联盟，涉及56所国家重点建设高校、36所科研机构和440家企业。在电子信息、数控装备、白色家电等领域突破了一批制约广东省产业发展的共性和关键技术。派驻企业科技特派员。新增来自国内外高校和科研院所的特派员1300多名，累计派出5100多名企业科技特派员，建立34个"企业科技特派员工作站"，形成特派员创新团队联动效应。

建设示范基地。各级财政共投入超过5亿元，引导70所高校、46个科研院所在广东共建了200个省部产学研结合示范市（区、镇）、研发基地和产业化基地，促进了一大批高校重大科技成果的转化和产业化。服务集群经济。推动"一镇一校（院）"行动计划，组织60多所国家重点建设高校与广东省300多个省级专业镇进行对接，开辟了高校服务地方经济的新领域。

◎ 加快国际科技合作，推动广东科技“走出去”

大力开展国际科技合作，广泛集聚利用国外创新资源和前沿科技成果。创建“哑铃型”国际科技合作模式，组建“广东—独联体国际科技合作联盟”。2010 年，在白俄罗斯成功举办首届“广东科技节”，推动广东省与独联体国家的科技合作迈上了新台阶。2011 年，广东省与乌克兰协议共建“中国—乌克兰巴顿焊接研究院”，为广东发展装备制造业提供重要技术支撑。积极拓宽与以色列的合作领域，筹建中以科技产业园，启动建设“南方水谷”，在水处理环保技术、生物、信息通讯、新材料等方面开展科技与产业合作。与国际知名科学组织德国“弗劳恩霍夫协会”签署战略合作框架协议，计划在佛山市联合建立“中德工业服务园区”，进一步提升合作水平。

◎ 创建“国家自然科学基金—广东联合基金”合作模式，有力提升广东基础研究能力

“十一五”期间，广东省政府与国家自然科学基金委员会签订了为期 5 年的联合基金协议，首创地方政府和国家自然科学基金委合作开展研究的新模式，把广东省经济社会发展中的重大科学问题上升到国家层面解决，有力提升了广东的原始创新能力和科技综合实力。2010 年，双方决定继续开展第二个为期 5 年的合作；2011 年，广东联合基金增加了广州、深圳两个共同推进主体，基金经费也由第一期的 2.5 亿元增至 4 亿元。在广东联合基金和省自然科学资金的培育带动下，广东省基础研究能力和原始创新能力得以快速提升，迅速跃居全国前列。2011 年，广东省获国家基础研究项目经费突破 14 亿元，比 2010 年翻了一番；其中，获得国家自然科学基金经费超过 10 亿元，跃居全国第三。

◎ 建设四大主体科研机构和新型民营科研机构，深化科技体制改革

加快建设四大主体科研机构。2010 年，广东省工业技术研究院正式建立，体制改革初见成效。2011 年，华南农业科技创新中心、广东省科技服务业研究院等两个主体机构开始建设。大力扶持新型民营科研机构发展。通过加紧制定新型科研机构的一系列扶持政策，推动深圳光启、华大基因研究院等跻身国家重点实验室行列。

第二节
广西壮族自治区

2010 年以来，广西壮族自治区加快创新型广西建设步伐加快，创新体系建设稳步推进，科技支撑经济社会发展能力持续提升，科技发展进入一个总量积累与质量提升并重的重要时期。

一、广西科技发展总体进展

◎ 科技投入产出有较大幅度提高

2011 年，全区财政科技投入达到 28.25 亿元，是 2006 年的 3 倍；全社会研究与试验发展经费支出占地区生产总值的比例从 2005 年的 0.36% 提高到 2010 年接近 0.7%；2011 年，科技活动人员数超过 9 万人；专利授权量是 2006 年的 3.1 倍。

◎ 科技创新基础建设不断发展

新增亚热带农业生物资源保护与利用国家重点实验室、国家非粮生物质能源工程技术研究中心、国家土方机械工程技术研究中心、非粮生物质酶解国家重点实验室、有色金属及特色材料加工省部共建国家重点实验室、药用资源化学与药物分子工程省部共建国家重点实验室、西南濒危药材资源开发国家工程实验室、特色生物能源国家地方联合工程研究中心、免疫诊断试剂国家地方联合工程实验室、甘蔗育种与栽培技术国家地方联合工程研究中心等一批国家级研发平台；新建 23 家千亿元产业研发中心，建立和完善了 106 家工程技术研究中心、36 家重点

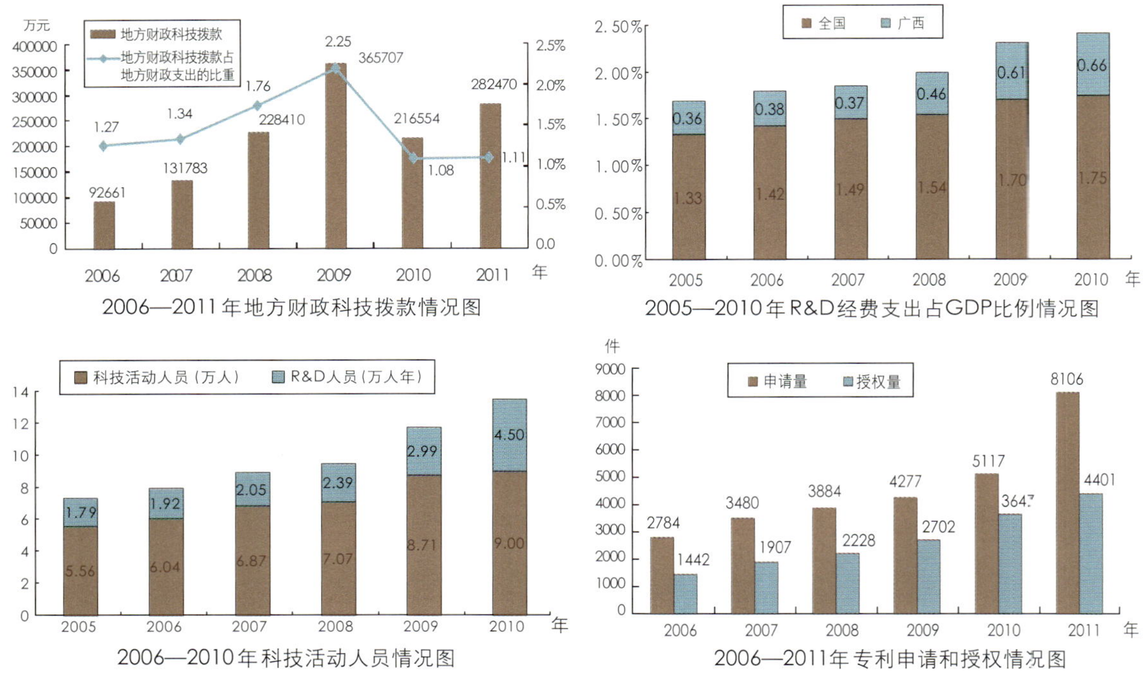

图 10-12　广西科技投入产出示意图

实验室等一批自治区级研发平台。建成 126 个人才小高地、40 个博士后工作站，培育了一批创新研究团队，1 人获得 2010 年度国家杰出青年科学基金项目资助，4 人入选国家引进海外高层人才“千人计划”。

◎ 产业自主创新取得重大突破

实施广西创新计划和千亿元产业“350”重大科技攻关工程取得显著成效，攻克一批重大共性关键技术，获得一批具有自主知识产权的新产品。铝电解预焙槽控制技术迈入世界先进行列，世界首台可再生空气混合动力柴油发动机、世界最大的机械式硫化机、中国最大的轮式装载机、国内首台达到欧Ⅵ排放标准的车用柴油机等研制成功，达到国Ⅳ排放标准的新型柴油机和广西首款中级轿车宝骏 630 成功推向市场，世界首例亚种间克隆水牛、世界首例冷冻胚胎克隆水牛和世界首例转基因克隆水牛成功培育。

◎ 高新技术产业保持快速发展势头

柳州高新技术产业开发区升级为国家级高新技术产业开发区。2011 年，桂林、南宁、柳州和北海 4 个高新技术产业园区工业总产值、总收入、总利税和出口创汇分别达到 2226.44 亿元、

图 10-13　广西壮族自治区千亿元产业研发中心分布图

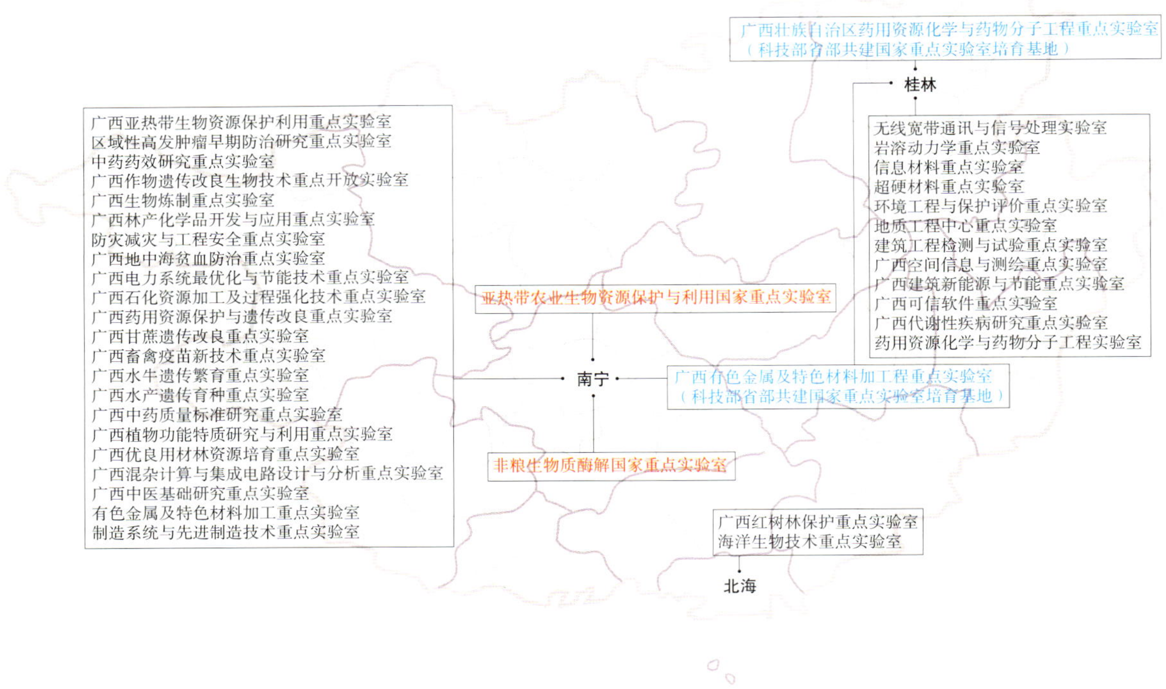

图 10-14　广西壮族自治区国家级和自治区重点实验室分布图

图 10-15　广西壮族自治区高新技术产业开发区规划示意图

2391.66亿元、251.47亿元、21.71亿美元，是2006年的3.78倍、3.39倍、3.16倍和4.6倍。广西北部湾经济区国家高新技术产业带建设步伐加快，逐步形成了以电子信息、生物与新医药、新材料、先进制造等为代表的高新技术产业集群。

◎ 科技支撑社会发展作用日益增强

科技在重大疾病防控、抗击雨雪冰冻灾害和特大干旱灾害、食品药品安全等方面发挥了重要作用。科技支撑节能减排和生态环境建设工作取得新成绩，为全面完成国家下达的“十一五”节能减排和淘汰落后产能目标任务、加快生态文明示范区建设做出了积极贡献。

◎ 自主创新环境不断优化

建立部区会商和厅市会商制度，科技统筹协调机制不断完善。修订出台《广西壮族自治区科学技术奖励办法》、《广西壮族自治区高新技术产业开发区条例》等法规，增设自然科学奖和技术发明奖。知识产权战略实施力度明显加强。技术创新工程深入实施，广西创新体系进一步完善。科技对外开放不断拓展，面向东盟的科技合作不断深化。科普活动广泛开展，全民科学素养稳步提高。

二、支撑和引领经济社会发展

◎ 支持传统产业转型升级

科技创新促进工业加快发展。重点围绕汽车、机械等千亿元产业发展，加快实施千亿元产业“350”工程和技术创新工程，工业创新取得了新发展。据不完全统计，截至2011年底，千亿元产业“350”工程累计实施项目270项，获得554个新产品，309项新工艺、新方法、新模式，1146套新装置、新装备，参与制定技术标准396个，申请专利785件，获得专利授权393件。通过实施广西创新计划和千亿元产业“350”重大科技攻关工程，成功研发出世界最大的机械式硫化机、国内首台满足欧Ⅵ排放标准的车用柴油机、全国最大的轮式装载机等一批具有国内领先水平、具有自主知识产权新产品和新技术。2011年，新增两家国家级创新型企业，总数达到4家，自治区级创新型试点企业总数达到90家；新选聘288名科技人员担任第四批广西科技特派员，总数达到1001名。

农业科技创新取得新突破。启动实施“桑蚕茧丝绸产业发展关键技术研究与开发”等4个涉农重大科技专项，加快实施一批农业科技创新项目。围绕十大农业产业，重点支持50个农业产业科技重点示范县，加强百色和北海两个国家农业科技园区建设，自治区认定了55个自治区农业标准化生产技术示范基地，突出抓好高产、高效、优质农业先进适用技术集成与示范，有效地促进了粮食、甘蔗、木薯、桑蚕等特色优势农业发展。加强农业新品种选育，认定了35个农业良种培育中心，全区培育农作物新品种44个，其中，籼型三系杂交水稻特优“582”被农业部确认为自治区第二个超级稻品种。广西3个地级市和58个县（市、区）通过了全国市县科技进步考核，其中，3个地级市和17个县（市、区）获全国科技进步先进市和先进县（市）称号。

积极加快推动现代服务业科技创新。加快发展科技服务业，提升生产力促进中心在咨询服务、信息服务、技术服务、培训服务等方面能力。围绕提高科技项目评估效率和质量，进行专家咨询系统升级与改造，建设科技项目申报指南的项目评估指标体系、专家智能型网络评价系统。积极提升科技信息化水平，科技文献共享与服务体系在自治区和14个地级市科技情报所、4个高新区建立了“统一品牌、统一管理”的集团式服务联盟及基于互联网络的专业多向视讯中心，广西科技信息服务与应用工作获“中国电子政务应用公共服务省级十佳”等。2011年，组织企业参加科技部组织的现代服务业创新发展示范企业申报，通过专家审核推荐了7家企业，其中广西糖网被科技部确定国家第一批示范企业。

产业共性技术成果集成推广应用示范成效显著。围绕制糖、水泥、木薯淀粉和铁合金4个产业，共筛选、集成36项共性技术进行推广应用示范，取得了显著成效。其中，“制糖业节能降耗增效重大共性技术推广与应用示范”项目实施，使企业生产用水循环利用率达98%以上，吨蔗电耗30千瓦时以下，一级以上白砂糖产率达96%以上，居国内领先水平。

◎ 支撑和引领战略性新兴产业发展

围绕广西“十二五”科技规划部署的战略性新兴产业关键核心技术攻关，重点在新材料、新能源汽车、非粮生物质能源等优先领域支持产业研发项目30多个，2011年支持经费达1200多万元，提高产业核心竞争力，加快培育发展战略性新兴产业，促进产业结构调整。

同时进一步推进高新技术产业园区和产业创新基地建设。组织起草《广西壮族自治区人民政府关于加快高新技术产业开发区发展的若干意见》，修订了《广西壮族自治区高新技术产业开发区条例》。加快广西北部湾经济区国家高新技术产业带建设，推动钦州市成功建立科技企业孵化器，北海高新区科技企业孵化器升级为国家级，钦州石化高新技术特色产业基地认定为自治区级高新技术特色产业基地试点，北海高新区申报国家级高新区和钦州、梧州创建自治区级高新区有关工作稳步推进。桂林特种轮胎及装备制造高新技术产业化基地和微波与光通信高新技术产业化基地被认定为国家级高新技术产业化基地。全年共受理4批次173家高新技术企业认定和复审工作，较上年增加57%，新认定高新技术企业89家，复审高企52家，全区高新技术企业总量达到

364 家。2011 年，全区四个高新区工业总产值达到 2226.44 亿元，比上年增长 15.1%；总收入达到 2391.66 亿元，比上年增长 14.22%；总利税达到 251.47 亿元，比上年增长 17.25%；出口创汇达到 21.71 亿美元，比上年增长 52.88%。

◎ 支撑民生等社会事业发展

围绕实现“富民强桂”新跨越和建设生态文明示范区的总体要求，开展科技攻关，大力提高科技创新对社会发展领域的支撑引领作用。

民生领域科技攻关扎实推进。在重大疾病防控、生态环境保护、食品安全、防灾减灾等民生重点领域开展技术研究开发，加强科技成果转化，解决人口、资源、环境等社会发展重大科技问题，提高人民生活质量和健康水平。

自治区可持续发展实验区建设全面启动。确定柳州市柳北区等 5 个县（市、区）为广西可持续发展实验区，以实验区为载体，依靠科技引导，开展可持续发展机制模式的创新实践，推动地方加快转变经济发展方式，促进民生科技成果的转化、应用和示范，让科技成果真正惠及百姓民生。

三、广西特色的创新体系建设

按照“强基础、提能力、促发展、惠民生”的思路，以提高自主创新能力为核心，以加快转变经济发展方式为主线，以实施科技重大专项和工程为抓手，以深化改革开放为动力，着力强化科技基础，着力加强创新机制和制度建设，整合区域创新资源，优化资源配置，不断提升创新水平，持续促进区域产业结构的优化，形成特色鲜明的新型区域创新体系。

◎ 实施科技创新能力建设工程

加快完善广西创新体系，大力加强科技创新平台建设，提升企业技术创新能力、高校院所知识创新能力、科技成果转化能力，加快创新型城市、中国—东盟科技合作平台与基地建设，促进创新资源聚集，为创新型广西建设提供条件保障。加快企业技术创新能力建设，完善千亿元产业研发中心、工程技术研究中心等企业研发平台，推进产业技术创新战略联盟发展，加快创新型企业建设，扶持科技型中小企业发展，推进以企业为主体、产学研相结合的技术创新体系建设。加强高校和院所的知识创新体系建设，提升重点实验室等科研平台研究水平，推动大型科学仪器平台等创新平台共建共享。强化科技中介服务体系建设，提升科技成果转化能力。通过实施科技成果转化专项行动和基层科技能力建设工程，完善科技中介服务体系和基层科技成果推广体系建设，提升科技中介组织和基层科技成果推广的服务能力和水平。积极推进创新型城市建设，建设若干国家、自治区级创新型城市，形成创新资源集聚。加快中国—东盟科技合作平台与基地建设，为促进中国—东盟经济合作发展提供科技支撑。

◎ 积极培育发展战略性新兴产业

加快培育发展战略性新兴产业，充分依托本地区高新技术和产业化发展的良好基础，以重大科技专项为载体，实施高新技术产业创新发展工程，建设完善桂林、南宁、柳州 3 个国家高新技术产业开发区和北海高新技术产业园等自治区级高新技术产业园区，积极推进广西北部湾经济区国家高新技术产业带建设，加快重点建设桂林国家特种轮胎及装备制造、柳州国家工程机械等 7 个高新技术产业创新基地和孵化基地建设，选择发展基础好、市场前景广阔、资源优势明显的高性能金属新材料、生物质能源、节能环保、新能源汽车、生物育种、海洋生物等 6 个领域进行核心关键技术攻关，推进创新成果产业化。

◎ 加大千亿元产业重大科技攻关工程实施力度

围绕食品、汽车、石化、电力、有色金属、冶金、机械、建材、造纸与木材加工、电子信息、医药制造、纺织服装与皮革、生物、修造船及海洋工程装备等千亿元产业的培育和发展，重点加强矿产资源精深加工技术与新产品、食品工业精深加工技术与新产品、汽车及关键零部件、先进机械制造技术及装备、医药新产品和新技术、电子信息技术与产品、精细化工技术与产品、节能减排与循环经济等产业共性关键技术攻关和新产品开发，加快利用高新技术改造提升传统产业，积极推动工业循环经济和节能减排，大幅提升广西工业竞争能力和可持续发展能力。

◎ 实施农业科技创新工程

瞄准加快转变农业发展方式，发展现代农业，主要从品种、种养模式、生产设施与生产方式等方面的改进入手，重点在高效动植物育种创新、高效优质安全种养、农产品加工与质量安全、数字农业与设施农业、生态农业与绿色农业等领域开展科技攻关，促进广西农业向高产、优质、高效、生态、安全的方向发展，确保粮食安全，发展优势特色农业。同时，广西加强农业科技示范基地建设，加快培育科技型农业龙头企业，完善农村科技服务体系建设，大力推进农村信息技术的应用。

◎ 实施院士后备人选培养工程和科技领军人才专项工程

遴选一批优秀中青年科研骨干人才作为后备人选进行重点培养，在科研条件、项目安排等方面予以稳定支持，加快培养造就若干名具有世界前沿水平、可推荐参加中国科学院和中国工程院院士评选的高级专家。完善科技领军人才的引进、培养、使用机制，大力推进八桂学者制度和特聘专家制度的实施，培养一批以八桂学者和特聘专家为核心的高水平科研创新团队。聘请“院士顾问”，开展科学研究、技术指导、产品研发、决策咨询等活动；选择一批有技术优势的创新团队，根据产业和学科发展需求，实施合同管理、定期考核的管理制度，给予重点扶持。

◎ 大力发展民生科技

围绕建设生态文明示范区和富裕文明和谐新广西的总体要求，着重在资源生态环境、人口健康、城镇化与新农村建设和防灾减灾等四大民生领域，重点在生态环境保护与综合治理、城镇化与新农村建设、人口健康与食品安全、防灾减灾与公共安全等领域开展科技攻关，大力提高科技创新对社会发展领域的支撑引领作用，推动广西经济社会与人口、资源、环境协调发展。

第三节 海南省

金融危机以来，在海南省委、海南省政府的正确领导下，全省科技系统深入贯彻实施“科教兴琼”战略、“人才强省”战略和“大企业进入、大项目带动、高科技支撑”发展战略，加强区域创新体系建设，围绕产业发展、社会发展、改善民生抓科技，充分发挥科技的支撑和引领作用，为有效应对国际金融危机的冲击，保持经济平稳较快发展做出了积极的贡献。

一、科技发展总体进展

海南省不断加大科技投入，进一步完善科技发展的政策措施，夯实科技基础，大力集成各方科技资源，形成创新合力，为海南国际旅游岛建设和绿色崛起发挥着越来越重要的作用。

◎ 科技创新投入不断加大

财政科技拨款持续快速增长，全省财政科技拨款由 2008 年的 4.5 亿元提高到 2011 年的 9.9 亿元。R&D 经费由 2008 年的 3.35 亿元提高到 2011 年的 10.37 亿元。自 2008 年以来，科技事业有了跨越式发展，共获国家各类科技计划项目立项 600 多项，资助经费达 11 亿元，带动企业、社会总投资达 60 多亿元。

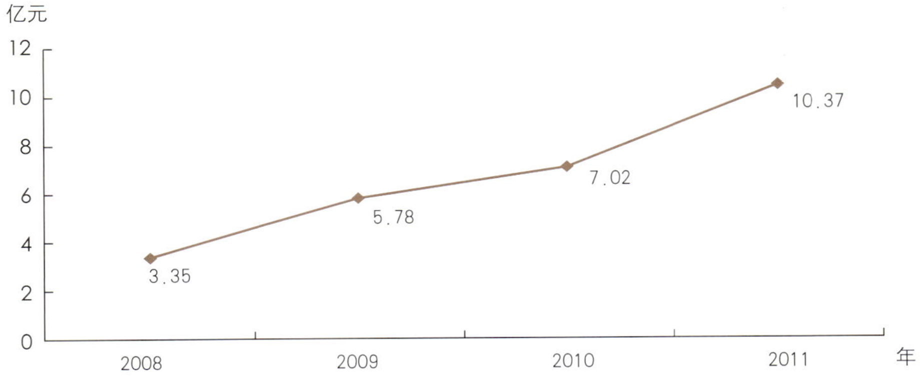

图 10-16 2008—2011 年海南省 R&D 经费投入增长情况

◎ 各级政府对科技创新工作的重视不断加强

海南省政府每年都将有关科技创新工作列入重点工作来抓，市（县）和乡镇普遍建立了党政领导科技进步目标责任制，各级科技管理部门的职能得到强化，2008 年以来，海口、万宁等 9 个市县（区）12 次获得“全国科技进步先进县（市）”表彰。

◎ 科技创新发展环境明显改善

海南省不断加强科技创新发展环境建设，尊重科学、崇尚创新的社会氛围日益浓厚。先后出台了促进高新技术产业发展、促进知识产权发展、创业英才培养计划等一系列重要政策，对科技创新和产业发展的杠杆和引导作用进一步增强。

◎ 取得了一批重要的科技成果

承担一批 973 计划、863 计划和支撑计划等国家重大科技计划项目，由全省单位牵头或参与完成的“中国橡胶树主栽区割胶技术体系改进及应用”等 6 个项目获得国家科技进步二

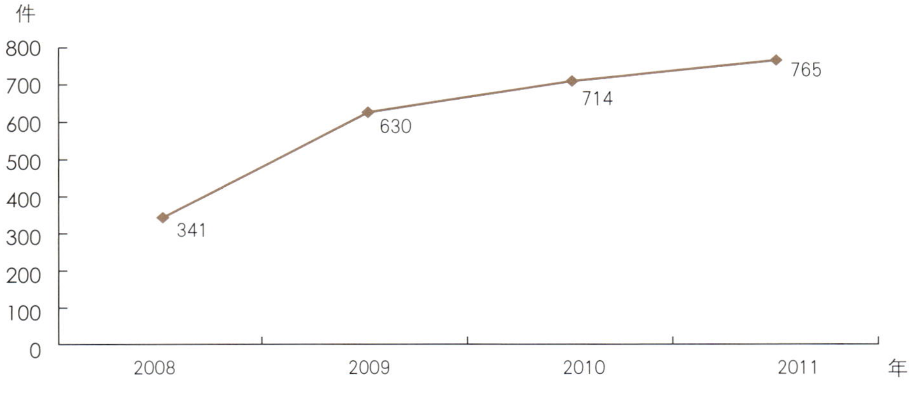

图 10-17 2008—2011 年海南省专利授权量增长情况

等奖。2008—2011 年，全省共评出省级科技进步奖 240 项，科技成果转化奖 39 项；知识产权的拥有量得到快速提升，截至 2011 年底，全省专利申请累计达到 10745 件，专利授权累计达到 5805 件。

二、支撑和引领区域经济社会发展取得明显成效

2008 年金融危机以来，全省坚持“创新驱动、引进集成、示范推广、跨越发展”的总体要求和思路，围绕海南国际旅游岛建设的战略定位和目标要求，充分发挥好全省独特的区位、环境与大特区优势，创新思路，坚持有所为有所不为，以引进集成和协同创新为科技工作的重点，在引进集成和协同创新上下工夫，在合作上找出路，充分利用国际国内两种资源，加强区域间和国际间科技合作与交流，科技工作焕发出新的活力，科技事业取得新的成就，主要体现在如下几个方面。

◎ 高新技术产业快速发展

初步形成了以电子信息、生物与新医药、新材料、资源与环境、高新技术改造传统产业和高新技术服务业六大高新技术领域为重点的产业发展格局，高新技术产业和战略性新兴产业已经成为全省新的经济增长点。2011 年，全省通过国家认定的 75 家高新技术企业共实现工业总产值 257.5 亿元，比上年增长 22.7%；实现总收入 251.3 亿元，比上年增长 19%；上缴税收 22.6 亿元，比上年增长 34.5%；出口创汇总额 4.1 亿美元，比上年增长 95.6%。海口市获批成为第二批国家节能与新能源汽车示范推广试点城市、“国家十城万盏”半导体照明应用工程试点城市，全省被纳入国家“金太阳”示范工程，4 个项目共获得 5.97 亿元经费支持，科技部批准建设国家中药现代化科技产业（海南）基地。

◎ 热带现代农业创新加快发展

近年来，全省承担了“热带农林重大病虫害防控技术研究”、“热带农产品深加工关键技术研究及产业化开发”等国家支撑计划项目（课题）100 多个。实施科技富民强县专项行动计划、农业科技成果转化资金以及省重点科技计划等科技项目 1000 多项，共建设科技示范基地 167 个、科技示范园 5 个，推广新技术、新品种 2000 多个，有力推动了热带农业和南繁种业科技进步，全省农业新技术、新品种覆盖率达到 95% 以上，促进了热带作物、热带花卉、冬季瓜菜、水产养殖和南繁育种等产业的发展。

◎ 科技支撑现代服务业发展取得新进展。

按照科技部《促进科技和金融结合试点实施方案》要求，围绕促进科技成果转化和产业化

开展试点工作，已分别与中行、工行等签订战略合作框架协议，推动在科技园区设立科技银行，2012 年，建设银行老城开发区科技支行在海南生态软件园区成立并揭牌，这标志着全省首家科技和金融合作专业支行正式成立。与省农信社合作，实施农信社小额信贷技术员担任科技特派员制度，为科技特派员工作站、科技特派员和科技示范户提供小额信贷服务。2012 年上半年，全省农信社为 2.2 万户农民发放小额信贷 8.35 亿元。

三、多措并施推进区域创新

重点推进政策措施的制定，加快科技创新平台的建设，探索推动科技成果转化的新机制，深化科技体制改革，加快建立以企业为主体，产学研用紧密结合的区域创新体系。

◎ 出台了一批重大创新政策

根据海南省实际情况，研究制定了一系列人才、产学研、金融和区域科技合作等方面的重大创新政策。省委省政府出台了《海南省促进高新技术产业发展的若干规定》、《海南省知识产权战略纲要》、《海南省促进知识产权发展的若干规定》、《海南省引进高层次创新创业人才办法（试行）》、《海南省创业英才培养计划实施办法（试行）》等一系列重大政策，在发展高新技术产业，促进高新技术成果转化，发展民营科技企业，保护知识产权，引进人才等方面明确相关政策，从资金信贷，税收、用地等方面对技术创新和高新技术产业发展予以优惠扶持，大大改善了海南省科技发展的政策法制环境。2009 年，制定并实施《海南省促进高新技术产业发展的若干规定》，首次提出设立高新技术产业发展专项资金，新增科技投入 2000 万元，为高新技术企业、项目、产品提供贷款贴息，省级政策性补助或奖励，支持技术创新平台和孵化器建设等。该政策把引导和鼓励企业真正成为技术创新和研发投入的主体作为核心内容，对高新技术企业扶持的力度超过以往，进一步激发了企业的技术创新活力，推动了全省高新技术产业的发展；2012 年全省出台了《海南省创业英才培养计划实施办法（试行）》，启动了“创业英才”培养工程，到 2020 年，重点面向科技型企业，在全省重点领域、优势产业和重点创新项目中选拔 350 名创业人才进行培养。2012—2015 年培养创业英才 150 名，其中第一层次 10 名、第二层次 40 名、第三层次 100 名。对创业英才培养对象创新创业项目实施一次性资助，第一层次 80 万～ 100 万元、第二层次 50 万～ 70 万元、第三层次 30 万～ 40 万元。

◎ 创新平台建设取得新进展

一是建设研发平台。加强重点实验室、工程技术研究中心建设。建成国家级工程技术研究中心 2 家、省部共建国家重点实验室培育基地 2 家、省级重点实验室和工程技术研究中心 63 家。

二是建设科技成果转化平台。2009 年，海南省科技厅联合 10 部门印发了《关于推动海南省产业技术创新战略联盟工作的意见》，建立了热带花卉、南药黎药、对虾、椰子、南繁育制种、沉香、数字信息安防、热带植保等 8 个产业技术创新战略联盟。三是建设科技服务共享平台。以资源共享为目标，启动了大型科学仪器协作共用平台建设工程，成立了大型科学仪器协作共用平台工作领导小组、办公室以及专家咨询委员会等管理机构，建立了海南省大型科学仪器协作共用平台，实现了全省大型科学仪器资源共享。2011 年，省大型科学仪器协作共用平台为 900 多家企业提供了测试服务。

◎科技创新体制机制改革不断深化

积极推进科技创新体制机制改革，科技宏观管理水平和科技公共服务能力得到进一步提高。一是农业科技服务体制和机制创新成果显著。将农业科技 110 工作和科技特派员工作结合，创造了具有海南特色的科技服务模式和机制，全省建立农业科技 110 服务站 307 个，实现服务覆盖全省。二是科普工作不断创新。在全国首创科技活动月制度，建立了全国首家虚拟科技馆。推动专业科技馆的建设，目前已建成具有热带植物、海洋产物、热带医药、科技创意等为主题内容的专业科技馆 13 个。三是科技合作机制更加完善。对外合作交流从东南亚扩大到欧美等 30 多个国家和地区，省政府与科技部建立了省部会商制度，与中国科学院建立了科技合作关系，全省有关单位与一批著名高校、大院大所建立了战略合作关系，协助科技部创立了（博鳌）中国农业科技创新论坛。四是创新科技人才选用机制。实施中西部市县科技副乡镇长派遣计划，选派一批优秀农业科技人员到全省中西部市县挂职任科技副乡镇长，先后选派两批共 81 名科技特派员到全省中西部 11 个市县挂职担任科技副乡镇长，加快推动乡镇科技进步和产业发展。

◎科技成果转化成效显著

切实采取有效措施，不断探索推动科技成果转化的新机制，取得显著的成效。一是推动了热带花卉的发展。启动了花卉重大科技研发专项，结合国家科技支撑计划项目，选育出热带花卉新品种 100 多个，将科技成果通过建立示范基地、举办培训班、深入现场指导等方式进行推广，辐射带动热带花卉产业。二是加强新能源科技成果的集成示范应用。全省首个“金太阳”示范工程项目——临高 20 兆瓦光伏并网示范工程项目竣工正式并网发电，海口国家高新技术产业开发区、海口综合保税区集中连片光伏发电和海南橡胶集团橡胶加工厂用户侧光伏发电 2 个示范项目列入国家“金太阳”示范工程项目，推动了清洁能源在全省的示范应用，促进了生态省建设。支持在西沙永兴岛建设雨水净化及高效节能路灯改造工程、在博鳌景区暨琼海市开展高效节能路灯应用示范。推动国家节能与新能源汽车示范推广试点工作，三是加强新材料科技成果的集成示范应用。

实施海南省“膜法”农村饮水安康工程，运用超滤膜技术，完成了琼海、澄迈两个市县“五村一校”农村饮水改造工程、三沙市永兴岛“膜法”示范项目以及白沙县鹦歌岭保护饮用水设备安装工作，总日供水规模达1490吨，受益人口10000多人。四是加强绿色防控技术推广应用。在冬季瓜菜、热带水果等科技项目示范基地和农业科技110示范基地推广应用太阳能灭虫灯，重点支持市县连片1000亩左右基地。

第十一章 西南地区科技工作的进展与成就

西南地区科技工作以科学发展为指导，围绕地方经济社会发展的总体部署，以支撑加快经济发展方式转变为主线，着力促进经济与科技的有效结合。结合各地的资源禀赋、产业发展情况和科技水平，通过实施重大科技成果转化、国家技术创新工程试点、战略性新兴产品培育、产业技术创新、特色产业科技发展，有力地支撑了地方经济社会发展；通过进一步推动院所改革、平台建设、加强对内对外科技合作、实施高层次科技人才培养引进工程、积极推进科技与金融结合，不断完善区域创新体系。总体上看，西南地区的科技综合创新能力明显提高、各项科技工作取得了崭新进展，企业研发活动的主体地位进一步加强，科技进步环境逐步改善、科技产出效益显著提升。西南地区的新兴产业发展、农业科技创新、民生科技工作、人才队伍建设等取得了显著成绩，在道地药材、光伏、畜牧产品等特色产业方面也取得了许多突破性进展，为应对国际金融危机、支撑经济平稳较快发展做出了积极贡献，西南地区的科技发展进入重要发展时期。

第一节 重庆市

一、科技发展总体进展

科技创新总体水平快速提升。2011 年，重庆市综合科技进步水平指数列全国第十三位、西部第二位。综合指数增幅列全国第四位，西部第一位。

科技创新能力显著提高。2011 年，全社会 R&D 经费支出达到 128.4 亿元，同比增长 28%，占 GDP 的比重达到 1.28%；R&D 活动人员达到 4.1 万人年，同比增长 10%；财政科技投入达到 25.04 亿元，同比增长 40%；2011 年新建国家重点实验室 2 个，市级重点实验室 14 个、工程技术研究中心 18 个，累计建成市级以上重点实验室和工程技术研究中心共 165 家，其中国家级 18 家。

企业研发活动的主体地位加强。全市企业 R&D 经费支出达到 99.8 亿元，同比增长 32.1%，高于全社会 R&D 经费的增幅；企业 R&D 经费占全社会 R&D 经费的比重达到 77.8%，同比提高 2.4 个百分点。企业研发投入出占主营业务收入的比重由 2010 年的 0.84% 提高到 0.9%，位居全国前列；工业企业新产品产值达到 3702.6 亿元，同比增长 27.6%，占工业总产值的比重达到 30.8%；新增市级以上科技企业孵化器 8 个，累计达 50 个，覆盖 70% 以上的市级园区，新毕业企业 273 家，在孵企业 2814 家，提供就业岗位 34348 个。新增市级生产力促进中心 21 家，累计达到 75 家，覆盖所有区县，全年服务中小企业 4035 家。

科技进步环境逐步改善。2011 年，市政府常务会议审议通过了《重庆市“十二五”科学技术和战略性新兴产业发展规划》，并出台了《关于实施创新驱动战略加快建设长江上游地区技术创新中心的意见》，为科技创新提供了目标和政策依据。同时，两江新区科技创新示范区建设扬帆起航，高新技术交易会、“科技富民强县”、科技金融、国际知名研发机构“重庆行动”、知识产权保护模范城市创建等工作卓有成效，成为全国科技创新政策及环境最优的省市之一。

科技产出效益显著提升。2011 年，全市专利申请量达到 32039 件，比上年增长 40.4%，其中发明专利申请 8839 件，同比增长 71.6%；专利授权量达到 15525 件，同比增长 28.5%，其中发明专利授权量达到 1865 件，比上年增长 63.2%。万人发明专利拥有量达到 1.63 件，同比增长 50.7%。高技术产品出口达到 67 亿元，同比增长 293%，占全市外贸出口额的比重达到 33.7%；技术市场交易额达到 101.1 亿元，首次在未举办高新技术交易会的情况下突破百亿元。

二、支撑和引领经济社会发展

围绕“2+10”战略性新兴产业培育、传统产业改造升级和民生改善，有针对性地研究研发产业关键共性技术与民生科技成果，抢占技术创新制高点。

专栏 11-1 实施“121”科技支撑示范工程

2011 年，重庆市科委紧扣市委、市政府发展战略性新兴产业等重大部署和区域发展战略需求，以“121”科技示范工程为锲机，加快推进科技计划改革。示范工程是政府引导、企业主导、产学研用结合、多方协同创新、瞄准产业化或集成应用的重大示范工程。示范工程以实现重庆需求、全球科研、重庆产业化为目标，采取上下联动、全球整合、金融（市场）推动、滚动实施的运作方式。示范工程实行“立项‘三步走’+管理‘三方’治理结构”的管理机制。自“121”科技示范工程启动以来，通过与区县政府、机电控股集团、两江新区、重庆大学、重科院、中科院等 100 多个部门、单位先期开展需求对接，征集了 2186 项科技需求，从中筛选凝炼出“121”科技示范工程 55 项，纳入 2012 年计划实施。

◎ 加快传统产业转型升级

突出智能化、绿色化、信息化技术发展导向，在机电装备、化工及冶金等基础和传统产业领域，以智能制造与装备、绿色制造与再制造、制造业信息化为重点，加强关键共性技术研发和推广应用。构建了重庆市制造业信息化科技工程保障体系，使企业生产效率提高 20%，在制品周转成本降低 35%；建立了重庆首个海洋船舶数字化技术设计平台和生产设计平台，填补了重庆海洋船舶设计的空白；饲料级 DL- 蛋氨酸的研制，使中国成为世界第 5 个能够生产 DL- 蛋氨酸的国家；首次或自主研制出的带钢连续退火炉计算机二级模型控制系统、医用 PET/CT 机用 LYSO 晶体、新型含稀土电接触复合材料，技术性能指标达到国际先进水平，打破了国外技术垄断。

◎ 培育战略性新兴产业

按照“2+10”战略性新兴产业布局，重点在节能与新能源汽车、新材料、生物医药等领域组织实施市级重大科技专项，开展重大科技应用示范。在新能源汽车领域，长安集团、恒通客车和五洲龙等公司的纯电动车辆已陆续完成开发，青山公司与中汽院联合开展的纯电动轿车自动变速器项目进展顺利，中汽院、长安集团等单位的增程式电动汽车、电动汽车测试评价平台等研究和建设工作陆续展开。2010 年，已建设完成 100 个交流充电桩和 2 座投资 1000 万元的标准型充电站。在新能源与新材料领域，启动了“LED 产业发展及推广应用”、“中国镁合金科技示范基地建设”、“重庆光电产业科技园”等区县科技示范工程。北碚作为重庆市首个 LED 推广应用示范城区，目前已投入了 2.8 亿元，改造、新建 LED 路灯 1.7 万余盏，成为全市首个绿色光源照明城区。在生物医药领域，启动部市共建重庆两江生物医药产业园区，出台了《重庆两江生物医药产业园区发展规划》，启动建设国家创新药物孵化（重庆）基地和国家医疗器械科技产业（重庆）示范基地。2011 年，重庆市已有 200 余个创新药物进入临床前孵化阶段，32 个新产品进入临床研究阶段，16 个创新药物和医疗器械已完成临床研究，3 个创新药物获得新药证书，单品种销售过 5000 万的药品和医疗器械已接近 50 个，实现新增产值近 150 亿元。

◎ 强化民生科技

加强科技成果的推广与应用示范，利用科技发展经济，在人口健康、公共安全、资源环境、城市建设等方面开展技术攻关，改善民生。引进市级科技特派员 254 名，选派本级科技特派员 2400 名，培训各类技术人员 8.8 万人次，新建“万盛茶叶”等科技专家大院 46 个，壮大“潼南蔬菜”、“丰都肉牛”等优势产业 11 个，扶持“方通动物药业”等龙头企业 15 家。同时，各区县获得市级科技扶贫资金 1.22 亿元，推广先进适用技术 56 项、主导新品种 12 个，使农业增效 17 亿元、1300 多农户实现万元增收；获得免费派送价值 6000 多万元的国产医疗器械 600 台（套），服务患者超过 10 万人次。此外，“三峡库区水污染防治与治理”、“节能与废弃物综合应用”两个专项关键技术的突破，带动相关产业发展，实现上 10 亿元的经济效益，改善城市生态环境，惠及民众超过百万人。2011 年，重庆市区县全部通过国家县（市）科技进步考核，先进县比例全国最高。

三、推进科技计划管理改革

◎ 进一步明确了战略定位

以“十二五”规划为统揽，以加快科技创新、促进经济发展方式转变为主线，以改革开放为动力，以惠及民生为出发点和落脚点，大力实施科教兴渝战略、人才强市战略和知识产权战略，切实推动科技与经济互融并进，尽快形成国家重要的战略性新兴产业基地，基本建成长江上游的科技创新中心和科研成果产业化基地，促进“重庆制造”向“重庆创造”转变，为建成创新型城市奠定决定性基础。

◎ 加大创新政策的制定和落实力度

成功编制《重庆市“十二五”科学技术和战略性新兴产业发展规划》，强化了大科技、需求结合、系统集成、开放合作、改革创新“五大理念”，形成了“量翻番跨越”、“质升位突破”的价值目标，明确了部市区县联动、科技与产业互动、市场与金融推动等新的工作模式，为建成创新型城市奠定决定性基础。同时，按照中央统一部署，2011 年市委市政府出台了《关于实施创新驱动战略加快建设长江上游地区技术创新中心的意见》（简称“创新十一条”），纵深推进科技体制机制创新。

积极落实《重庆市科技创新促进条例》，着力打造低融资成本、低要素成本、低土地房产成本、低物流成本、低税费成本“五低”环境，吸引更多创新要素向重庆集聚。

◎ 加快推进科技计划管理改革

2011 年以来，围绕解决需求脱节、资源分散、部门封闭、人才匮乏等科技创新“四大积弊”，按照“市场导向、企业主体、产学研用”技术创新体系总体要求，重庆市科委积极探索科技计划改革路子、创新管理模式，重点启动实施了“六大举措”。

一是“37521”新模式。改革现行科技计划体系，推行由“实施 3 类项目、培育 7 类人才、建设 5 类基地、推进 2 项改革、建立健全 1 个政策法规体系”组成，涵盖科学研究与技术创新各个环节和层面的“37521”科技计划管理模式，进一步理顺需求、能力、企业、市场之间的关系，推动科技与经济互融并进。

二是项目指南“需求是瞻”。改变科技计划支持方向凝练机制，建设统一分级标准“需求库”，企业新产品开发、技术研发、新理论方面的需求通过相关渠道进入“需求库”。“需求库”是集成

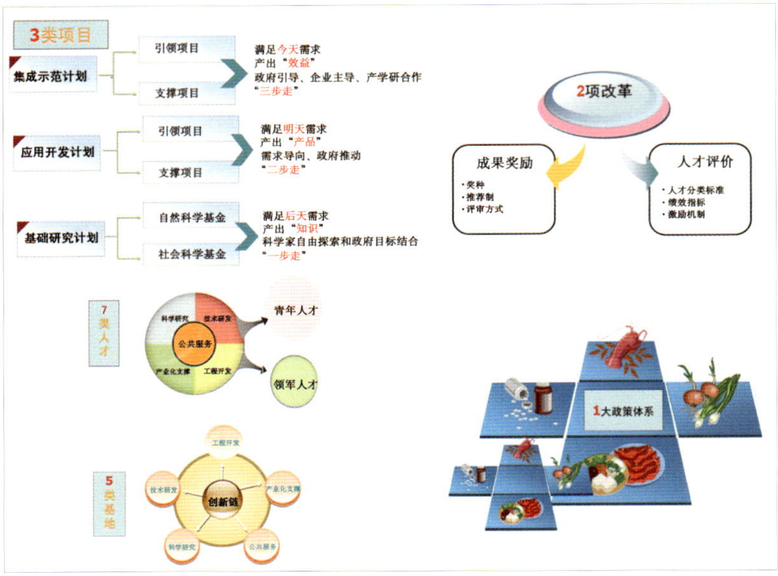

图 11-1 科技计划体系示意图

示范、应用开发计划中支撑类项目的唯一来源，是国家科技计划项目的重要来源和市级部门、区县科技项目的补充来源。市科委将于近期组织开展需求征集工作，并每年拿出 50% 以上的资金支持来自“需求库”的项目。

三是项目组织“分步走”。改变原有项目申报模式，根据企业、高校和院所在科技创新中的各自优势和定位，将科技项目“做什么”、“怎么做”和“谁来做”三个基本要素分开、分步落实，力求每个要素得到最好的优化配置，从最底层解决“需求导向、企业主体、产学研结合”的机制问题，从而使项目解决需求的效率达到最高。其中，集成示范、应用开发、基础研究计划将根据其定位和要求，分别实施“三步”、“二步”、“一步”组织方式。

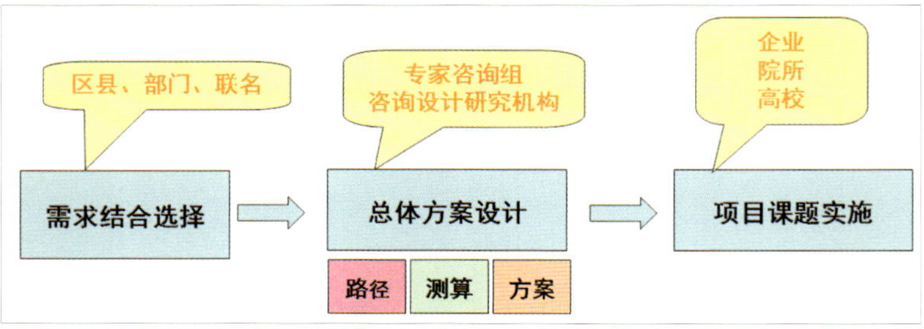

图 11-2 集成示范计划“三步走”示意图

四是资助方式“市场化”。通过与风险投资、科技金融等市场机构的合作，改变过去单一的无偿拨款资助方式，每年拿出不少于 25% 的资金，探索拨款与风险投入、天使投入等相结合的捆绑有偿资助模式，引导企业加强市场意识、加大创新投入。

五是过程管理“双机制”。与技术需求方和项目实施方等建立责任机制，同时引入专家团队、第三方监理机构等建立协同管理机制，共同对科技计划项目从立项到结题验收的全过程进行管理，力求实现“立项有依据、过程有监督、节点有评测、验收有标准”，确保科技项目实施不偏离市场需求。其中，集成示范计划中的科技支撑示范工程项目将实行“三方”协同管理机制；在应用开发计划中的支撑类项目管理中，市科委将由以前的“甲方”角色转变为“丙方”角色，成为促成需求方、项目实施方合作成功的服务者和协调者。

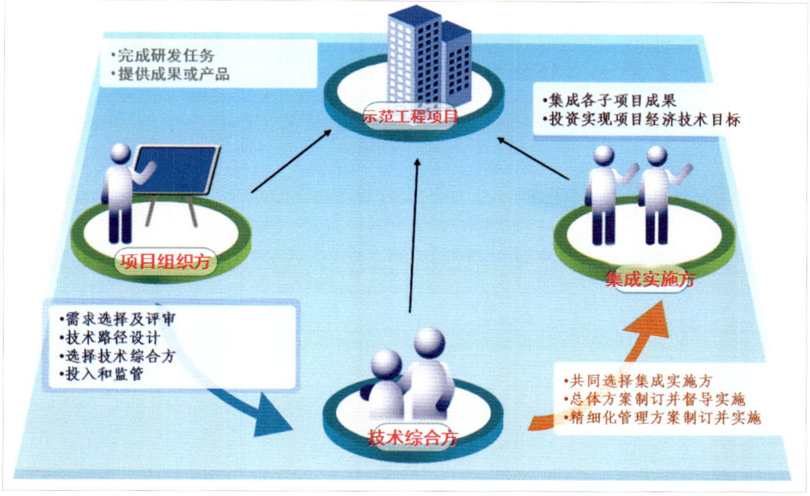

图 11-3 “三方”协同机制示意图

六是项目评价“效为先”。打破唯论文、著作、专利的评价模式，集成示范、应用开发计划项目评价优先看市场效益，将新增产值、利税、物化成果等作为项目考核约束性指标，建立面向科技创新和市场效益的科技评价体系，引导项目实施和科技成果向市场效益聚焦。

第二节 四川省

四川省科技工作认真落实四川省委、省政府的决策部署，践行“技术就是经济”理念，牢牢把握整合科技资源、提升创新能力、加速成果转化的工作取向，以科学发展为主题，以支撑加快经济发展方式转变为主线，顺利完成“十二五”科技发展的整体部署，全面实施了四川省亘大科技成果转化、国家技术创新工程试点、战略性新兴产品培育三大工程，成效显著。高新技术产业推进行动、统筹城乡发展科技行动、科技服务民生专项行动进一步拓展深化，各项工作取得了崭新进展，科技对经济社会发展的支撑引领作用显著增强，为加快建设灾后美好新家园和西部经济发展高地、应对国际金融危机支撑经济平稳较快发展做出了积极贡献，全省科技发展进入重要跃升期。

一、科技发展总体进展

◎ 科技投入不断加大

2011 年，四川省全社会 R&D 经费投入 294 亿元，较 2009 年增长 37.1%，R&D 投入强度（R&D/GDP 的比值）为 1.40%；全省财政科技拨款 45.7 亿元，较 2009 年增长 52.1%，占财政支出的 0.98%，其中省本级财政科技拨款 10.9 亿元，较 2009 年增长 53.9%。

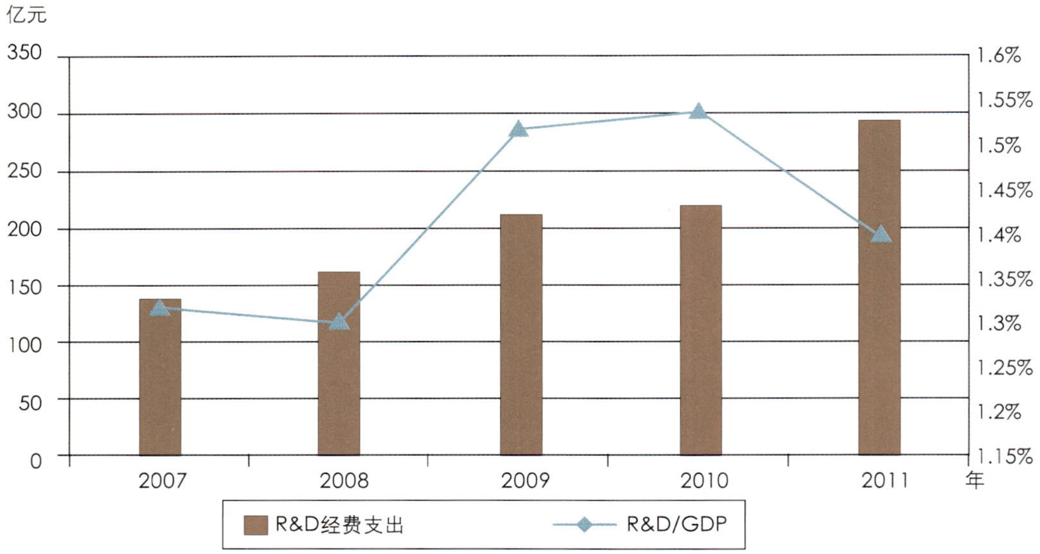

图 11-4　2007—2010 年 R&D 经费和 R&D 投入强度情况

◎ 创新人才队伍不断壮大

2011 年末，全省拥有各类研究开发机构 1550 个，科技活动人员 28 万人，R&D 人员折合全时当量 8.7 万人年；拥有两院院士 62 人，其中中国科学院院士 27 人、中国工程院院士 35 人，国家杰出青年科学基金获得者 64 人，国家自然科学基金创新研究群体 6 个，长江学者奖励计划特聘教授 41 人，长江学者和创新团队发展计划创新团队 26 个，入选四川省学术和技术带头人 1383 人。

◎ 科技创新能力大幅提升

2011 年，全省登记技术合同 9942 项，技术市场成交金额 71.53 亿元；申请专利 4.97 万件，专利授权 2.84 万件。发表科技论文 7.2 万篇，出版科技专著 1550 篇；完成省级科技成果登记 618 项，获国家科技奖励 29 项、省科学技术进步奖 238 项。已建成国家级重点实验室 12 个、省部级重点实验室 73 个，国家级工程技术中心 14 家、省级工程技术中心 112 家。全省认定高新技术企业达 1325 家，建设国家创新型（试点）企业 21 家、产业技术创新联盟企业 101 家、省级创新型企业 866 个；2011 年，四川综合科技进步水平为 48.42%，居全国第十五位，较 2009 年上升一位。在国家区域能力评价中，四川居全国第九位。

◎ 科技支撑发展进一步增强

高新技术产业正在由先导产业发展为主导产业，为实施“工业强省”战略提供了坚实支撑。2011 年，全省高新技术产业实现工业总产值 6622.2 亿元，居西部第一位。科技支撑农业农村发展、服务农民增收成效显著。育成农畜新品种 550 余个，推广农作物新品种 3 亿多亩，增产 25 亿多公斤，增加社会经济效益 30 多亿元，推广畜禽新品种 249 万多头（只、套）。科技服务民生、惠及民生取得实效。生物医药科技产业、中药科技产业快速发展，大骨节病综合防治、新型牧区帐篷科技攻关与示范、生态保护、公共安全科技攻关与产业示范取得良好社会效益。

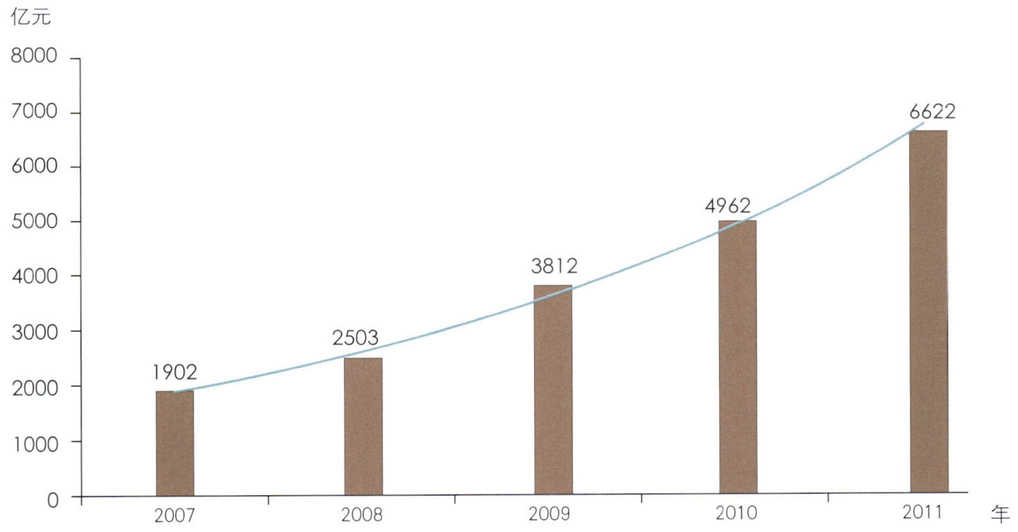

图 11-5 近年高新技术工业总产值情况

◎ 创新环境进一步优化

加强顶层设计，颁布实施了《四川省“十二五”科学和技术发展规划》，编制一批重大科技成果转化、战略性新兴产品培育等重点专项规划，强化重点领域和关键环节部署。充分发挥高校、科研院所科技创新骨干作用，加强创新平台和技术转移服务体系建设，区域创新体系不断完善。

探索建立新型科技金融结合机制，开展高新区、绵阳市科技金融结合试点，打造科技金融综合服务平台，营造科技发展金融环境。设立科技成果转化专项，形成科技支撑和成果转化两本主体计划，省级科技计划和经费管理改革取得实质性进展。积极推进科研院所科技体制改革，企业化转制的开发类科研院所逐步建立了“产权清晰、权责明确、管理科学、事企分开”的现代科技型企业制度。开展全方位、多渠道、多层次的国际国内交流与合作，实现了从一般科技交流合作向主动利用全球科技资源的转变，科技合作层次和水平不断提升。全社会支持科技创新的氛围正在逐步形成。

二、支撑和引领经济社会发展

◎高新技术产业与高新区发展跃上新台阶

高新技术及产业发展。四川省高新技术产业保持了持续高速增长的良好发展态势，规模不断发展壮大。2011 年末，全省高新技术产业资产总额达 6780.5 亿元，同比增长 19.8%，从业人员 72.5 万人，增长 23.1%；实现工业总产值 6622.2 亿元，是 2009 年的 1.74 倍，占全部规模以上工业总产值的比重由 2009 年的 19.4% 增至 2011 年的 21.3%，贡献份额持续加大；实现出口交货值 1180.3 亿元，占规模以上工业的 79.5%，同比增长 98.3%，高于规模以上工业增速 19.2 个百分点，强力支撑了四川省工业产品出口；实现利润 411.8 亿元，是 2009 年的 1.82 倍。

高新技术特色科技园区（基地）建设。四川省致力于推进成都高新区创建国家自主创新示范区和创世界一流工业园区。加快绵阳科技城建设，绵阳科技城“十二五”规划获得国务院批复；自贡高新区成功升级为国家级高新区。截至 2011 年，全省国家级高新区增至 3 家，国家高新技术产业化基地达到 17 家，省级高新技术产业化基地 35 个。35 个基地聚集企业 3300 多户，工业总产值达到 4000 亿元，基地高新技术产业产值 1200 亿元，基地已成为聚集创新要素，推进“两化”互动、统筹城乡的重要载体。

高新技术企业培育。2011 年末，全省拥有规模以上高新技术企业 1325 家，比 2009 年增加了 212 家。户均资产总额达 5.1 亿元，户均总产值为 5.0 亿元。

继续加大企业技术创新扶持力度，积极组织引导中小企业申报和实施国家科技型中小企业创新基金项目，2010 年、2011 年全省国家创新基金项目立项总数达 529 项、争取经费 3.7 亿元，位居全国前列、西部第一。截至 2011 年，1500 家企业和 1650 个项目获得国家创新基金立项支持，国家资助经费达到 10.28 亿，累计带动企业、社会和金融机构投入 100 多亿元，累计实现工业增加值 1500 亿元以上。

◎ 农业科技创新与转化取得新突破

农畜新产品选育与粮食丰产科技工程。制定了《四川省“十二五”农作物及畜禽育种攻关实施意见》，细化粮油作物、经济作物、畜禽水产和公共服务等六大领域、25 个重点项目和 185 项攻关任务。2010—2011 年，累计育成通过国家和四川省审定或认定的农作物及畜禽新品种 165 个以上，创造可直接应用于育种的新材料 350 余份、新技术和新方法 35 余项，推广新品种年均增产值 50 亿元以上。

实施“十二五”粮食丰产科技工程，开展了杂交中稻超高产高效精简栽培、水稻机械化生产、抗逆减损等关键技术研究与集成示范，建立了超高产攻关田 120 亩，核心区 4 个 1.2 万亩，示范区 10 个 100 万亩，辐射区 40 个 1000 万亩。

农业技术创新与转化。深入实施生猪、泡菜、食（药）用菌等 16 个产业链示范项目。2011 年，示范工程项目集成应用新品种、新技术和新模式 260 余个（项、种），开发新产品 330 多个，项目龙头企业新增销售收入 25 亿元，带动项目区农民年均收入比当地平均水平高出 1500 多元。

重点支持 28 个农业重大科技成果产业化示范项目，投入财政经费 3450 万元，撬动企业等配套投入 9.34 亿元，新增产值 242 亿元、利税 27 亿元，投入产出比达 1 ∶ 2.8，带动项目区农户年均增收 1600 元以上。2011 年，23 个项目获国家农业科技成果转化资金支持，经费 1700 万元，立项数和经费数均居全国第二、西部第一，项目实施可新增产值 25 亿元。

农业科技示范及园区建设。制定了《四川省科技厅关于支持新农村示范片建设的实施方案（2010—2012 年）》，统筹开展园区“三区”（核心区、示范区和辐射区）建设、“四新”（新品种、新技术、新模式和新机制）协调和“五良”（良种、良法、良壤、良制和良机）配套工作。

继续开展彭州市新黄村、绵竹市棚花村、安县柏杨村和都江堰市高原村等 6 个重灾市（州）6 个村的省级新农村建设科技试点，带动全省 39 个重灾县 39 个村的灾后恢复重建。彭州等示范点已成为灾后恢复重建样板。

推进乐山、广安及雅安 3 个国家农业科技园区和 60 个省级新农村示范片农业科技园区的建设。2011 年，组建省级新农村示范科技特派员团队 60 个，建成核心区 64 万亩、示范区 166 万亩，示范推广新品种 1000 多个、新技术 530 多项、新模式 170 余项，培训农民 100 万人次，项目区农民人均增收 1500 元。

◎ 科技服务民生取得新成就

生物医药产业发展。积极探索生物医药产业科技成果转化新模式，加快构建一批技术创新平台和联盟。启动四川省生物医药技术创新公共服务平台建设，平台已成为集新药研发、信息服务、分析检测、成果转化、投融资服务六大功能为一体的立足四川、辐射西部、面向全国的大型公共服务平台。加速推进国家（成都）生物医药产业创新孵化基地建设，在近两年已申报的 100 多个中药新药中，获准率达 75.6%，居全国前列。2011 年，全省医药工业企业累计完成工业总产值 817 亿元，同比增长 33%。

中药现代化科技产业（四川）基地建设。重点抓好中医药科技创新、中药大品种大企业培育、中药资源可持续利用、中医药服务与健康等科技工作。积极构建中医药科技创新体系，组建了一批工程技术研究中心和产业技术创新联盟。积极培育中药大品种，推进川贝母、川附子两个中药材大品种培育和渴络欣胶囊等一批中成药大品种培育。2011 年，全省中药产业产值达 408 亿元，比 2010 年增长了 34%，居全国第二位。

民生科技攻关与示范。完成大骨节病综合防治科技攻关，深入推进基层卫生适宜技术推广示范基地建设，中医药、中西医结合防治甲型 H1N1 流感取得良好效果。开展了科技强警综合性社会安全应急管理信息技术支撑平台建设，完成了地震医学应急研究并通过国家验收。积极探索川西北草原沙化治理新模式，完成脆弱生态区若尔盖湿地研究并通过国家验收。新型帐篷科技攻关任务全面完成，牧民定居行动计划科技示范点建设稳步推进，在甘孜州道孚县和凉山州普格县、木里县建设了“牧民定居行动计划”和彝区“三房改造”科技示范点。

三、实施三大科技工程

金融危机以来，四川省加快区域创新体系建设，全面实施重大科技成果转化、战略性新兴产品培育、国家技术创新工程试点三大工程，科技支撑加快经济发展方式转变取得明显成效。

◎ 重大科技成果转化工程

2010 年，《四川省重大科技成果转化工程实施方案（2011—2015 年）》经四川省政府发布实施，科技成果转化工程被列为四川省科技工作的一号工程。四川省把科技成果转化工作作为科技发展的牵引性工作，在加强以研发为主体的科技创新工作的同时，“一手抓研发、一手抓转化”，创新科技成果转化工作机制，完善科技成果转化政策措施，建立了市场导向、政府服务、企业主体、产学研结合的科技成果转化推广体系，推动了科技成果商品化、资本化、产品化、产业化。为建成西部科技创新高地打下了坚实基础。力争“十二五”期间，实施 1500 项科技成果转化项目，建设国家级和省级重点科技成果转化示范平台 100 家，实现技术交易合同 40000 项，技术交易额超过 400 亿元，带动实现产值 12000 亿元以上。截至 2011 年，全省组织实施科技成果转化项目 216 项，财政投入 2.5 亿元，带动企业投入超过 150 亿元，带动实现产值 1200 亿元，利税近 300 亿元。

◎ 战略性新兴产品培育工程

2010 年，四川省制定实施了《四川省战略性新兴产品培育发展实施规划（2011—2015 年）》，按照攻克技术、培育产品、引导产业、加快发展的思路，依托高新技术产业化园区（基地），在四川省具有基础、优势和特色的新一代信息技术、新能源、高端装备制造、新材料、节能环保、生物等领域，遴选确定一批战略性新兴产品，分层次培育，实现重点突破。围绕服务战略性新兴产业重点领域，依托企业创新主体和骨干高等院校、科研院所，建设完善工程技术研究中心、科技企业孵化器等创新体系，推动科技成果转化，加速战略性新兴产业产品孵化、培育。截至 2011 年，规划的 233 个战略产品中 137 个已实现产业化，其中 47 个项目已纳入了省上 20 亿元的战略性新兴产业培育计划支持。启动了 20 项重大关键产品、90 个重点培育产品、开展了 30 项重大关键共性技术攻关、完善了产品培育创新体系，

◎ 国家技术创新工程试点工程

2010 年 6 月，国家技术创新工程四川省试点启动大会召开，标志着国家在西部地区唯一布局的国家技术创新工程四川试点工作正式实施。《国家技术创新工程四川省试点方案》提出，进一步完善技术创新体制机制和政策环境，构建以企业为主体、市场为导向、产学研相结合的技术创新体系，增强企业自主创新能力，提升区域产业核心竞争力。截至 2011 年，全省建设国家级创新型（试点）企业达到 21 家、省级创新型企业达到 866 家，居西部第一位。共建立了覆盖电子信息、生物工程等六大领域的产业技术创新联盟 101 个，多晶硅联盟列入国家试点，钒钛、泡菜、白酒等 11 家联盟纳入国家备案。据对 77 家联盟调查统计，参与联盟企业已达 479 多家，高校和科研机构达到了 200 多个。

第三节
贵州省

党的十七大以来，特别是十七届五中全会以来，在省委省政府的正确领导下，在科技部的大力支持下，贵州省科技工作取得了较大成绩。发展环境明显改善，科技综合实力不断增强，科技与经济结合日趋紧密，科技支撑经济社会发展的作用日益显现。2011 年，全省综合科技进步水平指数为 37.37%，当年增幅排在全国第十六位；区域创新能力指数为 22.62，当年增幅排

在全国首位。

一、科技发展环境明显改善

强化顶层设计，政策保障体系更加完善。2011 年的全省科技大会，出台了《中共贵州省委贵州省人民政府关于加强科技创新促进经济社会更好更快发展的决定》及《贵州省加强科技创新加快科技进步奖励补助办法》，确定了推进实施“八大科技工程、六大科技行动计划”的重点任务，是未来五年全省科技发展的纲领性文件，为新时期科技事业的发展奠定了坚实的政策保障。

党的十七大以来，全省相继颁布了《贵州省科学技术进步条例》、《贵州省高新技术产业发展条例》等一系列法规和政策文件，为加快贵州科技事业发展提供了政策保障。2011 年，全省科技进步环境指数排二十八位，较 2007 年提升二位，科技进步环境指数增幅排位从 2007 年的第十四位上升到 2011 年的第七位。

科技合作力度不断加强，科技宏观统筹能力明显提升。2009 年以来，全省与科技部先后进行了两次部省会商，科技部出台了关于进一步支持贵州以科技创新推动经济社会又好又快发展的文件。明确在产业基地建设、区域创新体系建设、毕节试验区和三个少数民族自治州科学发展、对外科技合作、人才引进和培养等六个方面给予贵州更大支持；通过与中国科学院签订全面战略合作协议，中国科学院将进一步加大对贵州科学院发展的支持，将与贵州合作共建以绿色化工与先进材料、中药民族药、矿产资源的清洁高效利用等研究中心为核心的中国科学院贵州科技创新园；通过与中国工程院签署科技合作协议，在全省建立建设了 30 家院士工作站，促进了院士团队的科技成果在贵州的转移转化；通过与产业部门、高校、各市（州、地）县（市、区）建立 29 个科技合作基金，省级投入资金 9090 万，带动社会投入 3.6 亿元，财政资金放大倍率达到 4 倍。

科技投融资渠道不断拓宽，科技投入力度持续增强。一是科技投入持续增长。2007—2012 年省级财政共计投入应用技术研发资金达 18.34 亿元，（从 2007 年的 1.64 亿元增加到 2012 年的 4.6 亿元），年均增长 20% 以上。其中，2012 年投入资金 4.6 亿元，是 2007 年 1.64 亿元的 2.8 倍。2007—2011 年全社会 R&D 经费投入达 125.58 亿元，全社会 R&D 经费占 GDP 的比重从 2007 年的 0.5% 上升到 2011 年的 0.64%。其中，2011 年投入资金 36.36 亿元，是 2007 年投入资金 13.7 亿元的 2.65 倍。二是社会多元化资金投入的大幅度增长。2007 年以来，全省科技创新的社会投融资环境也得到了较大发展，通过省市共建模式组建了贵州省科技风险投资有限公司，促进科技资源和金融资本多层次、多形式的合作，累计提供各类投融资服务近 38 亿元，有力地支持了全省高新技术企业和中小企业的快速发展。

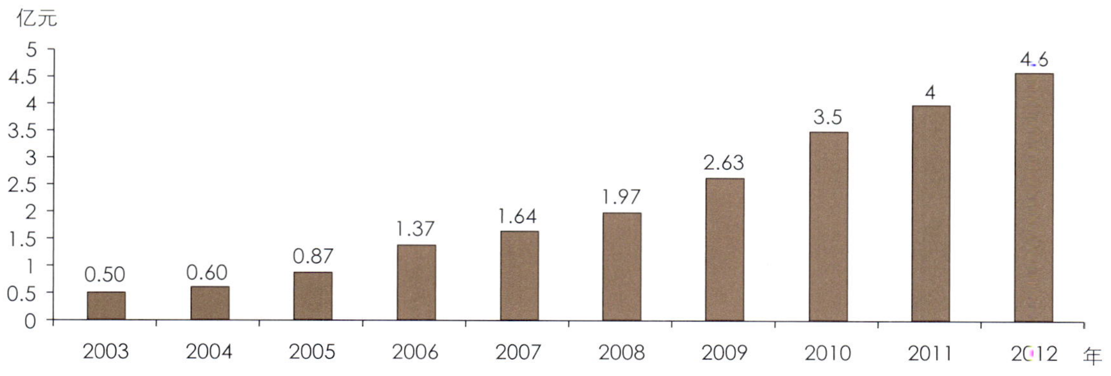

图 11-6 2003—2012 年省级财政投入应用技术研发资金情况

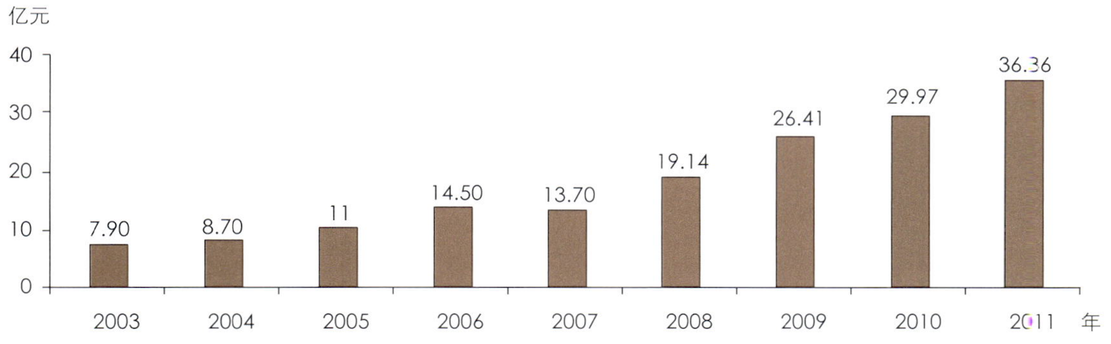

图 11-7 2003—2011 年全社会 R&D 经费投入情况

为了提高资金使用效率，将省级科技计划由过去的近 20 个计划合并调整为基本计划、重大专项计划、合作计划三大计划类别，按基础研究、科技攻关、技术开发、成果转化、产业化的不同创新阶段统筹规划、科学布局，形成了合理完整的科技计划体系，运用增量盘活存量，促进科技资源的有效整合，有效发挥科技投入的引导作用，推动科技与经济的紧密结合。

全社会科技意识进一步增强。全省社会公民具备基本科学素质的比例由 2007 年的 1.10% 提高到 2011 年的 1.54%，增加了 0.44 个百分点。贵阳市被列入国家创新型试点城市，遵义市被列为省级创新型试点城市，为推进创新型社会建设奠定了基础。

二、科技综合实力不断增强

科技进步主要指标持续提升。2011 年，贵州省综合科技进步水平指数为 37.37%，分别比 2007 年、2010 年的 31.53%、36.78% 提高了 5.84 个百分点、0.59 个百分点，综合科技进步水平不断提升。

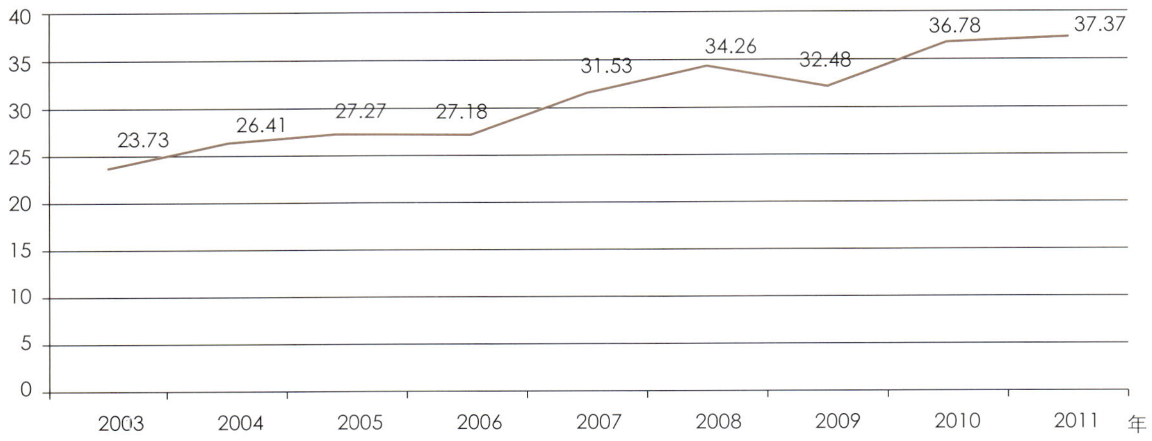

图 11-8 2003—2011 贵州省综合科技进步水平指数

承担国家级重大科技计划项目能力不断增强。首次牵头实施国家 973、863 项目，获国家自然科学基金立项数逐年递增。2007—2011 年，全省共获得国家部委科技经费 15.37 亿元（从 2007 年的 2.44 亿元增加到 2012 年 4 亿元以上）。2007 年以来，组织实施了 41 项国家科技支撑计划。2010—2012 年获得国家财政科技经费 9.29 亿元，是 2007—2010 年 6.08 亿元的 1.53 倍。

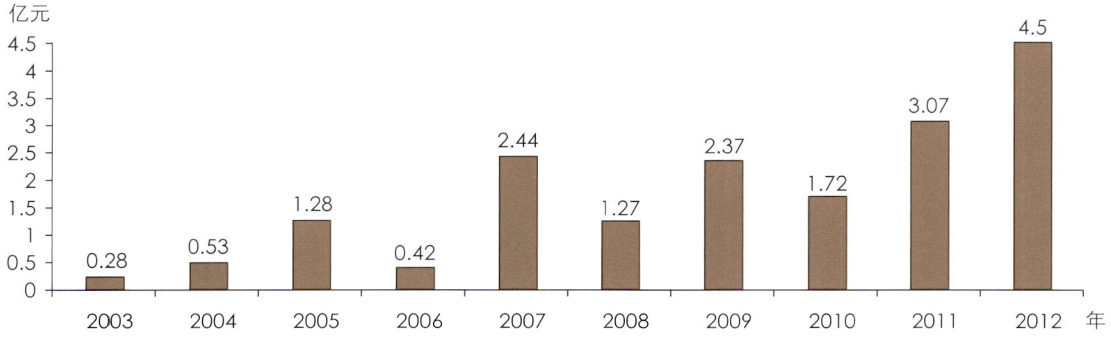

图 11-9 2003—2012 年贵州省获国家财政科技经费投入情况

科技产出规模明显扩大。2007—2011 年，申请专利和获得专利授权分别为 21335 件和 12009 件，年均分别增长 22.9% 和 20.42%。2011 年申请专利和获得专利授权分别为 7510 件和 3386 件，是 2007 年的 2.72 倍和 1.96 倍，2011 年全省专利申请量增幅排名全国第一位。2007—2011 年，获国家科技进步奖励 10 项，获省级科技进步奖 350 项。 2011 年，科技大会签订的科技成果技术交易额达 275 亿元。2007—2011 年，累计发表论文 72959 篇，年均增长 11.88%（其中，被三大科技文献检索系统收录的论文 6294 篇）。

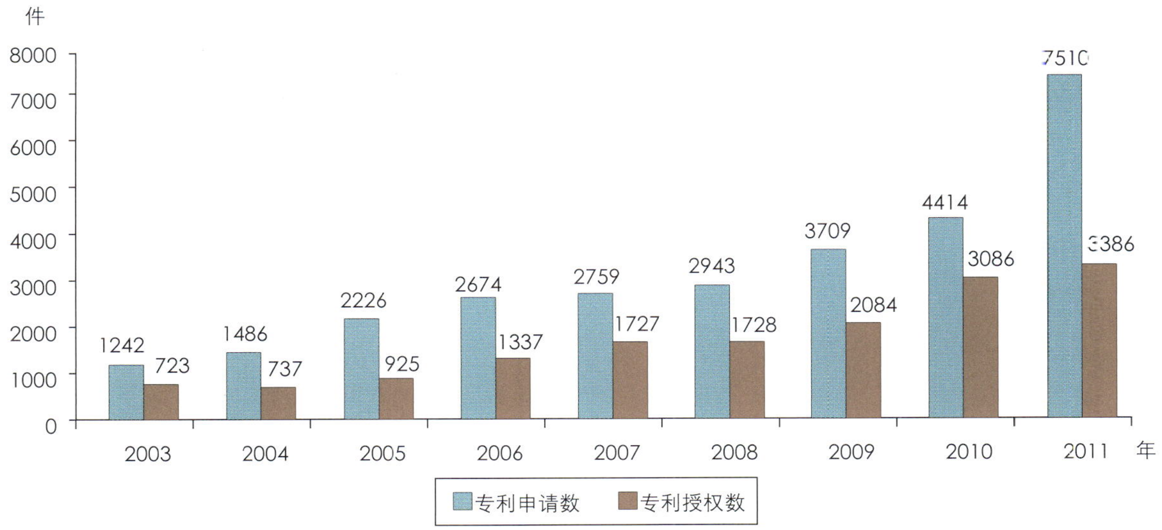

图 11-10　2003—2011 年全省专利申请和授权情况

国家级创新平台取得突破。2010 年，全省首家国家级工程技术研究中心——国家复合改性聚合物材料工程技术研究中心建成验收，到 2012 年全省已建 3 家国家级工程技术研究中心。

国家大科学工程落户贵州。经过十三年的努力，2010 年，世界上最大的天文观测中心——500 米口径球面射电望远镜（FAST）项目落户贵州，是全省获得的首个国家大科学工程，贵州正业工程技术投资有限公司和华科铝材料公司参与工程建设。为了更好地服务国家战略，国家天文台与贵州省科技厅联合成立了贵州省射电天文台。

创新人才团队层次明显提升。通过加快实施人才聚集工程，以重大项目、创新平台为载体，促进了项目、人才、基地的结合，在创新创业实践中锻炼培养科技创新人才。2007 年，实现了本省工程院院士申报当选的突破；2011 年，位于全省的中科院贵阳地化所 1 人当选中科院院士。全省现有“两院”院士 4 人，千人计划 2 人，入选国家“百千万”人才工程一、二层次 21 人，重点选拔了省优秀青年科技人才 185 名，形成了一批科技创新人才团队。2012 年，获黔灵科技贡献奖 2 人，获首届贵州省国际合作奖 1 人。

2011 年，贵州省科技活动人员总量达 6.04 万人，比 2007 年的 3.87 万人、2010 年的 5.63 万人分别增加 56.07% 和 7.28%；2011 年全省 R&D 人员达 2.59 万人，比 2007 年的 1.14 万人增加 127.2%，科技活动人员在企业、研究机构和高等学校中的分布趋于合理。

创新服务平台建设有了新的进展。2007—2012 年，全省以重点实验室、工程技术研究中心、产业化基地、企业技术中心和创业孵化器等为代表的创新及服务平台建设已初具规模。

表 11-1 2007—2012 年贵州省科技创新及服务平台建设情况表 单位：个

创新及服务平台	2007	2010	2012
国家工程技术研究中心	0	2	3
省级工程技术研究中心	41	57	74
国家重点实验室	1	2	2
省部共建重点实验室	4	6	7
省级重点实验室	23	33	43
国家级企业技术中心	7	13	13
省级企业技术中心	96	135	150
国家示范生产力促进中心	1	5	7
省级、县级生产力促进中心	8	47	93
高新技术产业孵化器	1	5	6
国家级农业科技园区	1	1	2
省级农业科技园区	5	10	11
省级高新技术产业化示范基地（园区）	2	10	12

推动科研院所改革和发展。一是推进省属技术开发类科研院所产权制度改革，省冶金设计院和省交通科学研究院实施了产权制度改革，开展了科技体制改革创新模式示范，增强了科研院所科技创新和成果转化能力；二是在 2012 年新增科研事业编制 2000 名，专门用于十二五期间充实、扩大、整合、新建的研究机构，为全省科研院所的改革发展奠定了坚实的基础；三是对科研院所进行调整和充实，盘活存量。调整增加了中科院贵州省天然产物化学重点实验室、国家复合改性聚合物工程技术研究中心、贵州省冶金科学研究室的科研事业编制，明确其业务职能，在国家复合改性聚合物工程技术研究中心基础上新组建了贵州省材料产业技术研究院，批准成立贵州省应用技术研究院、贵州省科技发展战略研究院、贵州省理化测试研究院、贵州省流通环节食品安全检测中心、贵州省核桃研究所等科研机构。四是通过创新能力提升试点专项资金，引导科研院所明确发展定位、凝练发展目标，2007—2012 年，省财政累计投入 2.84 亿元，省属科研院所创新能力得到明显提升。

推动企业成为技术创新主体。2007 年以来，全省把发展科技型企业、培育创新主体作为推动科技进步与创新的主要任务，积极推动创新要素向企业集聚，逐步建立产学研紧密结合的技术创新体系。到 2012 年，全省高新技术企业 163 家，国家创新型试点企业 10 家，省级创新型试点企业 75 家，规模以上工业企业科研机构达 131 家。通过推动产学研紧密合作向纵深发展，以企业为主体，在磷化工、茶产业、装备制造物流等重点领域建立了 15 个技术创新战略联盟。

科技资源共享服务体系逐步完善。贵州大型科学仪器协作共享平台入网仪器达到 475 台(套)，开机率提高到 70% 以上；贵州省科技文献共享与服务平台存储容量已达到 20T，1.7 万种中文期刊、1.5 万种外文科技期刊、七国两组织专利 2000 万条、10 万份标准、20 万篇硕博论文等信息实现共享，累计下载量 2000 余万条。这些创新平台的建成并投入运行，明显提升了全省自主创新和成果转化的能力。

三、支撑引领经济社会发展的作用进一步凸显

2011 年，全省科技进步贡献率为 41.53%，分别比 2007 年、2010 年的 36.7%、39.5% 增长了 4.83、2.03 个百分点；科技促进经济社会发展指数为 54.57%，分别比 2007 年的 31.27% 增长了 23.3 个百分点。

科技支撑产业优化升级。2011 年，全省高新技术产业化指数分别为 42.53%，排在全国第十九位，当年增幅居全国第十六位。全省高新技术产值由 2008 年的 589.75 亿元增加到 2011 年的 1257.30 亿元，年均增长 28.7%，2011 年，全省高新技术产业产值占工业生产总值的比重达 21%。高新技术产业的区域和行业布局呈现集聚态势，中药产业、新材料产业、先进制造业正在成为新的经济增长点。工业化与信息化的融合进一步加快，在高新技术及其产业发展的带动下，以资源开采和初加工为依托的生产方式，已开始向精深加工方向发展。

中药现代化产业显示出强劲的增长势头。中药现代化（贵州）产业基地在全国获得首家认定，全省有 4 个品种通过国家 GAP 认证，9 个品种获得地理标志保护，154 家企业获得药品生产许可，122 家企业通过 GMP 认证，7 个产品获得贵州省驰名商标，17 个中成药民族药产品销售收入过亿元，30 家企业年主营业务收入过亿元。2011 年，全省中药材种植面积、医药工业总产值分别达到 287.51 万亩和 209.15 亿元，中药民族药总产值进入全国前五位，中药现代化产业已逐步成为全省经济发展的后续支柱产业。

农业科技工作成效显著。2007 年以来，育成并通过全国或省级审定的农作物新品种 253 个，以油研 7 号、油研 10 号为代表的“油研”系列优质油菜品种在长江流域 12 个省市累计推广面积达千万亩。水稻超高产栽培技术规范标准成为全国第一个农作物栽培技术地方标准；黔优 18 和黔优 88 组合小面积示范亩产创全省水稻单产最高纪录。水稻、玉米、油菜自育品种的种植面积

分别占全省相应种植面积的 25%、70% 和 80%，每年推广的自育良种及配套种植技术面积达 500 万亩以上，为保障全省的粮食生产发挥了重要作用。依托科技人员创造的“反季节”蔬菜种植模式及配套技术，2011 年，全省的蔬菜种植面积已达 1000 万亩以上，成为农业种植结构调整的成功范例。科技特派员模式不断深化、完善和普及，在蔬菜、马铃薯、水果、茶叶、中药材、花卉等领域引进、示范、推广普及了一批新品种和先进适用技术，带动和支撑了相关领域产业的发展，促进了农业结构调整，有力推动了农业增效和农民增收。

社会民生科技工作取得明显进展。探索出一批适宜不同发育类型的石漠化综合治理模式，在全省 78 个县（区、市）开展的国家岩溶地区石漠化综合治理试点工作中得到了应用，为石漠化综合治理的顺利实施提供了有力科技支撑。在重大疾病和地方病防治、新生儿出生缺陷综合干预、食品卫生等人口健康与公共卫生领域取得了一批科技成果，推动了全省诊断、治疗、预防、保健水平的提高。开展了节能减排、工业废渣资源化综合利用的科技创新活动和成果转化推广工作，突破了一批制约行业节能减排、发展循环经济产业的关键共性技术，为完成全省节能减排工作目标提供了技术支持和保障。循环经济产业技术和节能降耗技术的集成及推广应用支撑全省万元 GDP 能耗由 2007 年的 3.06 吨标煤减少到 2011 年 1.71 吨标煤，降低了 44.12%；二氧化硫排放总量由 2008 年的 137.61 万吨减少到 2011 年的 54.71 万吨，降低了 60.24%，实现了既定的减排目标。开展了可持续发展实验区的建设工作，都匀、毕节、清镇、白云四个省级可持续发展实验区上升为国家可持续发展实验区，贵阳市、遵义市、六盘水市三个市成为国家节能减排示范城市，为下一步区域经济发展方式的转变和社会进步奠定了基础。

第四节 云南省

2011 年是“十二五”规划的启动之年，在云南省委、省人民政府的正确领导下，在科技部的指导下，全省科技工作以邓小平理论、“三个代表”重要思想为指导，深入贯彻落实科学发展观，认真学习贯彻省第九次党代会精神，紧紧围绕“两强一堡”战略目标，切实把握国家加快推进面向西南开放重要桥头堡建设的历史机遇，进一步突出以提高全省自主创新能力为核心，以深入实施建设创新型云南行动计划为重点，扎实推进各项重点科技工作任务的完成，实现了“十二五”科技工作的良好开局。

一、科技发展总体进展

◎科技资源投入

2011 年，云南省全社会 R&D 人员 43586 人，较上年增长 15.37%。R&D 人员折合全时当量 25092 人年，较上年增长 11.29%。

表 11-2　2011 年云南省科技活动人员基本情况

	合计	较上年增长
R&D 人员（人）	37780	2.45%
R&D 人员折合全时当量（人年）	22552	6.83%

R&D 经费投入稳步增长。2011 年，云南省 R&D 经费内部支出 56.08 亿元，较上年增长 26.96%，R&D 投入强度（R&D 经费支出占 GDP 的比重）为 0.63%，较上年提高 0.02 个百分点。R&D 经费内部支出按执行部门分，研究与开发机构 14.91 亿元、企业 32.92 亿元、高等学校 5.37 亿元、其他 2.88 亿元，占 R&D 经费内部支出的比例分别为 26.59%、58.70%、9.58% 和 5.13%。

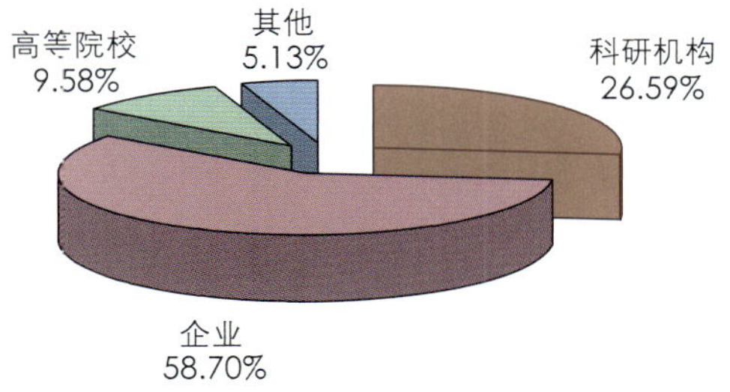

图 11-11　2011 年云南省 R&D 经费支出按执行部门分布

R&D 活动人均经费为 22.35 万元 / 人年，较上年增长 14.15%。企业 R&D 经费投入主体地位进一步增强。从资金来源看，2011 年 R&D 经费内部支出中，政府投入 17.55 亿元，占 31.29%，企业投入 34.42 亿元，占 61.38%。企业 R&D 经费投入主体地位进一步增强。

财政科技拨款总体增长，强度提高。2011 年，云南省地方财政科学技术拨款 28.30 亿元，较上年增长 32.08%，占地方财政支出的 0.97%，较上年提高 0.03 个百分点。

◎ 科技产出

2011 年，云南省共登记科技成果 744 项，有 9 项成果获国家科技进步二等奖。有 3 名科技工作者获 2011 年度何梁何利基金科学与技术进步奖。在全省奖励 193 项（人）科学技术奖励中，杰出贡献奖 1 人；自然科学奖特等奖 1 项、一等奖 4 项、二等奖 9 项、三等奖 15 项；技术发明奖一等奖 2 项、二等奖 2 项、三等奖 2 项；科技进步奖特等奖 1 项、一等奖 13 项、二等奖 29 项、三等奖 114 项。

2011 年，云南省年内发表 SCI 论文 1108 篇，居全国第二十一位，同比增长 21%。全省专利申请 7150 件，较上年增长 26.70%，其中发明专利 2796 件，较上年增长 19.90%；全省专利授权 4199 件，较上年增长 9.84%，其中发明专利 1006 件，较上年增长 54.29%。

2011 年，全省共认定登记各类技术合同 1246 项，合同成交额 11.86 亿元，分别比上年增长 18.67% 和 5.89%，其中企业输出技术 892 项，合同成交额 9.09 亿元，分别占输出技术项目数的 71.59% 和总成交额的 76.63%；企业买入技术 705 项，合同成交额 9.13 亿元，分别占购买技术项目数 56.58% 的和总成交额的 77%。

◎ 创新环境建设

2011 年，云南省创新环境建设取得显著进步。特别是出台了财政科技投入、金融支持、科技成果转化及产业化、科技人才、科技宣传、科普、科技奖励等多个方面的政策文件，营造了良好的创新政策环境，全省科技创新工作实现了系统、规范、有序地快速发展。

二、支撑经济社会发展的重大举措及成效

◎ 抓基础，强支撑，努力促进农业产业发展

一是大力加强农业新品种培育与保护工作。2011 年，云南省通过省科技计划培育具有自主知识产权并经国家审定的甘蔗新品种 1 个，通过省级审定的水稻、马铃薯等主要粮食作物和经济作物及特色经济林果新品种 31 个。全省农业植物新品种累计申请国家植物新品种保护 247 个，获得授权 74 个，居全国第十一位。滇杂系列粳稻已成为西南推广杂交粳稻的主要品种之一。两系杂交水稻繁殖、制种技术及两系杂交粳稻新品种选育和配套高产栽培技术研究取得重大突破，促进了云南和全国两系杂交稻的发展。

➲专栏 11-2　科技创新促进云南蔗糖产业新发展

蔗糖产业是云南传统优势产业。甘蔗品种改良成果使云南甘蔗品种结构达到全国领先水平，甘蔗出糖率位居全国第一。“十一五”期间，甘蔗新品种和新技术应用，使全省甘蔗亩产从3.72吨提高到4.2吨，甘蔗含糖分从14.42%提高到14.81%，出糖率由12.30%提高到12.98%。“十一五”末，云南实现了甘蔗品种的多系布局，实现了早、中、晚熟品种4∶4∶2的合理搭配，使云南品种结构处于全国最优水平，全省甘蔗出糖率连续3年位居全国第一。

二是增强畜牧业发展科技支撑。2011年，承担省级科技计划项目的畜牧企业销售收入42.94亿元，利税5.54亿元；解决关键技术24项，专利授权52个；带动农户41.7万户，农户增加收入7.81亿元。2011年，全省畜牧业产值占农林牧渔总产值的比重已达33%，部分县市已占50%左右。9个畜禽品种列入国家畜禽品种资源保护名录；56个品种列入全国畜禽遗传资源名录，其中新发现的畜禽遗传资源18个。

三是强化经济林果业发展科技支撑。2011年，启动实施了国家级省级经济林果科技项目36项，为全省林果产业持续健康发展提供了有力地科技支撑。森林培育取得新突破，通过短周期工业用材林良种繁育和丰产栽培模式研究，选育出云南松、思茅松等一批速生优质新品种（系）和优良种源。经济林木研究取得新进展，重点对核桃、油茶、小桐子等从良种选育、扩繁到丰产栽培技术进行了全面研究，培育出具有自主知识产权的新品种11个。

四是继续推进花卉产业创新基地建设。目前，已启动实施国家和省花卉科技项目11项，以此为带动，2011年培育出花卉新品种33个，云南省自主选育并申报的花卉新品种数量已达212个，其中获得新品种授权保护55个，获国外授权品种3个。云南省农科院选育的“秋日”成为中国首个在欧盟获授权的非洲菊新品种。云南省花卉新品种研发和品种种类均居全国第一，已成为全国最重要的花卉新品种研发基地和亚洲最大的鲜切花生产基地。

五是推进农业科技示范园建设。2011年，云南红河国家农业科技园区入园企业已达52家，其中高新技术企业3家，创新型试点企业4家。核心区示范规模1.84万亩，累计带动农户4万余户。昆明石林农业科技示范园等10个园区被认定为云南省农业科技示范园。

七是继续实施百亿斤粮食增产计划。按要求组织做好高产创建示范区的实施工作，在全省25个示范区，开展水稻、玉米、马铃薯、小麦、油菜等高产创建示范共计50万亩，推广种植优质专用和高产品种60余个，良种覆盖率达100%。仅水稻、玉米、马铃薯示范区总产量达8445万千克，产值17079万元，实现了高产创建目标。

图 11-12 "秋日"成为中国第一个获欧盟授权的非洲菊新品种

◎ 兴产业，调结构，努力为全省工业经济发展提供科技支撑

围绕实施建设创新型云南行动计划，深入推进重点产业创新工程。2011 年，围绕建设创新型云南行动计划重点产业创新工程实施，以有色金属新材料、磷化工煤化工、装备制造业三个产业化创新基地建设为核心，新组织实施了一批工业高新技术研发及产业化项目，企业自主创新和成果转化能力大幅提升，云南省有优势和特色的高新技术产业集聚发展势头良好，战略性新兴产业稳步推进。

围绕区域工业经济发展，积极培育和建设优势特色产业基地。一是大力推进国家高新技术产业化基地建设。二是加强省级高新技术特色产业基地建设。三是大力推动高新区建设，积极支持玉溪高新区升级为国家级高新区。三是切实加强高新技术企业培育。四是深入推进技术创新工程实施。

◎ 顺民意，惠民生，努力促进社会事业发展

大力推进中药现代化科技产业（云南）基地建设。云南省科技厅牵头组织的“西南地区中药材规范化种植及大宗中药材综合利用开发技术研究”项目获国家科技支撑计划立项实施，提升了云南基地在国家层面的影响力。以“云药之乡”建设为重点，大力促进中药材科技产业发展，凸现了一批中药材规范化种植（养殖）、良种繁育、加工生产基地和龙头企业，全省中药材产业发展势头良好。此外，加强社会发展领域重点新产品研发。在持续支持新药研发的同时，突出支持了“注射用灯盏花素”、“络泰注射用血塞通”等一批云药名方名药的二次开发。

重视为资源环境领域提供科技支撑。一批科技项目取得显著成效，通过“滇池水葫芦富集氮

磷与资源化利用研究示范”项目实施，为昆明市政府在滇池推广规模化圈养和资源化利用水葫芦提供了科学依据和工程支撑。

持续支持医疗领域科技发展。由省疾控中心等多家单位共同承担的国家科技重大专项“防治艾滋病规模化现场流行病学和干预研究”项目，取得了显著成效并获得国家在“十二五”期间的滚动支持。“个体化骨科手术精确定位模板的关键技术研究和应用示范”、“登革热分子流行病学应急检测技术研究及应用”等一批重点项目获得省科技计划立项支持。在中西医结合治疗艾滋病、新生儿缺陷筛查、孕产妇救治等方面国内知名度明显增强。

加强公共安全领域科技支撑。在公安科技、国家安全、社会安全、食品安全、防灾减灾等方面加大了科技支持力度，“云南青少年活体骨龄研究”、“云南公安应急图像无人飞机实时采集传输系统”、“基于 Y 染色体系统进化树 Y-SNP 位点分析锁定犯罪嫌疑人群的法医学应用研究”等一批公共安全科技项目的实施，为环境友好和社会和谐发展提供了有力支撑。

继续推进实施边疆解“学科技难”惠民工程。在惠民工程建设中，在 25 个边疆县和 3 个藏区县大力发展特色产业项目，其中种植类项目完成种植面积 18.92 万亩，总产量 9.04 万吨，总产值 5.62 亿元；养殖类项目存栏数为 1867 头（只），出栏数为 3240 头（只），总产值 1347 万元。完成特色产业示范基地建设 35 个。

◎ 抓源头，重引领，努力提升知识创新能力

继续推进实施应用基础研究计划，一批重大项目实施成效显著。2011 年，发表了一批原创性研究论文；973 计划“中国—喜马拉雅地区生物多样性演变与研究”项目，从生物学角度首次大尺度范围验证喜马拉雅地区地质学假说，在 SCIENCE、PNAS 等国际主流刊物上发表论文 10 余篇，为青藏高原的隆升历史研究提供了生物学证据，为重点区域和濒危类群的确定与保护提供了科学依据。在非人灵长类动物的研究方面，2011 年对中国猕猴进行了全基因组序列测序，首次发表了中国猕猴全基因组序列数据，为生物学和临床前医学研究提供了具有重要价值的数据库。

实施深入推进知识产权战略。2011 年，全省专利申请 7150 件，其中发明专利申请 2796 件，占 39.1%，同比增长 19.85%；专利授权量 4199 件，其中发明专利授权量 1006 件，同比增长 54.29%。每万人专利申请量为 1.56 件；每万人发明专利拥有量 0.67 件，同比增长 31.37%。专利申请质量明显提升，结构更为合理。

◎ 抓改革，促创新，积极推进科技与金融结合

2011 年，由云南省科技厅与中信银行昆明分行合作共建的中信银行昆明科技支行正式挂牌成立，成为云南省首家科技与金融结合的试点银行。在省科技成果转化服务中心加挂“科技与金融

结合服务中心”牌子，进一步明确了工作职能，为推进科技与金融结合提供了有效的机构保障。为解决中小科技企业融资难问题，科技小额贷款公司组建方案已上报省有关部门审批。

2011 年，中国银行云南省分行等 9 家银行对云南省 415 家中小企业项目提供了贷款支持，累计贷款金额达 43 亿元，其中科技型中小企业 95 家，获得贷款 19.2 亿元。民生银行昆明分行、富滇银行、国开行云南省分行已开展了知识产权质押融资贷款，对云南省 9 家企业的 8 个专利和 1 个商标给予了知识产权质押贷款共计 9200 万元。科技保险工作稳步推进，全年对 13 家企业给予了科技保险补助经费 68 万元，保额总计 5.1 亿元。

◎ 重条件，强能力，大力加强创新平台建设

积极推进国家和省级重点实验室建设。2011 年，围绕云南省资源与环境、生物多样性等优势领域，通过部省会商，科技部同意支持云南省在高原山地与生态安全、生物多样性领域培育和建设国家重点实验室，支持云南培育建设国家生物多样性野外科学观测研究台站，打造全国一流研究基地。积极推进国家和省级工程技术研究中心建设。

积极推进企业技术中心、科技企业孵化器及技术转移机构建设。截至 2011 年，云南省拥有国家级企业技术中心 14 个，省级企业技术中心 199 个。强化科技企业孵化器建设，目前拥有各类科技企业孵化器 10 个，其中国家级科技企业孵化器 7 个。新通过国家技术转移示范机构认定 2 个，云南省国家技术转移示范机构达 5 个。

◎ 抢机遇，扩开放，加强对内、对外科技合作

加强对内科技合作。一是积极推进院士专家工作站建设。二是充分发挥“省院省校”科技合作平台作用，引进突破了一批关键核心技术，开发了一批拥有自主知识产权的重大新产品。三是加强国内科技合作与交流，为经济社会发展搭建合作平台。深化沪滇科技合作，积极推动“泛珠三角”区域科技合作，与北京理工大学签署了第二次“全面科技合作协议”。

加强对外科技合作。一是积极推动与发达国家建立科技合作关系，开展务实合作与交流。成功举办了“科技外交官云南行”活动，有效地推进了云南省对外开放和国际科技合作的深入开展。二是深化与东盟的科技合作与交流。围绕桥头堡战略实施，在科技部和东盟秘书处的支持下，在云南成功搭建了“中国—东盟科技论坛”。三是支持企业、科研院所在中南半岛五国建立科技示范园区，开展技术示范推广。“中老农业科技示范园”项目顺利启动，对加快云南省企业、高校、科研院所和科技型企业“走出去”起到了积极促进作用。

推进云南桥头堡建设。云南省以落实部省会商机制为抓手，积极争取科技部对云南省桥头堡建设支持。以建设云南科技创新园为重点，加快建设中国面向西南开放的国家科技创新与技术转

移基地。推动形成以昆明为中心，曲靖、玉溪、楚雄、红河等为支点的滇中自主创新区。统筹协调，提升全省各区域科技发展水平。组织“科技入滇”对接会，吸引国内更多科研机构、科技型企业、高等院校到云南落户。

第五节 西藏自治区

金融危机以来，西藏科技工作紧紧围绕“一产上水平、二产抓重点、三产大发展”经济发展战略，坚持走有中国特色、西藏特点的发展路子。着眼于增强科技创新能力，狠抓工作落实，狠抓措施到位，狠抓项目效益，科技对“保增长、保稳定、保民生”的支撑引领作用不断增强，为保持全区经济社会又好又快发展和农牧民增产增收做出了积极贡献。

一、科技发展总体进展

金融危机以来，西藏科技事业取得了长足发展，尤其是 2010 年中央召开第五次西藏工作座谈会以来，西藏科技工作加强了科技基础平台和科普基地建设，加强科技推广工作，支持能够带动农牧民致富的科技推广项目，加大创新体系建设，取得了明显成效。

◎ 科技资源

科学研究机构。2010 年，西藏自治区共有科学研究机构 19 家，其中，自然科学和技术领域有 17 家，社会与人文科学领域有 1 家，科技信息和文献机构 1 家。

科学活动人员。2010 年，西藏自治区科研机构共有从业人员 1245 人，其中，科技活动人员 880 人，科学家工程师 474 人。R&D 人员 463 人，其中，R&D 全时人员 385 人，非全时人员 78 人。

科技成果。2010 年，西藏专利受理数为 162 件，比上年减少 16.92%，专利授权数为 124 件，较上年减少 57.53%。科学研究与技术开发机构发表科技论文 246 篇，其中，国外发表 7 篇，科技著作 40 种。

◎ 科技投入

金融危机以来，科技援藏力度不断加大，科技经费投入不断增长，项目分布更加科学合理。2011 年，共安排科技计划项目 232 项，投入经费 24427.3 万元，比 2010 年增加了 5494.3 万元，经费增长达到 29%。其中，国家级科技项目 57 项，经费 7542 万元，比 2010 年减少了 391 万元，经费负增长达到 4.9%；自治区重点科技计划项目 175 项，经费 16885.3 万元，比 2010 年增加了 5885.3 万元，经费增长达到 54%。

◎ 创新环境建设

一是提高科技管理科学化水平。加强对重点工作的专题研究，建立重点工作专人负责制，抓人员、抓责任、抓进度、抓措施。为提高农牧业科技管理与服务水平，通过自治区生产力促进中心内部职能整合，设立了“西藏农牧科技发展中心”。

二是提升科技工作管理法治化、制度化建设。协助自治区人大开展了《西藏自治区实施〈中华人民共和国科学技术进步法〉办法》修订工作。编制了《西藏自治区‘十二五’时期科学和技术发展规划》和《西藏自治区‘十二五’科技人才发展规划》。研究修订科技计划管理办法和不同类型科技计划管理实施细则。研究制定《西藏自治区科技特派员制度管理办法》、《西藏自治区重点实验室管理办法》和《西藏自治区工程技术研究中心管理办法》。

三是狠抓干部队伍思想政治建设。深入学习领会胡锦涛总书记“七一”重要讲话、十七届六中全会精神、中央第五次西藏工作座谈会、习近平同志在出席西藏和平解放 60 周年活动时重要讲话和自治区第八次党代会精神。按照自治区统一部署，深入开展“加强基层建设年”活动和“创先争优强基础惠民生”活动。

四是努力提高全民科学文化素质，科技普及工作不断深入。认真贯彻《全民科学素质行动计划纲要》，积极开展科技活动周和科技三下乡活动。以“科技推动基层建设”为主题，在阿里地区噶尔县举办了 2011 年全区科技活动周，在拉萨市达孜县开展了“科技三下乡”活动，赠送各类科普物资价值 20 余万元。编印出版了《农牧民实用技术科普读本》、《畜禽养殖》、《节能减排》等 14 种优秀科普读本 1 万多册。

五是优化人才培养和使用机制，加快建设科技人才队伍。以项目合作为纽带，加强与国内外科研单位的人才交流合作。加快中青年科技人才队伍培养。加强科技管理干部队伍建设，举办科技兴藏人才培训班。加强科技特派员培养，仅 2011 年就新发展科技特派员 500 名，通过科技特派员参与科技项目和给予创业科技项目资助等形式，加大培育专业技术协会、科技特派员示范大户力度。

二、支撑和引领经济社会发展

◎ 加强产业技术创新，特色产业科技支撑能力不断增强

一是大力扶持区域特色产业。立足西藏区域特色优势资源，积极组织实施区域特色鲜明，产

业发展优势明显，示范带动效应突出的特色产业项目，有布局、有重点地推进优势资源的产业化开发。2011 年，在 10 个县市实施科技富民强县项目，实施农牧业科技成果转化资金项目 10 项，星火计划项目 6 项，着力在种植业结构调整、畜禽高效养殖、绿色食（饮）开发、特色农畜产品加工等领域形成特色亮点，有力地支撑了产业技术创新和新产品开发。

二是加强传统藏医药业技术升级。加强藏医药研究力量整合，加快“藏药产业技术创新联盟工程”建设，开展藏药新剂型新工艺开发、藏药材质量标准化、藏药共性关键技术设备研发和传统藏药秘方抢救整理。西藏红景天规模化繁殖与种质考察项目，对红景天样品进行了鉴定，对红景天资源种类、分布、生态习性、繁殖等进行了分析。西藏藏药材规范化种植示范项目，进行了藏紫草、杂花龙胆、船形乌头、螃蟹甲、乌龙龙胆等 7 种藏药材的繁殖技术研究以及部分药材的栽培技术研究。

三是推进旅游业信息化建设。开展西藏旅游产业发展综合信息服务关键技术研究与示范，完成西藏旅游景区承载力指标体系建设、景区旅游承载力监测与生态安全预警系统、景区承载力在线调查系统、旅游目的地营销服务平台开发建设。开展西藏典型景区旅游承载能力与动态调控关键技术研究，完成基础数据收集、旅游线路制定、平台开发等工作，为旅游业信息化建设提供了有力地科技支撑。

四是促进牦牛产业上规模。充分整合利用“金牦牛科技工程”已取得的研究成果，在那曲、聂荣和当雄县等地建立牦牛选育及高效育肥基地，以调整优化畜群结构，提高育肥出栏率为目标，开展了以非生产畜为主的万头牦牛夏季强度育肥、冷季育肥和冷季防掉膘技术示范，母牛繁殖性能提高 35% 以上，年均产奶量提高 40%。

五是加快牧草产业关键技术研究与示范。以实现牧草种植产业化、规模化为目标，系统开展优良牧草品种选育和良种繁育技术、种植示范及草产品加工技术研究。以“核心农户 + 整村推进”示范模式，开展优质牧草高效种植示范，建成整村推进示范基地 9 个，示范面积达到 2 万亩以上，组建核心农户群 400 户，户均增收 1000 元以上。

六是实施藏毯产业发展科技工程。开展洗毯工艺及设备研发，制定人工洗毯与机器洗毯标准化工艺流程、洗毯工艺标准、藏毯成品地方质量标准；开展植物和天然矿物染料在藏毯工艺中的应用研究、太阳能烘干技术在藏毯生产工艺中的研究与示范。

七是实施绿色食（饮）品工程。大力支持绿色食（饮）品业共性关键技术攻关，为建立绿色食（饮）品产业技术创新联盟打好基础。开展林下资源开发及产业化关键技术研究与示范、蕨麻产品研究与开发等工作。

◎ **加强重点领域应用基础研究，在解决产业共性关键技术方面取得新成效**

一是加快解决特色产业发展中的品种、资源问题。开展了冬春青稞、冬春小麦、油菜、豆类作物、马铃薯、荞麦、饲料玉米 7 个作物育种工作，选育出 12 个生产性状优良品种。加强以青稞为重点的农作物新品种选育，引进农作物新品种、亲本材料 215 份，配置杂交组合 1900 多份，对一批优良品种进行了集中展示。

加强特色畜禽本品种选育和提纯复壮，组建牦牛本品种选育基础母牛 1000 头，生产细管冻精 12000 只。组织实施西藏绒山羊产绒性能提高技术研究与推广应用研究，组建绒山羊核心群 1800 只，初步建立了绒山羊育种数据库。开展藏鸡提纯复壮技术研究，加快形成蛋用、肉用两种育种方向为重点的藏鸡繁育体系。实施了西藏绵羊胚胎移植技术引进研究。

林芝地区天麻仿野生栽培技术研究项目，培育了适宜当地气候条件的天麻蜜环菌和萌发菌 5 个，野生天麻人工有性繁殖技术获得重大突破。那曲地区藏北蕨麻产品研究与开发项目，开发系列食品 5 种，申请发明专利 3 项。

二是加快解决特色产业发展中的共性关键问题。以推动农牧产业化、集约化生产，提高农牧业综合生产能力目标，加强农作物标准化种植、畜禽集约化养殖、农产品安全、农田和草地生态系统保护以及农畜产品加工关键技术等研究，研究制定易于示范推广的农作物高产栽培、畜禽高效养殖、农畜产品深加工等的技术规程。加强对传统藏医药现代化工艺改造，加快开发藏药新品种。加强绿色食（饮）业、生物产业、矿产业、信息技术等领域关键技术研究，加快具有自主知识产权的新技术、新工艺、新设备的研发力度。

◎ **围绕改善人民群众生产生活条件，着力满足民生科技需求**

一是实施金太阳科技工程。自 2009 年金太阳科技工程实施以来，自治区科技厅在那曲、林芝、日喀则、阿里地区都实施了该工程。在日喀则仁布县实施太阳能热水器示范，解决了当地 80 户近 400 余名农牧民生活热水和冬季牲畜饮热水问题。完成了那曲地区索县 50 盏 100W 太阳能路灯安装建设。完成了阿里地区噶尔县扎西岗乡典角村 50 套户用光伏系统和 5 千瓦太阳能电站的恢复维修。通过实施“金太阳科技工程”，仅 2011 年就培训基层技术人员 400 余人（次）。建成了太阳能集热器检测平台建设，填补了西藏太阳能集热器专项检测研究的空白。

二是组织实施无电地区电力建设和国家金太阳示范工程。完成了阿里地区光伏电站扩容项目建设，在日土、札达、革吉、措勤 4 县 18 个乡（镇）改扩建光伏电站 18 座，总容量 808.54 千瓦，解决了 12900 多人的用电问题。完成了山南地区村村通电工程建设，建设村级光伏电站 2 座，推广 360 瓦光伏户用系统 4735 套，光伏电站和户用系统总容量 1739.16 千瓦，解决了山南地区浪卡子、隆子等项目区 4796 户 14200 多人生活用电。开展那曲地区尼玛县、双湖区和拉萨市尼木县无电地区电力建设项目现场勘察、设计、概算编制、评审、招投标和实施方案审定工作。

三是开展太阳能沼气技术研究示范。实施新能源进校园行动，在阿里地区扎达、日土两县中学各建设 120 立方米校园沼气系统，缓解了两校能源短缺问题。在堆龙德庆县示范推广 50 余座太阳能浮罩式沼气池。开展高寒地区沼气发酵关键技术及配套产品研发，完成了发酵菌剂和添加剂对比实验、产气量和沼气气体甲烷含量等对比试验。

四是加强生态环境保护与建设关键技术研究。生物质压缩成型燃料和改良示范炉在当雄的 II 期示范项目，为示范户配备改良示范炉及生物质压缩燃料，示范效益明显。围绕《西藏高原国家生态安全屏障保护与建设规划》，开展那曲地区生态系统科技持续利用关键技术、西藏森林生态系统保护与修护关键技术，醉马草综合防治技术、高寒气候与灾害防治技术等的研究和示范，为构建国家生态安全屏障提供科技支撑。高原鼠兔对藏北草原的危害及生物控制技术的研究项目，采用生物控制技术手段，遏制高原鼠兔增长，对恢复高寒草原生态系统的平衡起到积极的作用。

五是开展高原特殊环境下的重大疾病研究。开展重大慢性高原病早期检测、危险因素及防治策略研究，制定西藏慢性高原病的诊断标准，建立慢性高原病信息资源库，建立慢性高原病监测、干预防治示范基地。开展了急性重症高原病、心脏病、西藏人群痛风等疾病机理及临床治疗研究。

六是促进偏远地区实用技术普及推广。结合加强基层建设年活动、争先创优强基础惠民生等活动，加大对偏远地区的项目支持力度，根据各地实际，积极安排太阳能示范推广、种养殖、特性资源开发等短平快项目，有力地支持了自治区重大惠民活动的开展，改善了偏远地区农牧民的生产生活条件。

◎ 科技示范县建设成效显著

2009 年，在日喀则萨迦县实施了新农村建设科技示范县项目。通过关键技术的集成应用示范，重点开展了萨迦县吉定镇荒地开发、优质高产奶牛养殖、大棚温室蔬菜种植示范、藏鸡应用养殖技术示范、农牧民技能培训 5 个项目。通过新农村科技示范县建设，使项目区农作物良种覆盖率由 85% 提高到 98%，农牧民人均增收 270 元。

2010 年，根据萨迦县农牧业发展实际需要，投入 60 万元，实施了燕麦饲草种植技术示范和蔬菜种植示范项目，种植燕麦饲草 1000 亩，建设高效日光温室 6 座，培育蔬菜种植示范户 6 户。通过培训，示范户已基本掌握了蔬菜种植管理技术，广开了群众致富门路。

2011 年，在西藏山南、林周实施西藏农牧业科技成果转化示范基地建设，重点培育科技示范大户。发展奶牛、养猪、藏鸡、青稞、小麦等。项目区累计转化新成果 22 项，培训技术人员和农牧民4700多人（次），户均增收6827元，科技投入产出比达到1 ∶ 2.28。

◎ **科技富民强县项目进展顺利**

重点实施了安多县多玛绵羊良种选育推广与产业化技术开发、察雅县优质水果示范基地建设、聂荣县牦牛反季节育肥标准化技术示范等11个项目，通过实施富民强县行动计划，培育壮大了一批有较强区域带动性的特色支柱产业，有效带动了农牧民增收。南木林艾玛岗特色马铃薯加工项目，形成转化加工马铃薯8万吨的生产加工能力，户均增收3500元，实现县财政收入215万元。当雄县牦牛育肥技术示范项目，培育牦牛育肥专业户100户，年育肥出栏牦牛1000头，户均增收1.2万元。2010年，加大了新立项目的申报力度，日土县白绒山羊品种选育推广与产业化开发、日喀则市马铃薯栽培与加工技术示范推广等7个县市的7个项目获得立项，争取中央财政资金1210万元。

三、推进藏区特色产业发展

◎ **积极应对金融危机，发挥科技支撑作用**

金融危机以来，西藏科技厅按照自治区《关于进一步扩大内需，实施积极财政政策，促进全区经济平稳较快增长的意见》和科技部《关于发挥科技支撑作用促进经济平稳较快发展的意见》文件精神，积极采取措施。

一是调整财政科技投入结构，集聚优势资源，加快实施了一批重大科技项目。重点支持与产业振兴和拉动内需紧密相关的研发项目，加大对成熟技术和创新产品规模化、市场化的支持力度。

二是支撑特色产业振兴，加快推广应用先进技术和产品。在农牧业领域，重点推广了粮食增产技术；在社会发展领域，重点推广应用创新藏医药研制技术、重点疾病防治关键技术、食品安全检测技术等。

◎ **支持藏药产业专项**

金融危机以来，西藏在藏药产业方面取得了新的突破。实施了西藏濒危藏药材植物资源调查与种质保存，高寒地区野生藏药材——西藏龙胆人工种植技术研究。解决了若干关键技术难题，为了解西藏濒危藏药材现状奠定了基础。实施了全国中医药重点专科——“肝病科”建设项目，研制出了疗效显著的藏药乙肝1～5号和黄胆丸。开展了西藏濒危藏药材人工种植技术研究示范与可持续利用研究，实施区以“科研＋乡镇＋企业”的方式，调动了农牧民的积极性，已开始发挥优势资源的保护、栽培、合理开发等方面的引领带动作用，将有效地缓解已上市的近90种藏成药的资源紧张问题。

一是采取有力措施，积极扶持企业技术创新。鼓励、引导、支持企业更多地承担重大科技攻

图 11-13　国家富民强县项目推广的阿里地区日土县白绒山羊

关任务，截至 2011 年底，培养认定了 46 家科技型中小企业。积极开展高新技术企业认定工作。加快先进技术向企业转移，支持建立产学研结合的产业技术创新联盟，并对承担国家创新基金项目的 10 家企业进行年度监理。目前，已建立了西藏自治区高原特色绿色食（饮）品产业技术创新联盟、西藏自治区藏药研发技术创新联盟、西藏草业技术创新联盟。

二是注重引智育才，加快科技人力资源建设。依托科技重大专项、科技创新平台建设、科技创新基金等科技计划项目，引导科技人才向关键行业、重点企业、科研和生产一线集聚。

三是加强科技与金融的结合。组织召开了“科技金融服务企业座谈会”，探讨科技金融合作如何服务企业和企业自主创新项目如何解决融资难等问题。实施了“科技型中小企业培育工程”，研究探索科技与金融结合支持产业的新机制。

◎ 注重发挥科技资源集成效应，科技平台建设加快推进

一是完善重点实验室和工程技术中心建设工作机制。修订了《自治区重点实验室（工程技术中心）管理办法》，2011 年开展了 19 家重点实验室和工程技术中心的绩效评估前期工作，明确重点实验室和工程技术中心建设、管理思路和重点任务，建立健全扶优扶强、优胜劣汰的管理运行机制。

二是推进科技孵化器、科技园区建设。建成了“西藏科技型中小企业创业、孵化服务体系”平台，搭建了信息化中小企业科技服务平台。完成《西藏自治区科技产业支撑平台建设项目》建议书和《西藏自治区科技孵化器与科技产业园建设项目方案》编制，积极推动在拉萨建设西藏科技孵化器与科技产业园。推动有条件的地市建立地市科技孵化器，支持高等院校建设大学科技园区。

三是加快日喀则现代农牧业科技示范园区建设。2011 年，以建设日喀则现代农牧业科技示

图 11-14　科研人员采摘人工栽培的西藏龙胆

范园区为契机，加快年河三县农牧业产业化水平。青稞标准化种植示范面积达 12000 亩，平均每亩增产 20% 以上。开展了 17 个农作物新品种展示和高产技术集成示范。示范种植优质饲草作物 4700 多亩，每亩增产 20%，绵羊短期育肥 3000 只，奶牛高效养殖 200 头，引进蔬菜新品种 20 多种，推广新技术 5 项，编制示范各类技术规程 8 个，园区新增经济效益 3000 多万元。

四是加强科技信息平台建设。开展了西藏科技信息服务节点建设。主要完成了科技信息服务平台建设、科技信息资源建设、科技信息相关标准与规模建设、科技信息服务组织体系建设、科技信息服务应用示范与推广工作等五大部分。

加强了西藏科技文献信息资源共享平台建设。2010 年，经与国家科技图书文献中心（NSTL）协商，依托西藏科技信息研究所建立了国家科技图书文献中心拉萨服务站。建成西藏科技资源共享平台。通过整合 CNKI、NSTL、万方、维普、专利库等文献数据资源，建成了西藏科技资源共享平台。

完成了西藏旅游资源信息管理系统，建立了西藏旅游资源数据库，开发了西藏旅游电子商务模块。完成了西藏林周县农牧业产业化服务信息系统和藏汉双语农村信息服务平台开发。完成科技部西藏农村信息服务试点工程的数据库、电子农务平台和系统门户网站建设。

◎ 强化区域科技布局，基层科技工作扎实推进

加强对地市科技工作的宏观指导。2011 年，先后组织 100 多人次赴各地（市）开展工作调研，深入了解基层科技需求，帮助基层组织凝练科技项目，解决项目实施过程中的问题。支持引导各地建设各类科技示范园区和成果转化基地，以建设日喀则现代农牧业科技示范园区为契机，启动

了与日喀则行署的厅地科技合作工作会商机制。各地紧密结合自身实际，加强科技工作总体研究部署，认真组织实施具有区域特色的科技项目，积极争取援藏支持。加强人员交流，深入开展群众喜闻乐见的科技培训和科普宣传活动，为地方经济社会发展做出了积极的贡献。全区共有31县（市）通过全国县（市）科技进步考核，其中12个县（市）被评为全国科技进步县（市）。

◎ 用好用足援藏政策，科技交流合作空间不断拓展

一是深化部区工作会商机制。2009年3月，自治区人民政府和科技部、中国科学院分别在北京签订了《部区会商协议书》和新一轮《区院合作协议书》，标志着西藏科技合作进入了新的发展阶段。8月，召开了部区会商第一次会议。会议就深入推进科技援藏工作，建立援藏长效机制；开展风力发电试验示范；建立藏药工程技术研究中心等9个方面达成了共识。2011年，自治区人民政府与科技部第二次部区工作协商会议在林芝召开。会议紧密结合西藏“十二五”科技、经济和社会发展的中心任务和西藏经济社会发展对科技支撑的迫切需求，就推动西藏农牧业科技发展，加快特色优势产业技术进步，推动民生科技发展、加强基地和人才建设等一多项议题达成了全面共识，对推进西藏科技发展事业必将产生重要作用。

二是积极争取国家科技项目。组织编制和申报项目各类国家科技计划项目，与科技部相关司局协调落实科技项目，切实用好优惠政策。2011年，上报科技部的15项“十二五”农牧科技项目进入国家项目备选库，申报12项“十二五”社发领域备选项目，9项高新技术及产业化领域备选项目，上述项目总申请经费达7亿多元。

专栏11-3 金牦牛科技工程

2008年，自治区科技厅围绕支撑“一产上水平”，坚持“引创结合、重点突破、夯实基础、支撑发展”的工作方针，提出了金牦牛科技工程。金牦牛科技工程在那曲、阿里等地区实施了牦牛高效育肥与快速出栏技术示范、冬春季牦牛保镖育肥饲养管理技术示范项目，还开展了西藏牦牛遗传资源保护与利用研究。2011年，在充分整合“金牦牛科技工程”已取得的工作基础和研究成果，加快建立牦牛育种和育肥基地。破解了当前牦牛产业发展的“瓶颈”，解决了牦牛种质资源特性退化和牦牛饲养周期过长、出栏年龄过大、经济效益低等一些难题，项目区群众得到实惠。

三是积极开展合作交流。以项目合作为纽带，积极开展合作研究、合作开发和人员交流。深入推进区院科技合作，认真贯彻区院第二轮七年科技合作协议。各地市也积极抓住科技援藏机遇，开展人员多种形式的考察交流。加强国际科技交流与合作，加强在环境保护、新能源等领域的国际科技交流，扩大对外开放水平和合作层次。

◎ 加大企业科技支持力度，提升企业自主创新能力

一是加大企业创新扶持力度。通过企业后补助、成果转化资金、中小企业创新基金、科技孵化器等支持企业开展技术创新，加速科技成果转化步伐。

二是扩大创新企业示范带动效应。支持企业积极承担和参与科技项目，鼓励引导企业入驻科技园区科技示范基地，依托科技项目，支持企业建立生产基地和原料供应基地，加快培养一批与区域经济发展关系紧密、产业发展前景广、技术创新和示范带动能力强的创新型企业。

三是加强企业科技服务。充分发挥企业科技服务平台作用，积极为企业提供项目孵化、知识产权保护、信息咨询、产品推介、技术合作等多方位科技服务。

第十二章
西北地区科技工作的进展与成就

2009 年以来，西北地区认真贯彻中央和地方的各项决策部署，围绕区域特色产业发展，以统筹科技资源为主线、以提升创新能力为核心，大力发展战略性新兴产业，加快科技创新服务体系建设，科技对经济社会发展的支撑引领作用日益凸显。陕西省通过聚集政府、企业、院所、高校四方资源，加快科技投入，科技活动产出硕果累累，技术市场发展迅速。甘肃省通过加强创新体系建设，积极培育战略性新兴产业，2010 年全省综合科技进步水平居全国第十七位，比“十五”末提升了 6 位。青海把推动以循环经济为主体、新能源经济和生态经济为支撑的青海绿色经济发展作为重点，加快构建产学研相结合的区域创新体系，为全省绿色发展提供了重要支撑。宁夏坚持以转方式、调结构、促发展、惠民生为主线，强化科技创新能力和区域特色创新体系建设，为建设和谐富裕新宁夏注入了创新活力。新疆以加强技术创新、加快科技成果转化、发展高新技术并实现产业化为核心任务，实施面向优势资源转化的科技创新战略，有效地推动了自治区重点产业和战略性新兴产业的发展。新疆兵团大力推进科技进步和创新能力建设，依靠科技积极推动“城镇化、新型工业化、农业现代化”建设，实现了“十二五”开门红目标。

第一节 陕西省

2011 年，陕西省以统筹科技资源为主线，以提升创新能力为核心，有效聚集政府、企业、院所、高校四方资源，加快科技投入，科技活动产出硕果累累，技术市场发展迅速，全社会科技创新意识明显提高，科技对全省经济社会发展的支撑引领作用日益凸显。

一、科技发展总体进展

2011 年，全省科技投入稳定增长，科技活动产出硕果累累，科技创新能力显著增强。科技部发布的《2011 全国科技进步监测报告》显示，陕西综合科技进步水平指数为 58.17%，比 2009 提高了 5.24 个百分点，位列全国第七位。

◎ 科技资源总量稳步增长

2011 年，全省研究与试验发展（R&D）经费支出达到 254 亿元，比上年增长 17.05%；R&D 占 GDP 的比例约为 2.05%，居全国第四位。2011 年，全省地方财政科技拨款额为 27.94 亿元，同比增长 10.65%；科技型企业贷款累计投放额较去年同期增长 72.7%，比各类贷款增速高出 56.4 个百分点；安排科技型中小企业贷款风险补偿启动资金 2100 万元；争取国家计划资金 21.72 亿元，并撬动社会投入效应达 40 倍。全省现有各类专业技术人员 110 万人，“两院”院士 59 人，居全国第四位。各类科研机构 900 家，高等院校 88 所，国家级高新区 4 个。国家工程技术研究中心 7 个，省级工程技术研究中心 188 个；国家重点实验室 17 个，居全国第五位，省重点实验室 86 个；省级企业技术中心 166 家，其中国家认定企业技术中心 15 家。2011 年，全省 R & D 人员达到 8 万人年。近 3 年来，共有 59 人入选国家“千人计划”，位居全国第九位，178 人入选省“百人计划”。

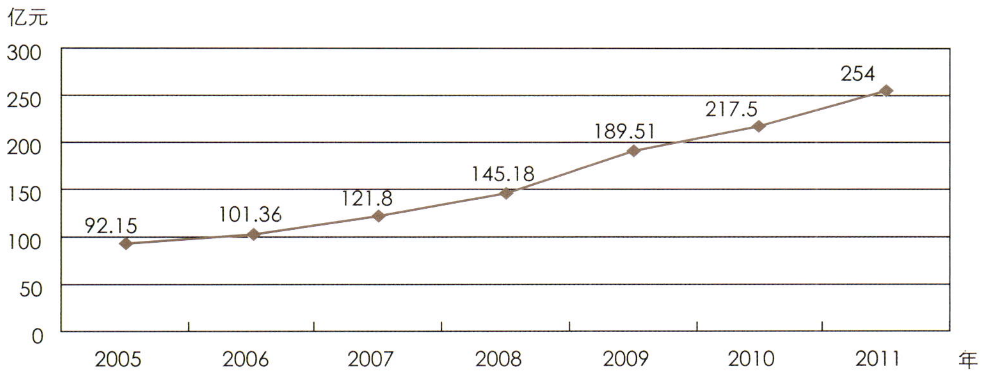

图 12-1　2005—2011 年陕西省 R&D 经费内部支出

◎ 科技创新能力稳步提升

2011 年，陕西省共有 28 项成果获得国家科学技术奖励，居全国前六位。同时，有 248 项项目获得陕西省科学技术奖，其中一等奖 36 项。2010 年，全省共有 17947 篇论文被三大权威国际论文检索系统收录，居全国第五位。2011 年，全省专利申请量突破 3 万件，达到 32227 件，同比增长了 40.43%，创历年最高；专利授权量达到 11662 件，其中发明专利授权量为 3139 件，居全国第十位。技术合同交易额达 215.37 亿元，全国排名升至第五位。

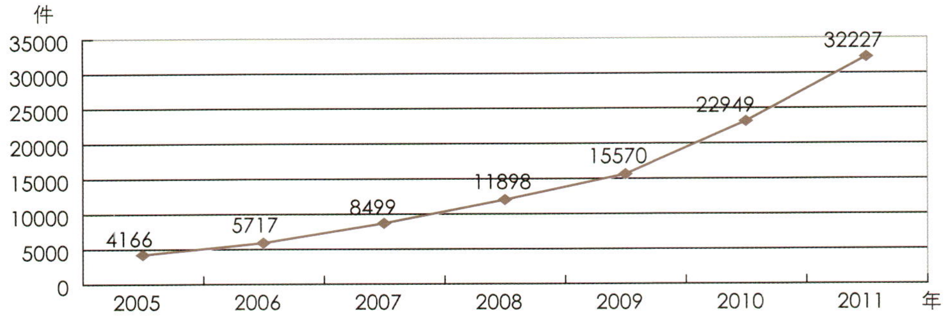

图 12-2　2005—2011 年陕西省专利申请量

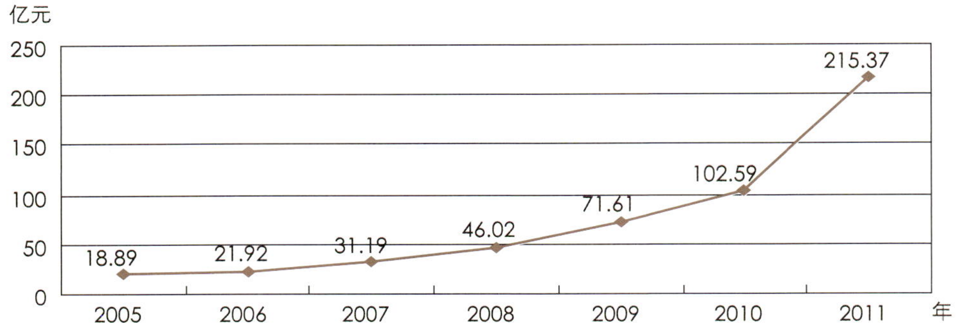

图 12-3　2005—2011 年陕西省技术合同成交额

◎ 科技创新服务体系建设成效显著

2011 年，全省各类科技企业孵化器达到 40 家，其中国家级孵化器 13 家，在孵企业达到 2367 家，在孵项目 3400 多个。通过认定的高新技术企业有 1127 家，全省生产力促进中心 117 家，其中国家级示范生产力促进中心 15 家；国家火炬计划特色产业基地 7 家、火炬计划软件产业基地 1 家。

在完成对 122 个“13115”工程技术研究中心的布局后，引导已建成的 6 家工业技术研究院突出共性、关键技术研发，对接高校、科研院所的研发需求与行业骨干企业的科技成果转化需求，加快推进陕西工业化进程。

西安高新区现代通讯产业集群、宝鸡高新区钛产业集群、杨凌植物资源循环经济产业集群确定为国家创新型产业集群试点，西安高新区、杨凌示范区被确定为国家科技服务体系建设试点园区启动建设。全省先后建立了 37 个农业科技创业示范基地，34 个国家级、省级星火技术密集区，以“科技专家大院”、农业科技“12396”服务热线、“科技特派员”等为代表的新型农业科技服务平台有了突破性的发展。其中，省级农业科技专家大院 54 个，农业科技特派员人数达到 2600 余人，形成了 6 个科技特派员产业链（其中 2 个被评为国家级科技特派员创业产业链）；107 个县（市、区）开通了农业科技“12396”服务热线，基本形成了覆盖全省的农业科技服务网络。

◎ 科技创新创业环境进一步优化

2011 年，陕西从政策、法规方面改善科技创新环境，形成了宏观、中观、微观相互支撑的政策体系。完成了《陕西省科技进步条例》的制定起草工作，发布了《陕西省“十二五”科学和技术发展规划》，出台了《关于加快关中统筹科技资源改革，率先构建创新型区域的决定》等政策法规，创新了科技计划管理、科技人才、科技成果转移转化、科技资源共享、科技金融结合等方面的制度，探索建立了延长、大荔、三轮驱动的“三种模式”。这对加快科技体制改革，提高全社会科技创新意识，促进企业成为创新主体，提升资源性主导性产业和战略性新兴产业的科技创新能力，更好地发挥陕西科技、人才优势，建设具有核心竞争力的创新型区域提供了政策保障。

二、科技支撑和引领经济社会发展

◎ 支持高新技术产业及高新区发展

截至 2011 年，陕西省共有 4 个国家级高新区（西安、宝鸡、杨凌、渭南）和 3 个省级高新区（咸阳、榆林、安康）。省科技厅对各高新区持续给予引导和支持，使其成为全省自主创新要素的密集区、经济的动力源。一是支持西安高新区向世界一流科技园区迈进。形成以电子信息、生物制药、装备制造、新材料等四大产业为主体的产业特色，连续 10 年保持 30% 以上增速。二是支持宝鸡高新区设立国家创新型科技园区发展资金，主要在钛及钛合金、石油钻采装备、汽车及零部件、机床工具制造、高速铁路装备、中低压输变电、军工电子等七大特色鲜明的优势主导产业方面加大对宝鸡高新区的支持力度；支持宝鸡石油钢管有限公司组建中国管材行业首家工程技术研究中心——国家石油天然气管材工程技术研究中心；支持宝鸡钛产业示范基地建设，发展壮大钛材料新兴产业。三是加快渭南国家高新区建设。在统筹科技资源创新工程等科技计划中安排资金 1000 余万元，支持渭南高新区推进精细化工、机械电子、现代医药、食品加工等国家特色科技园区产业的发展。四是协助杨凌示范区牵头成立了全国现代农业科技创业孵化联盟。通过招标方式解决杨凌设施农业中的关键技术问题，同时进行产业化示范带动杨凌区域经济发展。五是支持榆林高新技术产业园区国家级能源化工基地建设。安排经费 955 万元，支持榆林市的“兰炭产业链升级及园区示范”项目，推进榆林高新区升级为国家高新区的步伐。

◎ 发挥农业科研优势，推动现代农业发展

2011 年，陕西省科技厅设立了新型农村科技服务模式——“大荔模式”示范与推广专项，重点支持渭南市开展“大荔模式”核心区建设、示范能力建设、模式推广应用和公共服务平台建设等四方面工作，当年在全省推广了 18 个县。进一步推进省级农业科技专家大院建设，继续支持科技特派员农村科技创业行动，2011年，省科技厅认定了28个省级科技特派员农村科技创业示范县，10个省级科技特派员创业链，20个省级现代农业科技创业示范基地；支持西北农林大学、省杂交油菜中心等单位育成“陕单609”玉米品种、“秦杂油19”等农业新品种22个。截至2011年，陕西省共选派科技特派员2932人，创建创业链16个，认定省级农村科技创业示范县58个。

专栏12-1 “大荔模式”——农技服务的成功实践

“大荔模式”是一种在陕西省科技厅、渭南市政府指导和推动下，由大荔县创建的“政府＋企业＋专家＋农户”方式运作，农技农资双网络、农资农副产品双流通连锁经营的、“政府引导，群众点菜，企业埋单，科技送餐”的新型农村科技服务模式。这种模式在销售农资农副产品的同时，向农民提供全方位的农技服务。一是变单项服务为多项服务，变短期行为为长期行为，实现了科技零距离为农服务。二是构建了农资、农副产品连锁经营和农业技术服务网络，实现了农民、企业、专家和政府互惠共赢。三是开展了产前、产中、产后全流程服务，实现了科技服务与农业产业发展有效衔接。四是探索了政府行为与企业行为结合的新机制，打破了以往社会事务都靠政府大包大揽的传统，提高了政府的管理效能。2011年，“大荔模式”已推广到全省18个县、市（区），广大农户人年均收入增加350元以上，在农业增效、农民增收和农村发展方面发挥了积极作用。

◎ 谋划民生科技，促进和谐发展

2011年，陕西省把改善和保障民生作为加快转变经济发展方式的出发点和落脚点，财政科技投入1亿元用于生物医药、节能减排、环境保护、防灾减灾等重点领域的研发与示范应用。

推动环保科技创新和环保产业发展。起草《陕西省环保装备技术发展战略研究报告》，分析全省环保装备技术发展中存在的关键问题，进一步明确全省环保装备技术发展方向、发展目标及重点任务。

推进生物医药技术创新和产业发展。2011年，陕西省获批立项国家“重大新药创制”科技专项和科技支撑计划等项目21项，获得资助经费8400万元。同时，通过陕西省科技统筹创新工程支持创新药物研制和中药大品种二次开发，推进科技创新和医药产业升级。全国15个创新药物孵化基地之一、西北地区唯一的国家创新药物孵化基地——“国家（西安）创新药物孵化基地”正式成立。

推广农村卫生适宜技术应用示范。在长安、宝塔、柞水、永寿、神木和黄陵6个区县建立示范区，依托国家科技支撑计划项目“农村卫生适宜技术及产品研究与应用”，组织省、县、乡、村级500余名技术人员，开展已成熟的20项农村卫生适宜技术应用研究和示范。

开展苹果产业安全关键技术应用示范。选择在洛川、白水两县建立综合示范基地，实施从产地环境监控、苹果种植、采收、储藏、加工、运输、流通、消费的全程安全监控，形成苹果安全生产软件包，制订了与苹果安全生产配套的14个标准，作为地方法规在国内首次提出了《陕西省苹果标准化生产基地管理条例》；实现了研究成果与规模化生产的有效链接和集成，使全省苹果出口质量控制由过去的被动应付型转向主动保障型，以技术进步带动了产业的发展。

三、"关中—天水经济区"特色创新体系建设

为建设符合"关中—天水经济区"快速发展的区域创新体系，陕西省通过实现大平台支撑、大项目牵引、大环境保障，科技与金融相结合，打破资源分割壁垒，打通成果转化链条、聚集产学研用金各方资源，从"点"（"13115"科技创新工程）、"线"（工业技术研究院）、"面"（科技资源中心、沣东新城）3个方面构建创新体系，着力将创新体系向纵深推进，服务陕西支柱产业发展，促进经济结构调整和产业升级，实现创新驱动、内生发展。

◎ 以大平台为支撑，加快科技资源统筹步伐

陕西省按照部门联动、整合集成、激活存量的思路，加快统筹科技资源的"一中心一基地"建设，探索建立了物权分离、竞争择优、补贴奖励、滚动支持、免税激励等5种机制，形成滚动发展、良性循环的科技创新资源信息网络和服务体系。2011年，完成了科技资源中心的一期建设，大型科学仪器设备、科技图书文献、科学数据、自然科技资源等科技基础条件平台建设已初具规模。占地10平方公里的"沣东新城统筹科技资源示范基地"在西咸新区沣东新城开工建设，力争通过10年左右的时间，将示范基地建设成为带动关天、辐射中西部、面向全球的培育战略性新兴产业的重要基地、科技创新资源聚集基地、科技成果中试与转化基地以及科技人员创业基地。2011年已启动落实一期1500亩建设用地和核心区项目600亩用地。

◎ 以大项目为牵引，引导科技资源向企业聚集

2011年，围绕全省产业结构调整和骨干企业的重大技术需求，启动了"科技统筹创新工程"，实施大项目带动战略；并按照政府与企业出资比例不低于1 ： 10的比例捆绑资金，采取招投标等方式引导各方科研力量联合开展技术攻关，推动产业升级。当年共组织了22个重大科技项目，财政仅投入3亿元，撬动企业投入超过100亿元，吸引近200家单位、2000名科技人员参与，放大了政府财政资金的效能，帮助企业解决了急需的技术难题。同时，把增加研发经费投入和建立研发机构作为对企业负责人进行绩效考核的刚性规定，以强化企业家的科技创新意识。目前，已有167家大中型企业设立了研发机构，建立国家级工程技术研究中心和重点实验室17家，产学

研技术创新联盟近 20 家。

➲专栏 12-2 “延长模式”——促进企业成为创新主体的有益尝试

陕西省具有雄厚的科技资源优势，但科技资源的分散、分隔、分离，使其优势未能转化为经济优势，尤其是企业未能真正成为科技创新的主体、产学研结合不够紧密。为此，省科技厅在充分调研的基础上，与延长石油集团签订了战略合作协议。即以 4000 万元的财政科技投入，吸引延长石油集团投入 20 亿元，共同开展“提高延长油田主力油层开发效果系统工程关键技术研究”和“煤油共炼示范项目”。这种政企合作的“延长模式”以财政科技投入作为引导资金，集成国内外人才、技术等资源，由多方共同进行技术攻关，共同解决企业发展的重大技术难题，放大了财政科技投入的效能，为提升骨干企业的自主创新能力、核心竞争力起到了积极地促进作用。

◎ 以大融合为手段，促进金融资本向企业聚集

以创新科技财政投入方式为保障，引导银行加大对科技型企业信贷支持。一是与国家开发银行陕西分行、建设银行陕西分行、长安银行等 8 家银行建立了合作机制；并依托长安银行在西安高新区试点设立了西北地区首家专业科技支行——长安银行西安高新科技支行，在省科技资源中心建立中小科技企业金融创新产品研发中心。二是出台了《陕西省科技型中小企业贷款风险补偿资金使用管理细则》，建立了科技贷款补偿机制。三是遴选中介机构入驻省科技资源中心，为科技企业、中介机构和金融部门交流合作搭建规范统一、服务便捷的金融服务平台。四是支持科技型企业上市融资，建立了科技型拟上市企业培育库，现已入库企业 60 家。并采取“一事一议”方式，对拟上市科技型企业开辟“绿色通道”。五是确定了西安高新区、杨凌示范区、宝鸡市、咸阳市、延安市作为全省首批促进科技和金融结合试点市（区），开展科技金融合作创新。2011 年，陕西省科技型中小企业贷款快速增长，科技贷款累计投放额较 2010 年同期增长 109%，科技型中小企业贷款同比较上年增长 78%。

◎ 以大流动为突破，激励科技人员创新创业

2011 年，陕西省相继出台了《陕西省十二五科技人才发展规划（2010—2015 年）》和《关于加强高层次创新创业人才队伍建设的意见》，建立了省政府科学家顾问团机制，为全省科技和经济发展出谋划策。财政每年安排专项资金 3000 万元，重点支持优秀科技创新群体。实施了青年科技“新星”培养计划，财政每年安排专项资金 500 万元，支持青年科技人才从事研发活动，2009—2011 年共支持“青年科技新星”90 人；开展优秀科技企业家、创新型企业评选表彰活动，

有效激发了全社会的创新创业活力；建立“中小企业首席工程师”制度，鼓励高等学校、科研院所和大型企业选派工程技术人员到中小科技型企业挂职，建立“一对一”的技术依托关系，实现了人才资源优化配置。2011 年，全省引进高层次人才 2000 多人，17 人入选国家“千人计划”，96 人入选省“百人计划”。拥有“三五人才”233 人，“三秦学者”54 人。

◎以“三轮驱动”模式，促进科技成果转化

通过设立重大科技成果转化引导专项资金和金融后补助专项资金，加强技术转移服务平台建设，组织实施一批重大科技成果转化项目，进一步推动科技实力向现实生产力的转化。同时，以强化“中试”为突破口，破解成果转化的“中试断档”症结，形成科研成果“研发、中试和产业化”三个阶段持续支持的“三轮驱动”模式。2011 年，全省技术合同交易额实现了跨越式增长，由 2010 年 102 亿元上升到 2011 年 215 亿元，同比增长 109%，在全国的排位从 2010 年的第九位升至第五位，位列西部第一。探索完善工业技术研究院运行模式，使工研院成为企业与高校、院所合作的纽带、科技成果转移转化的桥梁、科技型企业成长的孵化器。加快主要农副产品新品种的培育，积极推广农技服务“大荔模式”，全面提高农业发展科技支撑能力。

第二节 甘肃省

一、科技发展总体进展

甘肃省科技领域紧紧围绕经济结构调整和发展方式转变，充分发挥科技的支撑引领作用，培育发展战略性新兴产业，加强创新体系建设。2010 年，甘肃省综合科技进步水平居全国第十七位，比“十五”末提升了六位，处于历史最好水平。

◎科技资源投入

2010 年，甘肃省省级科技计划新上项目 862 项，投入财政经费 1.84 亿元；争取国家科技计划项目 816 项，获得财政拨款 5.90 亿元。全社会 R&D 总经费达到 45.11 亿元，R&D 经费支出占国内生产总值比例为 1.02%，每万人中 R&D 人员投入达到 8.2 人年。地方财政科技拨款占地方财政支出 0.74%。企业 R&D 经费支出占主营业务收入比重 0.46%，企业 R&D 投入占全社会 R&D 投入达到 52.32%，成为科技投入的主体。

◎ 科技活动产出

2010 年，甘肃省共登记省级科技成果 1065 项，其中达到国际领先水平的成果 16 项，达到国际先进水平的 134 项；获国家科技奖 6 项，获甘肃省自然科学奖、技术发明奖和科技进步奖成果 181 项。技术交易突破 40 亿元，达到 43.08 亿元，居全国第十六位。企业作为卖方共签订技术合同 1285 项，输出技术成交额 31.67 亿元，占技术合同成交总金额的 73.51%。申请专利量 3558 件，专利授权量 1868 件。发表国际论文 4287 篇、国内论文 8631 篇。实现高技术产业增加值 107.24 亿元。

◎ 加强科技创新环境建设

甘肃省人大常委会制定并颁布实施了《甘肃省科普条例》，甘肃省政府颁布实施了《甘肃省知识产权战略纲要》。针对科技创新的关键环节，制定了包括《关于加快甘肃省重点实验室发展的意见》、《甘肃省软科学研究计划管理办法》、《甘肃省科技企业孵化器认定和管理办法》等在内的多项制度。与此同时，根据形势发展和环境变化的需求，开展清理原有地方性法规工作，对《甘肃省科学技术进步条例》、《甘肃省专利保护条例》、《甘肃省促进科技成果转化条例》、《甘肃省技术市场条例》、《甘肃省发展民营科技企业条例》等地方性法规提出了处理建议。以“科技活动周”和“知识产权宣传周”为载体，在全省各地开展了一系列丰富多彩的群众性科技宣传活动，起到了普及科学知识，展示科技成就，宣传科技方针政策的作用。

二、支撑和引领经济社会发展

◎ 依靠科技创新改造提升传统产业

“十一五”期间，甘肃省科技创新以提升产业技术水平为核心，突破产业发展瓶颈，提高产业核心竞争力，推动重点产业跨越式发展。如甘肃的 5219 项国家和省级科技项目综合投入产出比达到 1∶5.4。一是结合重大工程建设和重大成套装备开发，广泛应用高新技术和先进适用技术改造提升冶金有色、石油化工、建材、轻纺和食品加工、电力、煤炭等传统优势产业，延长产业链，提高产品附加值和产业竞争力。二是依托产学研战略联盟，加快传统产业急需关键技术和重大装备的研制开发，解决制约传统产业发展的瓶颈问题，占领产业竞争的技术制高点。三是实施重大科技专项，实现产业技术的跨越式发展。着力推动传统产业品牌带动战略，大力培育知识产权优势企业，引导企业按市场需求改造传统产品，加快新产品的开发、推广和应用。四是推进布局优化和集约发展，推广应用节能、环保、资源节约型技术，推行节能减排和清洁生产，加快淘汰落后产能。五是大力发展设施农业，推动高效农业规模化，加快引进、开发新品种、新技术和新装备，提高农副产品精深加工和资源综合利用水平。甘肃发明的全膜双垄沟播技术在旱作农业区引发了一场革命性的变革，这项变革用7.2%的播种面积生产了全省1/5的粮食，创造了甘肃粮食产量“八连增”的奇迹。六是实施种业强省战略，发挥全国最大的杂交玉米制种和脱毒马铃薯种薯基地优势，提高育种制种科技创新能力，建成了一批国家级标准化制种基地，实现由种业大省到种业强省的转变。目前，已建成杂交玉米制种生产基地150万亩，年产种量6亿公斤，占全国用种量的60%左右，建成以河西走廊为主的瓜菜、花卉对外制种基地15万亩，年产种量400万公斤，建成河西走廊10万亩啤酒大麦种子基地，为全国粮食生产做出积极贡献。

图 12-4 高产航天育种玉米

◎ 紧盯科技创新培育战略性新兴产业

立足特色优势和现实基础条件，甘肃省委、省政府将新能源、新能源装备制造业、新材料、新医药和生物制造、信息技术等作为战略性新兴产业培育重点，在核心关键技术上实现重点突破和持续攻关，促进创新驱动与产业发展有机结合，占领科技制高点，培育甘肃未来新的经济增长点和竞争优势。加快培育新兴产业基地，促进新兴产业的布局优化，以高端化、规模化、集聚化和国际化为导向，形成规模优势和完整的产业链结构，打造西北主要的新兴产业基地。同时，继续扩大高新技术产业规模，优化产业结构，积极探索建立吸纳整合国外优质创新资源的新渠道、新机制，在重点发展的新兴产业和优势领域，构建一批产业创新联盟。其中，新能源、节能环保、新材料、新医药、生物育种、电子信息等新兴产业等已具备产业发展的基础条件。

甘肃是全国最早发展风、光新能源的区域，2010年11月，酒泉风电基地一期工程536万千瓦装机与配套的河西750千伏输变电工程同步建成。2011年，全网风电发电量累计70.5亿千瓦时，甘肃风电发电效率达到17%，接近国际领先水平。同期，酒泉地区已建成太阳能光伏发电站11座，装机容量8.6万千瓦。风电产业所带来的GDP占到酒泉全市GDP的1/3，为甘肃经济社会的发展注入了强大动力，还带动了第三产业、劳务经济的快速发展，资源优势转化为经济优势。风能实时监测、短期和超短期预测系统、大型集群风电有功智能控制系统以及无功补偿系统等先进技术，使风电场能够更好地追风发电。风电有功智能控制系统的应用，为酒泉风电基地增加风

图 12-5　待组装的风力发电机组

电上网发电量 7.05%。正在实施的国家 863 计划“风电场、光伏电站集群控制系统研究与开发”，以解决大规模风电并网矛盾，为实现大规模风电基地的跨越性发展提供技术支撑，促进酒泉风电基地持续稳定健康发展。华锐科技、金风科技、东汽集团、中复连众、中航惠腾、中材科技等 35 个风电装备制造企业入驻“酒泉国家风电装备高新技术产业化基地”，甘肃风电领域的创新集群已经初步形成。

◎ 支撑民生、文化等事业发展

科技支撑民生事业发展。“十一五”期间，甘肃省部署民生科技领域项目 2669 项，占项目总数的 40.7%，投入政府财政资金 9.7 亿元，研发人员 2.4 万人次。敦煌市结合区域科技需求以建设国家可持续发展实验区为契机，把生态环境保护、水资源合理利用作为推进民生科技工作的出发点和落脚点，联合科研院所争取莫高窟窟顶防风固沙技术研究、鸣沙山山体变化规律研究、敦煌生态修复关键技术研究与示范等项目。甘肃省医学科学研究院通过实施科技支撑计划“农村卫生适宜技术及产品研究与应用”，筛选有代表性的静宁、临洮、景泰、临泽和永靖等 5 县，通过建立“组织管理体系—推广应用体系—治理控制体系”的推广模式，以农村常见病、多发病及需求为依据，筛选推广适宜技术 20 项，培训专业技术人员 9356 人次，截至 2010 年 8 月，有 15194 人次得到适宜技术的服务。甘肃驰奈生物能源系统有限公司将餐厨废弃物转化为资源化产品，在运用生物机械技术大规模综合利用城市生活垃圾方面具有典型示范意义与推广价值。兰州市七里河区西湖街道党工委、办事处利用数字化科技建成的“三维数字社区集成管理系统”，用科技项目整合社区资源，搭建成集养老、救护、管理以及友邻之间交流整合的民生服务平台。城关区建设的“数字城关 133 工程”以市民公共服务呼叫中心、数字社区 e 网、视频监控 e 网、政务管理 e 网 3 个网络，以及突发性公共安全应急救援队伍、虚拟养老暨社会救助服务队伍、市民呼叫服务专业队伍 3 支队伍为核心，搭建了社区管理综合性数字平台。

科技支撑文化产业发展。举办“科技支撑甘肃文化产业发展论坛”，为科技支撑甘肃文化产业发展创造一个良好的舆论环境和实践氛围。以项目为载体研发甘肃文化产业的高新技术，通过项目带动文化领域核心技术的研发。甘肃工大舞台技术工程有限公司依托高等院校学科优势和企业自身科技实力，开发舞台机械成套装备，荣获“国家科技进步三等奖”、“甘肃省科技进步一等奖”等各类奖项 30 余项，拥有 12 项舞台机械专利技术，七大系列、三十多个品种，并陆续装备国内外近 800 家演艺场馆。敦煌研究院与浙江大学通过签署战略合作框架协议，协商共建文化遗产保护数字技术合作研究基地，共建敦煌石窟壁画数字资源库，开展文化领域重大项目的合作研究，合作培养人才，共推文物数字化工程技术成果推广应用及产业化。

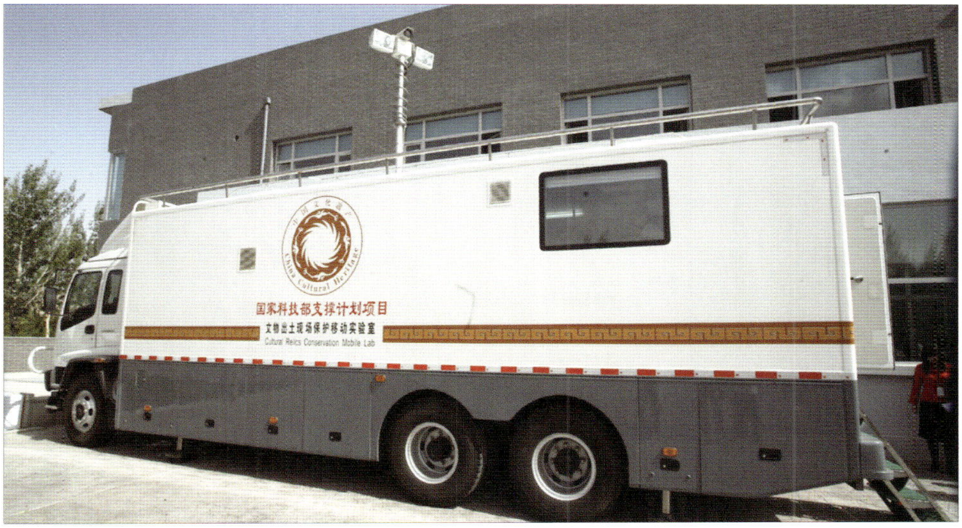

图 12-6　敦煌研究院研制出国内首个考古移动实验室

三、西陇海兰新经济带特色创新体系建设

◎ 实施创新政策

颁布实施了《甘肃省人民政府办公厅转发省科技厅等部门关于推进企业加大研发投入提高自主创新能力实施意见的通知》；制定了《关于依靠科技创新，培育战略性新兴产业的意见》，明确把新能源、节能环保、新材料、新医药、生物育种等作为甘肃省战略性新兴产业的重点领域。实施引进海外高层次人才的“百人计划”，通过“柔性引进”、“聘用引进”、“合作研究”、“项目引

进”等方式，共引进 102 名海外高层次人才。2010 年 12 月，发布了《甘肃省中长期人才发展规划（2010—2020 年）》，提出了领军人才工程、“科教兴省”人才支撑工程、工业强省战略人才促进工程、高层次人才科技创新创业扶持行动等 12 项重点人才工程。2011 年 10 月，又发布《关于加快引进急需紧缺人才的意见》和 7 个配套《办法》。《意见》对于引进的高层次创新创业人才（团队），分重大科技成果转化项目 1000 万元和重大科技研发项目 500 万元两类进行扶持。同时，根据甘肃省委办公厅、省政府办公厅《实施高层次人才科技创新创业扶持行动的意见》，新批准了“生物质基材系列产品研发创新及成果转化项目”等 10 个扶持项目，2010 年 13 个扶持项目取得了较好的经济社会效益，有望成为甘肃战略性新兴产业的生长点，培养一批高层次创新创业人才。

◎ 强化西陇海兰新经济带区域创新能力建设

整合创新资源，健全创新机制，完善以企业为主体、市场为导向、产学研相结合、省市县联动的区域科技创新体系。沿西陇海兰新经济带形成了关天、兰白、金武、酒嘉 4 个科技创新核心区。白银高新技术产业园区、天水农业高新技术示范园区升级为国家高新技术产业开发区和国家农业科技园区。兰州理工大学科技园获科技部、教育部国家级大学科技园认定。酒泉新能源基地被科技部认定为国家风电装备高新技术产业化基地，并正式挂牌。甘肃省高新技术创业服务中心、兰州高新技术产业开发区创业服务中心被科技部列入国家级创业服务中心。2010 年，甘肃省大学生创业企业已达 37 家，带动近 500 名大学生就业。金川公司“国家镍钴新材料工程技术研究中心”通过了科技部组织的专家验收，并正式命名；依托甘肃农业大学和甘肃省治沙研究所申报的“甘肃省干旱生境作物学重点实验室”和“甘肃省荒漠化与风水灾害防治重点实验室”获得科技部批准。同时，加大省级重点实验室和工程技术研究中心建设工作，新建甘肃省重点实验室（培育基地）14 个、甘肃省工程技术研究中心 20 个，在天水电气传动研究所有限责任公司成立了全省第一家重点实验室（甘肃省变频调速系统及技术重点实验室），在改革科技资源配置方面探索了新路径。引导企业加快与高等院校、科研院所的产学研联合步伐，建立联合技术开发中心、研究所和长期的技术开发联盟，实现资金与科研力量的优势对接，有效地解决了企业在研发人才、技术、设备等方面的难题。组建稀土新材料产业技术创新战略联盟、光气化产业技术创新战略联盟等技术创新战略联盟 10 个。全省各（州）、科研院所、高校以及有关企业共签订合作协议 100 多个，有力地推进了科技创新。命名了金川集团有限公司等 16 家企业为首批“甘肃省创新型企业”，新认定 27 家高新技术企业。

◎ 实施开放合作的科技创新策略

与德国、瑞典、俄罗斯、澳大利亚和南非等国家在新能源、新材料、节能环保、生物医药、装备制造、现代农业、生态保护等前沿领域开展了国际科技合作，提高科技活动国际化水平。“2010年国际太阳能应用技术培训班”在兰州成功举办。甘肃省科技代表团参加了在上海世博会瑞典国家馆举行的中国—瑞典创新圆桌会议及创新精神论坛，并与瑞典驻华使馆签订“关于促进甘肃—瑞典科技合作的备忘录”。

确定了支持循环经济试点省建设；推进新能源基地建设；推进医药领域的科技创新和产业化；推进干旱半干旱区现代农业发展和重点生态区恢复重建；深入实施技术创新工程、加快科技成果转化和产业化 5 个部省会商主题。加强与中国科学院、中国工程院以及国家自然科学基金委员会等相关机构的战略合作，开展广泛的院地、院企合作。

甘肃省科技发展促进中心与深圳金石资产管理有限公司在参与西部科技创新、开展项目投融资促进技术转移、拓展 CDM 项目开发等方面达成了合作框架协议。甘肃省机械科学研究院与机械科学研究总院先进制造技术研究中心签署了“甘肃省装备制造业数字化设计公共服务平台与机械总院先进制造技术研究中心战略合作框架协议”。在第十三届中国北京国际科技产业博览会上共签订 20 多亿元的合作意向协议，参加杨凌高科技农业博览会和第九届中国重庆高新技术交易会暨第五届中国国际军民两用技术博览会，签署了西部 12 省市区十三方科技协作合作协议。

第三节 青海省

2011 年，青海科技工作紧紧围绕省委省政府“跨越发展、绿色发展、和谐发展、统筹发展”的战略部署，把推动以循环经济为主体、新能源经济和生态经济为支撑的青海绿色经济发展作为重点，加快构建产学研相结合的区域科技创新体系，努力促进转变经济发展方式和改善民生，为全省绿色发展提供了有效支撑。

一、科技投入产出大幅增加

全年共安排省级科技计划项目 362 项，投入财政资金 1.63 亿元，吸引社会资金 315 亿元，创历年新高。组织申报并获国家立项 95 项，资助 3.3 亿多元；取得科技成果 313 项，比上年增长

30.4%，有三项获 2010 年度国家科技进步二等奖。专利授权 506 件，同比增长 120%。全年技术市场交易额 16.7 亿元，同比增长 45.72%。

◎ 积极促进科技与金融结合，加大全社会科技投入

政府科技投入大幅度增加。2011 年，确定的省本级支持科技发展专项资金预算指标达到 16300 万元，较 2010 年增长了 35%。其中“123”科技支撑项目增加到 9000 万元，增幅 50%；应用技术研究与开发资金增加到 4600 万元，增幅 28%；企业技术创新资金增加到 2700 万元，增幅 8%。

多渠道利用社会资金。首先启动了政府引导基金。新成立的青海省科技型中小企业创业投资引导基金分别与北京和英国的两家公司达成合作意向，拟设立规模 5 亿元和 2 亿元的引导基金。引导基金转变了政府财政资金的支持方式，拓展了中小企业的直接融资渠道，使有限的财政资金得以放大。其次是搭建贷款平台。青海省创业发展孵化器与西宁经济技术开发区投资控股集团有限责任公司等 5 家单位出资筹建青海开投科技创新小额贷款有限公司，重点支持在西宁经济技术开发区内注册经营的各类中小型企业，缓解中小企业生产经营中短期小额流动资金贷款难题。三是构建担保融资平台。已与 3 家省内知名担保公司达成初步共识，以参股或形成战略合作伙伴的形式，为省内的中小型科技创新企业提供担保服务。另外，继续深入开展科技与金融部门的合作。制定完成《青海省促进科技与金融结合试点工作方案》，与省农发行等银行签署了科技贷款业务合作协议，向银行推荐了 19 个农业科技成果转化项目。

积极推动国家和地方对科技创新支持政策的落实。青海省科技厅联合省地、国税局颁布了《青海省企业研究开发费用税前加计扣除项目鉴定办法（试行）》，落实税收优惠政策。有 8 个单位的 21 个项目通过鉴定，核定可抵扣应纳所得税 1.7 亿元，减免 1.2 亿元。企业研发税收优惠政策的落实，调动了企业研发的积极性。

◎ 科技政策法规不断完善，科技产出大幅增加

配合省人大完成了《青海省科学技术进步条例》的立法调研和立法论证，已进入立法程序，该《条例》将对青海科技工作的跨越发展具有重要的指导作用。经过修订的《青海省自然科学与工程技术学科带头人选拔管理暂行办法》和《青海省人才小高地建设管理办法》，已由省人才工作领导小组转发执行。

全年申请专利 659 件，同比增长 23.4%。授权专利 506 件，同比增长 120%；其中发明专利授权 65 件，同比增长 129.2%。全省有效发明专利拥有量 203 件，每百万人有效发明专利拥有量 36.1 件。共取得科技成果共 313 项，比上年增长 30.4%；其中达到国际领先水平 9 项，占成果总

数的 2.88%；达到国际先进水平 24 项，占成果总数的 7.68%；达到国内领先水平 103 项，占成果总数的 32.91%；国内先进水平 114 项，占成果总数的 36.42%。在 291 项已应用的科技成果项目中，实际产生经济效益的 30 项，实现利润 30392 万元，缴纳税金 6354 万元，节约资金 33521 万元，出口创汇 2399 万元。青海省主持研究完成的“高原移居人群高海拔作业低氧损伤的综合防治”和参与完成的“青藏高原牦牛乳生加工技术研究与产品开发”等三项科技成果，获得 2010 年度国家科技进步二等奖。

二、支撑和引领青海绿色发展

◎ 大力支持循环经济，努力推进新材料和新能源产业，推动青海省产业结构的调整和产业技术水平提升

继续组织实施应对国际金融危机的“123”科技支撑工程，新组织项目 63 个，预计形成产值 400 亿元左右。3 年多时间内两期“123”科技支撑工程共完成投资 390.79 亿元，累计实现产值 453.43 亿元，为推动全省产业结构的调整和产业技术水平的提升提供了强有力的科技支撑。截至 2011 年 10 月底，全省高新技术企业盈利面达到 82.3%，企业总产值的增加较 2010 年同期增长 35%。2010 年全省科技型企业的总收入达到 43.28 亿元，资产总额达到 94.15 亿元，上交税金 3.1 亿。高新技术企业和科技型企业已成为青海省新兴产业的代表，对促进全省经济结构调整和发展方式的转变起到了越来越重要的作用。目前，全省从盐湖提锂到镁的综合开发，从晶硅、磷酸铁锂等材料的制备到太阳能发电基地的建设，科技创新正在发挥着重要的支撑引领作用。

◎ 大力推进生态农牧业和生物产业发展，支撑引领青海特色生态经济的发展

围绕海南藏族自治州国家级生态畜牧业可持续发展试验区建设，继续组织实施了“青海省种草养畜及有机畜牧业关键技术集成与示范”重大专项，建立了“合作社 + 牧户”的羔羊产业化生产模式、“公司 + 牧户”的种草养畜生产模式、“牧场 + 牧户”的服务模式、河南县以生产有机畜产品提高附加值为核心的生产模式，以及果洛移民新村的以购草养畜为核心整村推进的生产模式。建立了由 2 家农牧企业和中科院西北高原生物研究所、省畜牧兽医科学院等组成的生态畜牧业产学研联盟。探索出了牧场主导型和科技园区引导型的“种草养畜”产业化发展模式。实验区建设投资已达 11 亿元，全年实现产值 20.17 亿元，比上年增加 17.95%。畜牧业开始向天然游牧与短期舍饲育肥结合的现代有机生态畜牧业模式发展。

2011 年 5 月，青海海东国家农业科技园正式挂牌，园区核心区、示范区、辐射区规划面积

已分别达到 4.4 万亩、50 万亩和 200 万亩，2011 年实现产值 13.3 亿元，实现利润 3.4 亿元，有力地促进了海东高原现代农业的发展。目前，全省建设了 2 个国家级园区和 29 个省级农业科技园区，分布于各州（地、市）的 19 个县（市、区），2011 年园区总产值已达 61.5 亿元，比上年增加 87.16%。农业科技园区已成为全省农村牧区科技工作新的亮点。

◎ 大力加强农村牧区科技工作，努力建设社会主义新农村

“重建社会主义新玉树科技引领行动计划”以玉树县代格村恢复重建为核心，分别在代格村、巴塘牧场等四个示范点，重点实施了包括水光互补为主体的分布式智能型电网、农牧区多元化清洁型、经济型能源体系、高原高寒草甸生态畜牧业和现代数字化服务等五类科技建设示范项目。截至目前，种植业方面已建成高标准日光节能温室 18 座，种植示范辐射温室 87 座，温室蔬菜产量占玉树温室种植总量的 60%，高原深处的玉树已经开始进入规模化设施蔬菜生产的时代。牧业方面进行了天然草地改良及饲草料生产基地建设。实施了大田作物高产栽培种植技术集成与示范。新能源建设方面代格村 110 套民居和村委会太阳能采暖设施已全部安装到位，可满足农牧民冬季采暖需求及全年热水需求，采暖期室内温度不低于 16℃。太阳能一体化建筑、光伏发电系统、蔬菜种植基地、数字化农牧科技信息服务模式，已使代格村成为玉树灾后重建中的现代化科技示范村，获得了当地群众好评。

图 12-7 光伏发电

为充分利用青海省丰富的太阳能、风能、生物质能等可再生能源资源，运用现代科技手段建立农牧区清洁型、经济型能源体系科技示范，历经两年在青海湖完成了高原生态节能住宅试验示范工程。该工程由 10 栋住宅组成，总建筑面积 820 平方米，集太阳能、风能发电、沼气等多项技术于一身，浓郁的民族特色建筑与风力、光伏发电设备交相辉映。现在，牧民们已在旅游旺季办起了“牧家乐”，不仅改善了牧民的住宿条件，而且开创了新的产业。该工程为游牧民提供了一个“建的起、住的下、不浪费、有安全感”的新型建筑形态，成为新牧区建设的一个窗口。

在农牧业生产信息化智能服务、农牧区健康诊疗普惠服务、农牧业远程教育服务、农牧区社会管理信息化服务 4 个方面进一步推动全省农村信息化的建设。在农牧业生产信息化智能服务方面，已建成青海省农牧区科技信息综合服务平台。该平台建立了 7 个服务平台分中心、210 多个农户服务点，通过推送平台系统向农民、种植大户、协会、农业企业提供各类生产服务。在农牧区健康诊疗普惠方面，利用先进的医疗设备和计算机网络通信技术，搭建西宁到基层卫生院的远程医疗诊治服务平台，为偏远农牧区提供医疗服务；利用电子健康档案系统，为农牧民群众提供医疗、体检、卫生保健、慢性病传染病预防诊治等服务。在农牧区远程教育服务方面，联合教育部门开通远程教学网络直播系统，使远程教育走进了基层中小学校，为推动全省农村牧区教育的发展、缩小城乡教育差距起到积极的示范作用。目前，已在海南藏族自治州贵南县过马营第一小学和湟中县拦隆口中学搭建多媒体网络教室两个，为玉树搭建两个网络多媒体电脑示范教室，安装 4 套电子白板教学直播系统，实现了优质教育资源的共享。在农牧区社会管理信息化服务方面，开发了虹膜识别应用系统，该系统可为灾后人员信息统计、民政救灾物资的发放工作、救灾资金的领取、工商证件和土地房屋所有权等方面的信息化管理起到高效的保障作用。目前，已在玉树结古地区的红卫村、禅古村、代格村等开展了虹膜识别系统建设试点，共录入结古镇牧民人员信息 51245 人，采集虹膜 3598 人，识别准确率达到 100%。

三、推进创新体系建设

◎高新区建设有了突破性进展

2011 年 10 月底，青海省委、省政府隆重举行了青海省国家高新技术产业开发区建设动员大会，青海第一个国家级高新区启动建设，标志着青海高新技术产业发展进入了新的阶段。近年来，开发区大力培育高新技术产业，特色产业聚集效应不断显现，生产总值年均增长 57%，工业增加值年均增长 74%，聚集了全省 28% 的高新技术企业，初步形成了生物技术、中藏药、装备制造等产业雏形，为推动青海经济持续快速发展发挥了重要的引领作用。

◎ 西宁市国家创新型试点城市建设快速推进

2011 年 4 月，西宁市召开了建设国家创新型城市动员大会，成立了以市长为主任、政府有关领导和相关部门为成员的创新型城市建设工作推进委员会，并将建设目标纳入全市 31 家相关单位的目标考核。制定下发了《西宁市国家创新型城市试点工作实施方案》、《西宁市国家创新型试点城市建设工作推进委员会主要职责及工作制度》等配套文件，明确了各部门任务分工，落实了目标责任。力争通过 5 ～ 10 年建设使西宁市成为创新要素集聚区，全省乃至青藏高原资源开发、生态建设、自主创新、维护稳定的服务保障和科研基地，全国有影响的新能源、新材料产业基地。

◎ 加大人才队伍建设

为贯彻落实人才强省战略，增强科技人才在建设富裕文明和谐新青海中的智力支撑作用，开始组织实施“青海之光”科技人才推进计划，主要内容是通过人才“小高地”创新团队建设工程、高层次科技创新创业人才引进培养工程、学科带头人培养选拔工程、优秀青年科技人才培养工程等 4 个工程的实施。并从 2011 年起设立实施自然科技基金项目计划，按照“人才 + 项目 + 基地”的模式，围绕重点支柱产业、优势产业、新兴产业、高新技术产业，培养青海省急需的科技人才。当年对高原医学、盐湖化工、高原生物、藏医药等方面的 32 个项目进行了支持，资助经费 233 万元。

◎ 推动重点实验室建设

围绕青海省十大特色优势产业振兴，对省级重点实验室进行全面整合，严格按照建设标准考核挂牌，形成竞争机制，评为省级优秀重点实验室的给予重点支持，每年支持经费 100 万元左右；不符合标准的摘牌，并限期完成整改。当年重点支持了“青海省高原医学应用基础研究重点实验室”、“青海省青藏高原特色生物资源重点实验室”等 9 个优秀省级重点实验室，共资助经费 694.36 万元。同时，集成资源优势，组织积极申报国家级重点实验室，指导培育发展壮大。

◎ 建设科技综合服务平台

为切实推动科技成果转化，提升服务水平，启用了科技成果转化综合服务平台——科技创新服务大厅。其中包括科技成果对接平台、科技资源共享平台、科技中介服务平台等，涵盖内容包括科技成果推介、技术难题对接、专利申请、科技融资、项目评估、合同登记、专利拍卖等，实现了“一站式”科技服务模式，服务效率大为提高。在青海省科技厅的支持下，青海大学和清华大学联合成立了三江源研究院和产业发展研究院，研究院将集成科技资源开展共性、关键性和前瞻性技术研发，力争在三江源生态保护、特色优势产业发展、新能源综合利用等相关领域开展攻关，为青海省培养一批高层次人才。

◎ 科技创新体系建设充满活力

青海省加强以科技园区、技术创新产业战略联盟、重点实验室为载体的科技创新体系建设，目前已有包括1个国家创新型试点城市、1个国家高新技术产业开发区、2个国家可持续发展实验区、2个国家农业科技园区、2个国家企业孵化器、2个国家工程技术研究中心、1个国家技术创新战略联盟、2个国家级生产力促进中心、3个国家重点实验室等在内的18个国家级科技平台，36个省级工程技术中心、40个省级重点实验室、2个博士后科研流动站、1家院士企业工作站。认定48个高新技术企业、92家科技型企业、20家创新型企业（其中，国家级5家、国家创新型试点企业4家）等企业创新平台。先后有35个县被科技部批准为科技富民专项行动试点县，2个县为国家科技进步示范县，29个省级农业科技园。

图12-8 盐湖创新联盟成立

第四节 宁夏回族自治区

近年来，宁夏科技工作认真贯彻中央和自治区的各项决策部署，坚持以科学发展观为指导，以转方式、调结构、促发展、惠民生为主线，抢抓机遇，开拓进取，科技创新能力显著增强，区域特色创新体系不断完善，为建设和谐富裕新宁夏发挥了重要支撑作用。

一、科技发展总体进展

2009 年以来，宁夏科技投入大幅增加，科技资源配置不断优化，科技产出水平不断提高，科技创新氛围日益浓厚，科技创新实力显著增强。

◎ 全社会科技投入大幅增加

2010 年，全区研究与试验发展（R&D）经费达到 11.51 亿元，是 2006 年的 2.3 倍，年均增长率达到 22.6%；地方财政科技拨款 6.0 亿元，是 2006 年的 3.1 倍，年均增幅达到 32.3%。

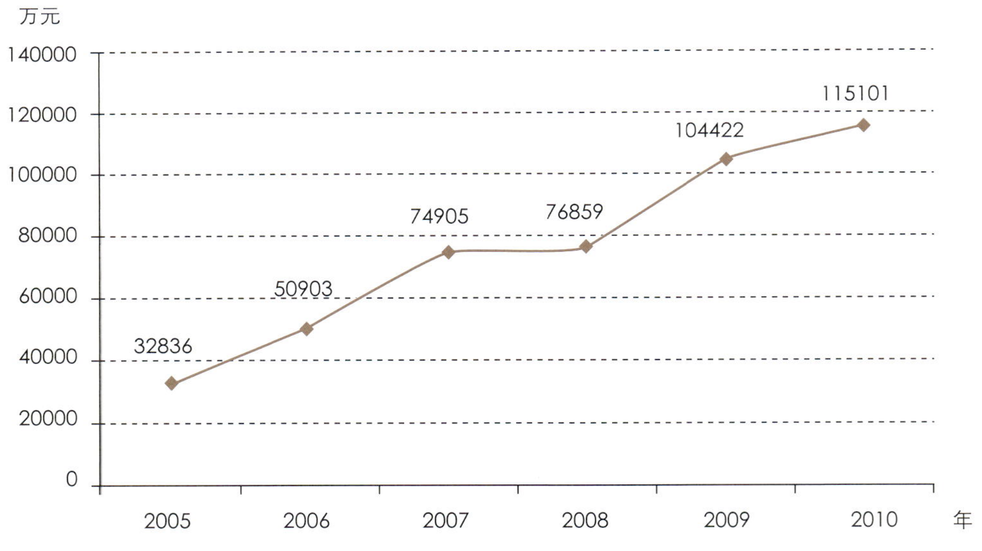

图 12-9 2005—2010 年宁夏 R&D 经费发展情况

◎ 科技创新队伍发展壮大

2010 年，全区各类专业技术人员达到 12.4 万人，其中从事科技活动人员 2.4 万人，R&D 人员 6378 人年，分别比 2006 年增长 79% 和 40%，年均增长率分别达到 17.7% 和 8.8%。围绕全区经济社会发展的优势学科、重点行业和关键领域，先后分三批组建自治区科技创新团队 47 个。

现有中国工程院院士1人，国家级学术技术带头人9人，有突出贡献中青年专家32人，国家“百千万人才工程”人选71人，享受国务院特殊津贴人员661人，自治区学术技术带头人选292人。有5140名科技特派员常年活跃在企业和农村基层开展创新创业服务活动。

◎ 科技资源配置不断优化

企业已成为研发投入的主体，2010年，企业R&D经费投入8.65亿元，占全区R&D经费的75.2%，年均增长27.4%；政府R&D投入逐年增加，2010年达2.67亿元，年均增幅为32.3%。在基础研究、应用研究和试验发展三类研发活动中投入的R&D经费均逐年增长，年均增幅分别为66%、27%和20%，其中基础研究增长最快，试验发展经费总量最多，2010年达9.5亿元。

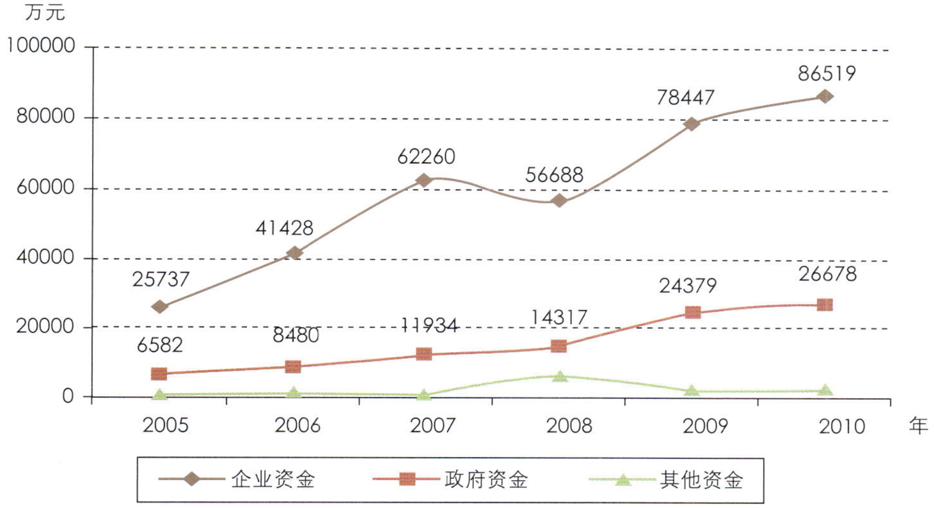

图12-10　2005—2010年企业、政府R&D经费投入增长情况

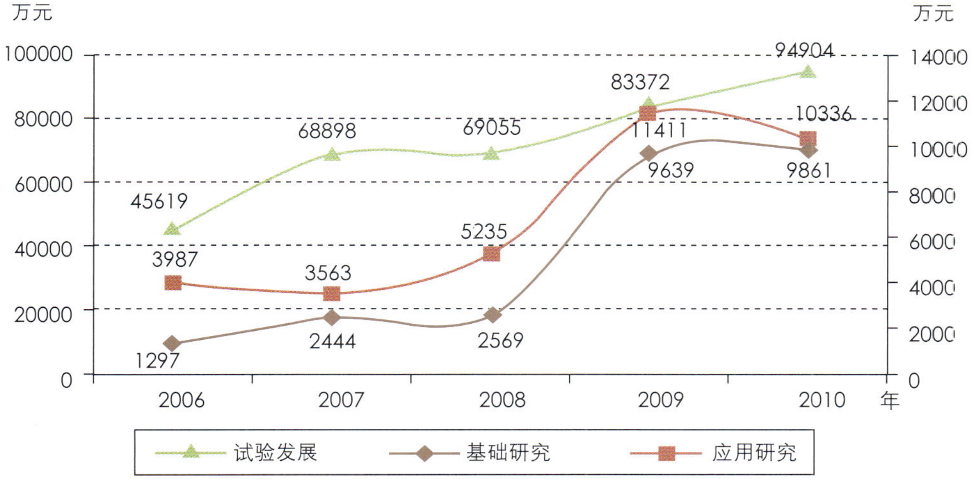

图12-11　2006—2010年三类研发活动R&D经费支出变化情况

◎ **科技产出水平大幅提升**

2008—2011 年间，全区在国内外期刊上发表研究论文 2.7 万余篇，其中被 SCI 收录论文 717 篇；出版专著 500 余部。自治区级科技成果登记量 745 项，专利申请量 4182 项，其中发明专利 1052 项；专利授权量 3210 项，其中发明专利 264 项；发明专利申请量和授权量逐年大幅增长，年均增幅分别达到 40% 和 29%。有 224 项科技成果获省部级科技进步奖，7 项获国家科技进步奖和发明奖。

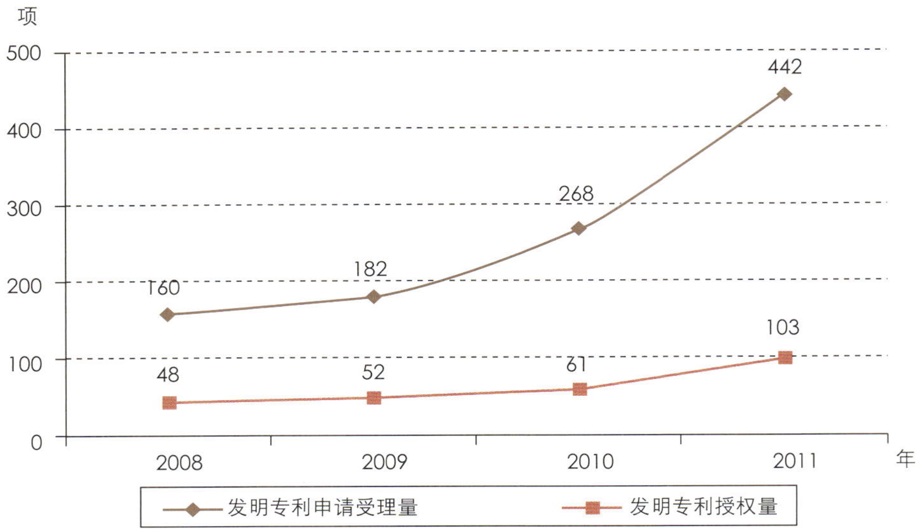

图 12-12　2008—2011 年宁夏发明专利申请量和授权量变化情况

二、支撑和引领经济社会持续发展

近年来，自治区党委、政府坚持走新型工业化道路，做大做强特色优势产业，培育发展战略性新兴产业，改造提升传统产业，以科技创新支撑和引领经济社会发展，取得了转方式、调结构、保增长、惠民生等一系列重大成就。

◎ **改造提升传统产业取得新进展**

围绕自治区特色优势产业发展，鼓励企业加大科技创新力度，开发关联度大、带动作用强、技术含量高、市场前景好的新产品、新技术和新工艺，抓紧淘汰落后产能，加快应用高新技术改造和提升传统产业。建成了年产 60 万吨煤基甲醇和 52 万吨煤基烯烃生产线；设计建成了国内第一个敞开式的交直流合建变电站和世界领先的 ±660 千伏直流输电工程，创造了 60 多项世界纪录；突破了铝电解槽的技术难题，建成了国际先进的特大型预焙电解槽；钽铌产业跃居世界两强之一；三峡大型水轮机叶片、山羊绒制备工艺生产技术均居国内领先水平；生产出灰分小于 1% 的超低灰纯净煤，极大地提升了太西煤的资源价值；研制出符合进口装置要求的国产催化剂，填补了中国煤制丙烯技术领域空白；建成年产 1 万吨金属镁新型环保节能示范生产线；构建 10 大类 42 个农业基础数据库，发布农产品供求信息 20 多万条，实现间接效益 1.36 亿元；建立的农业科技示范园区，辐射带动了 40 万亩酿酒葡萄、70 万亩枸杞、400 万亩马铃薯、106 万亩设施瓜果蔬菜和 100 万亩压砂瓜生产基地建设；建立节水高效马铃薯生产核心区 1.3 万亩、示范区 4.5 万亩，分别增产 22.15% 和 10.2%；建成枸杞科技示范基地 8000 亩，验收 6 个枸杞功能保健产品配方和生产加工新工艺；创下了水稻单产 934 公斤、玉米单产 1314 公斤的高产纪录；培育出枸杞、马铃薯、压砂瓜、水稻、小麦、玉米等特色作物和经济林木新品种、新品系 59 个、引进筛选出国内外优新品种 140 多个；建立了清真羊肉等 30 多套特色优势农产品生产技术标准；成功研发了枸杞采摘机、马铃薯种薯抗旱播种和收获机具、智能化卷闭链系统等一系列生产配套机械；示范推广新品种、新装备、新技术 300 多万亩，累计增加效益 6.6 亿元。

专栏 12-3　设施蔬菜现代节水高效优新技术研究与集成示范

针对宁夏设施蔬菜产业发展技术需求，该项目通过产学研联合，优化、集成、组装、配套国内、区内现有的设施蔬菜生产技术和现代节水高效优新技术，形成了宁夏设施蔬菜节水高产高效生产技术体系，较好地解决了设施蔬菜生产中的技术难点问题。项目实施过程中，引选了 30 个新品种，研制配方肥 6 种；制订地方标准 23 个，申报专利 11 项，出版专著 6 部，发表学术论文 59 篇；组建了“设施蔬菜技术研发科技创新团队”，培养了一批设施蔬菜技术人员和科技示范户；建立设施园艺节水高产高效优质生产千亩示范基地 6 个，科技特派员示范基点 17 个；辐射推广面积 33.04 万亩，新增产量 53643 万公斤，新增产值 79878.16 万元，增收节支 15370.46 万元；取得了显著的经济、社会和生态效益。

图 12-13　自主选育的具有区域特色的设施薄皮甜瓜新品种

◎ 培育战略性新兴产业取得新突破

自治区把培育战略性新兴产业作为优化产业结构、推进发展方式转变、提升产业竞争力的重要抓手，把突破一批支撑战略性新兴产业发展的关键共性技术作为科技发展的优先任务。通过发挥重大专项的核心引领作用，加大科技创新基地建设、构建产业技术创新战略联盟，培育引领战略性新兴产业发展的生长点，形成了一批自主创新成果。在新材料产业，研发的新型分梳工艺突破了变异山羊绒染色的技术"瓶颈"，使山羊绒分梳时的纤维损伤率从12.8%降到6.5%，纤维提取率由90.5%提高到95.2%；中色东方集团钽铌铍技术优势和中电投青铝产能优势得到充分发挥，拉长了铍青铜、铝镁合金、铝板带箔等高端有色金属合金产业链条，高精度铍青铜材料达到国外同类产品水平，高纯射频超导铌腔产品打破了发达国家垄断。在新能源领域，冶金物理法多晶硅生产技术达到了国际先进水平，太阳能光伏并网发电能力居全国前列；首台1.5兆瓦风电设备核心部件——高速双馈风力发电机研制成功，截至2011年底，宁夏风能、太阳能发电装备本土化率已达到90%。在先进装备制造领域，研发出了具有完全自主知识产权的智能化模压淬火机床，获得国家专利11项。在抗体药物、分子育种、转基因育种、生物发酵、生物技术装备等生物产业领域，取得了一批具有国内外先进水平的科研成果和自主知识产权产品。

➲专栏 12-4　高速铁路用 220kV-V/X 接线牵引变压器研发

针对高速铁路牵引变压器的国产化需求，该项目成功地研制出AT供电方式运行下的V/X接线牵引变压器。该产品性能优良、可靠性高，抗短路能力强，适应铁路供电频发短路的运行状况。变压器抗短路能力能满足每年近百次接触网短路要求，过负荷能力能满足最大3倍过载要求的负荷曲线，同时能满足电气化铁路对牵引变压器的其他技术要求。项目实施后，形成了年产150台牵引变压器的生产能力，产值可达到3亿元。项目的实施，提高了产品在电气化铁路上的市场占有率，实现了高速铁路用220kV-V/X接线牵引变压器国产化。产品已经广泛应用于国内客专高速铁路，为全国近40条电气化铁路干线提供了可靠性强和环保节能的输变电产品。

图 12-14　自主研制的高速铁路用 220kV-V/X 型牵引变压器

◎ 保障和改善民生取得新成效

围绕资源节约型、环境友好型社会建设、沿黄经济区建设、"35 万生态移民工程"的实施，立足人口与健康、生物技术与特色医药、环境保护与治理、资源开发与利用、城乡一体化与建筑节能、公共安全与防灾减灾等方面的重大科技需求，以技术创新为基础，以成果集成转化推广为重点，积极开展了一系列促进民生科技创新和技术推广的科技创业行动。在全国率先出台了防沙治沙和发展沙产业的政策，形成了沙漠新能源、沙漠设施农业、沙生中药材、沙漠旅游等八大产业；建成了三个特色鲜明的中药材种植基地，开展了大宗优势中药材规范化种植及产业化关键技术研究与示范，加大了中药材规范化种植基地建设力度，新增甘草种植面积 82.2 万亩，黄芪、柴胡等大宗优势中药材达到 13 万亩；围绕重大多发性疾病、地方病和传染性疾病防治，开展了慢性乙肝患者肝癌发生预警指标、腹腔镜肝脏肿瘤切除、精准神经外科技术治疗脑功能区胶质瘤等关键技术研究并取得突破，推广了一批成熟、安全、经济、有效的农村卫生适宜技术。

三、多措并举推进区域特色创新体系建设

◎ 明确区域发展定位，建设区域创新体系赢得新机遇

2008 年，国务院出台了《关于进一步促进宁夏经济社会发展的若干意见》（国发 [2008]29 号），明确了宁夏作为中国"六大基地、六个示范区、一个目的地"的战略定位。2011 年，宁夏的沿黄经济区被写入国家"十二五"规划纲要，与其他国家重点建设的主体功能区一起，上升为国家战略。2012 年，六盘山片区成为国家确定的 14 个集中连片特殊困难地区新一轮扶贫攻坚的主战场。随着宁夏作为国家能源安全保障区、西部大开发战略新高地、国家能源资源低碳利用技术示范区、生态文明先行区和内陆开放型经济示范区的战略定位及发展路径的日益清晰，为宁夏区域特色创新体系建设和创新型宁夏建设进一步指明了方向，提供了新的发展机遇和空间。

◎ 完善科技政策法规，营造区域创新环境出台新举措

自治区党委、政府围绕创新型宁夏建设推出了一系列政策措施，形成了推动自主创新的政策体系，营造了良好的区域创新环境。制定出台的《关于加快推进农业科技创新与推广的若干意见》，在农业科技创新平台建设、科技成果收益分配、农技推广能力建设、成果转化应用、人才队伍建设等方面有了突破性举措。出台的《关于财政支持自治区科技创新平台建设的政策意见》、《关于加强大中型企业科技创新的意见》等一系列政策性文件，形成了相对完善的支持企业创新和科研成果转化的财税金融政策。《宁夏回族自治区引进海外高层次科技人才创新创业暂行办法》、《关

于进一步发挥现有人才作用和引进急需紧缺人才的若干规定（试行）》等文件，积极创新高层次人才引进培养模式和运行机制。

◎ 改革攻关计划管理，创新科技管理模式取得新成效

按照夯实科技基础条件、提升科技创新能力、加速科技成果转化、培育科技创新人才的总体思路，完善自治区科技攻关计划、环境能力建设计划、科技成果转化计划、应用基础研究计划等科技计划体系。在原自治区科技攻关计划基础上，设立科技支撑计划，按照工业、农业和社会发展三大领域，分为重大专项、重点项目和一般项目三种类型进行布局，从而构建“权责分明、定位明确、结构合理、运行高效”的科技计划体系。围绕宁夏经济社会发展的重大科技需求，按照突出企业主体、突出地域特色、突出战略重点、突出产业特色、强化系统集成等原则对重大科技专项进行顶层设计、科学论证，启动实施了煤基丙稀、大型铝电解槽、葡萄与葡萄酒、旱作节水高效农业、中药材产业化、赖氨酸发酵等 6 个自治区重大科技专项，带动社会投入创新资金 2 亿元。

◎ 实施科技实力培育工程，创新体系建设取得新进展

围绕自治区经济社会发展的重点领域，以聚集创新要素，夯实科技基础，推进资源共享为目标，建立完善了一批创新平台，在国家创新平台建设上取得新突破。截至 2011 年，组建国家级工程研究中心 3 个，自治区级工程研究中心 25 个；国家重点实验室 1 个，省部共建国家重点实验室培育基地 3 个，自治区级重点实验室 12 个；国家级企业（集团）技术中心 10 个，自治区级企业（集团）技术中心 45 个；自治区级技术创新中心 65 个；国家创新型企业达到 3 家、高新技术企业达到 37 家；成立了羊绒、煤化工、冶金法多晶硅、清真牛羊肉加工等 4 家产业技术创新战略联盟；基本形成涵盖宁夏优势学科、重点产业的科技创新平台体系。搭建起宁夏自然科技资源共享平台、宁夏科技文献资源共享平台和 3 个大型仪器共享服务分中心，各类科技中介服务机构发展到 300 余家。

◎ 实施“四个全覆盖”工程，科技支撑生态移民迈开新步伐

围绕自治区 35 万移民工程的实施，在全区生态移民新村启动以科特派创业、技术培训、信息服务和新品种新技术推广应用为主要内容的“四个全覆盖”科技工程，建立了 23 个生态移民新村科技工作站，培训移民 3 万人以上，移民新村新品种和新技术推广应用率分别达到 95% 和 85% 以上。启动实施了科技脱贫致富指导员“百人团”计划，通过 3 至 5 年努力，使贫困村从事特色优势产业的农户覆盖面达到 80% 以上，熟练掌握 1 ～ 2 门致富技术的农户达到 80% 以上，农民人均纯收入年均增长 15% 以上，走上依托科技支撑稳步发展的道路。

◎ 着力加强科技合作与交流，科技对外开放迈上新台阶

加强与国内科技发达地区和大院大所的科技合作，以优势特色产业重大关键技术联合攻关

和引进为重点，不断拓展科技合作的渠道和领域。稳步推进陕宁科技合作，一批合作项目取得阶段性成果；先后与中国科学院、中国工程院、中国林科院、中国农科院、清华大学正式建立了科技合作关系，并启动实施了一批合作项目；与中关村以企业为主体的科技合作也已起步，并就合作方式、内容等进行了有益探索；与欧美、日韩、东盟、非洲等40多个国家及国际原子能机构、工发组织、粮农组织等国际组织建立了良好的科技合作关系。组织实施的国家和自治区国际科技合作计划项目100多项，在大型水轮机叶片和燃气轮机制造、煤化工、钽铌铍稀有金属材料、装备制造、中药现代化、精准农业等领域取得了多项国际国内领先的技术成果，填补了多项国内空白。

第五节 新疆维吾尔自治区

2009年以来，新疆科技工作以提高自主创新能力为核心，紧紧围绕"加速新型工业化、农牧业现代化、新型城镇化进程"建设，以加强技术创新、加快科技成果转化、发展高新技术并实现产业化为核心任务，实施面向优势资源转化的科技创新战略，积极推进创新基地和基础条件平台建设，全区科技队伍加快成长，科技经费投入逐年增加，科技支撑经济社会发展的作用显著增强，有效地推动了自治区重点产业和战略性新兴产业的发展。

一、科技发展总体进展

◎ 科技投入不断加强

科技经费投入持续增长。"十一五"以来，新疆科技经费投入持续增长。2010年，全社会R&D经费26.65亿元，较2006年增加2.14倍，达到历史最高水平；R&D经费占全区国民生产总值（GDP）的比重为0.49%，较2006年提高0.21个百分点。R&D人员人均R&D经费支出18.53万元，较2006年增加7.04万元，年均增长速度12.69%。地方财政对科技的投入力度不断加大，2010年新疆财政科技拨款合计26.43亿元，其中自治区本级财政科技拨款8.65亿元，分别是2006年的3.6倍和2.7倍，年均增长速度分别为37.71%和28.53%；地方财政科技拨款在全国排名第二十一位，较2006年上升4位。2011年，自治区级各类科技计划安排1445项，较2006

年增加了 2.36 倍；自治区财政拨款 2.97 亿元（占自治区本级财政科技拨款的 34.34%），较 2006 年增加 2.34 倍；获得国家支持的科技计划项目经费 3.35 亿元，超过了自治区财政对各类科技计划项目经费的投入。

科技人员数量不断提升。新疆 R&D 活动人员（全时当量）投入总量持续增长，其增长速度高于同期全国平均水平。2010 年，新疆 R&D 活动人员 1.44 万人年，较 2006 年增加 94.59%，年均增长速度 18.11%，比同期全国年均增长速度高 4 个百分点。新疆每万人口拥有 R&D 人员 6.58 人年 / 万人，较 2006 年（3.6 人年 / 万人）增加了 2.98 人年 / 万人。自治区国有企业、事业单位五大类专业技术人员 41.16 万人，其中科学研究人员 0.21 万人，工程技术和农业技术人员分别为 4.77 万人和 2.84 万人。

◎ 科技产出总量快速增加，水平明显提高

2011 年，新疆取得重大科技成果 205 项，获国家级奖励 6 项，自治区科技进步奖 121 项，其中一等奖 14 项；申请专利 4736 件、授权 2642 件。“十一五”期间，新疆累计取得重大科技成果 896 项，获国家发明奖 1 项，国家科技进步奖 47 项。发表 SCI 论文 2868 篇，年均增长 30%，连续 3 年成为 SCI 论文数、被引用数全国增长较快的十个地区之一。累计申请专利 13370 件、授权 8642 件，分别比“十五”时期增长了 87.2% 和 124.6%。

◎ 科技基础条件和创新环境进一步优化

科技创新基地和平台建设取得重要进展。2011 年，新疆新增 1 家国家重点实验室，实现零的突破，自治区级重点实验室 27 家，其中 3 家为省部共建；国家级工程技术研究中心 4 家、自治区级工程技术研究中心 15 家；科技成果转化基地 39 家。共有国家级农业科技园 2 家，国家级可持续发展实验区 2 家。

各类研究开发机构研发能力不断加强。2010 年，新疆县及县以上政府部门属独立研究与开发机构 110 个，发表科技论文 2328 篇，其中国外发表 149 篇，占科技论文总数的 6.4%，比 2006 年增加 4.48 个百分点；承担 R&D 课题 1203 个，占承担课题总数的 72.12%，较 2006 年增加近 8 个百分点。2010 年，新疆大中型工业企业技术拥有科技机构 80 个，较 2006 年增加了 24 个；研究与试验发展项目 686 个，新产品开发项目 388 个，较 2006 年增加了 50.39%。2011 年，新疆共有转制科学研究与开发机构 11 个，新疆机械研究院股份有限公司成为全区首家科研院所改制后的上市企业。

企业技术创新体系建设扎实推进。截至 2011 年底，自治区共有国家创新型企业 10 家，高新技术企业 127 家，其中新认定高新技术企业 14 家。2011 年，乌鲁木齐电子新材料创新型产业集

群进入国家创新型产业集群培育范围，建设了精细化工技术研发与转化、中药民族药技术创新等8个中小企业技术创新公共服务平台；建立了有色金属新材料、光伏发电装备、风电装备、输变电装备等8个国家高新技术产业化基地；建立了石油石化、煤化工等2个火炬计划特色产业基地和1个国家现代服务产业化基地；10家企业成为国家创新型企业；建立了辣椒、农业节水、加工番茄等产业技术创新战略联盟。

科技中介服务体系建设取得新进展。截至2011年，全区共有国家示范生产力促进中心10个，自治区生产力促进中心55个。成立了"新疆生产力促进中心联盟"，成为国家生产力促进中心体系建设重点省区。2011年，自治区生产力促进中心服务企业2998家，帮助企业引进项目53项，引进资金4718.3万元，为企业增加销售额7.46亿元，增加利税1.01亿元。

二、支撑和引领经济社会发展

◎ 支撑传统产业转型升级

加速了新型工业化进程。科技创新在改造提升传统产业、培育高新技术产业和战略性新兴产业方面发挥了重要作用。1.5兆瓦、3兆瓦风电机组整机自主设计制造实现规模产业化，高纯度金属锂新材料、纳米碳材料、维哈柯多语种操作软件等研发取得突破，750千伏大容量变压器、干空气能制冷空调等一批重大科技成果实现产业化，新能源、新材料、先进制造等产业已成为自治区新的经济增长点，电子信息、生物医药产业已初具雏形。

支撑了现代农业发展。围绕粮食、棉花、林果、畜牧四大基地建设，不断提高农业科技创新能力，加速了科技要素和现代生产经营要素向农村一线的集聚。通过实施自治区重大科技专项"环塔里木盆地特色林果产业发展关键技术研发与示范"，使项目区林果单产提高了15%～20%，每年新增产值约20亿元。实施"新疆设施农业标准化技术研究与集成示范"，新制定和颁布实施自治区地方标准84项，带动了设施农业快速发展。超细型细毛羊、细绒型绒山羊培育取得了阶段性进展，研究制定了新疆细羊毛标准体系和肉牛工厂化生产等标准体系19个，为自治区乃至全国畜牧业生产向科学化、规范化、标准化方向迈进提供了有力的科技支撑。

促进了特色优势资源的开发利用。国家305项目在基础地质研究、矿产地质研究、资源预测评价等方面取得多项成果，获得科研预测储量铁矿3亿吨、铅锌矿400万吨、铜43万吨、钼6285吨、金28吨，在铀、钾盐矿勘查方面也取得新突破。初步完成了中亚地质矿产数据库建设及成矿预测系统的开发工作。

科技园区集聚和辐射作用进一步增强。2010年，乌鲁木齐国家高新区营业收入、工业增加值增长速度均超过30%，成为国家科技兴贸创新基地。昌吉高新技术产业开发区升级为国家级高新区，昌吉国家农业科技园区通过验收，伊犁国家农业科技园区、吐鲁番现代农业科技示范园等开始全面建设。克拉玛依、库车等高新区升级建设进一步提速，形成了“乌鲁木齐国家光伏发电装备高新技术产业化基地”等集聚效应突出的产业集群，成为区域经济增长的重要引擎。

◎ 支撑和引领战略性新兴产业发展

制定了《新疆维吾尔自治区加快培育和发展战略性新兴产业总体规划纲（2011—2015年）》，要求到2015年，战略性新兴产业初步形成健康发展、协调推进的基本格局，产值达到2000亿元，增加值700亿元，年均增长30%以上，占地区生产总值的比重力争达到8%左右；初步建成一批产业链完善、创新能力强、特色鲜明的战略性新兴产业集聚区。到2020年，战略性新兴产业产值达到6100亿元，增加值2200亿元，年均增长25%以上，占地区生产总值的比重力争达到15%左右。新兴能源、新材料、先进装备制造成为全区经济的支柱产业，生物、信息、节能环保、清洁能源汽车成为全区经济的先导产业。

◎ 推进民生改善与和谐社会建设

医疗健康及环境。在生态恢复、疾病防治、防灾减灾、工业污染治理、区域可持续发展综合实验与示范等方面，解决了一批重大技术问题，推动了相关产业发展和民生改善。建立了甘草、红花等一批道地药材规范化种植基地，制定了40个维药标准和规范，开发中药民族药新产品24个，祖卡木颗粒、复方雪莲软胶囊等获得国家药品注册批号。地区性、民族性、特高发重大疑难疾病的预防、诊断、治疗技术等取得重要进展，确定了新疆哈萨克族食管癌早期预警指标中的26个基因，初步实现了食管癌的早期诊断及个体化治疗。在伊犁河流域，集成实施“科技富民强县工程”。截至2011年底，新疆已经有48个县（市）实施国家科技富民强县专项行动计划项目，累计获得国家专项行动经费8070万元，落实自治区配套经费8070万元，地州落实配套经费1544万元，县(市、区）匹配经费9533万元，引导企业和社会投入41376万元。据不完全统计，共引进新品种145个，新品种推广面积达212.4万亩；推广新技术94个，建立示范基地521个、农民技术合作组织158个、农业信息等平台224个，辐射带动农民85.1万人；建立培训机构100个，培训农民73.9万人；申请专利39项。实施专项行动的县（市、区），财政增收最高的县达到2.08亿元，农牧民增收最多的县人均增收达到4643元。

专栏 12-5 伊犁河流域水土资源可持续开发利用研究与示范

根据伊犁河流域资源与区位优势，确定伊犁河流域产业方向和定位，明确了伊犁河流域水土资源开发与管理模式及可持续发展对策。项目研发提出水土资源可持续利用技术模式 31 项（套），草地农业系统优化配置与保护技术模式 7 项，水土流失治理与生态安全保障体系建设技术模式 11 套，2008—2010 年累计建设不同类型的试验示范区 35 个、面积 23 万亩，新增产值 1 亿元。项目在新垦土地快速熟化、生产力提升、特色生物资源开发与利用、水土流失防治技术与模式研发方面取得了多项具有自主知识产权成果。

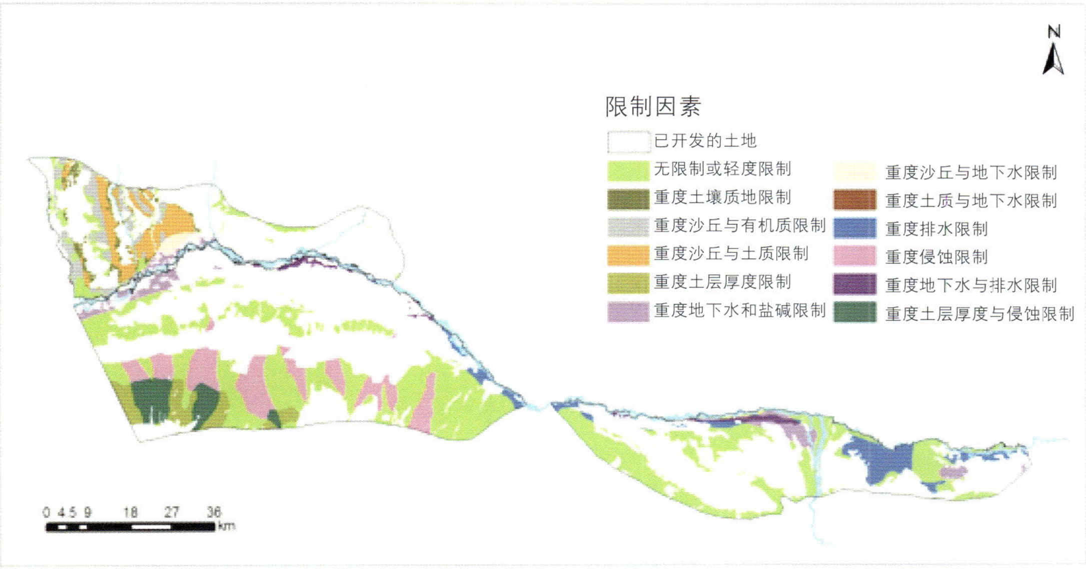

图 12-15 伊犁河流域水土资源

科学素质普及和培训。2006—2011 年，全区在“科技活动周”期间共举办科普讲座 5866 次，听众人数达 97.82 万人，举办科普展览 1066 次，参观人数达 111.25 万人。2006—2010 年，先后赴哈密地区、塔城地区等地区 37 个县市开展服务示范活动，科技下乡服务示范活动共发放哈、汉、维文农村实用技术丛书、光盘等各类科技资料 20 万余册（张），举办专题讲座百余场，培训人数上万人次。截至目前，全区各类科技兴新素质工程科技培训学校、中心、基地及农牧民技术文化学校已达 2589 个；共举办各类培训班近万期，培训各类人员超过 200 万人次。

推进农村科技服务体系建设。截至 2011 年，全区已建立 126 个科技服务站点，其中专家大院 14 家，科技服务工作站 112 个，常驻专家人数 358 余人，覆盖 13 个地州，66 个县，培训农牧民 45.8 万人，覆盖乡镇 386 个，推广技术成果及新品种 478 个，示范展示区建设面积 165893 亩，辐射推广面积 128.6 万亩，带动农户数 216589 人，举办培训班数 2714 期，培训农民人数 156840

人次，经济效益达19248.8万元。全区13个地州的88个县市区共有个人科技特派员4343名，有科技特派员参与农民专业合作社及科技特派员协会150个，科技特派员工作站173个，创办企业106个，建立香梨、棉花、蔬菜、庭院经济、设施农业、畜牧养殖等934个示范基地，面积达100余万亩。科技特派员服务的村（场）达3989个，约占全区村（场）总数的43.2%，人均下乡178.8天，推广先进适用技术4008项、优良品种4661个，直接服务农户33万户，带动辐射48万余户农民，培训农牧民644万人次，发放技术资料651万分。

三、创新型新疆建设

为全力推进创新型新疆建设，自治区科技工作把提高自主创新能力和自我发展能力作为科技发展的根本任务，把推动体制机制改革作为科技发展的强大动力，把培养造就创新型科技人才队伍作为科技发展的重要保障，以科技进步和创新支撑经济结构战略性调整、加快经济发展方式转变，为实现新疆跨越式发展和长治久安提供了有力的科技支撑。

◎深化科技管理改革

科技政策法规体系不断完善。修订了《新疆维吾尔自治区民营科技企业条例》、《新疆维吾尔自治区科学技术普及条例》并颁布实施，完成《新疆维吾尔自治区科技进步条例》立法后评估工作，科技发展的法律保障更加牢固。出台了《自治区自主创新和节能环保产品政府采购实施意见》、《自治区科技兴新先进厅局（行办、集团公司）标准》等一批激励自主创新的政策措施。为贯彻《国家中长期科学和技术发展规划纲要（2006—2020年）》及其配套政策，自治区制定了相应配套政策80个，涉及科技投入税收政策金融支持知识产权人才队伍等10个方面。新设了“科技进步奖突出贡献奖”，形成了从奖励成果为主向奖励成果与奖励人才并重的转变。《知识产权纲要》颁布实施，对知识产权的创造、运用、保护和管理进行了全面部署。为鼓励援疆科技人才在疆创新创业，联合自治区党委组织部共同下发了“关于组织实施援疆干部人才创新创业计划行动的通知”。组织开发了科技计划管理信息系统，实现了科技计划项目的信息化管理。开发了科技成果鉴定管理系统，首次使用了自治区科技进步奖申报评审计算机系统。

◎推动科技援疆工作向纵深发展

自2007年3月科技部与新疆维吾尔自治区人民政府建立工作会商制度以来，科技部和自治区人民政府共召开部区会商及全国科技援疆工作会议3次。5年多来，科技部先后发布了《关于推进科技支疆的意见》、《全国科技援疆规划》等，从政策导向、科技布局上推动全国科技资源向新疆聚集。中国科学院与自治区启动新一轮科技合作，建立了院区座谈会机制。

自治区人民政府制定了《关于鼓励开展全国科技支疆行动的若干规定》，出台了包括土地、税收减免、项目扶持等20条优惠政策措施。从2008年起设立了每年2000万元的科技支疆专项经费，目前共安排科技援疆合作项目达528项，投入财政资金1亿元，项目投资总额达50.33亿元。兵团也设立了科技援疆专项资金。同时，自治区、兵团和对口援疆省市科技部门还建立了19+2的科技合作机制。当前，科技援疆已经形成了科技部牵头推动，科技口部门和对口援疆省市积极参与，新疆主动承接的工作格局，科技援疆长效机制已经形成。

◎ 科技创新平台快速发展

国家荒漠—绿洲生态建设工程技术研究中心通过科技部验收，新组建自治区工程技术研究中心53家，总数达到69家。“十一五”以来，国家及自治区工程中心从事科技活动人员1312人；承担国家、省部级科技计划项目190项，获奖成果65个，专著论文298篇，获得专利142件，培养博士68人、硕士187人；新增仪器设备488件，价值11712.12万元；新建基地21个，新建生产线8条，新建技术服务网点129个；举办国内学术交流100次，培训人员103935人。

2011年，28个实验室新争取国家级自治区各类科技计划项目351项，经费21375.02万元，发表论文1256篇，其中SCI收录文章241篇；申请专利63项，授权48项。举办国际国内学术交流会议60次，开展国际国内合作研究项目87项、经费5096.6万元。

2007年以来，全区共安排科技基础条件平台建设项目89项，安排专项资金6567万元。“新疆实验动物质量检测站”建成并获得国家资质。科学数据和科技文献共享资源数据库建设、自然科技资源收集和实验动物等科技基础条件平台建设也取得了新进展。

◎ 科技人才队伍建设

“十一五”期间，自治区有1人当选中国工程院院士（目前全区已有5名院士），8人获何梁何利基金奖，有3人作为首席科学家承担了国家重大基础研究（973）计划项目，首次有3人获得了国家杰出青年科学基金，41～45岁中青年科技人才主持基础研究项目有588人，较“十五”提高了9.2个百分点；承担国家自然科学基金项目的少数民族科技人员，较“十五”增加了1.1倍。

组织实施了自治区重大专项“科技创新骨干人才强化培训工程”，在区内外举办培训班数十期，培训了一批现代农业科技骨干人才、科技型中小企业高级人才、科研院所创新人才。继续开展少数民族科技骨干人才特殊培养计划，少数民族科技人才数量增加、素质提高。设立了青年科学基金，重点支持35岁以下青年科技人才。注重发挥援疆干部作用，对具有高级技术职称的部分援疆干部给予科技项目经费支持。

◎ 国际科技合作

同中亚国家和俄罗斯建立了双边、多边的科技展览、成果推介、人员培训等合作交流机制。2010 年，在乌鲁木齐和克拉玛依两地成功举办“俄罗斯科学院西伯利亚分院创新科研成果与技术推介会”，签订合作协议近 40 项，促进了先进技术和科技成果的引进。主办或参加了中俄哈蒙阿尔泰区域科技合作相关会议，同塔吉克斯坦科学院开展了科技项目与人才培养合作。组织实施了两项国家科技援外项目，促进了农业节水等相关技术的输出和种质资源的引进；成功举办了面向中亚五国及俄罗斯、蒙古的“非传统能源国际培训班”等。2010 年 5 月，科技厅成为上海合作组织成员国首届科技部长会议的列席代表，新疆同周边国家的科技合作纳入了“上合组织”框架，科技部安排了 1 亿元项目经费支持新疆开展相关工作。与澳大利亚矿业公司联合实施的风险勘探项目加快了有色金属矿藏的发现。日本 JICA 渠道资助实施了“新疆天然草场保护与牧民定居示范工程”项目，促进了项目区的生态环境改善。还同美国、日本合作开展了地质、农业等领域的科技人才培养。

第六节
新疆生产建设兵团

2011 年，兵团科技工作紧紧围绕“城镇化、新型工业化、农业现代化”建设，大力推进科技进步和创新能力建设，各项科技工作取得了新进展、新成效，实现了“十二五”开门红目标。

一、科技工作总体进展

◎ 科技进步支撑兵团经济社会发展能力明显增强

“十一五”末，科技进步对兵团农业的贡献率达到 57.89%，较“十五”末的 51% 提高 6.89 个百分点；工业达到 43.45%，较“十五”末的 36%，提高 7.45 个百分点；全社会科技进步贡献率达到 52.32%，较“十五”末的 45.1%，提高 7.2 个百分点。2010 年、2011 年取得了高瓦斯大倾角煤层开采自燃火灾防治技术研究和节水滴灌技术创新工程等为标志的一批科技成果。2011 年，完成年度兵团专利申请量 551 件，同比增长 28.1%，其中授权发明专利 43 件，增长 126.3%。

◎ 推进科技管理改革，创新环境不断改善

围绕《国家中长期科学和技术发展规划纲要（2006—2020 年）》、兵团党委、兵团出台的《关于增强自主创新能力，促进经济社会又好又快发展的意见》和《兵团中长期科学和技术发展规划纲要(2006—2020)》,下发了《关于深化兵团“十二五”科技计划管理改革的意见》,制定了《兵团“十二五”科学和技术发展规划》、《兵团科技援疆规划（2011—2020 年）》和《兵团科技基础条件建设“十二五”规划》，明确了“十二五”兵团科技工作的总体思路、创新目标和重点任务。《兵团各师党政主要领导科技进步目标责任制考核实施办法》、《兵团科学技术奖励办法》、《关于实施兵团创新人才推进计划的意见》等一批文件的制订、修订，进一步健全完善了兵团科技管理政策制度体系。

◎ 科技经费持续增长，投入结构不断优化

科技经费持续较大幅度增长。2011 年，争取国家各类科技计划项目 180 项，到位经费 14140 万元，同比增长 17.5%；实施兵团各类科技计划项目 388 项，科技经费 6200 万元，同比增长 33%。及时调整科技经费投向，注重优化投入结构：一是继续加大对农业、工业、社会发展领域中的重大产学研专项和科技攻关计划的支持；二是大幅度增加科技基础条件建设专项经费；三是加大了科技人才培养工作力度；四是加强了对南疆各师和边远师的支持。陆续启动实施了“科技人员服务南疆专项”、“兴边富民科技行动专项”等一批专项计划。

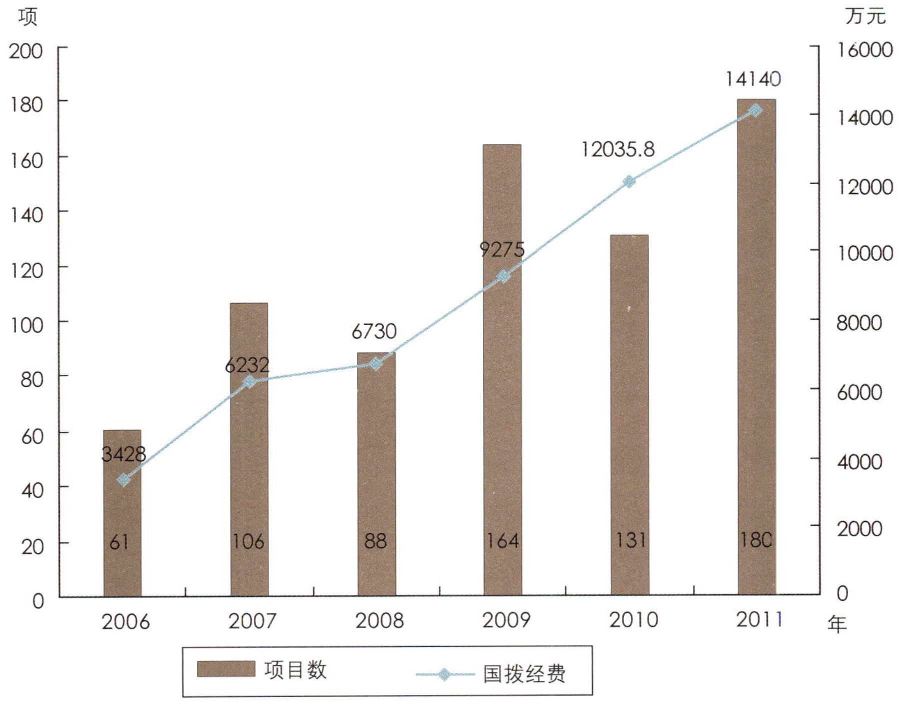

图 12-16　兵团争取国家科技计划项目和经费统计情况

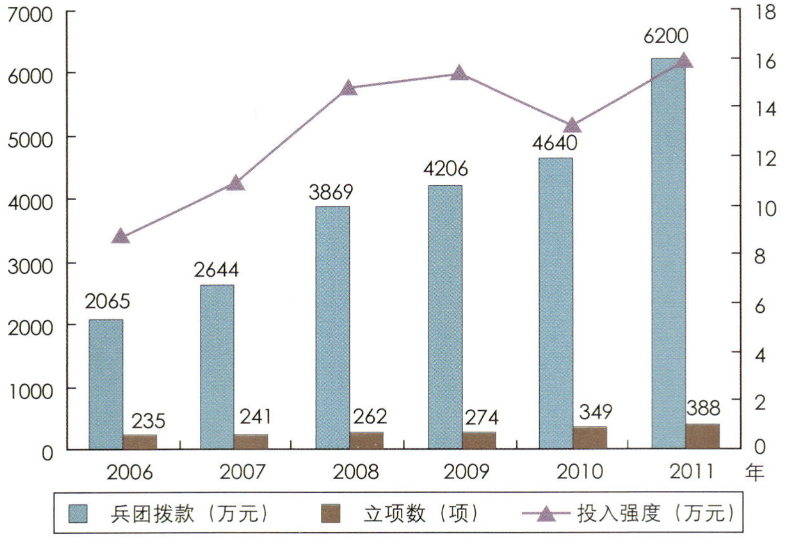

图 12-17 兵团本级科技计划项目和经费情况表

◎ 科研条件平台建设成效显著

重点支持了农垦科学院、各师农科所、企业科研机构、院校实验室建设；继续实施了远程医疗教育与诊断网络平台、兵团大型仪器设备共享平台、南疆科技创新平台等科技资源共享平台建设。截至 2011 年，科研仪器设备总值达到 1.28 亿元，有省部共建和兵团重点实验室 11 个，兵团工程技术研究中心 7 个；建有 2 个国家农业科技园区、4 个兵团农业科技园区，1 个国家生产力促进中心。

◎ 对外开放与交流愈加活跃

紧紧抓住全国科技援疆的发展机遇，依托“部区会商”、“科技援疆”、“中科院—新疆科洽会”等科技合作平台，加强了与内地省区更深层次的科技合作；与美国、日本、以色列、加拿大、哈萨克斯坦等 30 多个国家和地区开展了广泛的科技合作与交流；与清华大学、浙江大学等 80 多个国内知名院校和科研机构建立了长期科技合作关系；与中科院签署了全面合作协议。“兵地合作”、“东西合作”、“校企合作”、院（所）企合作等多种形式的科技合作蔚然成风。

二、支撑和引领兵团经济社会发展

◎ 推进农牧业结构调整

围绕中央提出的“三大基地”建设任务以及兵团农业结构调整“稳粮、优棉、增果畜”的总体要求，重点加强畜禽水产养殖业和蔬菜林果业重大关键技术攻关，棉花和粮食产业重点围绕“提质增效”加强优良品种选育和先进技术集成应用。从 2010 年起，在重大产学研合作科技专项中，实施了“红枣、苹果、葡萄高效安全生产关键技术研究”和“优质高产高效设施农业关键技术研究与示范”项目，以棉花、小麦、水稻、加工番茄、葡萄为重点，实施了“作物节水节肥有机、绿色生产关键技术研究与示范”项目，3年共投入经费485万元。提出水稻、加工番茄、棉花、小麦有机生产规程各1套，水稻有机生产规程已批准为地方标准，绿色有机栽培示范面积2250亩，1000亩设施有机葡萄基地通过认证。安排棉花、粮食、特色林果、瓜菜、特色经济作物及畜禽水产等新品种选育课题27项，两年投入经费610万元。继续实施“科技人员服务南疆专项”，推动南疆特色产业发展，两年投入经费425万元。

专栏12-6　棉花产业引领兵团农业现代化发展

2010年，新疆棉花种植面积2190.9万亩，总产247.9万吨，皮棉亩产113.2公斤/亩，同年兵团棉花种植面积746.97万亩，总产115.0万吨，皮棉亩产154公斤/亩，棉花平均每年出口约30万吨，约占全国棉花出口总数的50%，占世界棉花出口量的8%。兵团棉花生产的稳定发展对稳定全国棉花的生产意义重大。目前，探索和组装了覆膜栽培、化调、“矮、密、早、膜”、精量播种、膜下滴管节水、机械采棉等配套技术措施；培育了一系列棉花新品种，逐步建立健全了棉花良繁基地，通过品种推广和技术示范，连续创造了棉花亩产皮棉300公斤的全国新纪录，建成了国内最大的优质出口棉基地，创建了全国最大的棉花节水灌溉基地，新疆棉花膜下滴灌面积达到95%以上；棉花机械采收率超过50%，农八师等师达到80%，领跑全国的现代农业，已成为全国现代农业重要示范基地。

图12-18　棉花机械化采收

◎ 支持民生等社会事业发展

坚持民生优先，充分利用科技援疆机遇，加强了职工群众最为关注的城镇建设、人口健康、公共安全、生态环境保护等民生领域科技创新。完成了新疆小城镇绿色住区的示范区规划和住宅设计，提出新疆小城镇绿色住区绿地典型配置方案、住宅排水工程技术方案和太阳能建筑集成技术，并在示范区建立了被动式太阳能采暖、太阳能热水系统与建筑一体化等关键技术示范工程。以去氢骆驼蓬碱为先导，开发了对荷瘤小鼠试验模型抑瘤率超过60%的抗肿瘤化合物HMD-

272；完成神经血管疾病介入治疗临床应用41例；总结制定出新的肝包虫病规范化个性化治疗方案。综合应用卫星定位、地理信息和卫星遥感等技术，提出了协同式移动应急位置服务模式，以农十师巴里巴盖垦区公安局为主中心，以185团武装部为分中心，构建了“师—团”两级应急联动体系并在实际应用中发挥了重要作用。针对准噶尔盆地南缘绿洲存在的盐渍化问题，进行了盐渍化土壤生态退化风险评价，建立了预警模型，研发和集成水利、生物、化学和农艺等6项防治技术，建立了不同盐渍化程度弃耕地生态重建优化模式3套，核心示范区土壤耕层盐分降低20%～30%，土地生产力提高30%以上。农田残膜污染治理成效显著，开发出6种降解地膜产品，新型降解膜累计推广32.7万亩，示范区内残膜量累计减少86%～90%，增加效益1434万元。

专栏 12-7　节水滴灌技术辐射全国

国家节水灌溉工程技术研究中心（新疆）在新疆及内地省区相继开展了主要经济作物、粮食作物、林果业高效节水灌溉技术的研究及推广，主要开展小麦、大豆、玉米等作物的滴灌栽培技术研究和应用示范。根据各类作物在不同项目区的农业生产条件，进行农业节水灌溉栽培技术研究及推广应用，制定了相应的技术标准和规程，并在示范区开展广泛的技术培训。目前，节水技术辐射全国29个省，应用作物30多种，广泛应用到大田作物、设施农业、园林及荒山荒漠绿化中。

图 12-19　秧苗节水滴灌技术实验示范

◎ 促进传统产业升级和战略性新兴产业发展

促进传统产业升级。重点围绕氯碱化工和煤化工、农产品和食品加工、纺织、农用装备及制造、特色矿产资源加工等产业发展的重大需求，大力实施技术转移和技术引进。两年支持传统产业升级的项目经费约占工业科技经费的50%。天业集团联合清华大学共同承担的“年产40万吨电石法聚氯乙烯清洁生产关键技术研究与工业化示范”项目攻克了制约电石法聚氯乙烯行业发展的关键技术瓶颈，取得了循环流化床、低（无）固汞触媒、含汞废酸深度解析等3项标志性成果并进行了工程示范。

培育发展战略性新兴产业。围绕兵团培育和发展生物技术、新材料、新能源、电子信息等战略性新兴产业的需求，兵团科技计划安排实施相关科技项目 55 项，投入经费 1300 多万元。轻型钢结构 ASA 板镶嵌式集成节能建筑应用研究，建成了年产 60 万平方米 ASA 新型板材生产线，累计生产 17 万平方米，已在四师 62 团、六师共青团农场、九师 161 团和十四师 47 团、一牧场等单位的 220 户住宅建设中进行了示范应用，建筑面积 32000 多平方米。特高压电极箔产业化关键技术研发，打破了特高压电解电容器国外垄断的局面，自行设计制造的 16 条特高压电极箔生产线成功投入运行，共生产特高压电极箔 90 万平方米，实现销售收入 7000 万元。国家科技支撑计划项目“宽带隙半导体材料碳化硅晶体产业化开发”打破了国外对半绝缘晶片的严格禁运，建立了国内第一条碳化硅晶片中试生产线，已形成年产 3 万片碳化硅晶片的产能，研发的晶片已销往国内及 20 多个国家和地区，累计实现销售收入近 2000 万元。

➲专栏 12-8　新材料技术攻关取得新进展

新疆西部宏远电子有限公司在自主开发的“交流变频缓腐蚀技术”和“多级化成复合氧化技术”的基础上，通过引进国外知名专家团队，消化吸收中科院化学研究所、北航的 5 项科研成果，自主独创出特高压电极箔的先进制造技术：流体均布脱气和传热技术、圆柱状蚀坑成型技术、薄型高致密抗裂化氧化膜生成技术，成为国内唯一一家利用国产光箔批量生产高性能特高压电极箔的企业。产品达到了日本 JCC 公司产品水平（世界最高水平），为新兴的风能太阳能发电、轨道交通、平板显示提供了关键材料支撑，对中国电极箔行业技术创新能力的提升具有重要意义。

三、兵团科技创新体系建设

◎ 全力推进科技援疆工作开创新局面

为贯彻落实全国科技援疆规划，组织编制了《兵团科技援疆规划（2010—2020 年）》，从科技园区建设、科研平台建设、科技人才培养、科技信息化建设、科普能力建设、引进创新型科技企业和科技项目合作等七个方面，对未来 10 年的科技援疆工作进行了全面部署。兵团党委高度重视科技援疆工作，2011 年科技援疆专项经费增加 1000 万元总额达到 2000 万元。兵团科技局将 2011 年确定为对口科技援疆工作促进年，积极推进科技援疆工作。为推进兵团农业科研机构整合重组，提升农业科技创新能力，组织各师农科所所长赴陕西、河南、江苏、湖北等省农业科研院所进行考察。据不完全统计，对口支援省市投入科技援疆经费 8000 多万元。

◎ 加大对南疆和边境师支持力度

为贯彻兵团“十二五”国民经济与社会发展规划提出的“推动天山北坡垦区率先发展，支持南疆垦区跨越发展，扶持边境垦区加快发展”的区域发展战略目标，兵团科技局重点加强了科技创新能力较弱区域的支持力度。

2011年，出台了《关于实施兵团兴边富民科技行动的若干意见》，为边境师（四师、五师、九师、十师、十三师）科技发展注入了新动力。同时，积极谋划“天山北坡现代农业科技示范带”建设，推进石河子创新型试点城市和国家级农业科技园区建设工作，充分发挥农业科技园区的示范带动作用，将形成三大板块若干科技园区支撑的区域创新格局。

◎ 大力培育科技创新型企业

为促进企业真正成为技术创新的主体，加快推进兵团新型工业化建设步伐，印发了《兵团高新技术产业创新专项管理办法》、《加快实施兵团技术创新工程的若干意见》、《兵团创新型企业试点工作实施办法》等政策性文件，进一步加大了对企业技术创新的引导和支持。在兵团重大专项计划中，增设了“兵团高新技术产业创新专项”；到2011年，全兵团有高新技术企业15个；1个国家新材料高新技术产业化基地；省级以上企业技术中心达到31个，其中国家级4个，省级27个；有国家级创新型（试点）企业4家，25家企业进入兵团创新型企业试点行列。企业技术创新活动日趋活跃和创新能力不断提升，获得了一批自主知识产权和核心技术，促进了工业经济增长质量的提高和产业技术升级。

◎ 积极推进创新人才培养体系建设

围绕“人才强兵团”战略，根据《关于深化兵团“十二五”科技计划管理改革的意见》，积极探索科技人才培养新机制，不断加大科技人才培养力度。2011年，将创新人才推进计划列为“十二五”科技计划体系四大主体计划之一，确立了科技人才队伍建设的重要基础地位。通过实施院士资金、博士资金、青年科技人才引进后补助、青年科技创新资金、科技创新团队资助、杰出青年创新资金专项、高层次科技人才培养后补助专项等专项计划，逐步形成了贯穿科技人才成长全过程的创新人才培养资助链，有效激发了广大科研人员积极开展科学研究的创新活力和积极性，形成了利于创新人才成长和创新创业的环境氛围，全面推动了兵团科技人才队伍建设工作。

图书在版编目（CIP）数据

中国科学技术发展报告. 区域专题报告. 2012 / 中华人民共和国科学技术部编. –北京：科学技术文献出版社，2013. 5
ISBN 978-7-5023-7799-1
Ⅰ. ①中…　Ⅱ. ①中…　Ⅲ. ①科学技术–技术发展–研究报告–中国–2012　Ⅳ. ①N120.1
中国版本图书馆 CIP 数据核字（2013）第 05880 号

中国科学技术发展报告（区域专题报告）2012

策划编辑：丁坤善　责任编辑：丁坤善　李　蕊　责任校对：张吲哚　责任出版：张志平

出 版 者　科学技术文献出版社
地　　址　北京市复兴路15号　邮编 100038
编 务 部　(010) 58882938，58882087（传真）
发 行 部　(010) 58882868，58882874（传真）
邮 购 部　(010) 58882873
官方网址　http://www.stdp.com.cn
发 行 者　科学技术文献出版社发行　全国各地新华书店经销
印 刷 者　北京华联印刷有限公司
版　　次　2013 年 5 月第 1 版　2013 年 5 月第 1 次印刷
开　　本　889×1194　1/16
字　　数　580千
印　　张　21.5
书　　号　ISBN 978-7-5023-7799-1
定　　价　180.00元